U0255401

MINGUO JIANZHU GONGCHENG QIKAN HUIBIAN

民國建築工程期刊匯編

《民國建築工程期刊匯編》编寫組 編

32

GUANGXI NORMAL UNIVERSITY PRESS

广西师范大学出版社

·桂林·

第三十二册目録

工程譯報

工程譯報

第一卷　第三期

中華民國十九年七月

要　目

上海特別市工務局發行

中華郵政局特准掛號認爲新聞紙類

15793

啟 事 一

本報發行伊始，諸多未週，乃荷國內工程界，各地市政機關及學校團體紛函訂購，同人慚愧之餘，自當益加奮勉，力求改良，倘蒙加以指導，以匡不逮，尤所盼禱。

啟 事 二

本報以介紹各國工程名著及新聞為宗旨，對於我國目前市政建設上之疑難問題，尤竭力探討，盡量在本報披露，以資研究。惟同人因職務關係，時間與精力俱甚有限，深望國內外同志樂予贊助。倘蒙投寄譯稿，以光篇幅，曷勝歡迎。

投 稿 簡 單

（一） 本報每三月出一期以每期出版前一月為集稿期

（一） 投寄之稿以譯著為限或全譯或摘要介紹而附加意見文體文言白話均可內容以關於市政工程土木建築等項及於吾國今日各種建設尤切要者最為歡迎

（一） 若係自撰之稿經編輯部認為確有價值者亦得附刊

（一） 投寄之稿須繕寫清楚幷加標準點符號能依本報格式（縱三十行橫兩欄各十五字）者尤佳如投稿人先將擬輯之原文寄閱經本報編輯認可後當將本報稿紙寄奉以便謄寫

（一） 本報編輯部對於投寄稿件有修改文字之權但以不變更原文內容為限其不願修改者應先聲明

（一） 譯報刊載後當酌贈本報其有長篇譯著經本報編輯部認為極有價值者得酌贈酬金多寡由編輯部臨時定之

（一） 投寄之稿件無論登載與否概不寄還如需寄還者請先聲明幷附寄郵票

（一） 稿件投函須寫明上海南市毛家弄工務局工程譯報編輯部收

工 程 譯 報

第一卷　第三期

中華民國十九年七月

目　錄

編　輯　者　言

土地估價為舉辦都市工程時不可少之手續，而以科學方法從事，則推美國最稱先進。本報第二期對於 Cleveland 市土地估價方法曾簡單介紹（見第二期39—40頁），閱者可由此略悉梗概。（另有日本東京市政調查會編 Cleveland 市土地評價法專書，已逐譯竣事，本期為篇幅所限，未能刊入，留待下期登載）。茲見德國 Städtebau 雜誌載有 Carl Strinz 氏所著「紐約之地價」一篇，本其經驗，對於紐約土地估價方法，用精密數理加以批評，又按該市情形製成某道路上各段地價之比較圖，以明交通與地價之關係，凡此皆有玩味研究之價值，爰樂為之介紹，刊登本期卷首。

取得土地辦法亦為舉辦都市工程，改良市區等之先決問題，其中之一種為給價收用。本期載有日本東京市政調查會所編有「分區收用」之譯文，對於分區收用之應用範圍及方式闡述綦詳。復就都市經濟上，以之與土地增價稅，受益者納稅，土地整理等制度逐一比較，而研究其利弊，凡辦理市政者皆宜披閱。

關於工程實地設計方面，本期載有論著多篇，如「交通幹道設計之一斑」（附本國國道工程標準及規則），「板樁式堤岸之計算法」，「鋼筋混凝土烟囱」以及短篇論著欄內之各篇，可供閱者之參玫。

節譯白爾氏市財政論叢中「總採辦制」一篇，雖係泛指普通物品而言，然對於工程材料，在相當範圍內，亦可適用，故亦附入本刊。

本期着手編輯時，接有陳贊祺君來函，對於本報指示數點，均屬卓見；除改為月刊一層，因同人為職務所羈，時間精力，均甚有限，勢難辦到外，餘擬自本期起，於可能範圍內，盡量照辦，特誌數語於此，聊對陳君表示謝忱，並代答覆，

附錄陳贊祺君來函

逕啟者，頃閱　貴局所刊行之工程譯報，內容新穎，編輯得法，除廣為介紹訂閱外，特此函致欽忱。唯尚有意見數點，不憚煩瀆，特為奉陳，敬祈酌予採納為幸！

（一）刊內插圖，除平面圖外，如有偉大之建築物及美麗之國外各項工程勝景之風景立體圖片等，亦請多多刊插，以起讀者得到較深之認識。

（二）每篇末之空白，應設法插入相當之短文。

（三）國外大工程之史記，或各種都市工程遊記等，每期亦祈刊附一二篇。

（四）報面每期應仿國外建築雜誌，用彩色版印刷各種有趣之建築物，以增美趣。

（五）最好改為月刊，多譯國外工程新聞等。

以上各項，在可能內，均望盡量採納，至所感望。此致　　工程譯報社　　　　陳贊祺啟

紐　約　之　地　價

(原文載 Städtebau 24. Jahrgang, Heft 3)

Carl Strinz 著

胡　樹　楫　譯

此篇根據紐約稅務局 (Department of Taxes and assessment) 公佈之 1928 年紐約市地價圖 (Land-Value-Maps of the City of New-york for 1928) 而作。上述圖件對於紐約之地價指示詳明，甚可珍貴，尤以按深度估計地價之方法，特饒趣昧焉。

(一)按深度估計地價之理論

(甲)紐約市所用之方法

上述紐約市地價圖，係於市地圖內，將各道路旁土地單位面積(卽寬 1 呎深100呎之面積)之價值逐段寫入(參觀第八圖，圖中數字係以美金元計)。另有緒言，列舉所謂 Hoffman-Neill 律，卽按深度估計建築土地價值之方法。此項定律所依據之原則，爲各建築土地緊接道路之一半，其價值應居全部價值之三分二，卽後面一半之價值，僅居總價之三分一。在 100 呎以內，恆守此原則，故設 100 呎進深之基地，其價值爲 100，則 50 呎進深之基地，其價值應爲 66.67；依同理，25 呎進深之

基地，其價值應爲 $\frac{2}{3} \times 66.67 = 44.44$。紐約稅務局，根據此法列有一表，自 1 呎起至 100 呎止，各種深度之地價。皆可檢表而得。所有地價皆以 100 呎深度之地價爲單位，並假定此項單位地價爲100，故表中數字係以%計，例如 75 呎深度之地價爲單位地價百分之84.49，卽84.49%。

深度 100 呎以上之地價，原可本此原則類推，例如 200 呎深度之地價，可定爲150%，唯紐約稅務局則規定土地加深100呎所增之價值非 50%，而爲 30%，並以初 25 呎爲9%，次 25 呎8%，再次25呎 7%，末 25 呎 6%。試就土地一方，自路邊起，至 200 呎深度止，以每 25 呎爲一段，將其價值，分別加以圖示，則得第一圖。最初 25 呎之地價爲 44.44%，次25呎之地價爲66.67－44.44＝22.23%，再次25呎爲84.49－66.67＝17.82%，復次25 呎爲100－84.49＝15.51%(該四段土地價值之和，適合單位價 100%)，自此以上，每 25 呎之地價分別爲 9,8,7,6%。

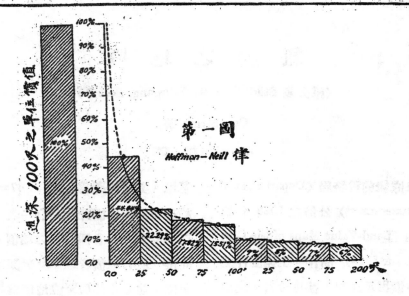

第一圖

Hoffman-Neill 律

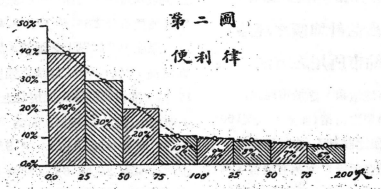

第二圖

便 利 律

如以每1尺為一段，分別計算各段之價值而圖示之，則各段地價之變化線將與第一圖中虛線相近似，唯於深度100呎之處上下相銜接，於理不合，故紐約稅務局所依據之理論，尚有欠完善之處。

該局似已見及此層，故復定一種「便利律」(Convenient rule)，以資糾正。法以最初25呎一段之地價為單位地價（即100呎深度之地價）之40％，次25呎30％，再次25呎20％，第四段25呎10％，自此至200呎，每25呎之一段次第為9，8，7，6％，與上文所述者同。用圖形表示，則得第二圖。圖中虛線示地價按深度遞減之規律，係由直線兩條拼成，相交於深度82.2呎之處。故此律亦不合理，蓋地價應按深度逐漸遞減，而循一連續性之弧線變

化，不應於某點突有急遽之更勳也。

（乙）依據數理估計地價之方法

著者於二十餘年前，卽經依據數理，研究按深度估計地價之方法，並將研究所得投登 Zeitschrift für Vermessungswesen, Jahrgang 1905, Heft 10 u. 11 (Verlag Konrad Wittwer, Stuttgart)。茲將著者所擬都市建築基地之價值，按深度變化之公式列舉如下；

$$y = k + Ce^{-tn} \quad\cdots\cdots\cdots\cdots (I)$$

其中 y 爲深度 t 處地段之價值，k 爲距路邊最遠之處。不受深度影響之地價。C 爲常數，視建築基地價格之絕對值而定。n 爲規定地價遞減率之係數，e 爲自然對數之底數。其值爲 2.71828。

深度 t = o 時，緊接路邊之地價 $y_o = k + C$ 達最高值，於理相符。如深度 t 甚大，則上式右邊第二項之值與 O 相近，而地價 y 約等於 k，各段地價自 k＋C 遞減至 k，其疾徐則視係數 n 之值而定。

將上項方程式積分之，則得沿路寬度 1 單位，進深 t 單位（自路邊垂直量得者）

第三圖

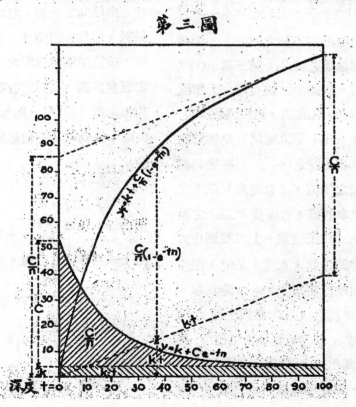

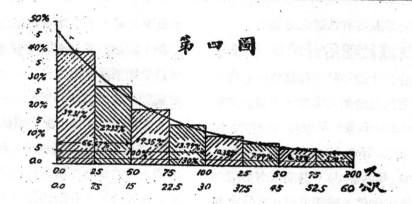

第四圖

之基地總價。

$$yf = k.t + \frac{C}{n}(1-e^{-tn}) \cdots \cdots (2)$$

深度 t=o 時，yf=o 自不待言。深度 t 甚大時，$yf = kt + \frac{C}{n}$。上式中 k.t 一項可視爲土地價額中原有不變之部分，$\frac{C}{n}$ 則爲因建築效用而加增之部分。第三圖示(1)(2)兩公式之圖解。觀圖中 y 線可知 (1) 單位地價自路邊 C+k 起遞減，至距路邊 100 公尺之處爲 k ，(2) 單位地價可分爲兩部，卽下段之 k 與上段之 Ce^{-tn}，(3) 畫斜線之面積卽土地之總價，且自高度 k 以下之面積 kt 爲根本價值，自高度 k 以上之面積 $\frac{C}{n}$ 爲附加之「建築價值。」又觀圖中 yf 線可知 (1) 自路邊起，寬度 1 單位，深度 t 單位之土地總價在深度 t = o 時爲零。而隨深度遞加甚速。(2) 某段土地之總價可分爲兩部，卽 kt 爲根本價值，及 $\frac{C}{n}(1+e^{-tn})$ 爲附加之「建築價值」。(3) 深度 t 甚大時，附加建築價值爲 $\frac{C}{n}$ 而 yf 線

化爲直線，與 kt 線平行。此直線卽前部曲線之切線，若向後延長之，則與縱位標軸相交於 $\frac{C}{n}$ 之處。

由已知之地價，易求上列公式中之各係數。法將各種深度，單位寬度之土地價值，按位標法以圖表之，然後求聯絡各點之適當曲線。再選定深度三種 t, t', t''，其相比爲 1:2:4，(例如 15,30,60 公尺)由圖中分別求其土地總價 $yf, y'f, y''f$。又令

$$2yf - y'f = Wa$$
$$3y'f - y''f = Wb$$

則得 $e-tn = \sqrt{\dfrac{wb}{wa}} - 1$

由上式可算得 n 之值。次得

$$C = n\frac{Wa}{(1-e^{-tn})^2}$$
$$= n\frac{Wb}{(1-e^{-t'n})^2} \qquad (驗誤)$$

最後得

$$k = \frac{1}{t}\left[yf - \frac{c}{n}(1-e^{-tn})\right]$$

$$= \frac{1}{t'}\left[y'f - \frac{C}{n}(1-e^{-t'n})\right] \quad （驗誤）$$

$$= \frac{1}{t'}\left[y''f - \frac{C}{n}(1-e^{-t''n})\right] \quad （驗誤）$$

著者當日根據 Düren (Rheinland) 及 Bonn 兩市地價研究之結果，曾載入前述報告中者如下：

「各係數中，最耐人尋味者爲 n。據著者研究所得，n 之值對於預備建築聯立式住宅土地應爲 0.05—0.06，建築別墅式住宅之土地應爲 0.03—0.04，在商業地區則爲 0.08—0.12。故估有道路邊之影響與重要性愈大，則 n 之值亦愈大。因之充工業用途之土地，其 n 值每爲最小。」

（丙）上項方法對於紐約市估價定律之應用

今以紐約稅務局之估價定律與上述方法相比較，自爲極饒趣味之事。比較時須將深度之呎數改算爲公尺數。按 1 呎＝0.3048 公尺，茲爲便利起見，可以 1 呎＝0.3 公尺折算，以期所得數目較爲簡整，故原定單位深度 100 呎與 30 公尺相當。以 30 公尺爲建築基地之標準深度，與德國情形亦復相合。設單位深度（30公尺）之基地，每寬 1 公尺其價值爲 100，則按照紐約市規定之數，進深 50呎＝15 公尺之基地，每寬 1 公尺，其價值應爲 66.67，又進深

第　一　表

1		2	3	4	5	6	7
深　度		$k=0.412$	$n=0.0534$		$\dfrac{c}{n}109.75$	$yf=$	各段地價
呎	公尺	kt	tn	$1-e^{-tn}$	$\dfrac{c}{n}(1-e^{-tn})$	$kt+\dfrac{c}{n}(1-e^{-tn})$	
25	7.5	3.09	0.4005	0.3300	36.22	39.31	39.31
50	15.0	6.18	0.801	0.5511	60.48	66.66	27.35
75	22.5	9.27	1.2015	0.6992	76.74	86.01	19.35
100	30.0	12.36	1.602	0.7985	87.64	100.00	13.99
125	37.5	15.45	2.0025	0.8650	94.93	110.38	10.38
150	45.0	18.54	2.403	0.9096	99.83	118.37	7.99
175	52.5	21.63	2.8035	0.9394	103.10	124.73	6.36
200	60.0	24.72	3.204	0.9594	105.29	130.01	5.28
		111.24			664.23	775.47	130.01

200呎＝60 公尺之基地，每寬 1 公尺其價值應爲 130。將此各數代入（乙）節所列算式之中，即得

$$Wa = 133.33 - 100 = 33.33$$

$$Wb = 200 - 130 = 70.00$$

$$e = \sqrt{\frac{70}{33.33}} - 1 = 0.449$$

$$15n = 0.801$$

$$n = 0.0534$$

此數與著者曩日對於建築聯立式住宅基地所得之數甚相吻合。

再進一步，求得 $C = 5.862, k = 0.412$，則用公式（2）可求得每寬 1 公尺另何深度之地價。如第一表。若將表中第七行各數加以圖示，則得第四圖；圖中曲線卽由 Hoffman-Neill 律參酌數理方法改良而得之結果也。

至便利律，亦可參酌數理方法改良

之，法與上同，所異者唯 15 公尺深度之土地，其每公尺寬度之價值，非單位價之 66.67%，而爲 70% 耳。由此求得 $n = 0.0754$, $C = 6.574$, $k = 0.728$。因路邊 15 公尺之一段價值加高，則 n 因之加高，自在意料之中。此與著者之斷語：「佔有道路邊之影響與重要性愈大，則 n 之值愈大」正相符合。茲將詳細計算之結果，繪成第五圖，以與第二圖比較。

（丁）在各種情形下土地價值與深度之關係

上項計算之結果，可將紐約稅務局之估價律加以改良，使與地價隨深度變化之實際情形較相符合。唯地價之隨深度減小，在各種情況之下，自必不同，殊未可以一二一成不變之估價律如第四，第五兩圖所示者概括一切，故前項結果尚不可視爲滿意。吾人曾就種種地價調查，作有系統之研究，知土地深度爲 30 公尺（100呎）時，其「單位價」設爲 100，則深度爲 15 公尺（50呎）時，其價值可自 59% 至 81%，又深度爲 60 公尺（200呎）時，其價值可自 151% 至 119% 不等，皆視「佔有

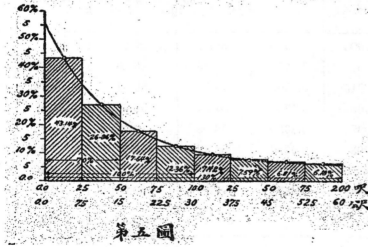

第五圖

15802

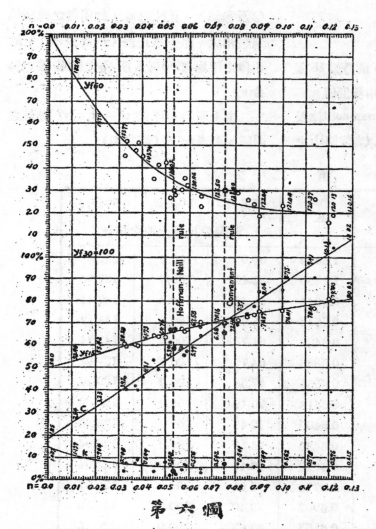

第六圖

寬1公尺之地價爲 100，而定其他數值爲百分數。所根據之數值共 23 組，皆就各種深度之土地而地位性質相同者分別推算而得。第六圖係以n之值爲橫位標，深度15,30,60公尺，寬各1公尺之地價及關係之值C與k各爲縱位標（圖中C與k之值係按放大十倍之比例尺而畫入者），所得之各點，以小圈及粗點表之。觀於各圈點間之「校正線」皆合準繩，知單位寬度之地價及C,k 兩數對於n之關係有一定之規律可尋。

n< 0.03 時，yf,C,k 等線之形勢，可以下列方法定之：因n=0時，e−tn=1，故無論深度若何，地價均等於k + C，而30公尺深，1公尺寬之土地總價 $yf=30 \times (k+C)=100$，即 $k+C=\frac{100}{30}=3.33$。又 t'=15 公尺時 $yf=15 \times (k+C)=50$，t''=60公尺時 $y''f=60 \times (k+C)=200$。又因C值之校正線爲直線，故C不難由已設之n推算而得，又由 $yf=30k+\frac{C}{n}(1-e^{-30n})=100$

路邊」之影響與重要性之大小而有差異，換言之，即隨n之值而增減。（n之值事實上在 0.03 與 0.12 之間）吾人嘗將就Düren, Bonn, Magdeburg 三市所得之調查材料，繪成圖形，並用圖式法加以校正，如第六圖。繪製時係照美國方式假定深30公尺，

得

$$k=\frac{100}{30}\cdot C\frac{1-e^{-30n}}{30n}$$

由巳知之 C, k, n 可用公式(2)求得深 15 及 60公尺，寬1公尺之土地之相當價值。

　　第六圖中，並將由 Hoffman-neill 律及「便利律」推算而得之數加入（參觀圖中之◎及◉號）。比較之餘，知兩者之差與性質適相反（卽一爲正差，一爲負差），故兩律之平均數與吾人所得之結果差相符合。

　　由上所述，可將 n 與 C, k, yf 等值之關係，列表如下（第二表）：

第　二　表

N	C	K	15公尺	30公尺	60公尺
			深每公尺寬土地之價值		
0	1.85	1.4833	50.0	100.0	200.0
0.01	2.54	1.1390	52.46	100.0	182.95
0.02	3.23	0.9044	55.42	100.0	167.11
0.03	3.92	0.7518	58.63	100.0	154.17
0.04	4.61	0.6489	61.73	100.0	143.74
0.05	5.30	0.5885	64.76	100.0	136.02
0.06	5.99	0.5558	67.58	100.0	130.46
0.07	6.68	0.5418	70.16	100.0	126.50
0.08	7.37	0.5408	72.48	100.0	123.80
0.09	8.06	0.5486	74.57	100.0	122.04
0.10	8.75	0.5622	76.41	100.0	121.04
0.11	9.44	0.5778	78.01	100.0	120.37
0.12	10.13	0.5962	79.40	100.0	120.13
0.13	10.82	0.6153	80.63	100.0	120.15

　　表中 n 之值凡13種，應用時可斟酌選擇：在工業區應爲 0.01—0.03，分散式住宅地 0.03—0.04，普通聯立式住宅區 0.05—0.06，住宅與商業之混合區 0.06—0.09，優良之商業地位應選較大之數。

　　第七圖示 n=0, 0.02, 0.03……時1公尺寬各種深度之土地價值。（假定寬1公尺深 30 公尺之土地，其價值均爲100，實際價值可由此折算）圖中並就德國各都市由建築章則規定之各種複雜情形，列舉

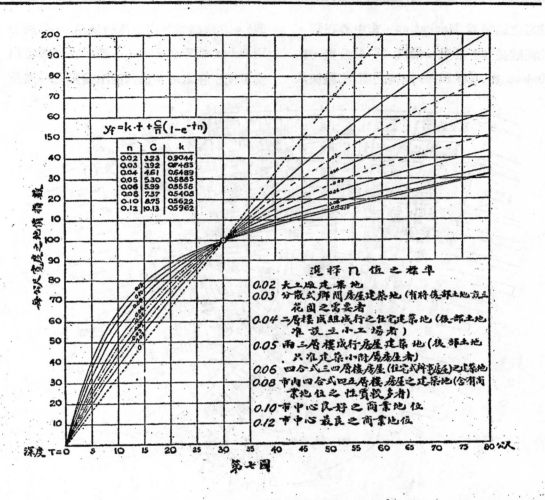

$$y_f = k \cdot t + \frac{C}{n}(1 - e^{-tn})$$

n	C	k
0.02	3.23	0.9044
0.03	3.92	0.6485
0.04	4.61	0.6489
0.05	5.30	0.5885
0.06	5.99	0.5556
0.08	7.37	0.5405
0.10	8.75	0.5622
0.12	10.13	0.5962

選擇 n 值之標準

0.02　大工廠建築地
0.03　分散式鄉間房屋建築地(有將後部土地說立花園之需要者)
0.04　二層樓成組成行之住宅建築地(後部土地准設立小工場者)
0.05　兩三層樓成行房屋建築地(後部土地只准建築小附屬房屋者)
0.06　四合式三四層樓房屋(住宅式附等房)之建築地
0.08　市內四合式四五層樓房屋之建築地(含有商業地性質較多者)
0.10　市中心良好之商業地位
0.12　市中心最良之商業地位

深度 T=0　　5　10　15　20　25　30　35　40　45　50　55　60　65　70　75　80公尺

第七圖

選擇 n 值之標準。如所選之 n，爲圖中所無，可由第二表用比例法求得 C, k 兩值應加減之數，然後用公式 (2) 計算單位寬度之土地總價，用公式 (1) 計算單位寬度土地各部分之價值。

路角之土地，若兩道路旁之地價各異時，應如何精確估計，在紐約稅務局之說明書中，並未加以規定，然用上述估價方法，則此問題可以解決，卽就此項土地面積，沿兩道路各畫「等價線」多條，然後用計算斜坡土方之法求得其價值。另有簡單計算公式載在 Zeitschrift für Vermessungs-wesen 1905 著者之論文中，讀者參閱可也。

（二）土地之實價

除理論上之研究外，觀察紐約市內土地之實價，亦饒有趣味。查紐約市最內墻

注意之區域為 Manhatten，市中心在焉。此區延長 20 公里，橫展 3—4 公里，在 Hudson 與 East River 兩河之間（參觀第八

圖）。其南端為著名之高屋地區，分列於 Broadway 與 Wall Street 一帶，亦即銀行與交易所所在之地。第八圖示該區之一部分

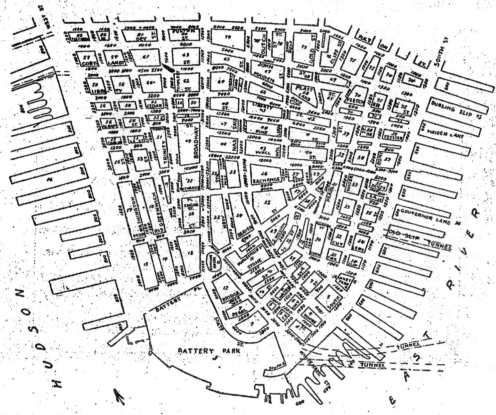

第 八 圖　紐約 manhattan 南部地價圖

，圖中數字即各道路旁寬 1 呎，深 100 呎之單位地價（美金元數）。

紐約之第二中心點約在 6 公里以北，即 Broadway 與 42. Street 之交叉處。其地為高架鉄路，地下鉄路，遠地鉄路匯萃之處，故交通之繁盛，首屈一指。唯價值最高之土地亦不在 Broadway 附近，而在

與此平行之 5. Avenue 與 42. Street 相交叉之處，以其地為大商店及百貨店所在故。

第九圖示沿 Broadway（圖中實線）與 5. Avenue（圖中虛線）各處之地價，以每平方公尺合若干金馬克計，係由原地價圖中數字折算者。(100 方呎＝9.29 平方公尺，美金 1 元＝4.2 馬克) 從 Battery Place

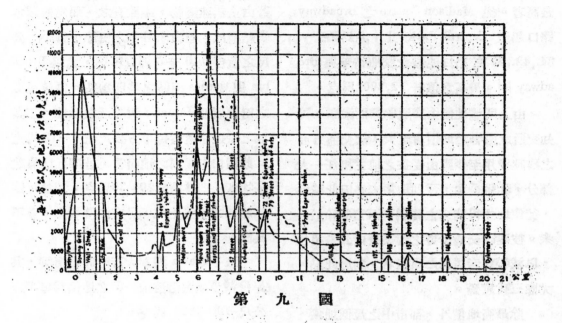

第　九　圖

近起，地價約 1600 馬克（按每平方公尺計，以下同），至相距 500 公尺之 Bowling Green，即 Broadway 之起點增加至 4.500 馬克，且逐漸升高，至 Wall Street 為 10,000 馬克。自此處起，在 3 公里之距離內，復減落至 810 馬克，然後復上升至 42. Street 之 9,000 馬克，為第二高點。在此段內地價之因 Union Square 附近快車站及與 5. Avenue 暨 34. Street（該路上有高速車站多處及 Pennsylvania 車站）交叉而增漲，可以了然。又 42. Street 路口之地價騰高，亦因其為高速交通與遠地交通之焦點故。同樣情形可於以下 12 公里內之地見之，尤以 Columbus Circle（中央

公園之入口）及 72. Street 與 96. Street 兩路口為最。至 Columbia University 止，地價猶在 1,500 馬克左右，自此處起忽銳落至 1,000 馬克以下至 300 馬克為止，蓋商業地區為廣大公共建築中斷之徵象。至 137. Street, 145. Street, 157. Street, 181. Street 等路口又漲至 1,000 馬克上下，緣地下電車站在該處或其附近之故。自此以下，地下電車路線由 Brondway 他移，因之地價低落至 150—100 馬克。沿 Broadway 地價最低之數當推 Bronx 區內之 63 馬克，大約係因面對 Cortland Park 所有鄉間式之房屋建築而然。

5. Avenue 沿路地價，為紐約全市中之

最高者。從 Madison Square 之 Broadway
路口起至 Central Park 止，尤為顯著。
34.,42.,57. 等路口地價之騰漲情形與 Bro
adway 同。最高之價計 12,200 馬克。

　　由上所述地價由交通匯萃而激漲，可
知交通之影響於地價者至大，故交通方面
之建設費用至少應由受益之地主担任一大
部分，始稱公允，否則地價未必因此減低
，徒使地主得倘來之福利，而實取給於公
衆。彼建議交通幹道之建築費由公衆担任
，以減輕兩旁居民之負担者，對於此點，
尤應三致意焉。

　　除最高地價外，都市中之最低地價，
亦可注意之點。都市中價值最低之地自在
市區之外廓，即街道網與都市式建築告終
之處，亦即公路與田徑起始之處。在吾國
（指德國）之都市，此等地點大率為小花園
、堆煤，田地等所在之處，而若干由市內
分出之居住地區則錯綜其間，各以有相當
系統之道路貫通之，以便住宅沿路建築。
紐約外區之情形，亦復如是，唯段落之分
割大都取長方形（棋盤式），路線之遷就地
形而變動者僅屬例外；此種道路網之形成
，曾經過有市政工程學識人員之手者絕鮮
。各道路網之設立既無通盤計劃，迨其後
互相聯接時常致發生困難。紐約此種新區
域內之最低地價為每平方公尺 0.45 馬克，

蓋由全無建築物，或雖有之，而為簡單木
質結構故。至尚未分割之田地，每平方公
尺之價自 0.10 至 5 馬克不等，尤以 Brook
lyn 與 Queens 兩區之差別為甚。價值最低
之田地似即 Jamaica 灣附近之低地。工業
地之接近水道者每平方公尺值 6—12 馬克
。此指尚未開闢之地而言，若鄰近巳有建
築物者，則其價為20—30馬克。對於可停
靠船舶之水邊土地，另有估價規律，茲不
具論。

　　又 Jamaica 灣與大西洋間之海岬，其
岸邊散步道旁沿浴地一帶之地價為每平方
公尺 100—360 馬克。

　　試以紐約之地價與德國各大都市比較
，則知在外郊者兩者大致相同；在交通中
心地點者，則前者遠在後者之上。例如柏
林最佳之商業地點，在歐戰前每平方公尺
之價僅約 2500-3000 馬克，Leipziger Stra
sse 路角土地之例外價值亦只在 5000 馬克
左右；Köln 市之最高地價每平方公尺不
過 1800—2500 馬克，較諸紐約之每平方
公尺 10.000—12.000 馬克，相差頗巨。唯
紐約之生活，工資，租金等指數較高多
多，且土地在建築上之利用效率亦大，故
上述地價並非過昂。更觀紐約外郊地價之
低廉，則按純地價課稅之辦法，對於地價
有調劑之作用，從可想見。　（下略）

土地之分區收用

日本東京市政調查會編

曾　國　霖　譯

第一章　分區收用及逾額收用

都市計劃法制中，對於市民之所有權，最有利害關係，且對於財政上，顏有重大意義者，爲土地之分區收用及逾額收用。

「分區收用」往往與「逾額收用」一名詞混用，嚴格言之，逾額收用爲分區收用之一種，其意義比分區收用遠爲狹小。蓋分區收用或以造成都市計劃事業之建築用地爲目的，而收用土地及其他財產，或以造成建築用地再行出賣或出租爲目的而然，故不問其動機專爲造成建築用地，抑因舉辦其他都市計畫事業而聯帶施行，皆適用之。逾額收用則須隨其他可以收用土地之都市計畫事業，始得施行造成建築用地之土地收用，蓋以發賣或出租剩餘部分爲目的，於舉辦都市計劃事業時收用超過實際需要之土地及其他財產之謂也。故 Shurtleff 氏謂：「逾額收用者，行政主體計畫公共改良事業時，收用實際需要以上之土地及財產，然後重行賣出，以收改良事業所產生之利益也。」（見 Shurtleff: Carrying out the City Plan. P. 103）。Cushmann 氏謂「逾額收用者，國及市行使土地收用權，以取得比舉辦公共改良事業實際需要更多之財產，然後將剩餘部分重行出賣與出租之政策也。」（見 Cushmann: Excess Condemnation P. 2）。要其主旨，不外按照國家公用徵收權，收用超過都市計畫事業實際所需之土地及財產，及將剩餘部分作爲建築用地而發賣或出租之二點。

關於以相當賠償收用都市計畫事業必要之土地及其他財產之原則，茲不具論。應辨別者，爲都市計畫事業與公共事業之意義。然謂因都市計畫事業而收用比實際需要較多之土地及其他財產，皆屬逾額收用，不免發生疑問。蓋所收用之土地財產雖同屬超過實際需要，而出於偶然者，與有計劃而執行者，其間殊有差別，前者大都於不能明確限定需要之土地面積，或雖得明確限定，而技術上甚感困難時行之。例如收用土地建築機關房屋時，所謂

必要之土地面積，並非建築物之面積；究以若干倍爲適當，非技術上所能決定。有時按房屋面積之二倍計，亦已充足，有時按十倍計，尚嫌大少。故絕對決定必要之面積，實爲最困難之問題。究以收用建築面積之二倍爲逾額收用，抑以收用十倍爲逾額收用，殊不易言。若不以收用建築面積之二倍爲逾額收用，則收用十倍，亦不得斷定爲逾額收用。再舉收用給水之水利權爲例，其在某種情形下所需要之水量，雖可確定，但欲使所得之水量恰如所期，殆非技術上所能辦到。故收用超過需要之水量，而將所剩餘者供給收用目的以外之用途，亦不得指爲逾額收用。逾額收用云者，確知舉辦公共改良事業需要之收用範圍而以剩餘部分之發賣或出租爲目的，有意收用需要以外之土地之謂也。其以剩餘部分之發賣或出租而收用之一點，與分區收用同，所異者，狹義的分區收用，爲單獨舉行之土地收用，逾額收用則必須與其他土地收用同時進行也。

故分區收用與逾額收用不必有同一內容。英國所謂 Zone Condemnation，與法，比等國所謂 Expropriation parZone 及德文之 Zonenenteignung 等，其旨相同，但美國所謂 Excess Condemnation，其義則較爲狹小，其在日本，對於土地整理

，或某區之住宅經營，視爲都市計劃事業時，則施行分區收用（都市計劃法第十六條第一項，及同法施行令第二十一條，）而都市計劃事業，以造成建築用地爲必要時，則舉行逾額收用（都市計劃法，第十六條第二項。）

分區收用於下列四種情形之下行之：（一）整理餘地時，（二）保護關係都市計畫之公共事業，以完成其效用時，（三）改良不衛生區域時，（四）財政上可收利益時，而在第一，第二，第四，三種情形之下稱逾額收用。收用之範圍及方法，收用地之處理方法及時期等，在各種情之下，各有差異。

第二章　整理餘地時之分區收用

舉行分區收用與逾額收用時，最感必要者，爲餘地（即各地畝被收用一部分後所剩餘者）之處置。無論計畫若何巧妙，放寬舊道路或橫斷已成市區開闢新道路時，欲免兩旁不生餘地，事實上殆不可能。若各地畝界線完全與道路平行，且其面積非常廣大，而收買或收用之面積，又甚狹小，則餘地之處理尚不成問題。但在已發達至相當程度之市區，所有各地畝之面積，普通皆殊褊小，故雖只取數尺之地，亦必損害建築用地價值甚巨，故若收買或

收用之面積較大，致所剩餘地面積，甚形狹小時，則處置問題頗為困難。

若新設之路線等不與各地畝界線平行，而斜穿各地畝而過，則沿新道路之餘地，皆成斜形，因之處置上更加一層困難。如各餘地之面積仍太，尚可勉充建築，然完美之建築，終不可得而致，蓋以形狀不整之地畝，而充建築用地，為最不經濟，最不合式者也。

此等餘地，若放棄不用，決非賢明政策。在地主方面，固得收受充分賠償，以彌補其損失，而在都市方面，則耗費多數費用，而不能使所計畫之事業，臻於完善，必致妨礙市街觀瞻，阻止土地發達，殊不合算。例如廣闊之商業道路，必須有與其寬度相當之高大建築物，其效用始稱完全；倘兩旁餘地面積過小，或進深不足，形狀不整齊時，則不能起造與道路相稱之建築物。就日本而論，以前市內之建築物，大都簡陋矮小，故地畝雖面積褊隘，或形狀不整，尚不甚感覺痛苦，然近代都市之中心，市面最稱發達，加以強制施行防火構造，建築物之規模益應宏大，大規模之高巋建築物既鱗次櫛比，則過小或不整齊之地畝，對於都市之美觀上及經濟上將成大問題，故歐美各大都市，對於此等問題，久感棘手，而於新闢商業道路

時，對於面積過小或形狀不整之餘地，務求避免焉。

此等餘地，由財政上觀之，實予都市以重大損失。都市收買或收用各地畝之一部分時，既須按值給價，倘若干餘地復不能用作適當之建築地畝，又須另予賠償。故實際上所收用雖為各地畝之一部分，而收買費與賠償費並計，往往比收買全部地畝之價格尤大，可謂最不經濟，又不適用之餘地，使都市之收入減少，例如都市採用受益者負擔經費制度，向沿路地畝之業主徵收改良工程費之一部時，若有此等餘地存在，反使其他附近土地不能充分享受改良事業之利益，結果以舉行改良事業之都市所受損失尤大。況都市徵收租稅，若以地價為標準，則收入上，又多一重損失乎？

且受損失者，不獨都市。與都市計畫有關係之地主，亦復如是。蓋不能作適當利用之餘地，使地主艱於處置，縱令得有充分賠償，而對於餘地不能加以適當利用，終屬缺憾。若地主不顧土地之繁榮與他人之不便，而於此種餘地上建築與該處情形不合之簡陋房屋，則附近土地及房屋之業主將最感受困難。又隣近地畝若為此等餘地隔斷，不得直接面對已經改良之道路、廣場、公園等，則此項土地之業主所

受損失，尤為重大。且都市計畫事業完成後，徵收利益負担金時，普通皆按一定距離從事，故上項地畝之業主徒多一重損失，而無受金之實。如餘地之業主，要求收買而需索重價，則附近之地主尤為受累不淺。此等實例，在歐美各國，殆不遑枚舉。

新闢商業道路，穿過某住宅區域時，若兩旁有許多不適於建築之餘地，則既妨礙商業地之開闢，又不適於住宅地之用。在此種情形之下，地主更蒙甚大之損失與疑惑。

在研究處理餘地方法之先，可先攷慮建築地畝之最小面積應為若干。攷諸各國之實例，僅法國有於 1852 年頒布之法令（其中一部分已於 1911 及 1922 年修正。）規定收用後之剩餘地畝，其面積在 150 平方公尺下，或收用之面積在原地畝面積二分之一以上，而餘地不足自成一合用地畝時，此項餘地准予合併收用，其他各國，則無類似之規定。蓋建築地畝之最小面積，隨地方情形及習慣而異，在同一都市內，既視商業區，工業區，住宅區而有差別，即同為商業區，工業區，或住宅區，其需要亦各不同，故不能作概括之規定也。

（一）根據「建築法」之處理方法

根據建築法之餘地處理法係以建築法

限制建築界線，建築物與空地之比例，與其用途，構造，式樣及面積，高度等。既按區域而限制建築物之用途，更由用途規定其構造及大小，故過小之地畝不得用於建築。

建築界線之指定，或普遍的，或按區域以路線或由路線退後一定距離為建築界線，不得越出，在事實上可收禁止在過小地畝上建築之效。唯建築界線指定後，不但普通可以建築之地畝，或變成不適於建築之過小地畝，其結果可使不適於建築之過小地畝增加，且若不禁止過小地畝上之建築，其結果又使過小而不適當之建築物增加。

規定建築面積與空地之比例，亦屬同一情形。地畝之最小面積若不規定，對於建築面積之比例，無論如何限制，終不能除去過小地畝之弊病。

對於建築物之構造與式樣，作種種之要求及限制，使過小地畝之建築，頗不經濟時，可使建築上受相當取締。最有力方法之一種，為按區域規定建築物之面積與高度之最小限度。日本之「市街地建築物法，」根據地方情形，區域之類別，土地之狀態，建築之構造，道路之寬度等，以規定建築物之高度，但未規定建築物之最小面積。若利用建築物高度之規定，間接

規定建築物之大小，以限制過小地畝之利用，決不公平。總之，根據建築法不能得餘地之圓滿處理方法，可斷言也。

（二）奧隣地合併法

使餘地與隣地合併為最簡單之處理方法。日本土地收用法（第五十條）規定「土地之一部分被收用，所餘者不能供原來使用之目的時，地主得請求將其全部土地予以收用。」又為保護地主之利益及收用土地之便利起見，規定「對於不敷建築房屋一所之餘地，得與隣地業主隨意訂立契約，出賣或出租」。（都市計畫法施行令第二十七條，）但不許競爭收買。此種規定，並未含有絲毫強制意味，若地主希望保存其餘地，不得予以收用，又隣地業主如不欲收買此項餘地，則無適當處置方法。故「舊東京市改正土地建物處分規則」特注意此點，規定凡不敷建築房屋一所之餘地，准以高價賣出（第二條），且使隣地業主負有收買義務，如拒絕收買時，則東京市長有收用鄰地或其建築物，植物等之權。此項規定已於都市計畫法施行後廢止，今則餘地業主只有保留餘地之自由，不能強制隣地業主負收買之義務矣。

但都市計畫法，對於餘地，並不完全聽地主任意處置，而予都市以有力的超過收用權，使得收用餘地與其隣接地，且於必要時，自由收用其附近一帶之土地，施行土地整理，以造成適當之建築用地（都市計畫法第十六條第二項，及同法施行令第二十二條）。收用之土地於整理後，得用投標方法發賣或出租（都市計畫法施行令第二十三條及第二十四條）於下列各種業主：

(一)所有土地因都市計畫事業被收用全部或一部者，及其承繼人。

(二)有房屋在都市計畫事業所收用之土地上者。

(三)所有土地之全部或一部因施行土地整理，被逾額收用者。

(四)有房屋在施行土地整理時逾額收用之土地上者。

若上列各種業主中無人承買或承租者，則用普遍投標方法，出賣或出租（都市計畫法施行令第二十五條）。採用上項方法，一切餘地，最易處理。

（三）依據土地整理之處置方法

最有效之餘地處理方法，為土地整理。土地整理方法有二：（一）使地主間互相協定。（二）以法律強制施行。由理想上言之，土地整理由最有密切利害關係之地主自由協定而施行，固較合理，然須關係地主全體一致，方能實現，否則只須其中有一人發生異議，便成畫餅。故對於餘

地之處置，若任地主之自由打算，關係公共利益之事業，自難期其成功。即使得有充分成效，關於土地，不許地主自由處理，又難得地主之承認。因之，完全聽土地所有者之自由處理，必使土地整理不能施行。即能施行，亦須多費時日，而餘地之處理固須迅速從事也。

故觀任何國家之法例，普通規定某區域內之地主佔有一定比例以上之地權，或一定比例以上之人數者，得組織團體，強制此區域內全體地主加入，務使土地整理順利進行。例如著名之普魯士 Adickes 法，對於某區域內之地主，人數及佔有土地面積各在半數以上者，請求施行土地整理時，得予以認可（Adickes 法第三條第二項）。其在日本則規定地主人數在半數以上，並得佔有區域的總面積及總地價三分之二以上之地主同意時，得設立土地整理團體。（都市計畫法第十二條第二項及耕地整理法第五十條）

然土地整理爲需要鉅大經費，多量勞力，及充分犧牲精神之困難事業，故委諸私人團體辦理，或致中途發生頓挫。故一方面須獎勵地主等之協力進行，一方面須視爲都市計畫施設之一種，而使公共團體實行之（都市計畫法施行令第二十一條）。日本指定土地整理，爲都市計劃事業之一種，故公共團體對於土地整理，得與其他都市計畫事業同樣辦理，如土地整理由私人團體舉辦，然於批准後一年內，不着手施行時，內務大臣得令公共團體視爲都市之計畫事業辦理之。而以負担加諸整理區域內之地主及關係人（都市計畫法第十三條及同法施行令第十五條，第十六條。）至於辦理土地整理時之得施行逾額收用，已如前述，茲不再贅。

總之，餘地處理以採用土地整理方法爲最有效。唯土地整理之施行，或聽地主間之自由協定，或以公共團體執行，抑以逾額收用手段出之。究孰爲便利，則尙待討論耳。

先就土地整理言，不問由地主協議執行，抑由公共團體辦理，皆需費用。此項費用，在原則上，固由整理地區內之地主及關係人負担（都市計畫法施行令第十六條。）都市不必支付分毫，但實際上土地整理對於地主及關係人無利益時，若不予以財政上之援助，殊難見諸實行。而餘地整理之需要，與其謂爲地主及關係人之利益，毋寧謂爲公共之利益，若不由公共團體負担費用，則餘地不能用土地整理方法處理之。

（四）利用逾額收用之處理法

利用逾額收用之處理法，須先備大宗

基金，以收買土地及附屬之建築物與賠償其他損失。雖收買之土地，於事業完成後照新價格發賣，有時除補償收用費及事業費外，尚有餘利可得，但非每次皆然。例如已有相當發達之市區，其因事業而產生之土地增價額，比較微小，故以支出若干補助金，依照土地整理法辦理，較為妥善，唯地主及關係人對於土地整理躊躇不行時，則按都市計劃事業執行較為有利。

第三章　因保護公共改良事業而施行之分區收用

分區收用及逾額收用，以完成都市計劃及其他公共事業之效用，而保護美觀為目的。

壯麗之市政府，公會堂，陳列館，圖書館，學校等，即所謂公共建築物之建造，以及美麗之公園，林蔭大道 (Boulevards)，道路，運河等之開築或擴充，即所謂公共改良事業，皆以維持公共安寧與增進市民幸福為目的。欲達到此目的，必須使投資舉辦之事業能充分發揮其效果，徒使工程完竣，尚不得作為結束，可謂尚未達到上項目的之一半。例如建築美麗寬宏之林蔭大道，而兩旁簡陋之房屋鱗次櫛比，或有妨礙美觀與風景之建築物存在，則對於市民毫無利益可言，而大宗建築費用可謂

擲諸虛牝。又市民之活動以公共建築物為中心，若公共建築物之四周，有形式上不相稱之房屋存在，不獨有損觀瞻，市民之活動亦大受阻礙。其他各種都市計劃事業，亦復類此。故為保護市民之利益起見，亟應研究與公共改良事業有關係之土地之處理方法。

(一) 以警察權處理之方法

此為最普通之處理方法，而以對於建築物為最重要。如限制建築物之高度及地畝內建築面積與空地面積之比例，及指定建築界線及建築物之利用方法等。採用此等方法，可於某種程度內，取締市景之障礙物。然警察權之處理，原為呆板劃一性質，對於土地及位置上，有不能自由變通之弊，故消極方面，雖有不賠償任何損失之利，且得禁止或限制某種行動與設施等，但在積極方面不能要求特殊之行動與設施，不特計畫事業之效用無由完成，即對於不適當之地畝之整理，有礙觀瞻之建築物之拆除，以及建築物之特殊形式及色彩之要求，亦不可能，如不另籌補救方法，都市計畫效用之大部分不免為之減少。故再就私人財產權方面研究處理之方法。

(二) 設定地上權之處理方法

先就事業之保護上，設定必要之地上

權。再根據此方法規定比普通建築法更嚴格之條例，不特對於建築物之高度，大小，用途，構造，及建築界線之位置等，嚴加限制，必要時並得積極的指定建築物之式樣與外觀，且令市民將已成建築物之構造與用途加以變更。凡此皆較僅以警察權統制更勝一着，而足補救其不及之處。就理論上言，此法比收用全部土地更爲穩當，且甚簡單，又由財政上觀之，支出經費較少，且免投機等弊。

此法之缺點，爲統制僅及於皮相，不能防止不適當地畝之形狀與面積所發生之弊害，且對於已成之建築物，行使充分處理權，需費頗多，但非無救濟方法，卽地畝可用土地整理法改正之，經費可由受益者之負担金與土地增價稅籌得之。故此法對於公共事業效用之完成確屬有力。其中困難之一點，厥唯地上權之設定，須得地主同意。關於此層之不易辦到，前於研究土地整理方法時，已經論及。在此種情形之下，唯有用強制力施行下文所述分區收用或逾額收用之一法。

（三）收買土地之處理方法

除施行分區收用及逾額收用外，更有一處置方法，卽不強制收用保護公共事業需要之土地，而與地主交涉，以收買之。收買土地以何種方法及若何條件辦理，茲

不具論。然土地之收買，若無土地收用權爲之後盾，則不易得地主之同意。萬一協議不成立時，仍須行使收用權，以求貫徹目的。因之事業之最良保障，仍有待於逾額收用。

（四）逾額收用之範圍及條件

因保護都市計畫事業而收用之土地範圍，每因土地之狀況與事業之性質而異。有時以與此事業（建築物）隣接之一帶地畝爲限。進深以 200 呎至 300 呎爲度，而在此範圍內，造成適當之建築用地。又不論範圍若何，得收用審查委員會之認可時，得對於必要之土地施行逾額收用。此項逾額收用之土地，或照原狀，或施以相當改良，視各事業之性質，附以保護上必要之條件，再行發賣或出租。按照日本都市計畫法之規定，若非土地整理上認爲必要時，不得施行逾額收用（都市計畫法第十六條第二項），且逾額收用之土地，非在土地整理工作完竣後，不得發賣或出租（都市計畫法施行令第二十三條）。

發賣及出租之條件，因所保護之事業性質而異。例如公園及林蔭大道等，其條件以適於美觀之保護爲必要，其在公共建築物，則以維持莊嚴爲攷慮之點，主要商業道路，則以維持美觀及利用上可致土地

繁榮爲條件。故與公園，林蔭大道，公共建築物相毗連之土地，應由其前面收進若干呎，爲植花卉樹木之庭園，圍牆之式樣，尺寸等，應根據一定之標準，此外對於建築物之構造式樣，粉刷油漆等，亦規定一定之條件，對於沿主要商業道路建築物之大小與高度，亦應有適當之規定。概而論之，應根據建築法及分區制之規定，以達到處理上之各種目的。

收用土地，爲對於財產權之一種強制處分，因「公共需要」之理由，始得認爲正當。由他方面言之，土地收用權及範圍與民衆意識之強度成正比例。若對「公共需要」之民衆意識不強，則因保護公共改良事業而舉行之分區收用或逾額收用，終不能實現。1899年倫敦放寬某道路時，英國議會爲保護新道路起見，許可逾額收用（London County Council (Improvements) Act, 1899）。美國因保護都市計畫事業，最初許可逾額收用者，爲 Ohio 州。1902年 Ohio 州之議會。對於都市，作下列各種設施時，許可收用土地：

「散步地，林蔭大道，公園道路，公園及公共建築物之建設，公共建築物及其邊境之保護，公共建築及散步地所佔之公地，及公園道路等之風景，外觀，光線，空氣及其效用上之保護，以買賣契約，證書，附關保將來土地利用之條件而賢賣

者」(General Codes of Ohio, 1910. Vol. 1. No. 3677. Part 12)

其後於憲法修正時，在州憲法第十八條，亦插入大致與此相同之條文。Maryland, 紐約, Oregon, Pennsylvania, Virginia, Wisconsin 以及其他州亦相繼以法律或憲法等有所規定，且所規定者大致相同，例如 Pennsylvania 州之法律，對於逾額收用之許可，以關於公園，公園道路，運動場等爲限，Maryland 州以對於保護散步道，林蔭大道，公園道路，運動場及公共建築物四周所保留之公用地有必要時爲限。又 1911 年紐約州對於紐約市港灣區域設備之改良，道路，停車場等之建設，准其適用特別法律，總之，不外列舉應保護之都市計劃事業，概許施行逾額收用，對於特別事業，爲便利起見，亦多允准施行逾額收用云。

第四章　爲造成建築用地而舉行之分區收用

分區收用亦可僅以造成適當之建築用地爲目的而舉行，不必與他種事業有所關聯。最著之例爲改良所謂不衛生區域。

都市之住宅，普通多由以營利爲目的之房東經營之，而以在大都市爲尤然。換言之，都市之居民，其大部分係租屋而

居，至於勞工之住宅，悉由租借而來，尤屬無疑。此等租屋人，對於住宅之要求，首爲租金低廉，尤以生活無餘裕者爲甚。旣唯租金低廉是求，則無論構造如何簡陋，環境如何不適於衛生，在所不顧。以營利爲目的之房東，遂利用此種弱點，建築構造上及設備上皆不完全之房屋，甚至尺寸之地，亦儘量利用，不留絲毫空地，或爲愛惜經費起見，雖必要之修理亦復從省。此種房屋鱗次櫛比，遂成所謂「不衛生區域」。

不衛生區域譬若都市之癰疽，不獨居住其中者蒙其害，且爲疾病，貧困，不道德，犯罪等之根源地，足以傳播病害於全社會。故都市應細察此種區域發生之根本原因，而竭力預防或消滅之。至於預防之法，不外施行都市計畫與取締建築物等，卽劃定住宅，商業，工業等區域，完成道路，溝渠等之設備，規定段落，地畝等之單位，及依建築法規定住宅之構造，設備，與地畝內建築面積之比例等。對於已有之不衛生區域，如不衛生狀態，不僅關係少數房屋，而遍及於全區，則須舉行分區收用，而加以根本的改良。

不衛生區域不易用土地整理方法改造，蓋房屋林立與權利關係複雜之土地，欲令地主自行整理必難辦到。卽令土地關係人之協議成立，而使居戶遷移及拆卸房屋，建築道路，溝渠等事，所需大宗費用，亦非土地關係人之所能負擔，況拆卸房屋與整理土地無國家強制權，終不能辦到乎？故不衛生區域之改良，除用分區收用方法外，別無他途。

日本都市計畫法第十六條第一項規定；「以勅令指定關係都市計畫事業之施設，得內閣認可時，得收用或使用必要之土地。」都市計畫法施行令第二十一條指定土地整理及整個區域內之住宅經營爲都市計畫事業。此外都市計畫法第十七條規定「土地在整理及衛生上，保安上，認爲必要時，得收用必須加以整理之建築物及他項工程。」按照上列各項規定，對某地區施行土地整理，或經營整個地區內之住宅，得認爲都市計畫事業，而受內閣之認可，以收用所需之土地與建築物，但日本都市計畫法，毫未計及衛生區域之改造問題，因之改造不衛生地區，事實上殆不可能，蓋該法對於整個區域之住宅經營，雖許可土地及建築物之收用，但對於事業之執行者，不問情形如何，概使負擔貼償之重責，又對於所收用土地之如何處分一點，完全遺漏，若非永遠（嚴密言之，在二十年以上）收歸市有，卽應按照土地收用法，照收用價格賣還於原地主。

[註]（土地收用法第六十六條，）由收用之時期起，二十年以內，因事業廢止，或其他事由，使收用土地之全部或一部，歸於不用時，則原地主或其承繼人，得照賠償價格承買之，但按照第五十條之規定而收用之餘地，若非相連部分亦歸不用時，不得承買之。

前項關於承買之規定，對於第三者，亦有效力。

改正不衛生區域而拆除之建築物，係有礙公衆福利者，若給以賠償，實屬毫無意義。然按照日本現行法制，對於此類房屋，亦須貼償損失之全部，此實爲改正不衛生地區之第一阻礙。第二阻礙則爲都市雖忍受損失，而收用地區，拆除房屋，及舉辦衛生上必要之一切施設，而對於收用之土地毫無作有利處分之權，卽須保留所有權至二十年以上，或照貼償價格賣還於原地主。第一障礙尤難排除，第二問題尚可用他法以解決之，卽以關築或放寬道路論，用逾額收用方法收用土地，俟整理後，再用投標法發賣之。總之，日本都市計畫法對於不衛生區域改良問題完全未加考慮。日本都市內不衛生區域旣如是其多，而未能樹立適當之糾正計畫，實屬可恥。

最先用分區收用法，實行改造不衛生區域者爲英國。英國受產業革命之影響最早，於十九世紀之前半，已苦貧民住宅之存在，深知不衛生狀態，對於社會之影響至爲重大，故迭經施行根本整理改造。例如 Liverpool 市根據 1864 年該市衛生條例之規定，約費五十萬金鎊，以改造市內不衛生之地區。又 1875 年之職工住宅改良法，規定人口二萬五千以上之都市，對於認爲不適合衛生之住宅，在同一地方有十五幢以上存在時，得強制拆毀改築之。此法律於 1879, 1882, 及 1885 年迭經修正，而成 1890 年最有名之勞動界住宅法，更爲 1909 及 1919 年之住宅及都市計畫法之主要部分，以至於今。

1890 年之勞動界住宅法，以不衛生區域之改造，委諸地方官廳，而以不衛生地區之報告，委諸於衛生醫官。衛生醫官對於某區域內，(A) 住宅，斷路，(Court) 小路等，不適於人類生活狀態時，(B) 道路狹隘，房屋密集，房屋配置不良，致陽光，空氣，通風，及適當便利上有所欠缺，或於衛生有其他缺點，其原因之一種或多種認爲對於該地及附近居戶之健康上有危險或妨礙，且認最良之補救方法爲整理或修改該地道路及房屋之全部或一部時，須以公文報告地方官廳。地方官廳收到報告後，卽加以攷慮，若認爲實在情形，則公布該關係地方爲不衛生區域，並擬整理改良之計畫，其範圍如下：

（一）整理改良之區域

（二）區域內土地之取得方法，

（三）區域內不衛生建築物之妨礙改良
計畫者之拆除，

（四）道路，廣場，公園等之新設或擴
充等全區改良設計，

（五）對於拆除之建築物內之居戶供給
適當居住之辦法，

（六）改良後剩餘土地之處理方法，

改良計畫須連同地圖，說明書，預算
等，呈送衛生部核准。經衛生部核准後，
地方官廳即有設計中所包含土地建築物等
之收用權，及執行設計所必要之一切權力
。對於拆除之建築物，槪不予以貼償，對
於土地，則不照整理前之時價，而以整理
後之估價作價，但改良計畫中如含有附近
不屬於不衛生區域之土地在內，則收用此
類土地及上面之建築物時須賠償全部損失
。至改良不衛生地區之費用，則由地方官
廳之住宅改良基金 (The dwelling house
mprovement fund) 中支出。此項基金，
由地方稅收入，財產收入，及地方公債收
入之三種而成，此種地方稅與普通地方稅
同，不受徵收率之限制，又普通由地方官
廳募集之地方公債總額，以當徵稅評價額
之二倍為限度，不得超過此額，但因住宅
問題而舉之地方公債，則不受此項限制，
且期限可延長至八十年，唯其募集須得衛

生部認可。所謂財產收入卽住宅改善基金
之利息，及與此項基金有關係之財產收入
等，其中以所收用土地之賣價與租金為主
要部分。

1919年以前收用土地之估價辦法，係
以時價為標準。但貧民窟（不衛生區域）
之土地每被盡量利用，整理時則以建築上
相當條件，利用上不免受若干限制，故整
理前之地價常比整理後為高。例如關於倫
敦 Bondary Street 之整理，收用土地時之
地價為 131,000 鎊，改良後之地價估計不
過62,000鎊。故不衛生地區之改良，比其
他土地改良事業，頗不利益，因之1919年
修正之居住法及都市計畫法，改以整理後
之地價為給價標準，以免各地方官廳受財
政上之損失。最近各地不衛生區域之得以
整理改良者，此為最有力之原因。

改良不衛生區域之分區收用制度，亦
推行於德，法，比，意等國。法國於1850
年，已有「關係不衛生地區改良之法律」。
市，區，村對於不衛生住宅之業主，不獨
有命其改築或拆除之權，且於必要時可收
用之。其居住之不衛生狀態，為環境所
產生時，對於附近一帶土地得施行分區收
用，且於整理後不必予原地主以購買之優
先權，可以普遍投標法售賣之。

但以上各國對於不衛生地區之改良，

大都於道路，公園，廣塲等之新設或擴充時聯帶舉行，在英國則此種情形極少。

第五章　以財政利益爲目的之分區收用

都市計畫事業之財政手段

分區收用或逾額收用，可以財政上之利益爲目的而舉行，以期於籌得都市計畫事業費用外，並有盈利可獲。故雖以整理餘地，保護都市計畫事業，及改良不衛生區域之直接原因而施行，若其決定時，以財政上有無損失爲要件，則槪以「以財政上之利益爲目的」論。茲論其得失如下：

都市計畫事業之執行，例如道路，運河，公園，廣塲等之新設或擴充等，每使附近土地之利用能率激增，因之地價亦於極短時間內騰漲，此非地主自身努力之結果，乃由執行事業之都市，支出公帑而致者也。故地價增漲之利益，不當屬於地主，而應爲代表市民全體之都市所有。分區收用及逾額收用卽本此原理以收土地增價利益之一法，此外尙有土地增價稅法，受益者納稅制度，與消極的土地整理法等，爰列舉比較，以研究分區收用與逾額收用在財政上之得失：

採用財政手段之分區收用

分區收用及逾額收用非對於各種都市計畫事業一律舉行，唯以獲得土地爲必要之事業爲限。若欲由此獲得財政上之利益時，不可不具備企業上必要之種種條件，其重要者爲（一）收用費總額不宜過多，（二）地價騰漲須迅速，（三）關於土地之收用，處理等，須有充分權限。

（一）收用時之地價過高，或收用地上物件之賠償費過多，或收用之面積過大，均足致收用費總額特高，而增加企業上之危險性。蓋（甲）已有相當發達之土地，其價值恆高，施行事業後增價率，則比較微小，故對於此類土地，若投大宗費用以收用之，殊爲危險；（乙）價值低廉之土地，若有建築物存在，則其賠償費及拆除費，以及居住者之遷移費皆爲數不貲，而使收用費浩大（尤以補償費之支給，習慣上每比時價爲多，此點尤須注意。）且此種事業，每爲市會議員及其他運動所牽制，又土地及房屋業主亦不無從中弄巧舞弊者。〔美國 Massachusetts 州嘗派專員，調查巴黎，倫敦，及其他歐州各都市關係道路改良之土地政策。據其報告，有下列事實：巴黎計畫某道路之放寬時，地主串通租屋人，抬高租金至100％—200％，且締結法律上所許可之最長期間之契約，以取得較多之賠償費，或在收用之土地上，建築堅固房屋而結識賠償審查委員，以騙取不正

當之賠償費。又賠償審查委員濫用職權，以過多之賠償費予市民者亦屬不少，例如1888年放寬某道路時，收用住宅48戶，平均每戶每年租金54元，按照法國法律，房東無論何時，得於三個月前通知租戶解除租約，故租金之賠償按三個月計算，已屬從豐，乃賠償審查委員會，竟給予三年以上之租金，每年各169元。又某次市定租屋人賠償費700元，竟增至13,000元，店舖遷移賠償費486,500元，竟增至935,120元。尤甚者，對於某租期已滿之商店，市定遷移費爲7.40元，竟改給600元）。故土地收用價格無論如何低廉，而收用費總額，每屬甚巨，縱地價激漲，恐亦難免損失。(丙)收用面積過於廣大者，亦易發生此類危險。蓋土地價格，不單因改良事業而變動，且地價之增加，不必盡如所預期者，故收用面積愈大，企業上愈爲危險，收用費浩大之事業，實爲投機性質。

(二)收用費雖少，若地價增漲不速，亦難期獲利。蓋市內及附近土地之價格，雖常有多少增漲，然施行分區收用及逾額收用必於工程完畢後，將土地賣出以抵償支出之一切經費（土地、建築物及其他賠償費，）及事業經營費與利息等，然後有餘利可圖，且在公共事業上，自收用至處分期間，務宜極短，非如專營地產業者可

將土地久久廢置，待價而沽，而在極短期間內，自難望地價激漲而獲厚利。

Boston市道路委員會長某氏，嘗在第四次美國都市計畫會議席上，報告該市試行分區收用之一例（Proceedings of the Fourth National Conference on City Planning. P. P. 57—68)。據云，開闢100呎寬之道路，貫通已有相當發達之市區某部分時，僅收用築路用地一項，已需款8,118,811元，收用兩傍不適於建築之餘地，又需費3,804,899元，若沿新道路兩邊，各收用進深125呎之土地，尙需7,875,000元，以上三項並計，土地收用費總額爲19,799,000元，此外對於土地上之建築物及其他賠償費，設以土地價格之一半計，應爲29,698,500元，尙有事務上及法律上之經費未包括在內。若欲依逾額收用法，等得此項經費，勢非剩餘土地於工程結束後，卽漲至原價之153%不可。然僅開闢道路一條，而期地價激漲若是之速，終不可能。

(三)對於地價之增漲，必須確有把握，否則爲投機事業。經營需費浩大之事業，而使其財政上之基礎，爲投機性質者，是爲最危險之事。由此觀之，對於已經高度發達之土地而舉行分區收用或逾額收用，殊屬不宜。徵諸實例，舉行分區收

用或逾額收用而確獲利者，大率不外新市區之開闢，或以工程之設施，使市面發達甚速也。

（四）欲獲得財政上之利益，尤以對於土地之收用與處理，具有充分權力為最要。先就土地收用權而論，普通僅以財政上之利益為目的，而行使土地收用權，多不得許可，必須以整理餘地或保護都市計畫事業等為理由，始得批准。日本對於逾額收用，僅以「有施行土地整理之必要時」為限。（都市計畫法第十六條第二項及同法施行令第二十二條）此種規定雖為「以私有財產制度為組織基本之社會」所贊同，但就他方面而論，都市投大宗經費於生產，而用對於公衆有利之方法，以收地價增漲之利益，亦屬正當。故 Ohio 州予都市以廣汎之逾額收用權，且規定為籌集收用費，而舉行市公債時，可單以所獲得之土地為抵押品，此外都市不負任何責任，以間接限制財政上之用途。(Ohio amendment to Constitutions Adopted 1911, Art. XVII. Sec. 10) 又法國 1918 年之 13,222 號法律，對於關係公共改良事業之土地，其價值可增至 15% 以上者，許可土地收用權之行使，但規定地主繳納與土地增價額相等之負擔費得免予收用其土地，蓋冀公衆利益與私人財產權同受保護之意。

其次，關於所收用土地之處分權，例如處分之時期，方法，條件等，若都市無絶大自由，則難獲收用土地之利益。就處理時期而論，有時須將土地保有若干時日，始可獲得地價增加之充分利益。關於此點，各國法例，概規定工程結束後得加以處理，並未規定何時務須處理完竣，唯按照公共事業之性質，則未便任其久為空地，以免流弊。

次就處理方法而論，有出賣，出租，交換等三種。出賣或出租，或用普遍投標方法，或用承認特別關係人有承受優先權之投標方法，或以隨意契約出之。承認土地被收用者，地上權被奪去者，住宅及營業處所被遷移者，有承受之優先權，雖可表示同情於此等人之損失，及尊重其愛護原地之心理，但由他方面觀之，此等人之損失，已受有充分之賠償，似不必再予以投標之優先權。日本法制之規定，對於

（一）施行逾額收用時，所有土地之全部或一部分被收用者及其承繼人，

（二）施行逾額收用時，有房屋在所收用之地上者及其承繼人，

（三）施行事業收用時，被收用土地之業主及其承繼人，

（四）施行事業收用時，被收用土地上

房屋之業主及其承繼人
等予以優先權，令其儘先投標（都市計畫
法施行令第二十四條，）如不能賣出或租
出時，始得用普遍投標法辦理。但此種規
定，殊非保護都市財政利益之道（都市計
畫法施行令第二十六條）。

　　復次，關於處理上之條件，若有不合
理之束縛時，則於財政上利益之獲得殊有
妨礙。蓋分區收用及逾額收用，常以造成
適當建築用地及保護都市計畫事業等爲目
的，故對於地畝之形狀面積，及建築物之
用途，構造，外觀等，加以相當條件及限
制巳足，若過於嚴格，有時足妨礙土地之
利用，使地價受重大影響。尤以強制都市
遵守此類條件及限制，而不具備其他有利
條件時，分區收用及逾額收用對於財政上
之損失，更可預料。

　　茲舉外國之實例數則如下：

　　巴黎　巴黎於 1852 年至 1869 年間
，開闢新道路 56$\frac{1}{4}$ 哩，獲得 2,726,000 方
碼之土地。道路兩旁有餘地時，許可舉
行逾額收用。雖收用餘地之面積不詳，
假定爲 5,000 方呎，將其劃成兩個地畝
，待至 1869 年賣出，得土地價總額爲美
金 51,800,000 元，此外尙有 728,400 方
碼之土地，照時價值 14,400,000 元者未
賣出，但其中含有廢除道路之地 390,000

方碼。土地收用費之總額爲 259,400,000
元，減去逾額收用所得土地總價 66,20
0,000 元，得築路所用土地之總價，爲
193,200,000 元。故全部逾額收用所得土
地之價值 66,200,000 元，不過合土地收
用費之總額之 25,5%。開闢之道路旣在
56 哩以上，則此項土地增價額決不可謂
爲財政上之成功，要其原因，不外土地
收買費，房屋拆遷費及居住者之補償費
等過高耳。

　　Brussels (Bruxelles)　十八世
紀之中葉，Brussels 市之道路狹窄，
系統不整，且通過「下市」中央部分之
Senne 河，水頗污濁。1867 年比政府着
手將該市大加改造，導 Senne 河於市之
下方，填塞舊河道，以築廣大之商業道
路。當時（1867 年）之法律，對於逾額
收用，不限區域，得自由收用必要之土
地。該市爲力求新道路之繁榮，與其利
用之適當起見，對於路旁房屋之建築者
貸予建築費約半數，且將剩餘土地賣出
，以六十六年爲繳款期限，而年利亦僅
四釐半。因之發生土地上之大投機，致
該市以超出最初預算頗多之費用，新道
路之建設與貸予建築費之事業始克完成
。及至今日，該市所有沿此項新道路之
建築物大小計四百餘所。1867 年之負

償，雖不滿 8,000,000 元，至 1879 年，則超出 50,000,000 元，迨 1886 年償還時，竟達 56,000,000 元之多。

該市於 1902 年開闢新道路時，收用土地之價格，估定為 6,400,000 元，據專門家之估計，則為 5,200,000 元。其後收支相抵，尚虧5,500,000元以上。

倫敦　由 1857 年至 1889 年，倫敦市工務局，於市內中央部分新闢及放寬道路五十七處，長約 14 哩，而於道路兩旁施行逾額收用。全部土地收用費計 58,859,000 元，賣出剩餘土地之總價為 25,607,000 元，約合收用土地費之 43.5 %，行逾額收用法之五十七處中，只有一處，獲有利益，計其土地收用費為71 1,491 鎊，剩餘土地賣價則為 831,310 鎊，其所以能獲利之故，則因地主某侯爵按工務局能獲利益之賣價，將其土地地從廉出售，且土地上無建築物耳。其他各道路剩餘土地售價在土地收用費之 35 % 以上者僅七處，餘則大率在 20 % 以下，故舉行逾額收用殊不經濟，例如某區道路之放寬時，收用土地費為 2,01 7,000 元，剩餘土地之賣價為 422,000 元，故實支經費為 1,595,000 元，若僅收用築路之地，則只需 1,264,000 元，反較上數為少。

Montreal　Canada 之 Montreal 市於 1912 年擴充 St. Lawrence Bouvard 時，採用逾額收用法，以 690,850 元之經費，收用 102,002 平方呎之土地。除築路所用土地為 49,258 平方呎外，餘以標賣方法賣出，計得售價 722,194 元，除支出廣告費，標賣手續費共計 6,344 元，及土地收用費外，尚獲 25,000 元之利益(Cushman: Excess Condemnation pp. 143—4)。

該市開闢某道路時，亦採用逾額收用法而獲 12,817 元之餘利，計

收用土地面積	130,817	平方呎
築路用地面積	55,637	”
賣出餘地面積	75,180	”
收用土地費	99,626	元
剩餘地賣出淨價	112,443	”
盈　利	12,817	”

又該市於新築某廣場時，亦因施行逾額收用而獲利 16,780 元，計

收用土地面積	164,504	平方呎
建築道路廣場所用土地面積	82,426	”
賣出餘地面積	82,078	”
收用土地費	82,252	元
餘地賣出淨價	99,032	”
盈　利	16,780	”

土地增價稅

執行都市計畫事業時，將此項事業所產生之土地增價利益收歸公有之第二種手段爲徵收土地增價稅。

土地增價稅者，於地價在某時期內由於自然或人爲的原因而騰貴時，以其增加價格爲標準，而向地主徵收之租稅也。徵收土地增價稅之理由，與分區收用及逾額收用之以財政手段舉行者相同，所異者，後者以舉辦特別事業而收地價增漲之利益爲目的，前者則以獲得各種原因所致地價增漲之利益爲目的，後者兼以造成建築用地或保護都市計畫爲宗旨，前者則專以收入爲宗旨，一則以取得土地所有權，以達到目的，一則毋需取得土地所有權，亦可完全獲得地價增漲之利益。

按照徵收土地增價稅之本旨，爲對於土地或建築物業主不勞而獲之利益，課以捐稅，對於由業主勤勞而致之增加價格，自不應然。然完全沒收不勞而獲之利益，事實上亦有所不能，故地價增漲較少時，固不應徵收其增漲額之全部，即增漲較多時，亦復如是。攷諸各國情形，普通對於增價較少者完全免徵，對於增價較多者，亦僅徵收三分之一左右。

世界各國中最早施行土地增價稅者，爲德國之於膠州灣租借地。其規定係以純利益之33.3%爲徵收限度。德國之 Frank-furt am Main 市於1904年採用土地增價稅制度，增價額在15%以下者免徵，超過15%者按增價額之 2%—25 %徵稅。Köln 市則對於增價額在10%以上時，徵收增加額之10%至25 %，Leipzig 市對於增價額在5%以上時，徵收增價額之5%至20%，Hambung 市對於差增率（？）在10% 以下者，徵收增價額之1%至5%，差增率在10%以上者，視差增率之大小，加徵10%至100% 不等。總之，徵諸施行土地增價稅最早之德國各都市之實例，對於差增率在10%以下時，徵收土地增價稅者絕少，大率從10%以上起徵，且多按增價額之1%至25%計。日本內務省於大正十三年根據都市計畫特別稅之立案，對於增價額在10%以上時，始許可徵稅，其稅率爲增價額之5%至30%。

據上所述，徵收土地增價稅，收入上終屬有限，故英國雖曾採此制而旋即停止，其原因亦以收入難如預期，反需支出若干徵稅費用，故都市計畫事業以徵收土地增價稅爲財政手段，殊無大效可期。

受益者負擔制度

對於都市計畫事業之重要財政手段，除以上所述者外，最近通行者，爲特別徵稅或受益者負擔之制度。經營公共改良事業時，使享受特別利益之地主負擔事業費

之一部分，各國早巳行之。英國於1427年對於再造被海嘯破壞之都市，即施行此種法律，其後對於倫敦大火後之復興亦然，1667及1670年之法律亦有所規定。(Special Assesment, By the Committee on Sources of Revenue, National Municipal League, p. 3) 法國於1672年，對於巴黎改造，亦以命令規定此項辦法。美國則於1691年紐約州法中載有1670年英國法律所規定者。此種法規大率以土地所有者之受益程度及其負担能力為大概標準，而對於特別土地於經營特別工程時徵收費用，非如現今之有一定原則，以作公平徵收也。

自法國以1807年之法律，規定國，府，縣，市，區，村等於開闢道路，建設廣場及建築或改良碼頭等時，得向享受特別利益之不動產業主徵收受益額之二分之一。然後含有近代意味之受益者負担制度始得確立，其後逐漸推行於德國（1875年（，英國（1900年），法國（1907年），及日本（大正九年）等。美國則於十九世紀，尚未普遍採用，自1813年紐約州之高等法院承認此項原則以來，各州次第倣效，至1850年採用者有十一州，1875年有二十六州，今則聯邦各州皆經採用，凡大都市之都市計畫事業，概以此為財政上之重要手段矣。

日本都市計畫事業，如道路，廣場之新設或擴充，或路面之改良，河川，運河等之新設或改良，對於切實受益之地主與質權者，有時並對於地上權者，長久租地人，租借人等，得按受益之限度，使負担事業所需費用之全部或一部。（都市計畫第六條第二項，同法施行令第九條，大正九年九月六日內務省令第二十八號，及大正十四年十一月二十八日內務省令第二十六號）

受益者負担制度之特長，在不涉及土地所有權，而在事業上無投機性之流弊，與分區收用及逾額收用異，又事先即能確實預定收入之數，與土地增價稅亦異，故可避免分區收用及逾額收用等所招致之非難，而於都市計畫事業之財政手段上遠勝土地增價稅，但亦不免有若干缺點：（一）不能確知某項土地由都市區畫事業而致之受益金額，蓋地價決非單由都市計畫事業所支配，縱令施工後地價即騰漲，亦不能即斷定為工程而致，即曰能之，亦須待至數年以後，方能確定實際受益程度。然施行受益者負担制度者之通例，對於此種情形皆完全漠視，而於某特定工程施行時逕行估計受益額，不但不合理，且可謂為「專制」方法。如發生謬誤，必致各受益者之負担不公平，是為一大缺點。（二）由收

入方面觀之，此制度之原則，係於受益額
之範圍內，以事業費爲限度而徵稅，故受
益額，卽地價增加額，雖比事業費較大，
亦無超出事業費以上之收入可期，若受益
費比事業費少時，更不待論。但受益者負
担制度，雖有此種缺點，然由事業者方面
觀之，事先卽可確定收入之數，就市民方
面而論，得見其所担任之費用，應用於目
所共覩之事業，故於具有相當負担力之市
區施行不甚苛酷之徵收方法，尚不致招致
過於不平之反感。此方法有漸次普遍採用
之傾向，卽以此故。

土　地　整　理

　　爲比較都市計畫事業之財政手段起見
，對於土地整理亦應加以攷慮。土地整理
以造成適當之建築地畝爲目的，無論由私
人團體或由公共團體執行，決非以財政利
益爲宗旨。但採用此方法，則建築道路，
廣塲，運河等必要之土地，可於相當程度
內無償獲得，且整理費用，亦可使整理區
域內之地主及關係人負担。由結果上觀之
，土地整理可謂爲無償獲得建築道路，運
河，廣塲及其他必要公用土地之一手段，
但無償獲得之土地面積，非無限制。至其
範圍，在理論上，應以因土地整理所致之
地價增加額爲限度，徵之實例，則有名之
普魯士 Adickes 法所規定者，爲土地整理

由地主團體舉行時，爲整理面積之40%，
由自治團體強制舉行時爲３５%，希臘之
Salonika 市舉行市區土地整理時，其限定
爲 27% 以下，日本都市計畫法則規定爲
10%。

　　採用土地整理法，固可無償取得土地
，且同時造成適當建築地畝，但對於在地
上權及他種關係上已經相當發達之土地，
則不適用。故變更原來用作山林田野之土
地爲建築地畝時，雖易舉辦，但改造已成
市區時縱屬可行，對於財政上之損失，亦
不可不加以攷慮。

結　論

　　分區收用及逾額收用，以施行於預料
都市計畫事業施行後能迅速發達之土地爲
有利。地價旣達相當高度，舉辦工程後難
期激漲時，則以施行受益者負担制度較爲
合算。改良價格旣不低廉而又難期激漲，
且面積廣大之土地，則以施行土地整理爲
最適宜。至於土地增價稅，不能視爲特別
工程費之有力財源，所以列舉之者，不過
姑備一格耳。

第六章　分區收用之實例

本章係根據 Denkschriften des Verbandes Dents-
cherArchitekte nund Ingenieurvereine 第二卷
中之 Die Zonenenteignung 而寫成者；(編者註)

　　英國　第一至第三圖，爲倫敦分區收

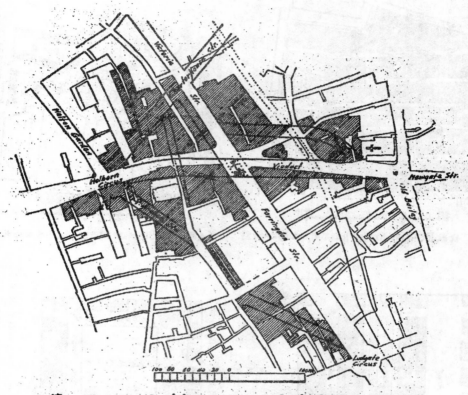

第一圖　倫敦 HOLBORN 建築旱橋及附近

用之例。如第一圖爲 Newgate Street 與 Holborn Circus 間聯絡上之便利起見，於低凹之 Farringdon Street 上架設旱橋，且新闢 St. Andreas Street, Charterhouse Street 等道路，以通旱橋。圖中畫斜線部分，均被全部收用，除築路所用外，均劃成建築地畝出賣。此係以整理餘地爲主而施行分區收用之一例。

第二至第五圖爲倫敦與 Manchester 市因改良不衛生地區，而舉行分區收用之例。其中第二，第三兩圖示倫敦 Bondary Street 附近區域之改良設計圖。實施時收用土地 15 英畝，拆去住宅 728 所，並強制居戶 5719 人遷移。因此以前不衛生地區得

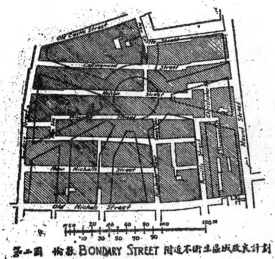

第二圖　倫敦 BONDARY STREET 附近不衞生區域改良計劃

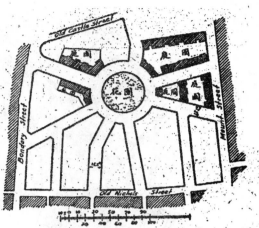

第三圖　倫敦 BONDARY STREET 附近不衞生區域改良後之情形

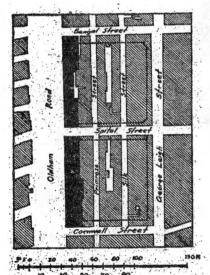

第四圖　MANCHESTER 市 OLDHAM ROAD 附近不衞生區域改良計劃

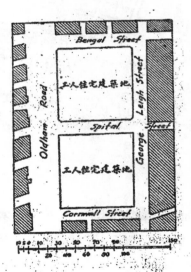

第五圖　MANCHESTER OLDHAM 路 附近不衞生區域改良後之情形

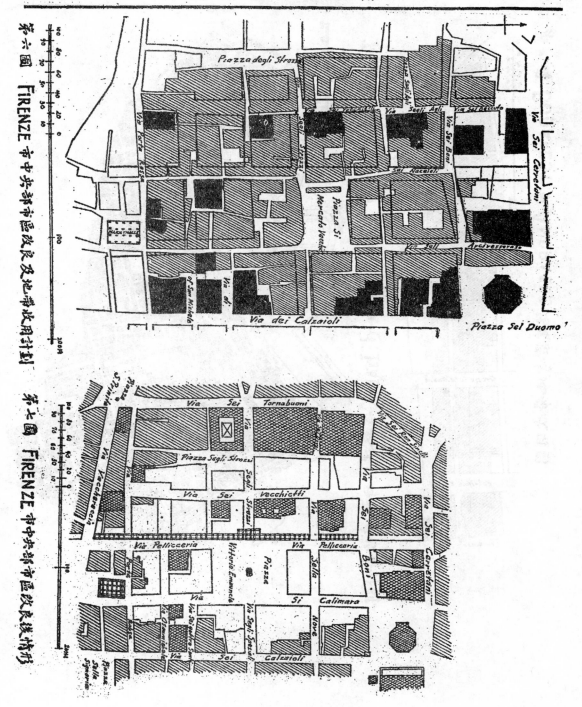

第六圖　FIRENZE 市中央部市區改良及地帶收用計劃

第七圖　FIRENZE 市中央部市區改良後情形

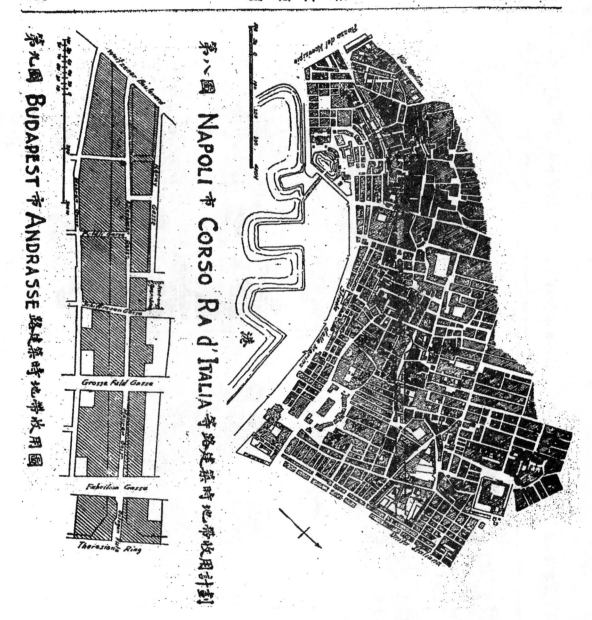

第八圖　NAPOLI 市 CORSO RA d'ITALIA 等路建築時地帶收用計劃

第九圖　BUDAPEST 市 ANDRASSE 路建築時地帶收用圖

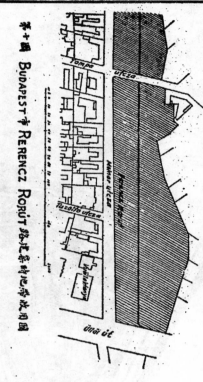

第十圖 BUDAPEST市 RERENCZ RORÚT 路北半新市地帶收用圖

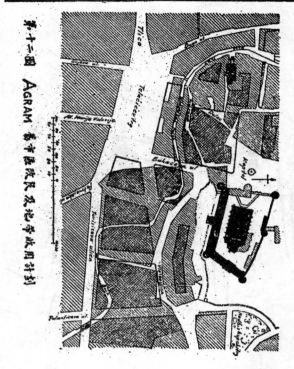

第十二圖 AGRAM 都市區改良及地帶收用計劃

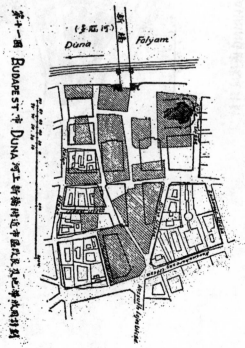

第十一圖 BUDAPEST市 DUNA 河上新橋附近市區改良及地帶收用計劃

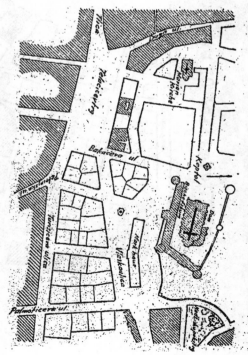

第十三圖 AGRAM市都市區改良及收用情形

15833

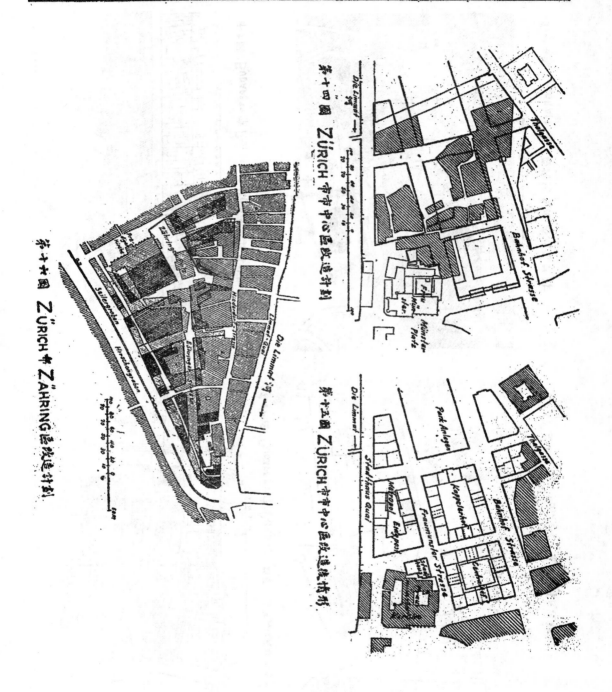

第十四圖 ZÜRICH 市中心區改造計劃

第十五圖 ZÜRICH 市中心區改造後情形

第十六圖 ZÜRICH 中 ZÄHRING 區改造計劃

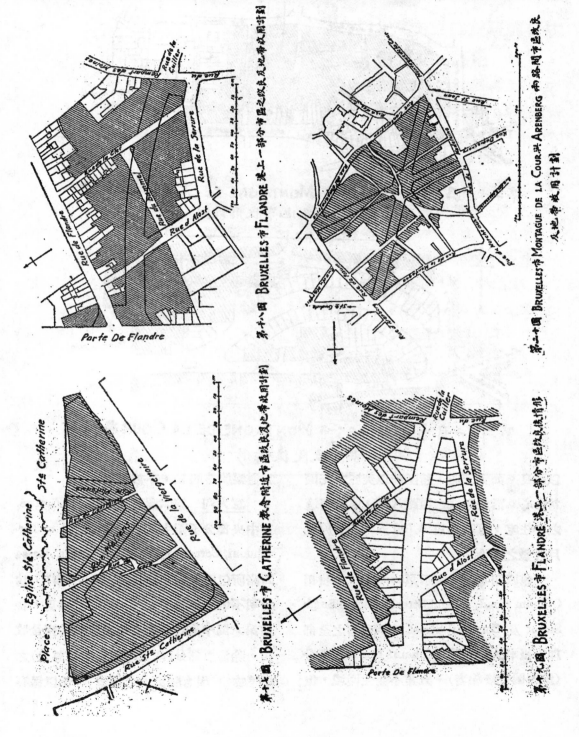

第十八圖 Bruxelles 市 Flandre 港上一部分市區之改良及市地帶收用計劃

第二十圖 Bruxelles 市 Montague de la Cour 與 Arenberg 兩路間市區改良及地帶收用計劃

第十七圖 Bruxelles 市 Catherine 教令附近市區改良及地帶收用計劃

第十九圖 Bruxelles 市 Flandre 港上一部分市區改良情形

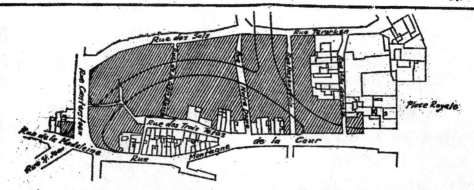

第二十一圖 BRUXELLES 市 MONTAGNE DE LA COUR 路附近
市區改良及地帶收用計劃

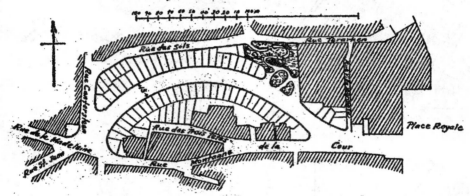

第二十二圖 BRUXELLES 市 MONTAGNE DE LA COUR 路附近
市區改良後情形

以改良。如第三圖，新區域以美麗之花園
爲中心。沿放射式之道路八條，建築舒適
之小住宅，可容居民 4,700 人，約合原居
戶人數之 82%。

　　第四圖及第五圖示 Manchester 市收用
Oldham Road, Bengal Street, George Leigh
Street 及 Cornwall Street 間六段落之全部
加以根本改造。沿 Oldham Road 之部分
（第四圖畫格線者），雖非不衛生區域，但

爲通盤改造起見，亦被收用。

　　意大利　第六圖及第七圖，示 Firenze
市中央部分不衛生區域之改良設計。Tor-
nabuoni, Cerretani, Calzaioli, Porta Rossa
四路所包圍之部分（面積約 10.5 公頃），爲
湫陋不堪之房屋所充滿。爲改造起見，特
將第六圖中畫斜線之土地及建築物完全收
用，除塗黑部分（即第七圖畫格線部分）之
建築物，因有歷史上之價值，予以保存

外，其他建築物，概予拆除，然後建築寬82公尺，長90公尺之大廣塲一處，與寬12—14公尺之縱橫道路多條。第七圖中之空白部分，爲改成適當建築地畝後，再行出賣之土地。

第八圖爲 Napoli 市舊市區因 1884 年發生虎疫 (Cholera) 而改良之設計圖，其施行逾額收用之部分，係圖中畫格線者。對於改良後造起之建築物果否適當，雖有種種議論，但此等區域，由衛生上觀之，非常改善，殆無容疑。

奧地利及匈牙利　Budapest 市市區之改良，非由於衛生上之必要，而爲交通上及美觀上着想者居多，就中道路計畫之最著名者爲 Andrasse(?) 及大環狀線之建設。第九圖示建築 Waitzener Boulevard 與 Octogon 廣塲間之 Andrasse 路時之分區收用圖。新道路之寬度，爲 34,14 公尺。爲造成兩旁建築用地起見，圖中畫斜線部分之土地及建築物，悉被收用。

第十圖示大環狀線之一部分，卽 Ferencz—Rórut 路之放寬時，Molnar 小路一邊之土地，卽圖中畫斜線部分，因放寬道路及造成建築地畝而被收用。

第十一圖爲 Budapest 市之 Donau (Duna) 河上新橋附近路線變更設計。圖中畫斜線部分爲收用土地之面積。

第十二圖及第十三圖爲 Agram 市（現屬南斯拉夫）之都市改造計畫。此項計畫係就交通，衛生，美觀各方面同時着想。除新闢及放寬道路外，汙穢發臭之 Medvescak 小河亦因新運河而改道。此項計畫實施時，係將土地整理與分區收用並用。

瑞士　第十四圖至第十六圖示 Züreih 市建設市中心與改良 Zähring 區之設計及所收用之土地。（卽第十四，十六圖中畫左上右下斜線之部分，其第十六圖中畫右上左下斜線之部分，則爲許可建築物存在之處，又畫格線部分，爲收用建築物之部分）。

比利時　比國舉行分區收用之實例，可於 Bruselles (Bruxelles) 市之改良不衛生地區見之。其一爲改良橫貫舊市汙穢之河道，以保持其附近住宅之衛生，於1870年，收用其全部土地及房屋，建築林蔭大道，並於事後將兩旁逾額收用之土地，加以整理，使成建築地畝，再行出賣。因之市中央部分之交通狀態，着實改善，且市容爲之煥然一新。

第十七圖爲 1886 年示 Catherine 教會附近一帶之改良設計。該教會南部段落三處，爲不衛生之簡陋房屋所充塞，故予以全部收用，於其中央部新闢廣闊道路二條，而地方面目因之完全改變。

15837

其他分區收用於建築由 Cuiller 路至 Plandre 港間之道路時施行。第十八圖中畫斜線部分示所收用之地畝。第十九圖示新道路完成後兩旁劃成之建築地畝。

第二十圖為 Montague de la Cour 與 Arenbery 兩路間之地畝收用設計圖，因此計劃構造不完全，光線，空氣不充足之建築物得以改良，而所有住宅皆得面向廣闊之新道路。

第二十一及第二十二圖示放寬 Montague de la Cour 附近狹隘及坡度過大之主要商業道路並舉行土地整理之分區收用設計圖。第二十一圖中畫斜線部分示被收用之土地。第二十二圖示新道路及建築地畝圖。Ravenstein, Notre Dame 及 de la Croia Blanche 三小路，完全廢去。

（附）摘錄城市設計及分區授權法草案 (國都設計技術專員辦事處擬)

第三十三條　關於闢寬現有街道，或建築新路時，如因下列各項情形，市政府如經市立法機關之許可，得有收用逾額土地之權：

　　（甲）需地為一小公園，或其他公共曠地，為闢寬或建築街道計劃之一部分者，

　　（乙）所以更改貼近地段之情形，面積及數目，俾於闢寬或建築街道後，不致有餘剩之小地段，及地段之不合形式者，

　　（丙）所以重定與新定，或擴寬馬路平行或相交之次要馬路之位置。

第三十六條　市政府於闢寬或建築街道竣工後，得隨時將一部或全部逾額收用之土地，轉賣於給價最高者。

第三十七條　為三數以上之幹道所包圍之地段，如有下列情形，市政府如經市立之機關許可，得收用之。是為分區收用權：

　　（甲）收用地段，以為建築公園或為公共空地之用。

　　（乙）收用地段，以便規劃一普通整齊之次要道路系統，俾得適當之寬度及布置，

　　（丙）收用地段以免貧民聚居過密，積聚汙水穢物，有礙全市衛生者。

第四十一條　市政府於完成該計劃後，得隨時將任何部分或全部地段轉賣於給價最高者。

交通幹道設計標準之一斑

（原文載 "Bautechnik" 8. Jahrgang, Heft 7）

Hermann Pickl 著

胡　樹　楫　譯

　　从事道路設計以前，首須解決之問題，凡有多種，而以決定最小直視線之最小長度(Mindestsehstrecke)爲尤要。最小「直視線長度」者，兩迎面行駛之汽車互可望見而得從容避讓時之最小距離也。考萬國道路警告號誌豎立之處，距所關係之地點，規定爲150公尺，且據實地經驗，此數亦屬適用，則最小直視線長度似可規定爲此數之二倍，即300公尺。唯汽車在空地旁道路上之交會，其危險程度，不如穿過警告地點遠甚，故以上數爲最低標準，不免失之過苛。若以「制動距離」(Bremsweg)爲標準，則因各種車輛之速率與重量，制動設備之種類與數目，道路之構造，天氣之晴雨，駕駛人之技能各各不同，制動距離，亦甚不一致，無從決定一定之數字。故惟有根據經驗，以規定最小直視線長度，庶幾近是。茲參照德國汽車俱樂部(Allgemeiner Deutscher Automobilklub)駛行試驗之報告，擬定最小直視線長度爲200公尺。約與新式汽車以每小時60—70公里之速度，行駛於濕滑之柏油路面時，制動距離之兩倍相當。

　　最小直視線長度雖擬定如上，然計劃道路時，如建築費用所增不多，務宜擇用較大之數，以減省駕車人之目力與疲勞。

　　道路跨越凸起之地(邱阜)時，路面豎曲線之半徑H與直視線長度S，目光高度h之關係（參照第一，第二兩圖），可以下式表之：

$$\left(\frac{S}{2}\right)^2 + H^2 = (H+h)^2 \text{即} \frac{S^2}{4} = 2hH + h^2$$

　　因 h 與 H 比較之下，爲數甚小，故 h 可略去不計，而得

$$H = \frac{S^2}{8h}$$

　　假定 h＝1 及 1.5公尺，由各種半徑得相當之直視線長度如下表（第一表）：

　　機器腳踏車，及若干種汽車，往往座位甚低，故目光高度應選較小之數，即1公尺。據上表，得與最小視線長度200公尺相當之豎曲線半徑爲 5,000公尺。因路面常非完全平滑，故設計時應以 6,000 或 7,000 公尺爲標準，以期穩妥。

第　一　表

竪曲線半徑H（公尺）	直視線長度S（公尺）		竪曲線半徑H（公尺）	直視線長度S（公尺）	
	h=1公尺時	h=1.5公尺時		h=1公尺時	h=1.5公尺時
1,000	90	110	10,000	285	345
2,000	125	155	11,000	295	360
3,000	155	190	12,000	310	380
4,000	180	220	13,000	320	395
5,000	200	245	14,000	335	410
6,000	220	270	15,000	345	425
7,000	240	290	20,000	400	490
8,000	255	310			
9,000	270	330			

　　有時竪曲線半徑雖小於 5,000 公尺，而直視線長度仍可達 200 公尺以上，例如竪曲線長度較上數爲短時是（參攷第三圖（•遇此等情形時，可畫高出路面 1 公尺之平行線，然後自圖中量取視線之實際長度。唯爲行車舒適起見，無論如何，凸竪曲線之半徑不得小於 3,000 公尺，凹竪曲線之半徑，亦復如是，以免汽車駛行時前部提起（如第四圖）或下部與路面接觸（如第五圖）。

　　•竪曲線之凸凹相反者，於其間插入直線一段，固屬適宜，然有時亦可付諸缺如（如第三圖）。總之，道路工程上之尺寸，實施時之準確程度，不能達公分（cm）以下，且速駛之車輛皆具有彈性之打氣橡皮輪胎，與鐵路上情形有別，故各種過於精密之點，不必計較可也。

　　道路之縱剖面圖中，長度與高度之比例尺常不相同（長度之比例尺普通爲 1:1000, 高度之比例尺 1:100），故畫入竪曲線時，頗感困難。最好按 3,000 公尺，4,000 公尺等半徑，分別製成專備此項用途之曲線板，以備應用。唯曲線之對稱軸若非垂線（參觀第六圖），則畫出之曲線不甚準碻，有時宜將該叚剖面另按長度高度相同之比例尺畫出，然後將各點之高度縮小畫入縱剖面圖中，或用計算方法亦可，唯手續較繁耳。

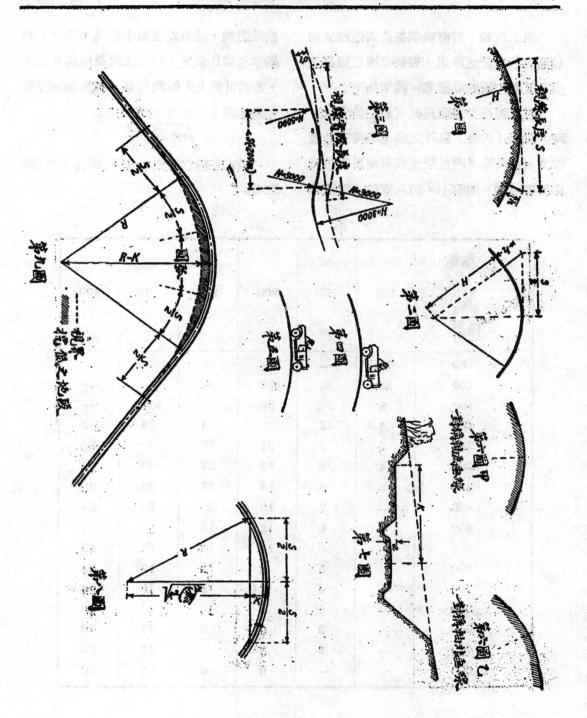

以上所論，爲直視線長度與道路立面（縱剖面）設計之關係，茲將根據直視線長度之道路平面設計標準，述叙如下：

路面較兩旁地面爲低（即在坎內者）時，曲線「內邊」以外之地，有時須挖去若干，使往來車輛於規定直視線長度內可以互相望見。如第七，第八兩圖，設所須挖低之地，其界點距路中線爲K公尺，曲線半徑爲R公尺，規定視線長度爲S公尺，並爲計算上之便利起見，假定車輛行駛於路中線上，則得下列公式：

$$K = R - \sqrt{R^2 - \left(\frac{S}{2}\right)^2}$$

若以各種實數代R及S，則得下表（第二表）：

第 二 表

曲線半徑R(公尺) ＼ 規定直視線長度S(公尺)	100	150	200	250	300	400
50	50	—	—	—	—	—
100	13	34	100	—	—	—
150	9	20	38	67	150	—
200	6	15	27	44	68	200
250	5	11	21	33	50	100
300	4	9	20	27	40	76
350	3	8	16	23	34	63
400	—	7	13	20	30	54
450	—	6	12	18	26	47
500	—	6	11	16	23	42
600	—	5	8	13	19	34
700	—	4	7	11	16	29
800	—	4	—	10	14	25
900	—	3	6	9	13	23
1,000	—	3	5	8	12	20
2,000	—	—	3	4	6	10

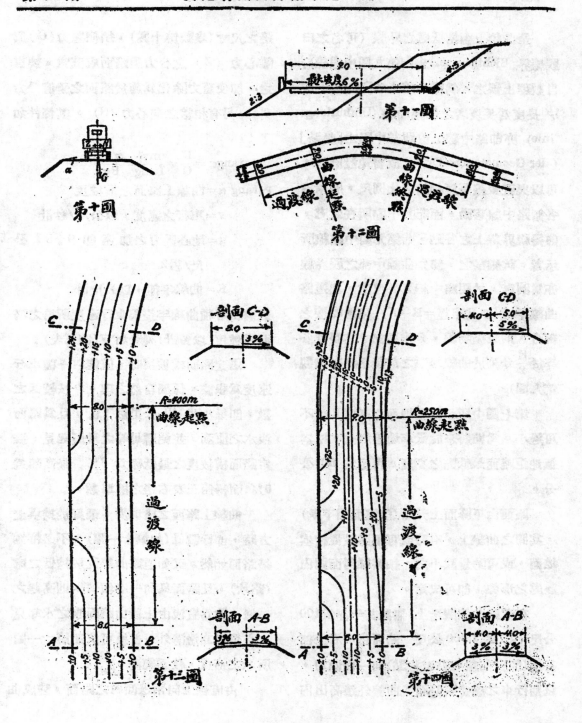

第十一圖

第十圖

第十二圖

剖面 C-D

剖面 CD

R=400m
曲線起點

R=250m
曲線起點

過渡線

過渡線

剖面 A-B

剖面 A-B

第十三圖

第十四圖

全曲線上應挖低處之界線（可名之曰
視線界 Sichtgrenze, 參觀第九圖中虛線），
自數理上觀之，爲路中線上各「弦」以直視
線長度爲長度者之包圍曲線（Umhüllungs
inie），亦卽路中線上直視線中點之「軌跡」
(·der Geometrische Ort)，故實地設計時，
可以與直視線長度相當之比例尺，將兩端
各循路中線移動，而記其中點所在之處，
卽得視界線上之各點，如第九圖中點線所
示者。試細察之，卽知曲線中部之視界線
亦爲圓弧，於距路中線K公尺處，與道路
曲線平行（卽其半徑＝R－K），兩邊啣接之
部分，則成拋物線，分作兩部，其長度各
等於 $\frac{S}{2}$ 分列於曲線起點之前後兩邊（參觀
第九圖）。

　　第七圖中所示挖空地面之高度 a，不
可過小。爲備將來設置草地等起見，挖空
抵地距路面最低點之高度 a 可定爲 50 公
分。

　　路面由下降而上升時（卽路面凹下處）
，其間之曲線上，有時或可不必設置挖空
地面，或可酌量減小之，細察縱剖面圖內
該處之形勢，卽可決定。

　　在道路曲線灣道上，無論其半徑爲100
公尺，抑爲 1,000 公尺，路面務須沿全部
長度（卽自曲線起點至終點）向一面傾斜，
以期行車之穩妥與舒適。曲線外邊高出內

邊之尺寸（參觀第十圖），須使重力（G）與
離心力（Z）之合力與路面成直角，換言
之，卽使重力除化爲施於路面之垂直分力
外，另有相當之向心力（N）。其條件如
下：

$$tang\alpha = \frac{N}{G} = \frac{mv^2}{Rmg} = \frac{v^2}{Rg}$$

內 tang α＝曲線上路面之橫坡度

　　　　v＝車行之速度，以公尺/秒計

　　　　g＝地心吸力之加速 卽 9.81 公

　　　　　尺/秒2

　　　　R＝曲線半徑，以公尺計

茲將由各種曲線半徑與車行速度所得之路
面橫坡度（以%計）列表如下（第三表）：

　　選定路面橫坡度時，僅能以一種車行
速度爲根據，係屬自然之理。今按較低之
數，卽每小時 40 公里以下計，且爲路面
洩水之便利，並免騾馬等之滑倒起見，擬
定路面橫坡度之最低額爲 3%，最高額爲
6%，而得第三表右邊之標準數。

　　曲線上路面之橫坡度，最好於挖填土
方時，卽行設置（如第十一圖），不必待舖
築路面始然。又如道路曲線位於挖低之處
（路塹），且路面只向一邊傾斜，則高起之
一邊，除爲宣洩由上段山路而來之水起見
，必須設立邊溝外，普通可依照第十一圖
所示之佈置，較爲經濟。

　　由直線上向兩邊傾斜之路面，變成曲

第 三 表

車行速度	每公里時數	30	40	50	60	70	80	90	100	標準數
	每公尺秒數	8·4	11.1	13.9	16.7	19.5	22.3	25.1	27.8	
曲線半徑（公尺）	50	14	25	39	57	77	101	128	157	6
	100	7.2	12.5	19.7	28.4	38.8	50.6	64.2	78.8	6
	150	4.8	8.2	13.2	19.8	25.6	33.6	42.8	52.6	6
	200	3.5	6.3	9.8	14.2	19.3	25.2	32.1	39.5	6
	250	2.8	5.0	7.9	11.3	15.4	20.2	25.7	31.5	5
	300	2.4	4.1	6.6	9.4	12.8	16.8	21.4	26.3	4
	400	1.8	3.1	4.9	7.1	9.6	12.6	16.0	19.7	
	500	1.4	2.5	3.9	5.7	7.7	10.1	12.8	15.8	
	600	1.2	2.1	3.3	4.7	6.5	8.4	10.7	13.2	
	700	1.0	1.8	2.8	4.0	5.5	7.2	9.2	11.3	
	800	0.9	1.6	2.5	3.5	4.8	6.3	8.0	9.9	3%
	900	0.8	1.4	2.2	3.1	4.3	5.6	7.1	8.8	
	1000	0.7	1.3	1.9	2.8	3.8	5.0	6.4	7.9	
	1500	0.5	0.8	1.3	1.9	2.6	3.4	4.3	5.3	
	2000	0.3	0.6	1.0	1.4	1.9	2.5	3.2	3.9	
	3000	0.2	0.4	0.7	0.9	1.3	1.7	2.1	2.6	

線上向一邊傾斜之路面，宜逐漸進行，以免車輪與路面相觸，故直線與曲線間須加入「過渡線」轉喬距離（Übergangsstrecke）一段以媒介路面橫坡度之變遷。唯此所謂過渡線，非如鐵路上之過渡曲線，係指直線而言，以汽車由直線駛入曲線時，如其離心力已經消滅，則轉灣甚易，與列車之駛行於鐵路上不同也。如第十二圖，設曲線半徑在300公尺以下，則曲線上之路面寬度須比直線上之寬度放大。假定後者為8公尺，則前者應為9公尺，即曲線之內邊向弧中點移進1公尺，「過渡線」上之寬度則由8公尺遞增至9公尺。「過渡線」上橫坡度之形成法，觀第十三圖及第十四圖

自明，茲不贅述。「過渡線」上有一部分路面成水平面，此項面積務求縮小，以免妨礙洩水，故「過渡線」不可過長：但「過渡線」若過短，則其間路面各點之高低變化，又或過於急促，致車輛之四輪不能同時着地，而有震盪之虞；故對於「過渡線」之長度，可視路中線之縱坡度與曲線上之橫坡度如何，隨時酌定，約以20—40公尺爲度，有時或須採用 20 公尺以下之數，亦未可定。根據此點，則兩方向相反之曲線間，所有過渡線之長度應爲40—80公尺，不待言喩。

若定曲線上路面向一邊傾斜之最大橫坡度爲6%，並欲使車輛以每小時 40 公里之速度行駛時，其離心力完全消滅，則按第三表，曲線之半徑不得在 200 公尺以下。又爲汽車易循曲線行駛，而免斜抄路面起見，曲線半徑亦應選擇較大之數，而以曲線較長時爲尤甚。故曲線最小半徑可定爲 200 公尺。前此普通以 300 公尺爲交通幹路上曲線最小半徑者，係援用關係鐵路快車路線之規定，實則彼所根據之車軸距離與輪軌間摩擦力等，在道路方面毫無顧慮之必要也。

（附）國道工程標準及規則

（十八年十月二十二日鐵道部公佈）

第一條　全國國道之修治，應遵照本規則辦理。

第二條　國道路輻之寬度，定爲三十公尺。

（甲）國道舖砌面之寬度，不得小於六公尺。

（乙）國道平坦面之寬度，規定如下。在隄上者，其舖砌面之兩邊，應有各寬 三 公尺之路肩。在坎內者，其舖砌面之兩邊，應有各寬一‧五公尺之路肩。在山旁者，其坎邊應有寬一公尺半之路肩，

其隄邊應有三公尺之路肩。

第三條　在隧道內之國道，其舖砌面之兩邊，應有各寬一公尺之路肩。

在橋面上之國道，其舖砌面之兩邊，應有各寬一公尺之人行道。

第四條　前條所述之舖砌面寬度，於徑過曲線時，應照下列情形增加之：

凡曲線半徑小於一〇〇公尺者，加寬二公尺。

凡曲線半徑大於一〇〇公尺，但小於一五〇公尺者，加寬一‧五公尺。

凡曲線半徑大於一五〇公尺，但小於

二五〇公尺者，加寬一公尺。

凡曲線半徑，大於二五〇公尺，但小於三〇〇公尺者，加寬〇‧五公尺。

凡曲線半徑大於三〇〇公尺者，不加寬。

第五條　國道路面，須超過該地通常水面五公寸以上。

第六條　國道之最大縱坡度，定爲百分之八，但遇特殊情形，如經山林區域時，此項坡度，得由鐵道部酌量增加之。

第七條　路坎兩旁，應修剪至適宜於該處土質之斜坡，除屬特性黃土 (loess) 外，應用一‧五與一比之斜坡爲標準，因特性黃土，兩旁垂直，較傾斜更爲穩固，硬石路坎之兩旁，亦宜垂直。

第八條　路堤兩旁，應以一‧五與一之比爲最小坡度，土質因天然之下沉而成爲更斜之坡度者，亦可採用之。

硬石路堤之兩旁，應以一與一之比爲最小坡度。

第九條　國道路面，應分爲種類如下：

甲種　不透水之碎石（即馬克當）路面
乙種　礫石路面
丙種　沙泥路面
丁種　泥土路面

前項（甲）　凡築道路，除甲種路面外，非經鐵道部允准後，不得採用他種路面。

前項（乙）　各種路面之建造，須遵照鐵道部所定之標準說明書辦理。

前項（丙）　鐵道部於必要時，得將路面施用適當規定之柏油材料。

第十條　國道上之直視線，不得短於一百二十五公尺，但遇多山區域時，得由鐵道部酌量改短之。

第十一條　平曲線之半徑，不得小於一百公尺，但遇特別情形時，得經鐵道部允准後改小之。

第十二條　背向兩曲線之間，應置一長六十公尺以上之直線以連接之。

第十三條　國道平曲線之超高度，應具有長十五公尺之轉高距離，半在直線之上，半在曲線之上，最大超高度，應照下列公式計算：

$\dfrac{810}{R}=$ 每公尺舖砌寬度應超高之公分數

公式內 $R=$ 平曲線之半徑

第十四條　平曲線之起點及訖點，距離橋梁或隧道之兩端，至少須三十公尺。

第十五條　縱坡度之改變在千分之五或千分之五以上時，其兩端直線，應用一豎曲線以連接之。所有凸豎曲線之半徑，不得小於一千公尺。所有凹豎曲線之半徑，不得小於三百五十公尺。所有豎曲線，應與

15847

連接兩端之直線相切。

第十六條　在平面地上之路坎，及少於二公尺深之路堤，其兩旁應置洩水明溝。

第十七條　遇必要時，地下排水溝渠，亦應置備。

第十八條　橋梁及涵洞之計劃，須以能承載一萬五千公斤重之汽車為準則。（見附錄）

第十九條　國道橋梁跨過鐵路者，不得用木料或其他引火之材料建造之。

第二十條　國道橋梁跨過鐵路者，其軌頂與橋底之豎距離，不得小於六公尺七公寸。

第二十一條　國道橋梁跨過鐵路曲線時，其跨度應加長，以適合鐵路曲線之曲度，其軌頂與橋底之豎距離，亦應加高，以適合鐵路路軌之超高度。

第二十二條　鐵路橋梁跨過國道者，其國道路面之最高點與鐵路橋底之豎距離，不得小於四公尺七公寸五公分。

第二十三條　在國道路旁，或由關坡流下，及橫過國道之溝渠等處所畜之水，均應置涵洞以宣洩之。所有涵洞之大小，應於詳測該處所包含之排水面積後決定之，并應足夠宣洩計算所得最大之流水量。

第二十四條　隧道內之縱坡度，不得

小於千分之五，應由一端斜至另一端，或由中央向兩端傾斜。

第二十五條　隧道內應置反射燈，以免危險。

第二十六條　國道兩旁，除路坎外，均應栽種樹木，所栽之樹，須距離舖砌路面之邊二公尺，并須在舖砌路面與明溝之中央。又兩旁寬三公尺之路肩上，須將草植滿。

第二十七條　下列各處，應置護欄，以免危險：

（一）橋梁兩端之翼牆，

（二）較大涵洞之兩旁，

（三）峻急斜度之路旁，

（四）灣曲路面之路旁，

（五）傍山鄰水之路旁，

（六）過高路堤之兩旁。

第二十八條　在曲線過銳或斜度過峻之交叉路上，均應豎立警告標誌。上述標誌，須遵照鐵道部規定製造，以歸一律。

第二十九條　本規則內各條，如遇必須變通之處，應呈候鐵道部核准施行。

第三十條　本規則如有未盡完善處，得由鐵道部隨時修正之。

第三十一條　本規則自公佈日施行。

工程標準及規則附錄

（一）靜重

凡計算橋梁及他種建築之靜重，應用左列之單位重量：

泥土及沙	每立方公尺	1900公斤
水泥混凝土及磚	每立方公尺	2400公斤
木料（已施或未施防腐劑）	每立方公尺	950公斤
鋼	每立方公尺	7850公斤
石塊，石礫，瀝青	每立方公尺	2100公斤

（二）活重

（甲）凡計算橋面縱梁及橫梁，每平方公尺之路面，須能承載四百公斤之均佈載重，或照下列（丙）項之貨車計算。

（乙）凡計算桁梁或鈑梁，其跨度在三十公尺或以下者，每平方公尺之路面，須能承載三百五十公斤之均佈載重，其跨度在六十公尺以上者，每平方公尺二百五十公斤，其跨度在前二者之間者，則須以比例得之。

（丙）凡標準貨車，須重一萬五千公斤

其輪底距離爲四公尺二公寸五公分。後輪佔重百分之八十，前輪佔重百分之二十。貨車之全長應爲六公尺七公寸五公分，其後輪上伸出之長度爲一公尺七公寸五公分。在前輪上伸出者爲七公寸五公分。計劃時，當照路面上所能盡量並列之貨車輛數，以計算應力。

（三）衝擊力

（甲）木料建築，

衝擊力可以不必計及，

（乙）水泥混凝土建築，

衝擊力應照活重百分之二十五計算。

（丙）鋼質橋梁，

$$衝擊力 = P\left(\frac{300}{0.30L+300}\right)$$

式中之 P 爲活重應力，L 爲跨度上之載重距離，以公尺計，此卽在該桿發生最大活重應力者。

世界各國公路長度之比較

據1929年美國官廳之調查，世界各國公路之總長度，以美國居最大數，計4,886,000 公里，約居全世界之38.7％；俄國居第二，計1,242,000公里；日本第三，計920,500 公里。此外德國爲346,700 公里，大不列顛26,600公里。又公路棧網以日本爲最密，計每平方公里之區域平均有公路1.8 公里。因日本於近五十年來始有鐵路故。(Modern Transport Feb. 2nd 1930)

椿板式駁岸之計算法

（原文載 Bautechnik, 8. Jahrgang, Heft 5）

Dr.Ing. Lohmeyer 著

胡　樹　楫　譯

現在通用計算有拉條椿板式駁岸 (Verankertes Bohlwerk) 的法子，是先求駁岸後面泥土的壓力和他所引起的前面泥土的抵抗力，然後擬定椿板打入泥土內的深度，再看前面泥土抵抗力的大小，斷定椿板可以避免搖動的安全度數。反過來說，如果擬定了一定的安全度數，亦可以由此算出椿板應該打入泥土內的深度。此種算法，對於泥土抵抗力的分佈情形不能確定，不過拿種種近乎事實的假定條件來做根據。說到椿板的厚度，現在通用的計算方法，是把各椿板看作支在兩點上的桁梁，上面的支點是拉條，下面的支點是泥土抵抗力分佈面積的重心。其中顯然有矛盾的一點，就是椿板打入泥土內愈深，他的厚度愈要加大，因為抵抗力的重心隨着往下移動，椿板的跨度便要加大的原故。

現在通用的計算方法，不很合人滿意，大約是一般人所公認的。下面所寫的另一種計算方法，是根據經驗而來的。因為照通用方法計算的駁岸椿板普通都似乎太厚，過分的彎曲或者甚至於折斷，可以說絕沒有見過的，但是在別一方面說，打入泥土的深度又顯然嫌少，因為椿板的走動或倒塌倒常是有的。新法和舊法不同之處，是拿另外一種泥土抵抗力的分佈情形來做出發點。下面將要證明，現在通用的假定條件：「椿板式駁岸後面的泥土壓力，只有後面的拉條和前面的泥土抵抗力來抵抗他」只在一定的入土深度範圍內是不錯的。要是入土深度大些，椿板後面隨着椿板「彎曲線」(Biegungslinie) 的形狀，亦有泥土反抗力發生，因此前後兩面的泥抵抗力發生一種「嵌定力率」(Einspannungs-moment)。拿這種「力的分佈」情形來計算，板椿的入土深度不免較大，但厚度却可以減小。總括一句話，這樣算出的尺寸比用舊法算出來的，更和由經驗得來的結果相符。

* * * * *

有拉條繫住的椿板，在泥土內的情形，和憑空無依靠的椿板不同之處，就是後

者在泥土內一定要發生「嵌定力率」，前者卻不必盡然，他所受的泥土壓力亦可和上面拉條的拉力同下面泥土的抵抗力相消。在此種情形之下，椿板的下端要轉動起來，轉動的中心點，在椿板末端以下，因此椿板的全部亦跟着向前面移動（因為這樣前面泥土纔能沿打入深度的全長發生抵抗力）但是椿板前面的泥土亦許不讓他全部向前移動，此時椿板下端拿在他上面的一點做中心來轉動，所以這點以下的部分向後移動，後面發生泥土抵抗力，因此亦發生「嵌定力率」。

有拉條的椿板，如果打入泥土的深度，和泥土壓力比較之下，過分長大，他的

下端必須有「嵌定力率」來鎮壓他，纔能嵌定在泥土內不動。要是只有前面的泥土抵抗力，椿板的下端亦要受彎曲的影響，否則板椿的彎曲線要變成沒有彎曲的部分中線的切線了。這種情形必須彎曲線上有一「彎度轉換點」(Wendepunkt)，纔能成立，彎度轉換點又必須由椿板後面泥土抵抗力之作用纔能發生。下文的出發點是：「入土很深的，換一句話說，從入土深度看起來，受力比較小的椿板，他的下端「嵌定在泥土內不動」，但是椿板的形狀變化，亦可以直到他的下端為止。

上面說的這一種椿板可用第一圖來說明他。因為椿板受泥土壓力的作用內發生

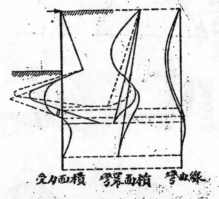

第一圖　嵌入泥土內甚長之椿板　　　　第四圖　彎羃與嵌定力率之關係

「嵌定力率」，由前後兩面的泥土抵抗力而成。泥土抵抗力的大小，和他的作用到何地位為止，我們還不知道，圖裏畫的受力「嵌定力率」，由前後兩面的泥土抵抗力而

成，泥土抵抗力的大小，和他的作用到何地位為止。我們還不知道，圖內畫的受力面積，(Belastungsflochen) 不過是可能的一種。椿板的下端地位不變，他的彎曲線

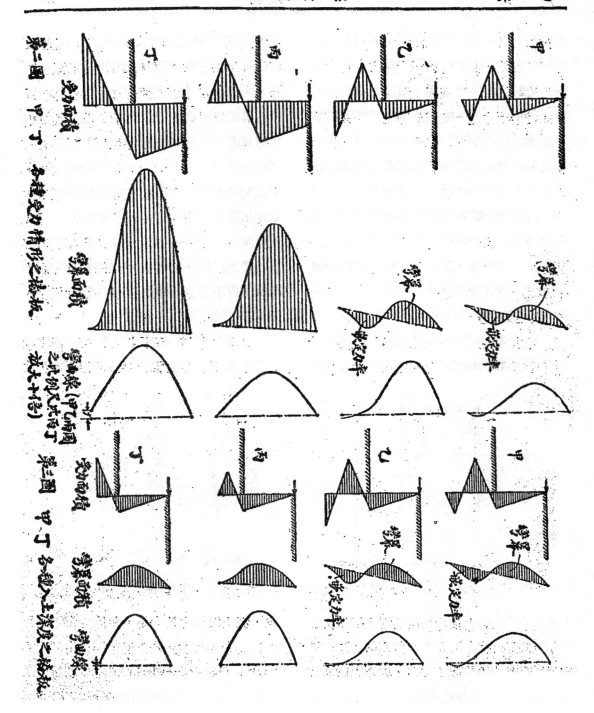

在此處同本來的中心線一樣，然後向後彎，和中心線相切，又轉換方向彎出板椿中線的前面。彎曲線向前凸出和向後凸出之部分，和椿板前後兩面泥土抵抗力分佈的範圍相當，因為椿板向泥土方面彎去，發生壓力之處，這部分的泥土纔能發生抵抗力。

第二圖(甲)一(丁)表明有拉條的椿板承受的力量大小不同時的情形。(甲)圖表明椿板下端不動，泥土抵抗力從這點起在椿板後面逐漸發生的一種特別情形。假定圖裏「受力面積」的界線是直線，是為便利起見。除受力面積以外，又畫出和他相當的「彎冪面積」和「彎曲線」。椿板承受的力量如果加大（譬如因為駁岸後地面承載的重量加大），那麼泥土的抵抗力亦要加大。此時椿板下端後面泥土抵抗力由零加增到一定的數目，椿板的下端向後面彎曲起來（看乙圖）。椿板承受「嵌定力率」和「彎冪」，和甲圖一樣。倘若椿板承受的力量再加增起來，他的下端後面的泥土抵抗力便要停止作用。(丙)圖表明椿板下端後面的泥土抵抗力剛等於零的特別情形。此時椿板下端前面的泥土壓力亦等於零，所以末端仍舊在原來地位，沒有移動。別的部分全向前彎，所以椿板所承受的只有彎冪，沒有「嵌定力率」。如果椿板承受的力量還要增加，他的下端前面的泥土抵抗力便要從

零增加到相當大小。(丁)圖表明椿板前面泥土能發生的抵抗力完全被利用時的特別情形。倘若椿板所受的力量再增加起來，他便要倒塌了。〔原註：照(丁)圖看起來，椿板下端前面的泥土抵抗力實際上還沒到這種高度；這部分的三角形受力面積要照彎曲線的形狀截去前面的尖點，不過這裏只講原理，所以(丁)圖亦可看作對的。〕

第三圖(甲)，(乙)，(丙)，(丁)亦表明椿板受力的情形，和上面不同的是椿板承受的力量始終一樣，他的入土深度卻由大至小，各各不同。倘若入土深度很大，那麼椿板的下端不受外力的影響，末端以上的泥土亦不發生可能的最大抵抗力。如果入土深度漸漸減小，頭一步可先到甲圖所表明的一種特別情形，便是椿板的下端不動，從此處起開始向後凸出，和第二圖裏的(甲)圖一樣。入土深度再小下去，便要到(乙)圖表明的一種特別情形，便是椿板下面前後兩方的泥土抵抗力都到了最大限度。入土深度再減少些，椿板後面的泥土抵抗力便漸漸減小。等到他剛剛完全消滅的時候，便是丙圖所表明的情形了。此時椿板下端前邊的泥土抵抗力亦等於零，所以下端在原地位不動。入土深度再減下去，椿板下端便向前移動，前面的泥土抵抗力逐漸加大，直到丁圖所表明的最大限度

為止〔原註：（同上段）〕，如果入土深度再減小些，那麼前邊的泥土不能發生必需的抵抗力，平衡狀態不能再存在，樁板便要倒塌了。

計算樁板的厚度和入土深度時，倘拿第三圖（丁）的受力情形來做標準，入土深度固然最小，樁板承受的力量却是最大。如果樁板承受的力量要減小，必須後面亦有泥土抵抗力發生，便是必須要有「嵌定力率」的作用。在理想上看來，如果固定力率和彎曲率相等，樁板裏發生的「應力」要算最適宜了。不過照下面研究的結果，此種假定情形是不能發生的。

照第三圖（乙）表明的一種特別情形，是樁板入土深度剛剛恰好，使地前後兩面的泥土抵抗力都到最大限度，可以盡量利用，此時「嵌定力率」比露空部分的彎曲率小。現在把此種特別情形在第四圖裏用粗線表明。如果入土深度增加，那麼或者受力情形仍舊不變，或者加長的一部分亦發生泥土抵抗力。在此種情形之下，前後兩面的泥土抵抗力不能充分利用，要比前減小，受力面積裏的「縱距」（Ordinate）縮短，受力面積本身亦要減小，因為重心距離加大的原故（參看第四圖中細線）。但是後面的泥土壓力是始終不變，所以和他相關的「彎羃指示線」（Momentenlinie）亦跟着

不變。和泥土抵抗力相關的「彎羃指示線」却更平扁些（便是彎度更小些）所以彎羃指示線向後面移動，跟着他的「閉合線」（Schlusslinie）亦向後面移動。所以入土深度加大時，樁板露空部分的彎羃要加大，入土部分的「嵌定力率」却要減小。倘若入土深度比在第三圖（乙）（第四圖中粗線）表明的情形之下減小，那麼樁板前面的泥土抵抗力不能再增加，因為在那種情形之下已到了最大限度的原故。樁板D點——便是前面泥土抵抗力停止，後面泥土開始的一點——「彎羃指示線」的彎度仍舊不變，D點以下却比前減小，因為後面泥土抵抗力不能充分作用的原故。所以「彎羃指示線」的「閉合線」亦要向右移，露空部分的彎羃比前加大，入土部分的「嵌定力率」比前減小。如果入土深度再減下去，「嵌定力率」可以變為零，到第三圖（丙）表明的情形。

要達到「彎羃」和「嵌定力率」相等的情形，必須入土深度比第三圖（乙）所表明的減小時，樁板前面的泥土抵抗力還能加大，使「彎羃指示線」的下部彎度加大，閉合線向前移，如第四圖中虛線所表示的。如果泥土的抵抗力很大，此層自然可以實現，但是泥土的「自然坡度」在35度以下，却不能發生此種情形。

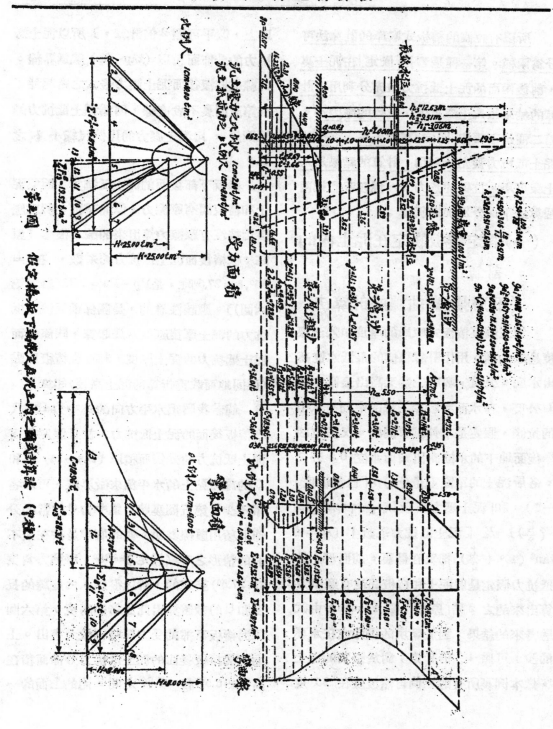

第三圖 化之格板下邊較之為水木之圖表計算法 (下池)

15855

所以有拉條的椿板式駁岸的計算法可分爲兩種。第一種是看作「嵌定」在泥土裏，前後兩面的泥土抵抗力被充分利用；計算的結果是入土深度大，抗彎的應力小。第二種是不看作「嵌定」在泥土裏，前面的泥土抵抗力被充分利用；計算的結果是入土深度小，抗彎的應力大。現在我們把兩種算法下面分別加以研究：

（一）假定椿板嵌定在泥土內的計算法

（甲）利用彎曲線的計算法

第五圖裏椿板式駁岸的厚度和入土深度是未知數。用作計算根據的最低水位高出水底 4 公尺，駁岸上端又高出最低水位 3 公尺，在水面和駁岸上端的中間有水平的拉條，假定是不伸縮移動的。又假定駁岸後面地下的水位高出前面水位 0.5 公尺。各層泥土的單位重量（γ），「自然坡度」（ζ），和「泥土壓力系數」〔$\lambda_a = \gamma \tan^2 (45^0 - \frac{\zeta}{2})$〕及「泥土抵抗力系數」〔$\lambda_p = \gamma \cdot \tan^2 (45^0 + \frac{\zeta}{2})$〕都寫在圖裏。前面泥土的抵抗力假定是照泥土和椿板間沒有摩擦力算出來的之 2 倍〔原註：據 Franzius 由試驗得來的結果，對於新填的濕沙或在水裏的沙，可照 $1\frac{1}{2}$ 倍計算；對於堅實的泥土，像本例裏所有的，倘自然坡度在 25 度

以上，似乎可照 2 倍計算，〕所以泥土抵抗力的分佈面積以 ($2\lambda_p - \lambda_a$) 線爲界線。此線從椿板後面泥土壓力最大之處起始；在第五圖裏不成直線，因爲泥土抵抗力的比例尺，比泥土壓力的比例尺縮小 $\frac{1}{2}$ 之故。

椿板下部後面的泥土抵抗力，因爲泥土和椿板間有摩擦力，偏向下面，所以應該比按沒有摩擦力算出來的減小很多〔原註：板椿後面泥土抵抗力的系數，在 $\zeta = 35^0, \delta = 27.5^0$ 時，是 $\lambda'_p - \lambda'_a = 1.38$（參看第六圖）〕。應該注意的，是關係前面泥土抵抗力的泥土厚度祗從水底起算，關係後面泥土抵抗力的泥土厚度，卻要從椿板頂點（連同地面載重折算的泥土高度）起算。

倘若我們把水平方向的集中力 C 來代表椿板後面的泥土抵抗力，並且假定前面泥土抵抗力的分佈面積以 ($2\lambda_a - \lambda_a$) 線和 C 的施力點上的水平線來做界線，可以省事不少。第五圖裏將和集中力 C 相當的分佈面積用虛線表明。他的底線是按在最不利的情形之下（假定 $\zeta = 35^0$，摩擦力角度 $\delta = 27.5^0$）畫定的，所以很短。由底線的長度和 C 的數值算出此面積的高度。第六圖係將椿板下部的受力面積再放大畫出。上面說的椿板後面的泥土抵抗力分佈面積在高度 -6.57 和 -7.66 之間。他的上面的一

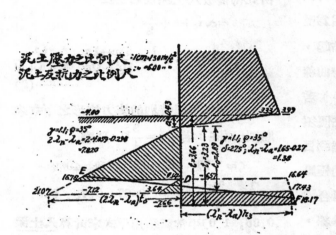

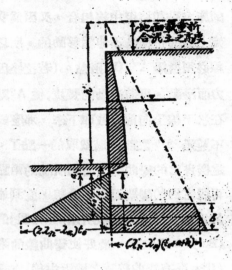

第六圖　第五圖下部之放大及泥土抵抗力面積　　　第七圖　t 與 t_0 之關係

部分（在 -6.57 和 -7.12 之間）和前面泥土抵抗力分佈面積互相抵消，祇剩畫陰影線的部分，他的作用和第五圖裏假定的施力情形完全相同。第六圖裏的校正線（Ausgleichungsgerade）E D F 所分割的兩邊泥土抵抗力分佈面積和畫陰影線的面積很相符合。此種面積和抵抗力實在的分佈情形應該相差不遠，因此第五圖裏假定的泥土抵抗力分佈情形亦可說和實在情形相近。

根據這種假定來計算椿板的入土深度時，先假定椿板的入土深度和指示前面泥土抵抗力的三角形高度，比所求的入土深度更大得多，就這種施力情形畫彎羃指示

線由他的閉合線 A′ C′ 得「彎羃面積」和集中力 C 的數量和施力地位，因此得椿板入土應有深度。

彎羃面積的閉合線必須使由彎羃面積畫出的「彎曲線」有合理的形狀。先假定閉合線一條，將相當的彎曲線畫出。若拿第六圖裏用粗線所表明的精密的施力分配圖形來做根據，所得的彎曲線形狀和第三圖（乙）所表明的相彷彿，便是椿板下端向後面彎出，但是我們將後面分佈的泥土抵抗力用集中一點的 C 力來替代他，所以彎曲線不能跨到椿板的後面來（否則 C 的施力點下面，後面必須發生泥土抵抗力，和我們集中一點的假定相矛盾了，）必須在 C

的施力點和樁板中線相合，又因爲我們假
定上面的拉條是不伸縮移動的，所以彎曲
線必須通過 A″, C″ 兩點。（若拉條因爲受
力而滑動，可將滑動的長度，從 A″ 點起，
在水平線上向前面截取下來，那麼彎曲線
不通過 A″ 點而通過截取的一點了。）若
這樣畫出的彎曲線不通過所說的兩點便須
再假定別的彎冪面積閉合線，直到達到目
的爲止。〔求彎曲線所用的「力圖」的極點
(Pol)，選定時，最好使彎曲線的閉合線
（代表沒有彎曲線時之樁板中線）成垂線，
卽最末一根「極點放射線」成垂線。求「彎
冪面積」和「彎曲線」，初看似乎繁難，其
實彎冪面積的閉合線略一移動，彎曲線對
於樁板中線的形狀便大有變動，所以正確
的結果，不難由嘗試來求出。〕

樁板的最大的彎冪可從彎冪面積裏量
出。樁板從 0 點以下到集中力 C 的施力點
的入土度深度 t_0 必須加長一些，以便受納
後面泥土的抵抗力。第五圖將後面泥土的
抵抗力分佈面積用虛線表出，因此知 t_0 應
增加到 t, 因爲樁板下面 BC 一段好像支
於兩點上的桁梁一樣，他所承載的按三角
形分佈的重力，差不多可看作分佈在 BC
線上（準確說起來，是分佈在 OC 線上，
參看第五圖。）因此由第七圖得：

$$C=(\lambda'p-\lambda'a)(t_0+a+h')b$$

$$=\sim\frac{2}{3}\times\frac{1}{2}(2\lambda p-\lambda a)t_0^2\cdots\cdots(1)$$

由此得樁板入土深度之全長

$$t=\sim t_0+a+\frac{b}{2}$$

$$=\sim t_0+a+\frac{1}{6}\times\frac{2\lambda p-\lambda a}{\lambda p'-\lambda'a}\times\frac{t_0^2}{t_0+a+h'}$$
$$\cdots\cdots(2)$$

上兩式可在特別的施力情形之下拿來
驗誤〔原註：若令 $\delta=\frac{3}{4}\zeta$，那麼

$\zeta=$　　20° 25° 30° 35° 40°時，

$\frac{1}{6}\cdot\frac{2\lambda p-\lambda a}{\lambda p'-\lambda'a'}=$　0.67, 0.75, 0.8,

0.95, 1.0〕平常祇須用下式來計算入土深
度

$$t=a+1.20t_0\cdots\cdots(3)$$

此項結果和由第五、第六兩圖得來完全相
符。

（乙）將樁板上部當作桁梁的計算法

上面所講的法則，還可使他簡單些，
如果我們把樁板的上部，在 A 點和 B 點
（此點和「彎冪指示線」和他的「閉合線」的
交點 B′ 在同一水平線上）中間的一段當作
放在兩支點上的桁梁來求樁板的最大彎冪
。他的跨度是 h_a+x（看第五圖）。h_a 是拉
條離水底的高度，x 是和樁板的尺寸和泥
土的性質有關係的長度。倘若我們從許多
佈置不同的樁板式駁岸來求此種關係的條

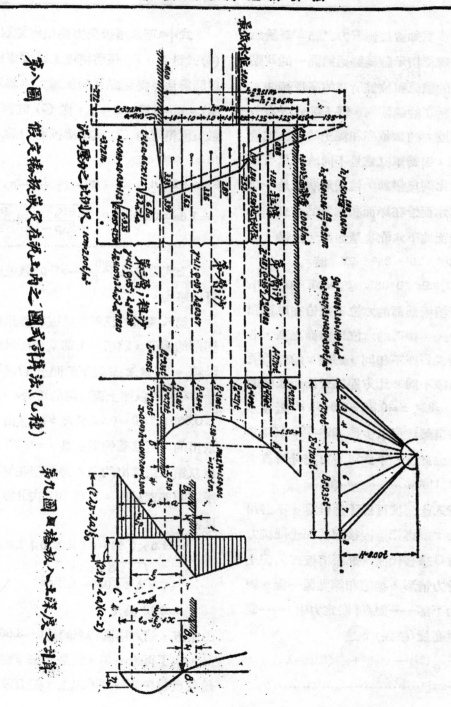

第八圖　假定樁板或定在泥土內之圖示計算法（乙種）

假定樁板或定在泥土內之圖示計算法（乙種）

第九圖　可樁板入土深度之計算

件，頭一步便知道拉條着力之點A'無論如何移動，彎羅指示線總歸通過同一的B'點，所以x的數值和拉條所在的高度無涉。倘若椿板所在的範圍內，泥土的成分均勻一致，那麼x的數值亦和泥土的單位重量亦無關係，因為單位重量不同時，只有施力面積的比例尺變動，他的形狀總是一樣的。假定水面恰在岸面和水底的中央，並且暨岸後面地下水位也是如此，便得

$$\zeta = 20° \quad 30° \quad 35° \quad 40° \quad 時$$
$$x = 0.25h \quad 0\cdot08h \quad 0.035h \quad 0.007h$$

倘若椿板前面的水位不是恰在岸面和港底的中央，後面的水位比前面更高，各層泥土的性質亦不相同，那麼x的數值便和上面稍微不同。比方照第五圖所表明的情形，$\zeta = 35°$，$x = 0.30 = 0.043h$。衹要水底泥土的自然坡度至少是 29°—30°（平常情形皆是如此，）下式可看可充分可靠：

$$x \gtrless 0.1h \quad\quad\quad (4)$$

椿板入土深度可照下法計算，不必用圖解方法： 再把椿板後面的泥土抵抗力用集中力C來替代他，那麼椿板打入泥土的部分受力情形，總歸和第九圖一樣。彎羅面積的下部——便是「嵌定力率」——距B'點ξ處高度（縱距）η是

$$\eta = B_0\xi - \frac{1}{6}(2\lambda p - \lambda a)\xi^3 + \frac{1}{2}(2\lambda p - \lambda a)(a-x)\xi^2 \quad\quad (5)$$

式中a可從椿板受力面積內量取，x照(4)式計算，B_0係將椿板上段當作桁梁時用圖解法算得支點B的反應力（參看第八圖）。$\eta_0 = 0$時，$\xi = \xi_0$。從(5)式算出ξ_0的數值便得可由(3)式得椿板應有的入土深度。

$$t = a + 1.20t_0 = a + 1.20 \times (\xi_0 + x - a)$$
$$= 1.6a - 0.6x + 1.2 \cdot \sqrt{\frac{6B_0}{2\lambda p - \lambda a} + \frac{9}{4}(a-x)^2}$$
$$\quad\quad\quad (6)$$

上式內方根下$\frac{9}{4}(a-x)^2$的數值很小，可以略去。

第八圖係將已經在第五圖裏用彎曲線圖解的例子，將椿板上部當作桁梁看再來計算。因為水底以下的泥土自然坡度是$\varsigma = 35°$，所以照上面所講的可令$x = 0.035h = 0.035 \times 7.00 = 0.25$公尺。雖然由第五圖求出的，更準確的數值是$x = 0.30$公尺，但從第八圖算出的最大彎羅卻在許可的圖解差誤範圍以內。再用(8)式計算入土深度得

$$t = 1.6 \times 0.43 - 0.6 \times 0.30 + 1.2 \times$$
$$\sqrt{\frac{6 \times 9.35}{2 \times 4.059 - 0.298}}$$
$$= 3.72 \text{公尺，}$$

由第五、第六兩圖得來的是t=3.66公尺。

末了再說一句，便是水底下泥土的自然坡度若在29°—30°以上，並且沒有特別

的受力情形，應用（乙）種方法，無論照第八圖來計算最大彎羃，或是用 (8) 式計算入土深度，總可大致不差。若遇相反的情形，亦可以用他來作約略的估計。但是若要十分準確，必須用（甲）種方法計算。

（乙）種計算方法的好處，是根據關係泥土性質和水位的各種假定，可以很迅速穩妥的求得椿板的厚度和入土深度。因為各種假定往往不可靠，所以簡單的計算方法來作種種比較法更覺需要。照普通情形，作此種比較計算時，只須一度應用更準確的（甲）種方法已足。

（二）假定椿板不是嵌定在泥土裏的計算方法

前面已經說過，此種計算方法的條件是椿板後面沒有泥土抵抗力，前面的泥土抵抗力却達最大限度。所以下面不發生嵌定力率，正和第三圖丁所表明的一樣，並且這樣計算的結果是入土深度最小，椿板所受的彎曲率却是最大。第十圖將第五圖所表的駁岸用此種方法來計算。彎羃指示線的畫法和第五圖相同，A 點以上的閉合線是從 A' 點向彎羃指示線所畫的切線，他的切點便在椿板的上端。第五圖裏的彎羃面積只畫到受力面積最下一段的重心點 (C') 為止。椿板的長度却要到此段的下面界線為止。

（三）兩種計算方法的比較

上面對於同一例子用（一）（二）兩種方法算出的入土深度，一邊是 3.66 公尺，一邊得 1.83 公尺，椿板的全長一邊是 10.66 公尺，一邊是 8.83 公尺，最大彎羃一邊是 12.64 公尺噸，一邊是 16.8 公尺噸。所以不嵌定在泥土內的椿板（下面簡稱第二種椿板）的長度，只需嵌定在泥土內的椿板（下面簡稱第一種椿板）的 0.83 倍，但是他的抗彎率却需後者的 1.33 倍。木質或鋼筋混凝土（如果鋼筋佈置是同樣的）椿板的抗彎率和厚度或體積的平方成比例；各種鋼鐵椿板的剖面形狀大都是「相似」的，所以抗彎率亦和重量的平方成比例。在本例子看來，第二種椿板所需的材料，只需第一種的 $0.83 \times \sqrt{1.33} = 0.96$ 倍。倘若再把別的例子來比較，便知泥土的自然坡度愈小，和椿板前後兩面水位的差別愈大，第二種椿板對於用料上愈加經濟。不過對於這裏和下面所舉的數目，有一點應當注意，便是算法（二）是把代表椿板前面泥土抵抗力的三角形的全部面積來做根據，實際上為適應彎曲線的形狀起見，這三角形是應該截去一部分的（參看前面譯註，算法（二）却已經顧到此層。）所以算出的入土深度嫌小一點，因此在用料比較上第一種椿板

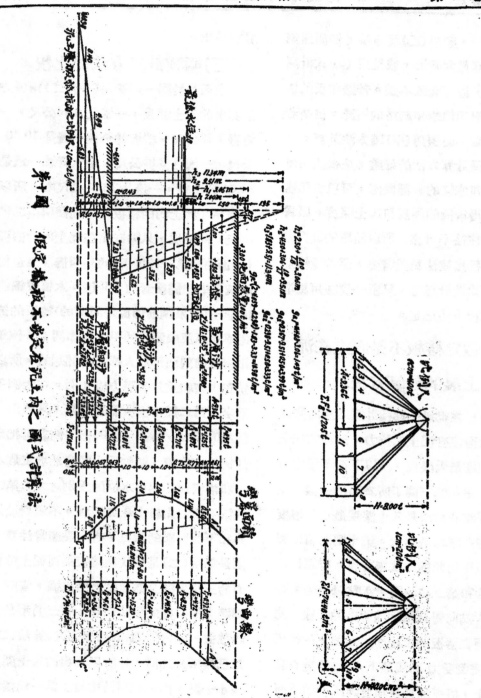

第十圖　根示拋束拱完在拋土內之圖式計法

實際上更經濟。

現在再舉幾個例子來觀察，假如有高出水底 6 公尺的敗岸，前面水深 3 公尺，在水平的岸面上每平方公尺有 2 噸的載重；地下土質是完全一樣，在水面以上的單位重量每立方公尺是 1.8 噸，在水面以下的是 1.1 噸，不計前後兩面水位的差別。根據三種泥土自然坡度 20°, 30°, 40° 來計算，得下列的結果：

泥土之自然坡度：　　　　20°　30°　40°
椿板長度：第二種椿板等於第一種的 0.81 0.83 0.86倍
最大彎羃：　 ＂　　　 1.28 1.40 1.39倍
所需材料：　 ＂　　　 0.92 0.99 1.02倍

又假定泥土的自然坡度是 20°，椿板後面水位比前面高 1 公尺，便得

第二種椿板的長度合第一種的　0.81倍

第二種椿板的彎羃合第一種的　1.24倍

第二種椿板的用料合第一種的　0.90倍

上面的數目均表明如果作第二種計算時，將泥土抵抗力面積改正，得的結果未必比第一種更經濟。

現在退一步說，即使第一種算法用料比第二種多些，無論如何，還是用第一種算法更好。爲什麼呢？因爲第二種算法求得椿板的入土深度是和安全上所需要的最小限度相近，假如有一天敗板所受的外力忽然加大（譬如岸上載重增加，或是水位

大有變動，）或是假定的泥土壓力大小，或是拉條受力移動，那時椿板的入土深度便嫌太小，有搖動倒場的危險。用第一種計算法設計的椿板，外力縱加大，不過彎羃面積的閉合線向後移動，因此嵌定力率減小，彎羃加大，但是椿板的應力雖然加大，不過約略超出規定應力的安全倍數，並無折斷的危險；下面泥土的抵抗力亦可「應付裕如」，或者使椿板的下部稍向後彎（同第三圖乙一樣），或者再進一步，使嵌定力率將近消滅（同第三圖丙一樣）。至多亦不過使嵌定力率完全消滅（同第三圖丁一樣），除非椿板的彎羃加增到33—50%（看泥土性質如何）之多，纔有搖動倒場的危險。

因此我們不應當用第二種方法來計算有拉條的椿板式的敗岸。這裏把此種計算方法來講，無非因爲他是以前通行的。以前人們用此種方法時，爲遷就實際情形起見，往往把椿板前面泥土抵抗力減低計算，或只利用他的一部分，或許可椿板的應力特別加大，使他差不多和材料變態甚大或破壞時的應力相近。此種不得已的辦法，用第一種計算方法可以避免。但是計算敗岸時，所許可的應力不妨比計算橋梁加大很多，因爲普通敗岸沒有震動的外力作用的原故。只有極少例外情形，纔有因震動的外力而減低應力的必要。

鋼 筋 混 凝 土 烟 囪

李 學 海

（弁言）　斯篇所述鋼筋混凝土烟囪之設計，爲丹麥 Danahlith 氏所發明，專利多年，聲譽久著，海於服務南洋羣島時，得之於丹麥工程師 Steen Sehested 氏，惜其記述太簡，未成完璧，玆特就其原作廣爲推闡，參以己意，草成此篇，聊供近代土木工程界之研究，並爲吾華烟囪建築業闢一新紀元，其有未盡之處，讀者諸君幸垂教焉。

（例）　遜羅皇家鐵路 Makasan 工廠之鋼筋混凝土烟囪，西曆1925年建。

烟囪牆高出地坪面上	＝H＝40公尺
烟囪牆低入地面坪下	＝－2公尺
烟囪牆全高度	＝42公尺
烟囪頂外圓半徑	＝R_0＝85公分
烟囪頂內圓半徑	＝R_1＝75公分
烟囪牆厚	＝t＝10公分
烟囪勒腳厚	＝(t＋t_1)＝15公分
烟囪牆斜度(內外同)	＝△＝2％

（甲）模子

（一）設計　模子爲鋼筋混凝土烟囪工程之主要部分，亦卽最難部分，故價之低昂，工之優劣，恆係乎是。本篇所述爲一種施工新法，其模子之組合極爲簡捷，其原則如下：

原則　將烟囪高度 h 分爲若干段，每段高 4 公尺。(若烟囪不大，可減至3公尺或2公尺) 先做最下層 4 公尺高一段之模子，其餘各段均由此項模子用極簡便而精確之手續逐段改小重裝。法將此項模子橫截爲四分段，各高 1 公尺，依下例次序輪流改用：

第 1 分段改作第5, 9, 13, …………分段
第 2 分段改作第6, 10, 14, …………分段
第 3 分段改作第7, 11, 15, …………分段
第 4 分段改作第8, 12, 16, …………分段

使此 4 公尺一段之模木足供全烟囪之用，工料旣省，爲時又速，誠爲最經濟之方法也。

若烟囪高度不等於 4 公尺之整倍數時，則以大於 h(1—3公尺) 而等於 4 公尺之整倍數之 h' 爲假定高度(參觀第一圖)，照此做成最下 4 公尺高一段之模子，唯於此段施工時，僅裝用上端 4＋(h—h')＝3—1公尺之部分，其餘部分 (第一圖中畫斜線者) 則留待建築以上各段時改小裝用。

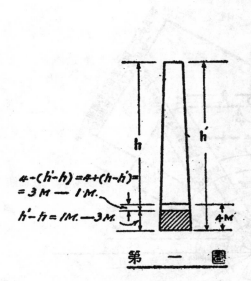

第 一 圖

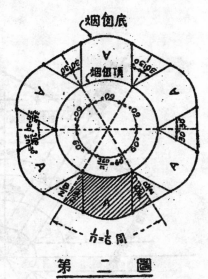

第 二 圖

　　每分段模又依60°(45°或30°)角度縱截爲6(8或12)等分，以每塊面積約合1平方公尺左右爲度，庶在地位極狹之烟囱臺架上，僅容一二人工作之際，易於扛起。

　　數理說明　有圓筒(空心圓墻)於此，(其周面與頂底兩面互相垂直)，以與頂底兩面平行之平面橫剖爲無窮薄之扁環，各扁環復用通過圓筒中心線之平面，平分爲 n 塊，而將最上一層固定不動，以下逐層循對稱線(對稱面)依一定斜度在該平面上向外平行推移，(使每在下之一層比緊接在上之一塊所越出之尺寸各爲無窮小) 則成 n 斜立之圓筒塊，其頂部聯立爲圓環，兩旁則留有三角形之空隙。再以三角形平板填塞此項空隙，則成空心鈍錐體，其剖

面爲 $\frac{1}{n}$ 圓環與長方形組合而成，其周面之俯視形如第二圖，由圓墻面(A)與三角形平面(B)組合而成。本篇所述之烟囱建築法，即依此原理而成立者。故煙囱牆面雖斜立作錐形，圓墻面之模板毋需隨高度而變易，僅須更動平面模板耳。

　　此種烟囱之橫剖面，其周邊爲直線與圓弧組織而成，觀第二圖自明。設烟囱高度爲 h'，斜度爲 △，則底面周邊各段直線(第三圖)之長度爲

$$\lambda = \frac{1}{n} \times 頂面與底面周邊之差$$
$$= 2 \times AB \times \sin \angle BAD$$

　　AB爲斜圓墻面邊線之投影，故
$$AB = \triangle h', 又因 \angle BAD = \frac{360°}{2n}$$ (證明見後)

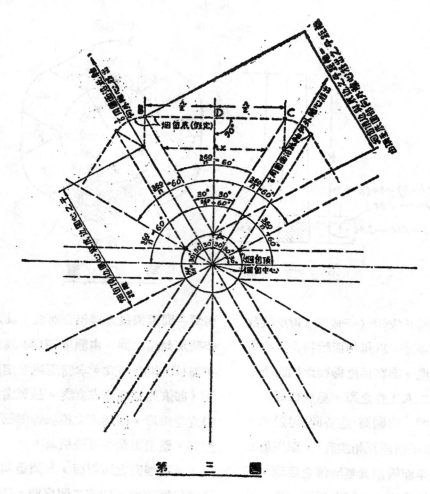

第 三 圖

故 $\lambda = 2\triangle h' \sin\dfrac{360^0}{2n}$ ……………(1)

任何高度 y 之剖面，其周邊上各段直線之長度爲

$\lambda_y = \dfrac{\lambda}{h'}(h'-y) = 2\triangle(h'-y)\sin\dfrac{360^0}{2n}$ ……(2)

故橫剖面周邊上各直線之長度 λ，與烟囱斜度 $\triangle$ 成正比例，斜度愈小，則 λ 愈短，而剖面與圓形愈近似，即烟囱全部外觀

愈佳，又 λ 與 $\sin\dfrac{360^0}{2n}$ 成正比例，即與 n 成反比例，故圓墻面分割愈多，則 λ 愈短，而烟囱外觀愈與圓錐相近。故設計時 n 之數可視烟囱之大小，酌量定之。(如 n=6, 8, 12等)

烟囱牆面三角形平面 B 之頂角應等於 $\dfrac{360^0}{n}$ 之理，茲證明如下：

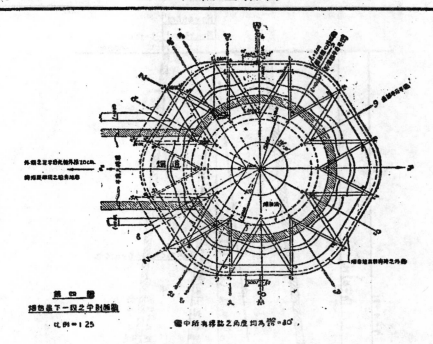

第四圖
烟囱最下一段之平剖面觀

比例=1·25

圖中所有標誌之角度均為當=80°

如第四圖，全烟囱由 OP_1, OP_2……上之垂直平面劃分為 n 等分，OQ_1, OQ_2……為 $\angle P_1OP_2 \angle P_2OP_3$……之平分線，$OP_1, OP_2$……為 $\frac{1}{n}$ 圓周弧 fa 與 lg，ab 與 gh……離心移出時所循之對稱軸，m, m_1, n, n_1……為圓弧 fa，lg，ab，gh……移至 f_1a_1，l_1g_1，a_2b_2，g_2h_2……後之新中心，引直線 $mf_1, ma_1, m_1l_1, m_1g_1$……等，試任就 n 部分中之一 P_1oP^2 觀之，則知

aa_1 與 gg_1 及 OP_1 平行

gg_2 與 aa_2 及 OP_2 平行

故 $\angle Q_1aa_1 = \angle Q_1gg_1 = \angle Q_1OP_1 = \frac{360°}{2n}$

$\angle Q_1aa_2 = \angle Q_1gg_2 = \angle Q_1OP_2 = \frac{360°}{2n}$

即 $\angle a_1a_2 = g_1gg_2 = \frac{360°}{n}$

又因 OQ_1 與 a_1a_2 及 g_1g_2 互相垂直，而 ma_1，m_1g_1 為聯接圓弧與直線相切點之半徑，故 ma_1 與 m_1g_1 及 OQ_1 平行

$\angle p_1m_1g_1 = \angle p_1ma_1 = \angle Q_1OP_1 = \frac{360°}{2n}$

仿此 $\angle p_2na_2 = \angle p_2n_1g_2 = \angle Q_1OP_2 = \frac{360}{2n}$

又因 m_1g_1 與 ma_1 及 OQ_1，aa_1 與 gg_1 及 OQ_1 平行，故 $\angle aa_1m = \angle gg_1m_1$

$= \angle Q_1aa_1 = \angle Q_1gg_1 = \angle p_1m_1g_1$

$= \angle p_1ma_1 = \frac{360°}{2n}$

仿此 $\angle aa_2n = \angle gg_2n_1 = \frac{360°}{2n}$

故第四圖中所有附有矢號標誌之角度

15867

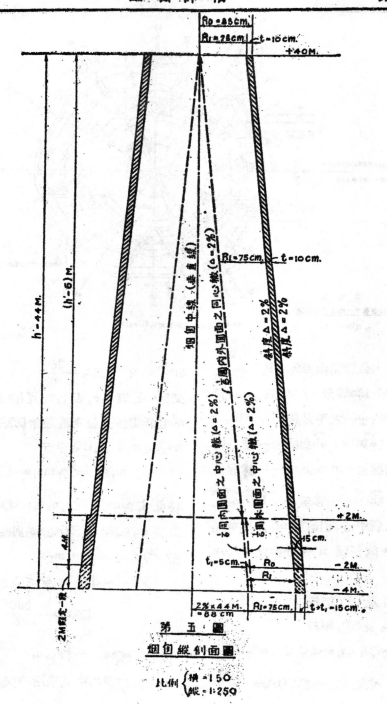

第 五 圖
煙囪縱剖面圖

比例 { 橫 = 1:50
　　　 縱 = 1:250

均等於 $\frac{360^0}{2n}$。

烟囱圓墻面頂邊與底邊之水平距離可由第三圖得

$$AB = AC = \frac{\lambda}{2\sin\frac{360^0}{2n}} = \triangle h' \cdots\cdots(3)$$

設 $n=6$，則 $\sin\frac{360^0}{2n} = \sin 30^0 = \frac{1}{2}$，

而　$AB = AC = \lambda$

故若將圓墻縱剖爲 $n=6$ 等分，則各部分離心移出後，其上邊與下邊之水平距離適與三角形平面B之底邊相等。

　　烟囱牆之構造　兹就篇首所舉之例，並假定 $n=6, h'=44$公尺，則由公式（1）得：

$\lambda = \frac{1}{6} \times$ 烟囱上面與下面之周差

$= 2 \times \frac{2}{100} \times 44 \times \sin\frac{360}{12} = 0.88$公尺 $=$

88公分

又由公式（3）得：

烟囱圓墻面頂邊與底邊之水平距離

$= \frac{2}{100} \times 44 = 0.88$公尺 $= 88$公分

　　第四圖示該烟囱最下4公尺一段即勒脚牆之平剖面，因該段比上面加厚5公分，故 $\frac{1}{6}$ 圓筒部分之外模向外移出5公分，因之內外模之中心軸不同（參觀第五圖），兩者相距亦爲5公分。（第四圖中 mm_1，nn_1 等各長5公分。）

　　第五圖示該烟囱全部之縱剖面，觀此

及第四圖可知勒脚以上全高 $44-4=40$公尺之部分厚度不變，故每 $\frac{1}{6}$ 圓筒部分內外模之兩中心軸合而爲一，即圖中所謂同心軸也。所有六個圓筒部分之同心軸與烟囱中線又相交於烟囱頂之水平面上。此項同心軸對於垂線之斜度與烟囱牆之斜度同，故在烟囱底之平面上越出中心之距離亦爲88公分。

　　諸中心軸與內外模圓墻面各相平行。

　　高度相差4公尺之任何兩剖面，其周邊差之 $\frac{1}{n}$，可由公式（2）得之。設某兩剖面距地面之高度，一爲 y_1，一爲 y_2，而 $y_1-y_2=4$公尺，則

$$\lambda_1 = 2\triangle(h'-y_1)\sin\frac{360^0}{2n}$$

$$\lambda_2 = 2\triangle(h'-y_2)\sin\frac{360^0}{2n}$$

故兩剖面之周邊差之 $\frac{1}{n}$ 爲

$$\lambda_1 - \lambda_2 = 2\triangle(x_1-x_2)\sin\frac{360^0}{2n}$$

$$= 2 \times \frac{2}{100} \times 4 \times \frac{1}{2} = 0.08$$公尺

$$= 8$$公分

本烟囱共高44公尺（假定），若橫分爲高4公尺之各段，可得 $\frac{44}{4}=11$段。從最下一段起，每上進一段，於 $\frac{1}{6}$ 周面中，各抽去8公分寬長方形活動板一塊，故最下一段（高4公尺）每兩圓墻面間之平面模板，改裝於第2段時，須抽去寬8公分之長方形

15869

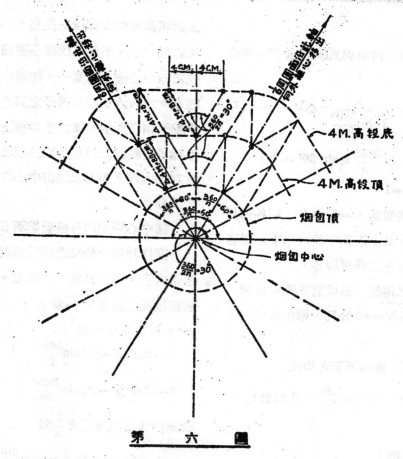

第 六 圖

板一塊，至第3段時2塊，餘類推，改裝於第11段時須除去(11-1)＝10塊，共寬10×8＝80公分。而最下一段之平面模板底邊寬度爲88公分，已如上述，除由長方形活動板10塊各寬8公分拼成寬度10×8＝80公分外，餘8公分，則分屬於兩旁楔形模板之底邊寬度，各居其半。故此兩塊模板之功用，即爲使各個4公尺高段內之周邊差之 $\frac{1}{11}$ 同爲8公分。此項楔形板在各

個4公尺高段內均可適用，直至最上一段爲止，故可釘固於模框之上。

楔形板底邊之寬度須等於長方形板寬度之半，俾當各段重裝之際，在4公尺水平高度上，新模之底周邊中所增兩楔板底之寬度適與所減一長方形板之寬度相消，如是其長度仍與舊模之上周邊同而得互相連合焉。

槪而論之，設某烟囱分爲m段，每段

15870

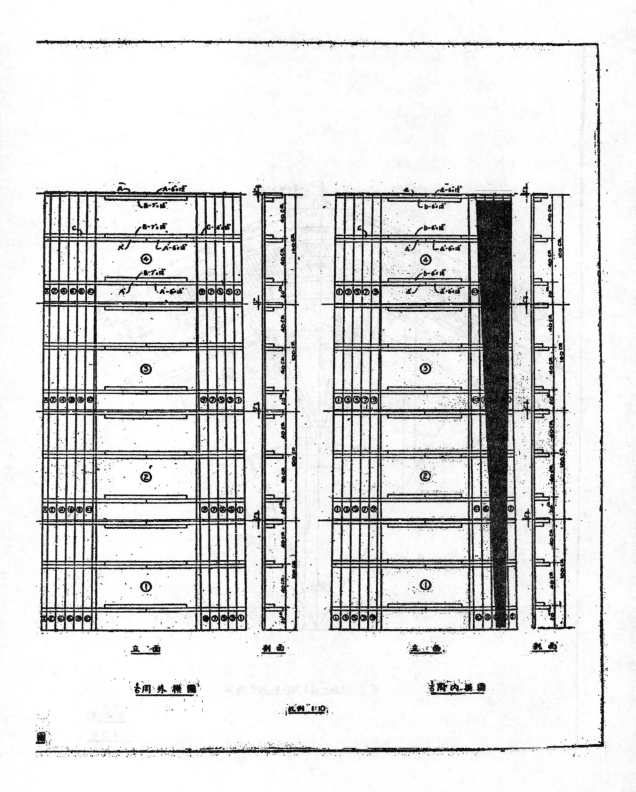

15871

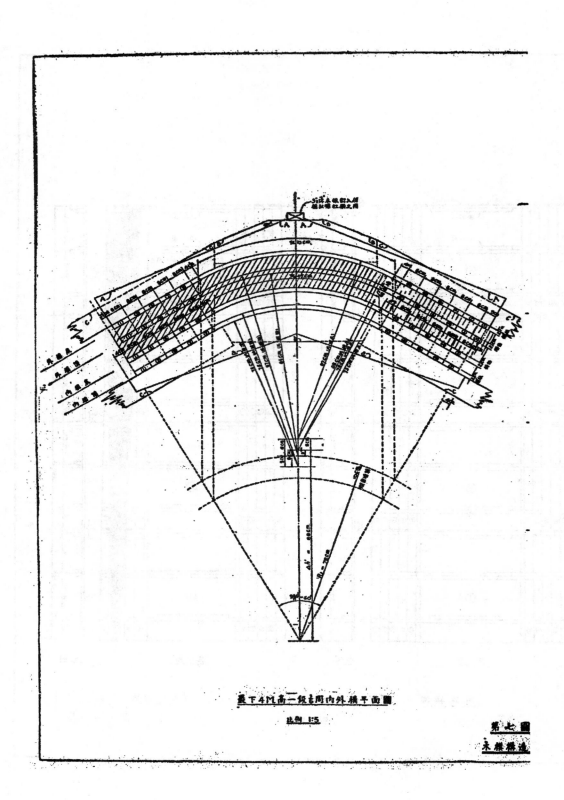

最下4M高一級各周内外横平面圖

比例 1:5

15872

各高 v 公尺，其周面爲圓墻面與三角形平面各 n 塊組合而成，則每三角平面之模板總寬度 $\lambda = 2\triangle h' \sin\dfrac{360°}{2n}$ 可分爲 m 份，取其一份之半爲楔形板之底寬，其他 (m−1) 份則勻分爲長方形板 (m−1) 塊之寬度。

n=6，v=4 公尺時 $\lambda = 2\triangle h' \times \dfrac{1}{2} = \triangle h'$，如 $\triangle = \dfrac{p}{100}$ 爲整數之百分率（即 p 爲整數），則因 h' 旣可分爲 m 等分而得 4 公尺之整數，故 $\lambda = \dfrac{1}{100} \cdot p \cdot \left(\dfrac{h'}{m}\right) = 4p$ 公分 m 倍之整數，因之假定 n=6 可免尺寸數目不整之弊。

各活動板分裝於圓部之兩旁，其號碼須以兩邊平面部分之中線起，輪流依次書寫，（如第七圖 1,3,5,7,9 在左手邊 2,4,6,8,10 在右手邊），以便改裝時照號碼次序（最低數恆先抽去，）從左右兩邊起，輪流向內抽取，而中間所有平面部分及圓面部分諸模板均可照舊不動，只須將該邊之模框鋸斷而已。抽取諸板須兩邊輪流者，實欲使 $\dfrac{1}{n}$ 分模之兩旁平面部分常等，以求裝接諸模框時之便利及堅固耳。

模板之號碼，須在未將 4 公尺高全段鋸成 1 公尺高分段以前，逐節書明，俾有次序不致混淆。苟能條理分明，瞭如指掌，則覩於各模板上之號碼，便可立知建築所及之高點及地位矣。

除上述活動板上之號碼外，尙需在每公尺高分段模上，從下至上，書明該模之號碼。（即第七圖中附有圓圈之號碼）。

故此設計中最緊要之點，即爲由底至頂逐段（每高 4 公尺）改造木模時，只須更動平面模上少數活動板以及鋸短模框，而各圓面模始終不變。圓面部分之工作本較平面部分爲難，今旣可將改裝弧度及更正弧長等繁難手續完全取銷，則雖在烟囱上地位極狹僅容一二人工作之所，亦可免去種種困難，故經濟與時間，均可減少。

第七圖所示 $\dfrac{1}{6}$ 周模板，其圓面部分之長度，係按內模之裏面及外模之外面計算，即

$$內模圓部之長度 = \frac{\pi \times (150 - 2 \times 2)}{6} =$$
$$\frac{\pi \times 146}{6} = 76.54 \text{ 公分}$$

$$外模圓部之長度 = \frac{\pi \times (170 + 2 \times 2)}{6} =$$
$$\frac{\pi \times 174}{6} = 91.10 \text{ 公分}$$

緣諸模裝好後，僅內模之內面與外模之外面便於量計也。

烟囱牆勒脚之構造　本例所示之烟囱牆，最下 4 公尺之一段，加厚而成勒脚，如第五圖，烟囱牆厚本爲 10 公分，而最下 4 公尺一段之勒脚則厚 15 公分，故增加之厚度爲 5 公分。此種厚度之增加，僅須將外模照原狀一方向外離心移出，其內模則照常不動。普通內外圓本屬同心，今則外模之中心亦按所增牆之厚度（5 公分）

隨同外模移出。故牆身各點所增厚度
僅循移動方量取時同爲 $t_1 = 5$ 公分
（見第八圖），若沿半徑量取則不相等
，（在對稱軸上爲最大數，向兩邊遞
減），但此等厚度之差，實際上無甚
關係，對於牆身安全上固無妨礙，卽
外觀上亦不易察出也。

　　外模向外移出後，其原有周長必
不敷用。因圓面部分周長照舊，故須
將平面部分加長，如第九圖令 $x = \frac{1}{6}$
周邊應加長之數，則 $\frac{x}{2} = t_1 \sin\frac{360^0}{2n} =$
$5 \times \sin 30^0 = \frac{5}{2} = 2\frac{1}{2}$ 公分，卽 $x = 5$ 公
分。建築勒脚時可用寬 5 公分之活動
長方形板 x 一塊置於平面部分之中心
（參觀第七圖）以便建築上段（牆厚 10
公分）時儘先抽去。

　　烟囱牆與烟道交會處之構造　烟囱與
烟道交會處，烟囱牆上割成洞口，爲牆身
安全計，須將洞口四週之牆依下法加厚：

　　如第四圖內模不動，在距離烟道最遠
之平面部分之中心點（庶抽卸時不致牽動
其他活動板塊）與烟道平行，向烟道方面
每邊加 20 公分（如烟囱甚大，需加至 30
公分）寬平木板一塊，於是從 W 線起，將
向烟道方面之外模左部，循烟道方向，推
出 20 公分（或 30 公分），其 Y 與 Z 線之一

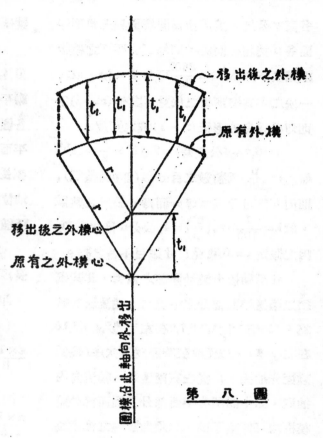

移出後之外模
原有外模
移出後之外模心
原有之外模心
圓係沿此軸向外移出

第　八　圖

段，則逐漸加厚。其增加之厚度，若沿烟
道方向量計，均爲 20 公分（30 公分）。此
種另加之板塊可於高出烟道上端 1 公尺之
地位除去，然後仍照尋常方法建築。

　　模框之構造　弓形模框，計有第一表
中所載之五種（參觀第七圖）

　　製造此等模框時，須先繪成 $\frac{1}{6}$ 周邊之
平面大樣。全部模框做好後，須先置於大
樣上校正之，方可將圓面及平面部分之各
模板，釘在每分段中部及下部模框上，此

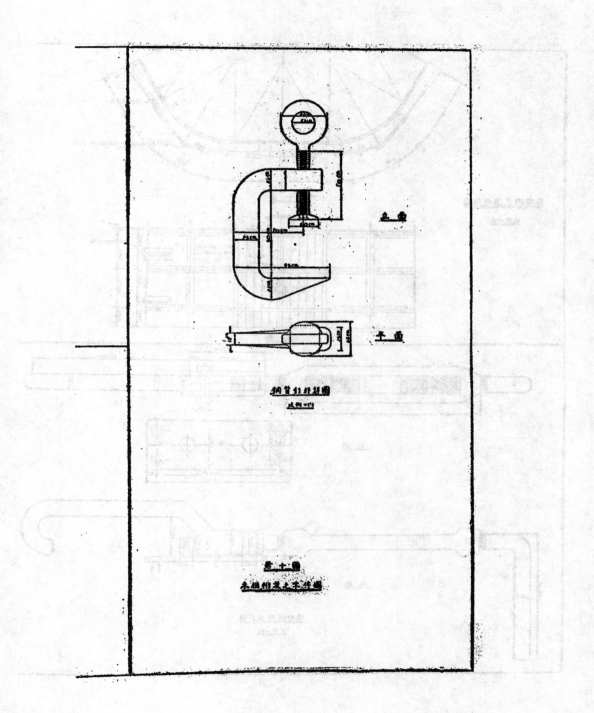

立 面

平 面

銅管引井鉗圖
比例一寸

第十圖
未鑽帶孔之平準鋼

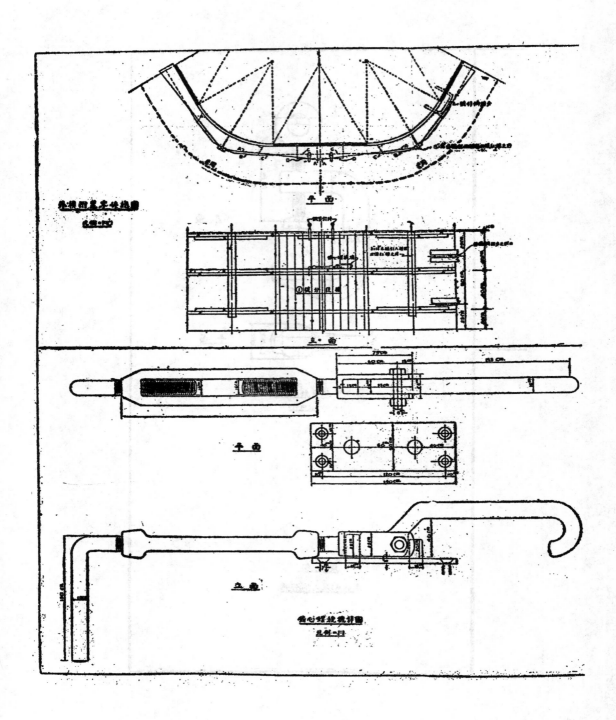

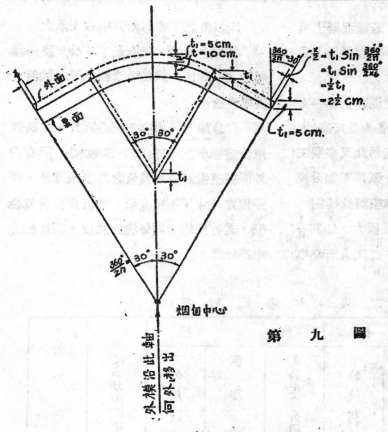

第　九　圖

將向混凝土之一面刨光，然後將1公尺高分模之號碼（即第七圖中附有圓圈者）及活動模板之號碼，（即第七圖中之1—10），照圖用黑漆書明外模上。次將4公尺高之總模橫鋸為四份（照圖中虛線），每份各高1公尺。再將分段上部模框釘上，令其上邊高出模板1公分，以便拼裝上下模板接縫處有所聯繫。

上述將4公尺高木模橫鋸四份，其原因有下列數種：

第　一　表

種類		地　　　　位	呎　吋	$\frac{1}{6}$周中1公尺高所需之塊數	
外模	內模			外　模	內　模
A	a	聯結圓面及平面之兩部分而在1公尺高分模之頂端者	6"×1$\frac{1}{4}$"	2×1	2×1
A'	a'	聯結圓面及平面之兩部分而在1公尺高分模之中部者	6"×1$\frac{1}{2}$"	4×1	4×1
B	b	圓面部分	7"×1$\frac{1}{4}$"(外模) 6"×1$\frac{1}{4}$"(內模)	3×1	3×1
C	c	平面部分中框(聯結兩個$\frac{1}{6}$周邊之模)	4"×1$\frac{1}{4}$"	2×$\frac{1}{2}$	2×$\frac{1}{2}$
D	d	平面部分上框(聯結兩個$\frac{1}{6}$周邊之模)	5"×1$\frac{1}{4}$"	2×$\frac{1}{2}$	—

（1）烟囱牆厚僅10公分，若欲混凝土填築勻密，每次築成之高度，不宜超過1公尺。

（2）若每段（4公尺高）之混凝土作一次填築，則至少須製成兩段（各4公尺高）木模，工作方可連續不斷。但如此又多費工料，不若將每段截成四份，運用四個分模，使工作不因拆卸及改裝木模而致延欄。

（3）4公尺高之總模重量固大，即其 $\frac{1}{6}$ 之一段，亦非在鷹架上之一二工人所易曳起。

（4）新模之下端必賴舊模以支承之。

模框之長度，先依最下4公尺高一段周邊之 $\frac{1}{6}$ 做足，然後於改裝上層各段時，逐漸鋸短。

（二）施工　木模須精心製片，木料須用伸縮極小之乾料（或下等檜木），所有內外圓部模板及活動模板之厚度及寬度，須照規定尺寸，不爽毫厘。諸板片須裝置極緊，若有接縫，則每塊之寬度，須從縫之中線計算。

第二表　木模配置表

	外　模			內　模			1公尺高分段模頂之水平高度（公尺）	4公尺高分段號數
	1公尺高分段模頂之對徑（公分）	活動板之號碼	1公尺高分段模之號碼	1公尺高分段模頂之對徑（公分）	活動板之號碼	1公尺高分段模之號碼		
$t+t_1=15$公分	344	1-2-3-4-5-6-7-8-9-10-x	3	314	1-2-3-4-5-6-7-8-9-10	3	-1	第二上段半
	340		4	310		4	0	
	336	2-3-4-5-6-7-8-9-10-x	1	306	2-3-4-5-6-7-8-9-10	1	1	第二段
	332		2	302		2	2	
	318	2-3-4-5-6-7-8-9-10	3	298	2-3-4-5-6-7-8-9-10	3	3	
	314		4	294		4	4	

310	3—4—	1	290	3—4—	1	5	第
306	5—6—	2	286	5—6—	2	6	三
302	7—8—	3	282	7—8—	3	7	段
298	9—10	4	278	9—10	4	8	第
294	4—5—	1	274	4—5—	1	9	四
290	6—7—	2	270	6—7—	2	10	段
286	8—9—	3	266	8—9—	3	11	第
282	10	4	262	10	4	12	五
278	5—6—	1	258	5—6—	1	13	段
274	7—8—	2	254	7—8—	2	14	第
270	9—10	3	250	9—10	3	15	六
266		4	246		4	16	段
262	6—7—	1	242	6—7—	1	17	第
258	8—9—	2	238	8—9—	2	18	六
254	10	3	234	10	3	19	段
250		4	230		4	20	第
246	7—8—	1	226	7—8—	1	21	七
242		2	222		2	22	段
238	9—10	3	218		3	23	第
234		4	214	9—10	4	24	七
230		1	210		1	25	段
226	8—9—10	2	206		2	26	第
222		3	202	8—9—10	3	27	八
218		4	198		4	28	段
214		1	194		1	29	第
210	9—10	2	190	9—10	2	30	九
206		3	186		3	31	段
202		4	182		4	32	

t=10公分

15879

198		1	178		1	33	第十段
194	10	2	174	10	2	34	
190		3	170		3	35	
186		4	166		4	36	
182		1	162		1	37	第十一段
178	一	2	158	一	2	38	
174		3	154		3	39	
170		4	150		4	40	

第一段木模需格外加意裝設準確，其中線需按地脚上之固定中點校準，並察驗其是否垂直。

先照木模配置表中載明頂邊之內外對徑（卽煙囱牆之內外對徑）製成標準木棒，察驗第一段各圓面部分內模之外邊及外模之內邊在中線上之對徑是否與表中尺寸相符。

待六個對徑全察驗完畢後，更用線六條將此六個對徑標明，又從諸線之公共交點，用垂直線掛到地脚上面，而複核其固定中點是否無誤。

若用一水平尺，於斜度校準後，釘在楔形直板上，則於施工方面更屬便利。

當裝置時，所有高 I 公尺，寬 $\frac{1}{6}$ 周中之模框均須照第十圖用鋼質釘絆（Clamps）或偏心螺旋機（Excentric Screws）將外模框夾牢，至於裏模框，則僅須用木塊釘着。

拆卸外模框時，須先將模框上之鋼絆除去，然後用鋼質鈎子從上端將偏心螺旋機撬開，則所有各模塊自易取下，用繩掛起，繩之上端繫於巳裝之模框或鐵筋上，由此將卸下之模塊吊上改用。

拆卸內模框時，需先斷去活板一塊，開一洞口。諸模塊亦繫於繩上，與外模同。此等模塊係用一掛式小鷹架吊上，此鷹架係懸於安設上端模框上之梁。

在新舊模相連之處，須用鐵釘穿過模板，釘入混泥土牆面內，以免模子在牆面上移動，致生不測。　　　　（待續）

總採辦制

（節譯白爾氏市財政論叢第九章）

岑德彰投稿

美國各大都市，每年所用諸採辦物品者，不下數百萬元，佔經常經費百分之三十；且所購物品，種類繁多，必須得有經驗及技能者以司其事，否則不但有無益之耗費，且恐弊竇叢生，此總採辦制之所由作也。蓋採辦集中，則所購者多，可照批發價格計算，且以賣商互相競爭之故，標價必低，其利一也；所購物品，大都整齊劃一，最合於市政機關之用，其利二也；市價上落不定，自用總採辦制，然後可於市價合宜時預購全年所需物品，其利三也；交貨不致誤期，付款亦有定時，物品檢查，易於着手，其利四也；記載詳明，會計之監督自易，其利五也；一部分用剩物品，可移作他部份之用，破舊之件，亦可設法變賣，其利六也；無論都市大小，總採辦制，無不適用，其利七也。近數年來，在美國七百七十都市之中，其已經採用總採辦制者，約佔四分之一，其制之風行一時，略可概見。凡都市之採用總採辦制者，皆卓有成效，其成效之大小，一視其特殊情形而斷，大約於全數支出之中，可省去百分之五至十五，此數在商業團體中視之，雖者細微，而在市政機關中，總採辦制固已有其財政上之地位矣。

總採辦處之組織　於財政局中設總採辦處，由局長委派採辦員一人以司其事，此制在採用市經理制之各都市中，最為盛行，蓋以其能舉一切財政設施與採辦聯合一氣也。此外尚有獨立總採辦處之設，亦以採辦員一人為主任，直接隸屬市長，市經理，或市參事會。此種採辦制度，在市政機關職掌之未明白分配者，最為相宜，尤以總採辦處主任直接對市政長官負責，為其成功之一大原因。

採辦處主任之人選，為組織採辦處之要素，其人必須有相當之學識經驗，必須能與商賈議價，必須能明瞭所需各物品之來源及其時價。在較大之城市中，尚須設副主任一人，專司日常採辦之事，至所需書記人數，一視其事之繁簡而斷。

總採辦處之下，附設儲藏室，此在商

業團體中，本屬常有之事，惟行政官署中，則尚屬僅見。儲藏室爲使用物品各機關所設，而司驗收之責者，則或爲採辦處委員，或爲使用機關職員不等，其在總採辦處下設有儲藏室者，往往由總會計處派員充驗收之任。

普通採辦程序　採辦程序，城與城異，非本文所能盡述，今姑爲集權式之市政機關籌劃一總採辦制度，雖非模仿任何城市，實集有現行制度之大成。

市政各機關預計其一定期限內所用物品之多寡，開具領單，送交總採辦處，斟酌情形，以定其期限之長短，一以便於採購爲度。蓋物品之中，有可以預定一年者，如煤是也，亦有僅可預定半年或三個月者，如雜貨是也。總採辦處於收到領單之後，將各物依其所定分類之法，各歸一類，所估數量太大者減之，太小者增之，所需物品之質地不合乎標準者改正之，然後依類招商投標。開標例有定日，凡每類中標價最低而物質最佳者得標，然後與之訂立契約，並以各物標價，通知各領用機關。

領用機關所需物品，如爲儲藏室所未購者，應出具領單，向總採辦處領取。大率領單有正副兩張，以正張送達總採辦處，而以其副張留之領用機關，以備參攷。

領單期限，務宜較長，以便定貨交貨，皆得從容辦理。當總採辦處接到領單之後，立卽照單定貨，定單須送經會計處簽字，始能發生效力，然照現行制度，雖無會計處簽字，而定單固自有效力也。定單大率爲四聯單式：以第一聯送之售商；以第二聯送之會計處；以第三聯送之領用機關；而以第四聯存之總採辦處。總採辦處可根據是項定單，製成一種定貨卡片，其效用甚大，容後再行討論。送往領用機關之一聯定單，可作爲定貨通知書之用。售商接得定單後，立將所購貨品，送交領用機關，一面復將貨品清單，送達總會計處，有時且須預備正副兩張。領用機關於貨品送到時，核對無訛，立繕具收貨通知書兩份，以正張送達總會計處，而以副張存卷。如所送貨物短少或品質不符時，領用機關應立時通知總採辦處，向售商交涉。總採辦處之責任，平時以發出定貨單爲止，但在多數美國城市中，其責任往往較此爲大。

總會計處於接得收貨通知書後，卽與清單互核，以察其是否相符，然後決定通知市金庫管理員照付。有時會計處爲便於審核起見，派員分赴各領用機關，調查其所購物品，是否合乎標準，藉知領用機關之檢驗物品，是否正確。至物品質料如

何，則非經發交試驗室化驗不可，化驗結果，應繕具報告書，以一份存諸總採辦處，而以其餘一份報告會計處。

在設有儲藏室之地，其採辦程序，與上述者略有不同，大抵每逢儲藏室中貨品有缺乏時，管理員即行開具清單，向總採辦處領補。採辦處旣發定貨單，乃以第三聯送交管理員，如貨品能如期交到，則管理員以收貨單報告總會計處。至付款方法，略同前節。各領用機關向儲藏室取貨時，須開具領貨清單，以兩聯送交儲藏室，而以一聯存卷。儲藏室將貨物送交領用機關後，方以領用清單一聯，送至總會計處。儲藏室管理員，應立物品領用簿，每月編製報告，送交總會計處審核，或另錄一份，送交領用機關備查。

如遇有緊急採辦，各領用機關得以自行辦理，惟應於事前由採辦處代爲擬定一簡單程序，此在美國各都市多有採行之者，然總以減至最小限度爲妙。

應行採辦之數量及貨品之標準化　採辦處主任職在核定應行採辦之數量，而其所持以核定此數量者，則有下列各種簿據：（一）爲貨價卡片；（二）爲預算書；（三）爲儲藏室中之總賬；（四）爲領用書。今試分別言之：貨價卡片者，所以記載上年度所購貨品之價格，及其領用機關之名

稱者也；預算書者，所以規定本年度各機關所需物品之數量也；儲藏室總賬者，所以記載上年度所購貨物之數量及現存之貨可以用諸本年者也；領用書者，由領用機關按時編製，所以供採辦處之參攷者也。書中所列，皆各領用機關必要之品，當然較預算書中所估計者，更爲準確，蓋定貨書中，大抵註明需用物品之時日，及每次所需之數量也。

總採辦處主任根據上列各種簿據，以定應行採辦物品之品質，爲招商投標之地。其始也，分門別類，而卒也，刪繁就簡，蓋本節所謂標準化者，其義不外就所擬購各類物品中，選其最佳者，爲之繪圖列說，以供投標之地耳。凡物品之有標準者，易於採購，而於投標時，尤易得較佳之品；售商與領用機關，無術可以作弊，採辦處藉之得以採購大宗物品；在設有儲藏室之處，物品因有標準而便於存儲；且因個人嗜好不同而發生之耗費或剩餘，皆可避免，不特此也，物品旣有標準，則各領用機關可以有無相通；檢查手續，亦歸簡易，投標之時，彼此易於比較，判斷當然公允，而無謂之訴訟，可以避免；一切營私舞弊之事，皆可不復再見矣。雖然，尚有一事，爲總採辦處所不可不知者，則所定標準物品，必須價廉物美，交貨迅

速，不亞於普通商業團體所辦之貨物也。

總採辦處之決定標準物品也，例有一定之步驟，大抵先就需款最多之物，根據美國政府標準局所擬定之說明書，暫分爲若干類，有時亦根據私人標準，如美國工程標準委員會所定者是。其次乃調查市面上實際情形，以覘其影響於一般標準之程度。復次則與各領用機關會商。最後乃爲實地之試驗以定去取。

總採辦處每以物品之性質相類者，列爲一門，合計共爲若干門。例如雜貨，文具，布正，皮貨，燃料，藥品，鐵器等，皆可各爲一門，每門皆有投標章程，分送各業商人，以便分投。此外如交貨手續，及一切附帶條件，均詳載於投標章程之內。例如所需物品之品色，每次應交之數量，交貨之期限，交貨之地點，檢驗之手續，樣本之是否必要，投標之手續，付款之方法，皆須一一載明。所有繁文縟節，與投機性質，應一概避免。當規定物品數量及交貨手續時，應思如何能得售商之歡迎，大抵薄批交貨，付款迅速，皆於售商爲便利，交貨時日，則以在市場清淡時爲宜。

市場現狀及其趨勢　爲總採辦處主任者，不宜專以節省經費爲目的，專意在以最低之價，購取少數之物，反之，其所購物品，應能適合各機關之需要，蓋其所應特以爲判斷之根據者，在效用而不在價格也。故應周知各機關之需要，擬購各物之品質，與夫一般商業之狀況，更須注意到工業之情形，物品之來源，製造之方法，各貨之類別，以及將來物價之趨勢。例如商業雜誌也，商品指南也，各色廣告也，皆總採辦處主任所恃以定採購之地點者也，其中所載售商姓名，雖尚須加以分析，然苟詢之行商坐賈，已可知其大概，況當地商業團體中，尚不乏極有價值之參攷資料乎。售商一經選定，再當審查其在市場上之地位是否穩固，此則鄧氏及白雷德斯屈德之調查，皆可以作爲根據者也。

爲總採辦主任者，應知市上物品之種類，如一種物品存貨不多，則當其採辦時，不宜專以是種物品爲限，應調查是否尚有他種價廉物品，可以替代；亦不宜專持先例，以定去取，蓋以一物品質，時有變遷也；更須從領用機關處，調查何物最能經久，何物易於損壞，如市上忽來較佳物品，固不妨以彼易此也。

市價之趨勢，尤宜隨時加以留意，今日所恃以預測市價者，雖尚不十分完備，然已有若干商家備有商家預測書，以供其顧客之用。今方有人提議請美國政府工商部編製是項預測書，蓋以政府之力從事於

此，必能收事半功倍之效也。

招標與取標　就總採辦處言之，逐類招標，較爲便利，在售商方面言之，亦以此法爲宜，故逐類招標，比較易於勸聽，蓋以其將來可以蓬批交貨也。雖然，在逐類招標之中，仍須註明每件價格，始足以資比較耳。

招標之法，大別有三：（一）在報紙上或政府公報上登啓事；（二）張貼佈告；（三）直接與售商接洽。贊成一二兩說者曰，公開招標之法，雖不足以換起競爭，却可以防私弊，但以商業眼光觀之，則第三說獨差強人意耳。

向來招標之法，不外於事前十日或兩星期，在本地各報紙上登啓事而已，啓事中往往定有限制，例如在某某數下，不得投標是也，其數目自二百五十元至一千元不等，然普通則爲五百元。此種藉啓事爲招標之法，所費甚鉅，且不爲售商所歡迎，蓋報上所載條件，僅具概要，至詳細說明，則均遺而不錄，且本地報紙閱者甚少，而官報尤甚，故其收效每不甚大。用佈告招標之法，在城市本極普通，大抵均張貼於市政廳之批示板上，詞頗簡明，僅略述招股各物之品類而已，至其詳細說明，則待各售商與採辦處主任當面接洽，亦有將詳細說明書同時張貼者，則售商得將

其抄錄，以備投標之用。總之，此法可以用之本市而不足以招致外埠售商，故不足以喚起充分之競爭，非以第三法補救之，鮮克有濟。直接與售商接洽，或濫函電，或藉電話，或以面談，均爲招標之絕妙方法，雖其法不甚公開，然能喚起售商之注意，大多數選定之售商，得以一一接洽，同行競爭，自不能免。

今之都市，幾莫不以保護本地工商業爲事，在可能範圍內，所購物品，大抵以本地所產物品爲限，使總採辦處主任不能嚴加留意，其結果不難爲一黨一系所把持，有以高價購劣貨之弊，總之，市政機關採購物品，總不宜以地域爲限也。

投標章程中，例有數種附帶條件：標商於投標時，往往須附帶保付支票一張，其票面銀數，約當標價百分之一至十，如所採係直接談判方法，則採辦處與售商知之有素，無預付定洋之必要，蓋採辦處主任苟能克盡厥職，是項辦法，本屬無足輕重。更有須預看貨樣者，則須先經一度檢查，然後與標定價格比互以觀，作最後之決定。但無論如何，貨樣與說明書相差過遠者，不能得標。凡屬投標函件，均須嚴密封固，然後在規定之時間與地點，當衆開拆。

得標與訂約　政府所用投標方法，與

普通商家所用者不同，在普通商業中，採辦處之人選，與夫審計之獨立，皆足以防私弊而有餘，在政府則不然。美國各都市均有相當之公開辦法，開標日期既有一定，而開標手續亦多當眾舉行，其更甚者，則規定投標者須具正副兩紙，以副張送諸會計處，用備審查。凡此規定，雖就政府方面觀之，不無多少利益，而在售商方面，則甚不以為然，以為政府此舉，不當將投標價格公布，有許多不便之處。在普通商業中，何人得標，皆可自由決定，無須請示上級職員，至市政機關，則職員受法律之束縛，必須有上級機關職員參加，更須採競爭之形式，此皆行政系統上應有之事，無術可以避免者也。政府與商人所訂契約，依法必須嚴格遵守，無論何人，不得稍有變更，至商人所處分者，係其一已之產業，故於訂定契約時，得隨意與售主商議修改。

各地所用契約及其附帶條件，往往不同，有用規定之程式者，所附條件無不備載，亦有用他種之程式者，則重要條件多不具列，以程式之種類差別太甚，故美政府預算編製處，有提議統一契約程式之舉。大抵採辦契約包括下列六項：(一)合同有效期間；(二)債票或其他保證品；(三)物品之名色；(四)物品之數量；(五)分件及總數價格；(六)交貨辦法。以上六項，不必一一規定，例如契約有效期並無明文規定，但云任何方面皆得取消之而已，一般市政機關之趨向，對於物品之數量，不加規定，或僅規定其最高限度，庶幾採辦時得有伸縮餘地，然限於法律，殊不能盡作如是辦法耳。普通期限，有三個月者，有六個月者，亦有十二個月者，當視其貨物之種類，與夫價格之高下如何耳。

定貨與交貨　上節所言，在定貨以前，雙方惡訂立契約，以昭信守，然亦有完全不訂契約者。採辦處主任就各售商用書面或電話詢明價格，以定去取，或竟詳察市價趨勢，至認為最有利時間，即行採購，以避免投標及契約種種手續。如其所預測者皆能正確無訛，市政機關每年必可節省數千萬元，故雖有法令之束縛，而各地趨勢，則大抵如是也。

如採辦處所採辦物品甚多，則為之主任者，應設法催促交貨，俾領用機關不致因交貨不時，而致失望。催促之法，係採用一種卡片，夾諸日記簿之中，大率較交貨定期略早數日，辦事員檢得是片時，即行通知各售商，以交貨日期，此在官廳僅屬通知性質，不如商業上之重要也。

售商將貨運抵目的地，不另取費，物品清單，應照契約所指定之人，先期送

去，清單程式，有為採辦處所規定者，亦有為售商所自備者，然售商大抵主張自備。至清單張數，自一張至四張不等，一以規定之手續為斷。大約送至會計處者，至多兩張，其中一張由會計處轉送採辦處，或收貨之堆棧，以備稽攷。

所購物品一經送到，卽應由領用機關或儲藏室檢查其數量品質，是否相符。此種辦法，在政府採辦制中，最不足恃，其故在不能確定檢查者之責任所在，蓋司檢查之職者，歷係下級職員，毫無檢查之知識與經驗故也。當交貨之時，如無適當檢驗，則雖有標準說明書，亦無所用之。蓋物品之中，有須隨時交付化驗室檢驗者也。採辦處主任有時須負檢驗之責，僅有檢驗員數人，以司其事，然檢驗之責，終宜使會計處職員負之，庶幾能於採辦處上多加一重限制耳。

如物品經檢驗後不能合格，則領用機關或儲藏室一面將其退回，一面卽通知總採辦處，逕與售商交涉，設法將貨物退回，一切費用亦歸售商担任，如雙方能協議將價格減低，則採辦處亦可通融留用，以免重購之勞。

存儲與變賣　政府之採購物品，所以供不時之需，非以之改造出賣也。故存儲之事，不如商業團體之重要。商人懼製造程序或致中斷，故須預儲大宗貨品，而政府不必作如是防範也。市政機關但使各有一小儲藏室及冷氣室，則雖無總堆棧，亦可以極經濟之方法，採購物品，然在較大之機關中，則以備一總堆棧為便。凡設有堆棧之處，其管理員應按月報告會計處，其月初所儲藏之數，月中所收入與付出之數，及月終所結存之數。會計處根據是項報告，及每一次交易所送報告，則堆棧內之情形，可以洞悉無遺。棧堆管理，例應備有數種簿據，其中最重要者，為一種存貨總賬。

破舊物品之變賣，亦採辦處主任之職責，苟能處理得法，則市庫收回之款，當不在少，其物種類繁多，茲不具錄。

藁草用作建築材料

藁草價廉質輕，不傳熱，不透音響，不畏雨，難腐敗，故以充建築材料，甚為適宜。近年發明之材料，名Solomit者卽以藁草製成。法將乾藁用機器截成適當長度，再用7氣壓左右之壓力碾緊後，用鍍鋅鋼絲網包裹，成厚約5公分，面積約2.8×1.5公尺之板塊。此項板塊防火力頗大。德國柏林材料試驗所嘗將兩面粉刷灰沙之Solomit用1000°C高熱火焰焚燒，結果僅厚約4公分焚焦云。

短　篇　論　著

交通幹路之交叉與分歧

Verkehrstechnik 雜誌 1929 年份第十一期載有漢堡高架電車公司總理 Dr.-Ing. W. Stein 氏所著論文「廣場之建築宜取環形乎？抑取十字形乎？」其結論為：環行圓形廣場之交通，無論車道幅員若何，其效率並不比單軌車道較高，而在十字形廣場則交通效率可隨車軌之數加增。今人對於環形交通之優點，往往過於重視，Stein 氏之作不啻為之當頭棒喝，此後可免各大都市道路工程當局再糜費鉅款於建築價昂而成效終難愜意之廣場設備矣。

今人所舉環形交通之優點，不外交通警察之可以廢除，與避免十字路所有車輛「左轉」（譯者按，德國及歐洲大陸之行車規則，係靠「右」邊走，與吾國制度相反，故本篇中「左」「右」等字，按吾國情形而論，均應互易，圖中矢號亦然；此所謂「左轉」，吾國應為「右轉」，即俗所謂「大轉灣」）時與他車輛攔腰相撞之危險。就環形廣場之車輛交通而論，左轉時，須繞行圓環之四分三，越過廣場時須繞行圓環之半，右轉（即俗所謂小轉灣）時，則繞行圓環之四分一。為各路車輛便於「插入隊伍」與「退出隊伍」起見，各路口間必須有相當距離，故圓環直徑必須甚大，因之控制四路口之廣場，其內邊圓弧之半徑至少應為 80公尺，控制五路口之廣場，其內邊圓弧之半徑，則至少應為 100 公尺。由此觀之，車輛繞行之路徑恆甚可觀，若同一交通幹路上設備此種廣場甚多，高速交通之受累必難以言喻矣。

更細察圓環內之車輛交通情形，即知車輛之路線時時更易，進入廣場時由外而內，退出廣場時由內而外，因此圓環對於交通上之效率降至與單軌車道相等，有如 Stein 氏所證明者。

再就行人而論，環形廣場上之車輛交通，如聽其自然，則縱有中斷時，亦為時甚暫，而車道又每甚寬闊，行人跨越時不無危險，故為行人之安全計，交通警察究不可少。

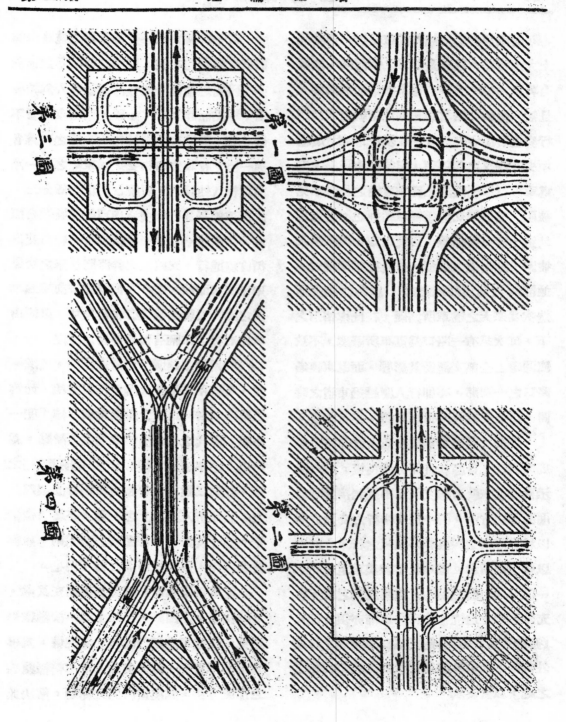

第三圖　　第一圖　　第四圖　　第二圖

若環形廣塲上舖有電車軌道，則處置上尤形困難。茲就最簡單之例而論，設僅有幹道兩條，各舖有電車軌道通過廣塲，且無轉轍線交錯其間，則此項軌道或以逕行穿過廣塲中央為宜，並須使電車於廣塲中央在轍叉之前停留，以待他車通過，因電車之行駛，圓環上行駛車輛之全體不免被阻，故亦需交通警察以指揮之。若電車軌道上設有轉轍線，以便電車由此路折入彼路，則軌道之佈置，普通亦為環繞式，並位於沿圓環外邊之處，以免他種交通迭次為笨大之電車所妨礙，在此種情形之下，每次只有一路口為電車所蔽塞，不致使圓環上全部交通受其影響，而電車經過路口之一剎那，亦卽行人應越過車道之時間，然無交通警察指揮其間，亦難收效。

變交叉交通為環繞交通，旣非完全無疵之辦法，自應捨此而另籌良策。第一圖示兩路電車軌道相交叉而不互相接通時之圓滿解決方法。圖中假定暢行之交通方向以粗虛線表之，其暫時被阻之行車方向則以細虛線指示。電車軌道線與車道線間之一段，特加以放寬，以便左轉之車輛有充分停留之地位。右轉之車輛亦須於行人（循許可通行方向）越過路口車道處之界線外暫停，此項界線須位於深入路口內相當之處，以資便利。

若一幹路與他一交通較稀之道路未舖電車軌道者相交叉，則第二圖所示之佈置亦有研究之價值。此種佈置蓋有人為柏林若干地點而建議者。如圖，兩路車輛皆不許左轉，幹路交通僅於相距頗遠之兩處各與一種之行車方向相交叉。車輛之由一路向左轉入他路者，須繞行圓環之四分三。故此種佈置為直穿交通與環繞交通融合而成，以求適合當地交通情形者。幹路交通循直線進行，支路及與幹路間往來之交通則循圓弧而前。唯行人循幹路方向越過車道之處，離幹路邊須有相當尺寸，以便由幹路右轉之車輛有暫行停留之地位。

利用第二圖所示佈置之原則，更進一步，可得兩幹道交叉處之佈置方法，如第三圖所示者。車輛之左轉此以右轉「兜一小圈」以代之。此項佈置之主要缺點，為司機人之不諳地方情形者有「莫明其妙」之感，卽第二圖「由幹路右轉繞行圓環四分之一然後折入支路」之一點，亦屬同樣情形。然「幹路上不許左轉」之原則，如經普遍採用，則此種佈置或屬可用也。

電車轉轍軌道之舖設於幹路交叉處，足致交通上之困難，已如上述，故應盡量避免，唯電車線網內而無此等設備，為事實上所不可能，因之幹路上電車轉轍軌線之佈置方法，為亟需研究之問題。解決此

問題之根本形式爲單叉形。幹道分歧爲叉形之兩道路時，在交通之管理上並無困難，只須輪流「開放」其一路與「封鎖」他一路而已。若幹路向兩面分歧，成雙叉形，則

如第四圖，幹路成延長之廣塲。其電車軌線之佈置須使各電車之開行與停留，不致互相妨礙牽制。故廣塲須備軌線四條，即每路各兩條。其餘各點，閱圖自明，毋待

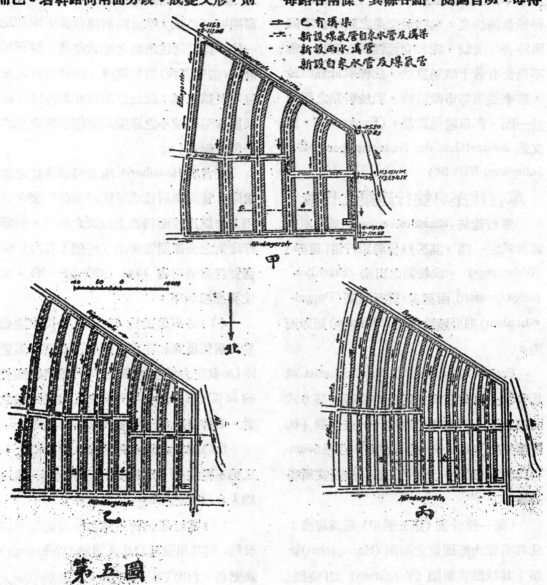

第五圖

贅述。——若此種長形廣場再行加長，則可仿照第一圖再加入正交之幹道一條而無流弊，是為星形廣場之一種，自前世紀七八十年以來即為世所詬病者，竟可因此而得補救辦法矣。唯適於交通之廣場自不能同時合乎美觀，純粹交通性質之廣場，常不免含有若干醜陋意味，故卽就此點而論，將來從事都市設計時，對於幹路之輻湊於一點，亦以避免為是。(Kuckuck著，原文載 Zentralblatt der Bauverwaltung, 49. Jahrgang, Heft 36)

單行建築與雙行建築之比較

單行建築 (Einzelreihenbau) 為土地開闢方式之一種，其房屋皆屬單行沿「里弄」(Wohnwege)，或特闢之出路 (Erschliessungsstrassen) 而列者。雙行建築 (Doppelreihenbau) 則房屋沿道路 (Strassen) 兩旁而列。

Prof. Heiligenthal 與 Prof. Schmitt 兩氏嘗就土地與建築費用上將兩種建築方式加以比較，皆認雙行建築——至少就「低級建築物」而論——較為經濟。茲舉Schmitt氏就第五圖甲——丙三種建築計畫所得結論如下：

「第一種計畫 (第五圖甲) 最為經濟；且具有偉大而連貫之家園 (Hausgarten) 面積；其缺點為前園 (Vorgarten) 與「便徑」

(Wirtschaftswege) 之不可少與「居住道路」(Wohnstrassen) 旁居戶之多。第二種計畫 (第五圖乙) 最不經濟；各列房屋間有充分之空地；沿居住道路之居民不多；便徑與前園可以免除，唯房屋前應設步道或草地一條。此種居住地區之形式優良。第三種計畫 (第五圖丙) 尚屬經濟，建築段落之地位不及第二種；深長之前園非屬適宜；因前園加深而減小之家園與便徑並觀未能成優美之形式」。

著者應 Haselhorst 地方開闢計畫之徵求時，嘗將兩層樓式單雙行兩種建築之費用上加以比較而得與上相反之結果，卽單行建築之全部開闢費用 (地價不在內) 較諸雙行建築可省 15% (參觀第一表)。其主要原因如下：

（1）各列房屋長 50—80 公尺作梳齒狀與居住道路相正交，門前不必設車馬道路 (參觀第六第七兩圖)，可省道路建築費約 35% (第一表中未另列節省道路用地之數，而將多出之土地加入家園面積內)。

（2）前園之設立與維持，需費頗大，且絕不能生利，此則幾乎完全免去，僅設約 1 公尺寬之草地一條以容散步。

（3）雙行建築所必需之後園便徑可以廢除，因其用途可以出入里弄 (Wohnwege) 兼充也。〔(2)(3) 兩優點，未按數字列入

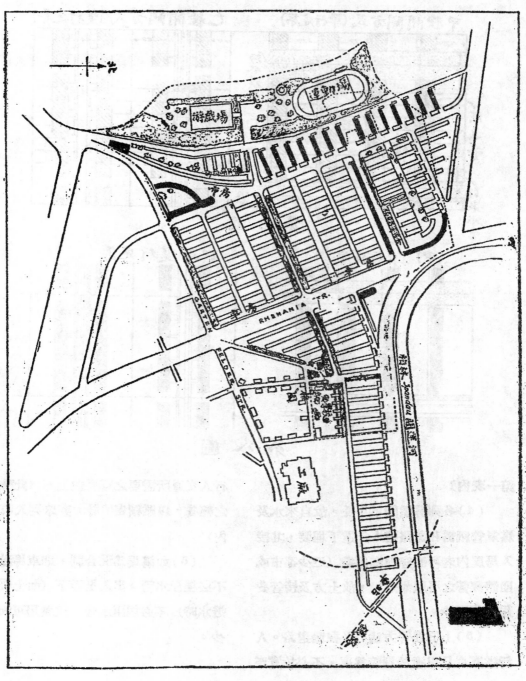

第六圖 HASELHORST 開闢計劃圖（應徵中選一案）

15893

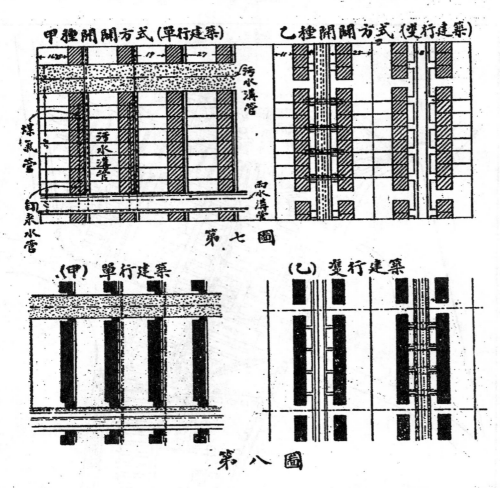

第 七 圖

第 八 圖

第一表內]

　（4）各列房屋旣不甚長，故自來水及煤氣管祇需在道路邊人行道下埋裝。其接入房屋內者可直穿地窖而過（至少都市或團體經營之房屋如是），故土方及接管費用節省不少。

　（5）上項埋管方法可免掘動道路。人行道寬度只以適於埋管爲度，不必放寬至行人交通所需要之寬度以上。（此種節省之經費，以難精密估計，亦未列入第一表內）

　（6）如溝渠爲混合制，則車馬道路下不必埋汙水管，出入里弄下（如土質可以透水時）不必埋雨水管，故費用可節省不少。

項目		甲	乙	甲多	比乙少	單值·甲	單值·乙	總值甲比乙·多	總值甲比乙·少	每幢之值甲比乙·多	每幢之值甲比乙·少	附 註
公路面積	車馬道	432平方公尺	640平方公尺		208平方公尺	19.50	22.35				52.40	有瀝青之砂石層面總厚度4公分連鋪石小全井及水泥板
	人行道	162平方公尺	384平方公尺		222平方公尺	8.—	8.—		1776.—		55.50	柏油砂石路
粗略（步道）		348平方公尺	144平方公尺	204平方公尺		4.07	4.07	830.—		25.94		
雨水溝管	總溝	54公尺	128公尺		74公尺	40.—	40.—		2960.—		92.50	30公分徑，3公尺深15公尺尺深15公尺溝內
	接管	286公尺	128公尺	158公尺		45.—	45.—	7110.—		220.20		23公分徑，3公尺深15公尺尺深15公尺溝內
汙水溝管	總溝	286公尺	160公尺		104公尺	18.—	18.—		1872		58.50	
	接管	56公尺	128公尺		74公尺	12.—	12.—	888.—		27.75		
煤氣管	總管	54公尺	128公尺		74公尺	54.—	99.—		536.—		16.75	
	接管	54公尺	16條			14.—	14.—	1036.—		32.28		
自來水管	總管	54公尺＋110公尺50	128公尺	100公尺		150.—4.5	115.—	243.—		7.60		各種接管按接入
	接管	4條＋208公尺	16條			14.—	14.—	1414.—		44.19		屋內2公尺計算
電	總線	286公尺	128公尺	158公尺		13.—	18.—	1142.40		35.70		
	接線	16條	16條		150公尺	96.50	167.90				198.—	甲種新開闢方式可節省之數 約合15%

| 總 計 | | | | | | | | 9354.— | 15693.— | 292.33 | 490.43 | |
| | | | | | | | | 6339.— | | | | |

項 目	甲	乙	比較 甲多乙少	比較 乙多甲少	單價（馬克）甲	單價（馬克）乙	總值：甲比乙多	乙種總價	附 註
專用土地	12960 平方公尺	13320 平方公尺	—	360平方公尺	10.—	10.—	3600.—	133,200.—	
公眾面積 建築車馬道用	1400平方公尺	2160平方公尺	—	720平方公尺	7.—	7.—	5040.—	15120.—	水泥版
公眾面積 建築人行道用	864平方公尺	1440平方公尺	—	576平方公尺	18.10	19.45	12370.—	28008.—	水泥版
私路（步道）	80平方公尺	176平方公尺	—	96平方公尺	8.—	8.—	768.—	768.—	有底用之砂石，鋪面舖青連石等
瓦斯管（混合式）總管	400公尺	180公尺	220公尺	—	56.20	56.20	12364.—	10116.—	30公分瓦筒，3公尺深
瓦斯管 接管	80公尺	216公尺	—	136公尺	19.30	19.30	2625.—	4169.—	15公分瓦筒，2公尺深
煤氣管 總管	72公尺	180公尺	—	108公尺	12.—	12.—	1296.—	2160.—	
煤氣管 接管	72公尺	180公尺	—	108公尺	14.—	14.—	1512.—	2520.—	
自來水管 總管	4條十4.70公尺	16條	—	54.4.—	99.—	248.—	1584.—		
自來水管 接管	4條十4.70公尺十16條216公尺	16條216公尺	—	220公尺	160.5.—	170.—	40.—	2080.—	
電線 總線	400公尺	400公尺	—	180公尺	18.—	23.—	1632.—	4140.—	
電線 接線	16條72公尺	16條216公尺	—	66十50	198.—	3060.—	3176.—		
總 計							15424.— / 20283.—	212801.—	甲種住宅共計128幢；共耗省14859馬克；師耗省節省116馬克，約合14%。

15896

第八圖及第二表，更就四層樓建築加以研究，其結果爲單行建築較諸雙行建築約減省土地及開闢費之14%。

Frankfurt am Main 市主管機關曾就該市郊外居住地 Westhausen 比較單雙行兩種建築方式之開闢費，其結果如第三表，卽單行建築亦較節省約11%。

第 三 表

	雙行建築	單行建築	單行建築比雙方建築較多（＋）或較少（－）之數
(1)溝渠			
(甲)總溝	283000.—	445000.—	＋162000.—
(乙)接溝	195000.—	35000.—	－160000.—
	478000.—	480000.—	＋ 2000＝＋0.4%
(2)自來水管			
(甲)總管	100320.—	70160.—	－ 30160
(乙)接管	13470.—	8190.—	－ 5280
總價	113790.—	78350.—	－ 35440＝－31%（約數）
(3)煤氣管	88080.—	88080.—	±0　　＝＋0%
(4)道路建築			
(甲)公路	368990.—	287700.—	－ 81200
(乙)私路	13720.—	304750.	＋ 3330
總價	382620.—	304750	－ 77870＝－20%（約數）
以上四項總計	1062490.—	951180.—	－111310＝－11%（約數）

唯單行建築之優勝不僅在經濟方面，尤以全部住宅均能面對衛生上最適宜之方向爲最重要之點。（節譯 Herbert Boehm 論著，原文載 Zentralblatt der Bauverwaltung, Jahrgang 49, Heft 36)

近代之海港

關於外港者，最近數十年來無甚變動可言，卽有之，亦僅建築方法受新式機械與改良材料之影響而已。至於內港方面則港塢，港岸以及近旁之陸地等之佈置上顏

多新穎之點。茲略舉如次：

　　港塢因船舶加大，寬度及深度自較舊時增加。長度則在以鐵路爲主要聯運工具之處，約以 1.7—1.8 公里爲最大限度，惟爲鐵路車輛運行迅速起見，最好以上數之半爲度，不必過長。又寬度最好勿以絕對需要之數爲限，須顧慮到將來船舶寬度之加大及內河外海船隻之他種分配方法而從寬規定之。

　　海船停留處之護岸建築，仍以牆垣式爲多，唯較小船舶來往之處，始有用鋼筋混凝土或鋼鐵椿板者。其後面之拉條等對於岸地之使用上，頗有妨碍。

　　護岸牆垣之基礎建築方法，凡有種種。新式方法中以應用鋼筋混凝土混櫃日見推行。港堤之基礎，亦可用此法建築，以其可免去水中工作，且施工穩妥可靠，並可求迅捷也。其他深水工程亦復如是，因椿架式基礎須用多數長大之椿故。

　　近今建築之護岸牆垣，其前邊多完全成垂線以免船體與之相觸，而便船舶逼近港岸停泊。

　　港岸路軌之佈置，近數十年以來，日見加密，以期貨車之停置與調動皆便利無阻，且港上設備所能起卸之貨物同時能由鐵路車輛裝載。每港塢之路軌各聯成一氣，以分車站管理之。分車站又與全港總車站相聯絡。總車站分配於各碼頭之車隊駛至分車站後，於必要時，先停於「鈍軌」〔(Stumpfgleise) 即斷而不續之軌道，此種軌道之設立，係爲其間 隙地便於 利用起見〕上，將各車輛按起卸地點分配之，俟裝卸竣事之車輛退出岸邊軌道後，移入該軌。

　　此種軌道佈置所佔地位甚廣，所有車輛移置於各軌間均以轉轍軌 (Weichen) 爲媒介，故整列車輛亦能調動迅捷，與舊式用轉盤(Drehscheiben)者迥異。

　　岸上軌線之多寡，自視各港上交通之性質而異，如多數船舶停泊於河中，而藉內河船舶或駁船爲聯運之具，則岸上軌線自少。反之，鐵路在貨物之聯運上愈佔優勢，則岸上軌線愈多。因海港爲海陸聯運之媒介，故陸上主要交通線路與海岸之接觸愈密切，則海港之效用愈著。所謂陸上交通線路不外鐵路，公路或河川，運河。關於河川，運河等對於海港之形勢，須使內河船舶從上流入港，勿與海舶之航路相叉，故河港須與海港分立，不言而喩。

　　每港堤之路軌旣各自成組，則各組之間可設道路以達各港堤之中央，而毋需跨越路軌。此項道路可照尋常方法接通「露天裝卸塲」 (Freiladeplatz) 與軌道間用石料等砌平之處，以及貨棚之前面，有時並

逕通入棚內。碼頭上各貨棚間之路軌，其橫向聯絡方法，（爲火災時所需要者）以用「推臺」（Schiebebühnen）爲宜。

　　貨棚之用途在將貨物按類分別，以便分別處置，而不在保管貨物，是爲現今通行之原則。故其面積宜大，其寬度約60—75公尺，長度（須與船舶長度相等）之達400公尺蓋數見不鮮。新式貨棚有將路軌置諸屋頂下者，故棚內支柱相距須遠，從前約於每100平方公尺面積內須設一柱，今則可於每400平方公尺內設一柱。

　　貨棚內地板或與四周地面高度齊平，或作斜坡向陸地方面高起，以獲得「裝卸臺」（Ladebühne）距地面之高度。如地板爲與裝卸臺等高之水平面，則陸地方面之裝卸臺應較着重，其寬度每在5公尺以上。碼頭邊與港塢方面之裝卸臺間，設路軌一道至三道不等，亦有不設者，視各地情形而異。有時貨棚旁僅於向陸地之一面敷設路軌二道至三道，而港塢方面之裝卸臺則延長至碼頭邊，然此種情形殊不多覯。

　　爲貨物出入迅捷起見，貨棚對港塢方面之牆壁間應設「複式旁推門」（Mehrteilige Schiebetore），使棚邊可露空一半至三分之二爲度。若能採用美國式之「百葉門」（捲門Jalousietore），則棚邊除支柱外皆得露空，是爲最佳。至於對向陸地方面之牆壁間，則裝設普通貨棚通用之門扇，大都已足應付貨物出入之交通。總之，貨棚之構造以能由四面出入爲妙。

　　倉庫（貨棧）最好緊靠貨棚之旁，且與貨棚同一長度，務使貨物之由貨棧搬運而來者路線縮短。唯貨物多用駁船聯運之處（如漢堡）則以倉庫與貨棚完全隔開爲適宜而經濟。

　　爲光線及空氣之流通起見，倉庫之進深不宜過大，大都以20—30公尺爲限。因近今起重機械之改良，高度則可達八層以上。建築材料以鋼筋混凝土爲最普通，且有防火之效。

　　公路通至倉庫之前，較諸通至貨棚尤爲重要。

　　普通於倉庫與貨棚之間設立寬闊之道路一條，倉庫後面則以路軌紛列。

　　近日有建築多層之貨棚，兼充倉庫者，其效率自較兩者分立時銳減，故非爲特別情形所迫，貨物之聯運與保管務宜分作兩處。

　　關於海港上起重機方面，近代頗有進步。海舶與鐵路車輛或與貨棚間之貨物裝卸以跨越路軌二三道之活動半門式或全門式起重機（Halbtor-oder Ganztorkran）日見推行，且其構造迭有改良。以前之水力發動者，現多改用電力。貨棚內貨物之搬移

則以用電動小車 (Elektrokarre) 或附拖車爲便。貨物之堆置較高者，則用活動「貨棚起重機」(fahrbare Schuppenkrane) 與帶形或袋形「運送器」(Band-oder Sackförderer)。貨棚向陸地方面亦多設半門式或全門式起重機，以便由裝卸臺卸運貨物於鐵路車輛，道路車輛，或倉庫內。如貨棚緊隣倉庫，中間僅有路軌與道路之隔，則於其間架活動橋(水平或傾斜)，以「轉桿起重機」(Drehkrane)，或「走輪起重機」(Laufkatzen) 運行於其上。倉庫內貨物之搬運以升降機及電動小車並用爲主要。於相當時可加入袋形運送器或袋形滑坡(Sackrutschen)。「堆放機」(Stapelmaschinen) 亦可設置，爲高堆貨物之用。

關於大宗貨物之裝卸方法，亦有偉大進步。對於穀類「循環斗」(Becherwerke) 與帶形運送器仍屬適用，於全倉庫內普徧裝置，使由船舶或鐵路而來之穀類經由自動秤，分配處，以及除汚機械 (Reinigungsmaschinen) 以達任何處所，而無需絲毫人力參加其間。由倉庫裝入船舶及鐵路車輛亦復如是。效用與此相彷彿者有「吸氣設備」(Saugluft-od. preumatische Anlagen)，係用許多象鼻形灣管將穀類由海舶吸出，再由聯接之管條送至指定處所。

關於煤炭，礦石之裝卸，在廣大之面積上，有用活動橋及附屬走輪起重機或轉桿起重機者，其裝卸器具(Greifer, Kohlenkipper) 亦有所改良云。(節譯 F.W. Otto Schulze 所著，原文載Bautechnik, 7. Jahrgang, Heft 31)

氯化鈣及『亞硫酸鹽灰水』用於道路之改良

瑞典Svenska Väginstitutet, Stockholm 發表同上題目之報告，附載各都市道路建築機關之意見與批評。據其所假定，該國多數道路將仍爲沙石路與砂礫(九石)路，此種道路每日所勝載之「交通量」爲車輛300－600乘，若路面加澆氯化鈣(Chlorcalcium)或亞硫酸鹽灰汁(Sulfitlauge)，則其抗壓耐久之能力可以激增，例如 Stockholm 市於 1928 年澆舖亞硫酸鹽之道路名 Drottningsholmweg 者每日可勝載車輛3000乘云。

因撒水維持道路之力不足，則用氯化鈣以補救之。此物有吸水性，故能保持路面之濕潤，且融合粘結而成一片，經車輛輾壓平實後，則路面之各部分不致搖動而少損壞。另一法則用各種膠性物質以澆灌路面，其在瑞典除用柏油與瀝青外，兼用亞硫酸鹽灰汁，即製造纖維質 (紙業及人造絲業) 之副產品也。

所用之氯化鈣或溶於水或否，而以後法為較廉，在較小面積則用人工撒佈，否則用機械。對於厚一二公分之砂礫路面，初次每平方公尺約用四分之一公斤。以後每次每平方公尺約用四分之一公斤。普通每年撒佈三次已足，共計每平方公尺用一公斤，其效用對於交通繁盛之道路尤為顯著。

亞硫酸鹽灰汁原料含有侵蝕性之物質，須用石灰以中和之。其水分揮發一部分後，運輸上尤為低廉。市上出售之品或為液質含有水分50％，或為粉塊，含水分10％。如用液質，則於澆注時加二倍（容量）之水冲淡之，初次每平方公尺約用二公升，以後每次可減至一公升以下，大都省用人工澆注。如用粉質，且工作時，非適值大雨之後，則須於撒佈之前後各撒充分水量，以便粉質得以溶化而深入路面，初次每平方公尺用半公斤，以後每次各四分之一公斤。如澆舖之面積甚大，則以用液質裝入撒水車為廉。路面澆注亞硫酸鹽灰質多次後，在晴天往往甚硬而不能掘動，須待雨天行之。用亞硫酸鹽灰汁澆注之道路，成效甚著，在晴天確無灰塵，在雨天泥漿亦少。

氯化鈣與亞硫酸鹽灰汁，用之得當，均為粘結灰塵，改良道路之良品。唯究以何者為適宜，則意見尚不一致。大抵氯化鈣以用於路遠少水之處，與狹小之面積上及道路之敷鬆砂礫者較為優勝，亞硫酸鹽灰汁則以用於面積廣大之砂石道路而無鬆砂礫，且附近多水者為善。又撒佈氯化鈣之道路雨天每多泥漿，澆注亞硫酸鹽之道路則反是。此外並須注意將來路面應用何種方法處理之一點。(Zentrablatt der Bauverwaltung, Jahrgang, Heft 39)

美的河流護岸建築法

概　　論

本篇所論河流護岸建築法，以關於風景建築者為限，其較大之工程問題，如大江及港灣水利工程，均不涉及。

河流護岸除應物質的需要外，於美觀上亦應顧及，務使此項建築成為風景組織上之一部分。

河流等有建築護岸之需要者如下：（一）河流於大水時水流甚急，兩岸有被冲刷之虞者，（二）池塘及小湖之岸，於風浪時，有被侵蝕之虞者，（三）河面雖狹小，而水流常速者，（四）寬大之湖河面，沿岸於大風時，有被波浪冲刷之虞，或正對頻數之風向，有漸為急湍侵蝕之慮者。

關於以上各種河流之美的護岸建築方法，為本篇討論範圍內之尤要者。

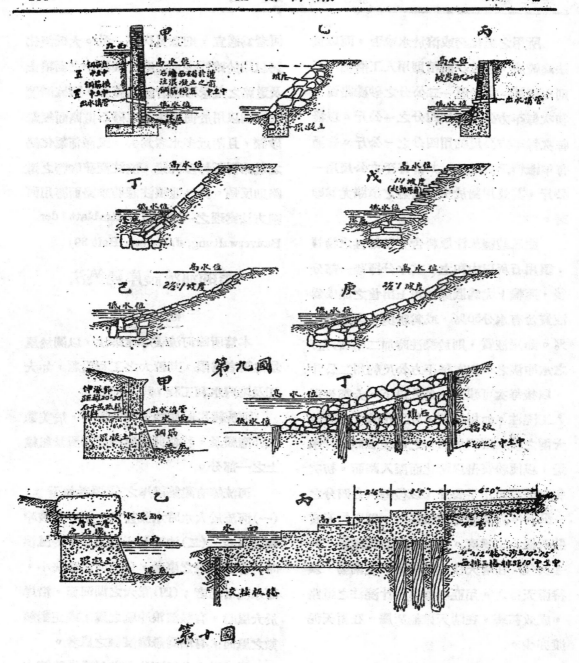

第九圖

第十圖

計劃護岸牆等之問題

為圓滿解決護岸問題起見，無論是項護岸為混凝土牆，或磚石牆，或堆砌石塊，須注意下列各點之若干項或全部：

(一)後部原有或新填之泥土推力之大小，

(二)深入河底基礎之建造，以免冰凍時之損壞及河水之洗蝕。

(三)出水孔隙之設備，以排除岸邊土內餘水。

(四)詳細調查過去大水之情形，並研究將來影響水流之各種條件，庶護岸牆雖在大水時，亦得保護鄰近地面。

(五)多日嚴寒地方，冰塊對於護岸建築之危害，須加預防，

(六)河底及兩岸泥土之種類須詳細研究，以定護岸建築方法。

(七)審慎研究何種護岸建築最宜採用，以期美觀。

建築護岸之方法

本篇所述河流等護岸建築，以實用而美觀者為限：

(一)堆砌石塊 (Riprapping)

第九圖(己)及(庚)示最通用之亂石堆砌法。第九圖(乙)中之混凝土基脚，省去亦可。第九圖(戊)所示則與散石牆相似。

第九圖(己)與(庚)之構造，為將大石塊置放於岸坡上，其空隙中填以小石，用錘打緊。此法用諸岸坡之斜度約為 $2\frac{1}{2}:1$ 者較為相宜。若岸坡斜度在 $1:1$ 以下，須加築混凝土或石牆基脚，(如第九圖(乙)所示者)以防流水冲刷下面泥土而致砌石之頹倒。

第九圖(丁)與(己)所示之法，宜用於較平之岸坡。先將岸坡鏟平，然後舖放厚四吋至八吋以上，面積二方呎至五方呎之石塊。若岸坡較陡，則於其間酌用較大石塊插入岸坡泥土內，以資保護。若於若干石隙間種植草類，或於較大之石隙間種植小柳，葡萄藤，或萍菜等，可增美感。

無論何種堆砌之石塊，均應有堅固底脚，以免頹裂。或如第九圖(丁)與(己)所示，用散石牆為底脚，或如第九圖(乙)所示，用混凝土或灰砌石牆為底脚，視需要而定。如岸坡較竣，則用第九圖(戊)所示之堆砌法最為適宜。此法應用於河流岸坡時，須避免浮冰之衝擊，以便於頂部或斜面上空隙栽種草樹，而掩蓋其枯索之外觀。

(二)混凝土牆(鑲石塊及不鑲石塊者)

第九圖(甲)與(丙)所示之重力牆，(Gravity Wall)及挑臂牆，(Cantilever Wall)式樣，甚適於保護小河流，及無巨浪之大河流邊岸。可用混凝土或石料建

築，或用混凝土建築，而以石料鑲砌外面。

混凝土牆或砌結石牆，均須設出水孔於平均低水位之上，以便排除牆後泥土中餘水。(參觀第九圖甲與丙)

凡建造石牆或混凝土牆，務須使其能抵抗一切外力，尤以能抵抗牆後泥土之推力及因冰凍之漲力為要。

若僅求實用，不顧美觀，除富產石料之地外，以混凝土牆為最經濟。牆之高度有時不必定與牆後地面相等，惟須高出高水位一呎至一呎半。牆頂後部宜設一明槽，或暗溝以宣洩地面餘水，而免流過牆頂。

(三)砌結石牆

石牆宜用於富產石料之地。

氾濫甚大，及冰凍最烈之地，砌結石牆較諸散石牆更為適用。最別緻之砌結石牆，牆身甚厚，接縫處爬深，使外觀與散石牆無異。

避免岸上餘水及牆基崩頹方法與混凝土牆同。

(四)屏牆(混凝土，砌石，或大亂石)(Bulkheads)

屏牆為水邊之擋牆。第十圖所示各種屏牆式樣均為常用之護岸建築。第十圖(甲)所示混凝土屏牆式樣常用於大江巨湖。波濤猛烈之處，可採用第十圖(乙)與(丙)所示之式樣。此兩種式樣之屏牆，不必設排除牆後餘水之孔管。須設縮縫，(參觀第十圖甲)以免溫度變化時，牆體因漲縮而損壞。

江湖中大風浪時，每有水打至岸上，故牆後四呎至六呎寬之地面須鋪砌石塊，或於牆頂後斜坡上裁植草樹，而於其間鋪砌六吋至十二吋大小之亂石，藉以免保護地面。如打至岸上之水量甚多，應於牆頂後部設四吋至八吋深之混凝土明溝以容納之，並導至相當處所，放入河湖之中。

如岸上草地園林貼近水邊，而護岸屏牆又為第十圖(甲)所示之式樣時，每須設法避免浪花打至岸上。其法係將屏牆築成凹形，以散浪花。

再進一步，則採用第十圖(乙)所示屏牆式樣，用石塊砌結，或用混凝土與石塊合併建築，較為有效。所用石塊須巨大，每塊長度不得小於二呎至三呎。

若流冰及怒濤攻擊更烈，則以第十圖(丙)所示式樣為適宜。此項屏牆之後端，支於木樁之上，而前端則以企口板樁承之。有時前端亦以木樁支承，約每隔十呎，打樁一根，木樁之間則打企口板樁，然普通僅用板樁，已甚合宜。企口板樁之目的，除充屏牆前端之基礎外，並阻止牆下

15904

泥土之被水洗剝。屏牆前面成踏步形，所以抵抗波浪之攻擊，並便於浪花之折回水面。屏牆後舖填之混凝土或石牆可增加保護之力量，唯是否常屬需要，則為一問題耳。

（五）散石牆（dry stone wall）　散石牆所用之石塊，其平面不得少於三方呎至六方呎，須精細砌堆。牆面之坡度應為 1:1 至 $\frac{1}{2}$:1。第九圖（戊）所示，為常用之式樣，尤宜於氾濫及冰凍不甚劇烈之處。

散石牆應有適當高度，使大水不得越過牆頂，而侵蝕牆後之泥土。此點對於散石牆較諸砌結石牆尤為重要。

（六）有椿屏牆　美國南方諸省冰凍不烈，有用木椿及木板建築臨時屏牆者。但木質易朽，不能持久。亦有於木椿屏牆之上加築混凝土者，然是法亦僅適用不冰之地耳。

（七）隄牆（Piers）　湖岸之當最頻數風向者，常受湍流之剝蝕，故宜建築隄牆實以防護；並可造成沙灘，為游憩娛樂之所。如第十圖丁所示之式樣，可以採用。

此種隄牆僅可用於湖上，不適用於有潮汐之海洋上。岸邊之一端須高出平均水面四呎至六呎。一百呎至一百五十呎長之隄牆，其外端須高出平均水面二呎。其建築法，普通係用木椿兩排，相距約四呎至八呎，每隔約十二呎，加交叉之支撐。兩

椿行間用二立方呎至六立方呎大之九石填滿之。急湍迅流，常含浮沙甚多，尤以大風浪時為甚。隄牆能減少水流速度，故水中浮沙沉澱於其間焉。

（八）樹根（tree stumps）　河流之縈越森林地者，其以舊樹根保護岸坡為甚自然而簡便之法，所用樹根直徑自六吋至十五吋。根尖朝上，精細舖埋於岸坡之上。舖埋時，有時須挖掘泥土。舖埋後，全用泥土掩蓋。

（九）種植（planting）（於鬆碎或光滑之岸坡上）　種植之用於保護岸坡，其故有二：（一）為保護陡峻之岸坡，及避免地面上之水，冲刷岸坡上之泥土。（二）為保護岸坡之近水部份，不甚有被流水侵蝕之虞者。

保護岸坡之植物以根長者為宜，如楊柳，葡萄，茱萸等皆可用之。有時須開掘溝槽，以宣洩地面過多之水量。

柳樹護坡，為常用之方法。亦有將直徑二吋至五吋，長四呎或六呎之柳條插入泥中，上蓋四吋至六吋厚之泥土者。此項柳條，不久均生根長大矣。

（十）草泥斜坡（Natural turf slope）
小池邊每可保持草泥斜坡，並可種植宜於濕地之美觀樹木。間或置大九石於近水部份，以增加保護之力。（Albert D. Taylor 著，原文載 Landscape Architecture Oct. 1929, 蕭世則譯）

國 外 工 程 新 聞

Gibraltar 海峽之隧道工程

歐洲之海峽中以 Gibraltar 爲最難從水下穿越，蓋該處海水甚深，計近大西洋較寬之處，水深約 300—500 公尺，東部較窄之處，竟達 900—1,000公尺，故他處通用之新式海底築隧道方法，如盾蔽式之開鑿 (Schildvortrieb)，沉櫃 (Senkkasten) 之應用，接成管條之沉放，皆難以施行；若於入海底以下堅實不透水之地層內，用探礦方法，開鑿隧道，亦非易事，緣按照該海峽形成之經過，海底應有巨大裂縫存在，尤以東半部爲甚。據 Dupuy de Lome 氏之研究 (詳見 Pedro Jevenois, 'El Tunel submarino del Estrecho de Gebraltar',' Madrid)，僅在海峽之西部 (在西班牙方面約在 Algeciras 與 Conil 之間；在摩洛哥方面在 Cap Ciris 與 Tangier 之間) 可以開鑿隧道。因該處地質大部分爲含有粘土質而不透水之沉澱物，此種粘土質或可填塞所有之裂縫也。唯海底地質調查前此尙欠詳碻，故隧道計劃迭有變更。法人 Berlier 氏於 1898 年首先計劃隧道線一道，以 Tangier 附近爲起點，最大深度 400 公尺，最大坡度 2.5%，通過海底之長度約 32 公里。Ibanez de Ibero 氏於 1908 年作第二次計劃，擬定路線兩條 (參觀第一圖甲)，其一自 Tarifa 至 Tangier，最大深度 396 公尺，通過海底長度 32 公里，全長 41.5 公里，另一自 Trafalgar 作弧線而至 Punta Malabata，最大深度 310 公尺，通過海底長度 52 公里，全長 75 公里。此後 Rubio y Bellvé (1918年) 及英人 H. Bressler (1918年) 等，均另有計劃，亦各定路線兩種。最後 Pedro Jevenois 氏於 1927 年出版之 El Tunel submarino del Estrecho de Giebraltar 書中計劃隧道線三條，其穿過海底之長度分別爲 16,30,31 公里，總長 35,34,33 公里，最大深度 710,400,525 公尺，坡度 3.2—4.78, 2.14—3.58,3.25—3.35%。

另有工程師 Garcia Faria (1923) 及 C. Mendoza (1918) 二氏建議用鋼鐵管爲隧道，前者主張放入海底，後者主張懸掛於

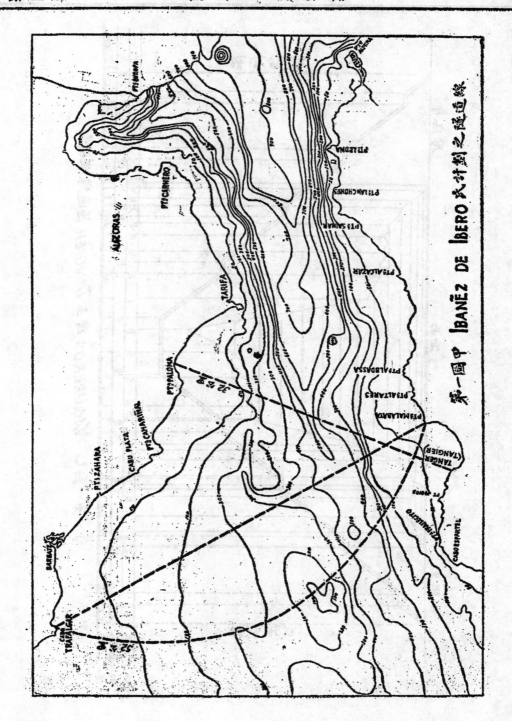

第一圖中 IBANĔZ DE IBERO 氏計劃之隧道線

15907

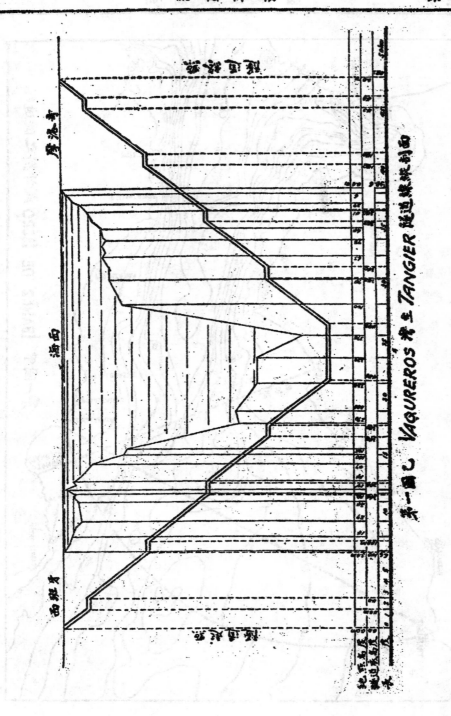

第一圖 C VAQUREROS 港至 TANGIER 陸近縱橫剖面

浮體上，而令其位於水面下二三十公尺之處。並經就各種管徑作力學上之計算，據其就最大管徑（可舖設雙軌者）所得之數如下：管徑10—12公尺，空面積47平方公尺，管厚0.30公尺，重量除去浮力每公尺1—2噸，活儀火車兩列各重272噸；計需浮體13具，相距各1000公尺；管體之因重力活儀所致之彎曲甚小，故無過大之坡度；其自西向東之海水流動沖力，速度以每秒1.3公尺計，則就管體之全長14公里向橫面彎出約1,000公尺，以對抗之，而傳導於兩岸之鎮錨上（餘詳P. Ienois氏之書）。

至穿過海底以下地層內之隧道計劃，由第一圖（乙）可見一斑，此項計劃係Ibanez de Ibero氏所擬之一種。其橫剖面則

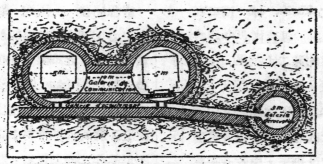

第一圖丙　隧道剖面

如第一圖（丙）所示。建築時先鑿直徑3公尺之圓形輔助隧道一條，由此鑿橫隧數處，以從事正式隧道之建築，正式隧道內之積水及挖出之泥土，胥由輔助隧道排除之。正式隧道凡兩條，亦為圓形，直徑5公尺，壁厚約0.6公尺，其間有相當之距離，以免氣壓變化之互相妨礙。隧內雙軌鐵路，軌距採萬國通用制（1.44公尺）以代西班牙式之1.67公尺，以便駛行國際列車。築隧時鑿開之泥土，擬即在隧內壓碎，然後與侵入之水，一併用抽水機抽去

之。

建築時期，據Ibáñez de Ibero氏佑計，約需五六年，該氏第一種計劃之建築費用約需西班牙幣330,000,000Pesetas，第二種計劃約需500,000,000 Pesetas。

為促進此項隧道建築起見，有特設之研究委員會於1927年成立，並於1928年開始作地質上詳細之調查云。(Zentralblatt der Bauverwaltung, Jahrgang50, Heft 2)

（附）二十世紀國際交通之最偉大計劃

直市羅陀海峽 (Strait of Gibralter)

開始建築隧道

西班牙與非洲之間，有狹水，名為直布羅陀海峽。自西曆一八六八年以來，創議開鑿隧道，以貫通西班牙與非洲之交通者，實繁有徒。西班牙政府經考慮祈維諾 (Gevenois) 將軍之計劃書後，業已決定遵其計劃開鑿，預計工費約需一千一百萬鎊，歷時約達六年之久。隧道北口在西班牙之 Tarifa 城，南口在 Ras Fl Buara，此地處於湯吉爾 (Tangier) 之東方。隧道長度約逾二十英里，海峽最狹處雖祇九英里，惟須測量深度，考查海底地質，以擇定隧道之路線。此項工程，現由西班牙政府任命委員會處理之，祈維諾將軍之計劃書，由政府購買，並訂定合同，由祈維諾指導工程。隧道北口之工程，業於十月五日開始，同時政府給軍艦一艘，專為測量深度考查地質之用，此項測量等工作，約需二年之久。

直布羅陀海峽之重要

直布羅陀海峽之價值，當由二方面觀察之。一為對於西班牙方面觀察之，則隧道可振興實業，工人無失業之虞，建築工程需用工人不下數千人，又建築材料之需要，亦可間接使電力廠、鐵廠、木料廠添雇無數工人，地方由以興盛

，生活狀況將因以改進，一旦隧道完成，西班牙將來之利益，殆難筆述，惟此刻尚無確實之預兆。無論如何，西班牙將與獲利之直達交通線接近，而為絕大之國際運輸中心點。一四九二年以前之英國，實與今日之西班牙相彷彿。在哥侖布發現美洲以前，英國僻處歐陸之西北，祇與歐洲交易之一途，自美洲發現，富源開發，英國遂一躍而成歐美商業之中心，至今為世界船舶運輸之巨擘。西班牙將來之希望，亦復如是。非洲之發現雖已數千年，唯經濟之發展未達初步之境，若用隧道與西班牙相通連，則西班牙將為世界貿易中重要中心之一，不但歐非二洲之貿易，將經由該國，卽亞洲南美之商務，亦將被其吸收。

國際上之位置

此隧道所佔國際交通之位置，至二十年後方能充分表現。蓋非洲平均每年建造自三百至四百基羅邁當之鐵路，約需二十年之久，方能將重要路線造竣。由是自西班牙隧道所在之 Tarfa 城至 Dakar 之意比利非洲鐵路，此為赴南美洲之最捷路線。二為縱貫非洲南北之鐵路，此為由倫敦直達 Capetown 之路。三為北非橫貫鐵路。由 Tarifa 城直達埃及之 Cairo。此路將與 Cairo-Capetown 之

線在 Alexandria 城相交，又在 Cairo 與
已通車之小亞細亞線相啣接。明年起印
度與 Aleppo 間之鐵路汽車道混合直達交
通當可成立。由是數十年求之不得之英
印陸路交通，即可實現。由是直布羅陀
海峽隧道，亦爲深入亞洲腹地之孔道。
上述通南美，Capetown，亞洲之三路，
可使直布羅陀海峽隧道成爲世界運輸之
中心點。此說雖有以爲不然者，然試觀
下列之統計，可信此說之不誣。嘗由
Tarifa 城赴莫斯科，爲程約五千四百五
十公里，出城至亞洲邊界，爲程約六千
九百公里，若用歐洲最速之火車行駛，
皆可於四五日內達到。由 Tarifa 城赴幹
線終點之 Dakar 約有三千公里，若由赴
蘇彝士運河口之 Port Said 約有三千七
百公里，由此可知非洲方面之二大幹線
，較之歐洲方面通達東方之相似幹線，
尤爲短捷。又非洲南北縱線，約有八千
五百公里，而巴黎至哈爾濱之路線達一
萬零五百公里之遙也。

非洲鐵道建築之困難與西比利亞鐵 路相似

非洲因各處形勢之不同，建築鐵路
較歐洲大形困難。然上世紀末，俄國籌
建西比利亞大鐵路時，說者多以爲氣候
嚴寒，食物稀少，招工困難之故，難能

實現，然西比利亞之鐵路終能告成，卒
爲俄國內部及亞洲交通之孔道。即使非
洲鐵路之建造，較西比利亞更爲困難，
然以今日鐵路建築學之進步，材料之精
妙，不難戰勝困難，卒底於成也。

計劃中之非洲各鐵路

非洲三大幹線之方向及其發達分誌
如下：意比利非洲線由 Tarifa 城經 Casa-
blance 至 St. Louis 乃沿非洲西北岸至西
班牙之屬地名 Rio d'Oro。自 Dakar 至南
美，向有快汽輪行駛。此線成後，歐洲
南美間之交通，將造新紀錄。目下祇
Tangier 至 Casablance 之鐵路業已造成。
按下之計劃，是否再由 Casablance 展長
，尚未決定。若自 Casablance 至 Rio
d'oro'，則自西班牙都城馬德里特至
Dakar 不過六十小時，自 Dakar 渡大西
洋至 Pernambuco（一千七百十五英里）
約需五十八小時。由 Dakar 至 Rio de
Janerio（二千七百六十一英里）九十小
時可達。由 Dakar 至 Buenos Aires（三
千八百英里），一百二十七小時可達。
目下尋常行旅，由直布羅海峽赴 Pern-
ambuco 需二百十五小時，若能乘火車
至 Dakar 再乘最速之汽船，則全程可縮
至一百十八小時。此線現由航空公司營
業，載歐洲客貨至 Dakar。

15911

非洲南北縱線

計劃中之第二幹線，係非洲南北縱線，由 Tarifa 城穿薩哈拉沙漠至 Chad 湖，此段將用已成之路，由湖南展過比屬 Congo，冀與南非已成各路連接，以至 Capetown，如非洲南北縱線告成，則南北交通較汽船更捷多矣。由 Tarifa 城赴赤道下之非洲各地遊覽，需時不過五日，欲直達 Capetown 亦不過十日。由倫敦赴 Chad 湖，需時七日，赴 Capetown，亦不過十二日。

計劃中之第三線，Tarifa 城沿地中海岸至 Centa，以便與西班牙東部各路與 Algeria 相接。此線為穿越非洲北部以與埃及蘇彝士運河以東之鐵路接連之唯一幹道，實為建造直布羅陀海峽之唯一動機。此線可供 Tarifa 城與埃及直接交通，故甚為重要。目下法國屬地政府正在接通摩洛哥與 Algeria 兩地間之鐵路，造工程告竣後，此線自 Tangier 直至 Gabes，長達二千公里。自 Gabes 以東須延長路線，聯接 Tripoli 國之鐵路。Tripoli 國鐵路東頭，將沿地中海海岸築線與埃及鐵路之西頭連接。

鐵路建築之困難

此三線之最大困難，在非洲各路軌道廣狹之不齊。各式廣狹軌道，非洲無不俱備，自一·四四公尺至一·五五公尺悉皆有之，此為行駛直達車之最大障礙，必須招集各屬地聯席會議，使軌道劃一。三幹線及隧道之寬悉與之一律。

西班牙鐵路政策

目下西班牙鐵路之軌道，殊不適於國際交通之用，必須在法國邊界換車，耗費時間。數年前擬將該國鐵路軌道寬度一律改造，使與各國相同，卒以費用過巨而罷，一九一九年議會通過此項計劃，遂得逐步進行，現正擬自法國邊界穿越直布羅陀海峽隧道，直達 Algeria 之標準雙軌鐵路。路線務取直線，備作國際交通之用。

法國務須予以助力

為力謀實現開駛穿越西班牙之直達國際交通列車起見，法國亦須整理其路線，以供國際交通之用，而預備開駛直達英、德、意、瑞士各國之列車。迨西班牙標準軌道之南北幹路造成，便可行駛歐非兩洲間之直達車矣。

政治上觀察

最後，此海峽隧道與統理非洲各部之列強，在政治上有絕大之影響。自法國與西班牙締結條約，隧道之造成，於法國絕對有利。遇有需要時，法國在非洲屬地之軍隊，可由此調赴本國，迅速

無比。法國實業界，因原料及製造品之較前易於取得及消售，亦有大利。英國在軍事上着眼時，或不甚歡迎西班牙之建築隧道，因直布羅陀海峽，迄今在其掌握，一旦隧道造成，交通便利，其在該峽之地位大形動搖。英倫海峽之應建築問題，其理由與此相同。但其國際交通之利益，超越乎軍事上之利害，如隧道告成，其南非屬地，必有大發展，故英國之利益，遠較法國爲大。西班牙屬地之發達，因有隧道而希望無量。又此後非洲之物質需要，將由隧道南運，此歐洲實業界之利益也。總之，直布羅陀海峽隧道，爲二十世紀最偉大之運輸計劃，當爲人人所公認也。

（轉錄十八年十二月十六日上海「時報」）

Detroit 與 Windsor 間交通隧道工程（參觀本報第一卷第二期第81面）

本隧道爲水下交通隧道之最長者（參觀第二圖甲）。在兩岸之部分用盾截法 (Schildvortrieb) 開鑿，在水下之部分則用預先製成之圓管沉入河底。隧道各段之剖面見第二圖甲。

埋入河底之隧管，分數步建築，（1）鋼管之製成，（2）內外混凝土層之填注，（3）入水及埋放。

鋼管與內外混凝土層之鋼筋及加固之結構均在Detroit河下游工場內製造。（參觀第二圖乙）管之縱縫係用鍛接法接合，其管口則兼用帽釘結合。繼將管之下部殼板裝好，並裝臨時封壁（如第二圖丙），然後放入水中，浮至填注混凝土之工場，填注管內及管外下部之混凝土。復次，裝置上部殼板後，運至河水較深之處，以便灌注上部混凝土加增重量後，沉入水底。最後將製成之各管條曳至指定之處聯接之，埋入河底預先挖成溝槽內之沙層上。（詳見 Eng. News Record, Vol. 103 No. 16.）

德國截至 1929 年底修築公路情形

關於工程與籌款計劃：Württemburg 邦於1925年二月首先擬定，次則 Baden 邦於同年三月提出議會，復次則 Bayern 與 Sachsen 兩邦於1926年初繼之而起。其餘各邦與普魯士之各省旋亦陸續規劃就緒。各地工程經費大率不能歸入經常預算，則發行公債以籌得之。工程計劃之內容，普通爲整理路面，放寬路線，改築灣道，改移不醒目之路線，以應新時代交通之需要。各路路面之建築方式，隨交通量之增減，逐段變易（路線甚短者自屬例外），距大都市愈遠，則路工愈簡單。又改良路面亦

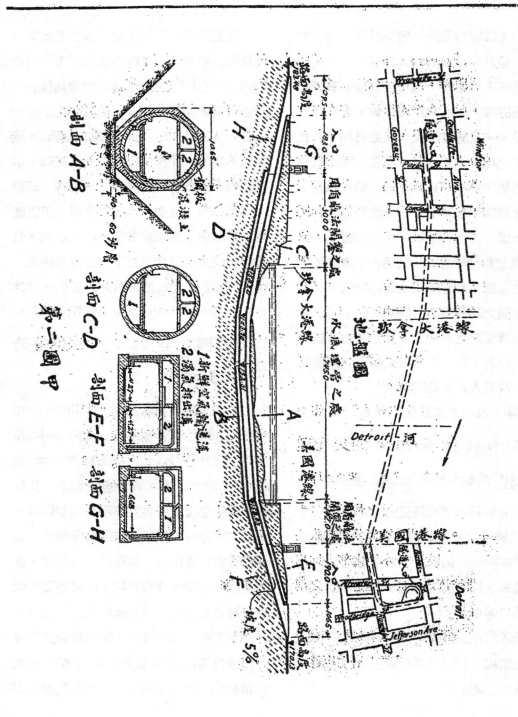

剖面 *A-B*

剖面 *C-D*

剖面 *E-F*

剖面 *G-H*

第二圖甲

逐步進行，交通量初增，僅表面澆舖瀝青，柏油等，再增乃改築中等路面，最後始改築上等路面。惟其應用此種漸進方法，故多數地方能以有限之經費，於四年之短期內，完成勉敷交通需要之道路線網。又修繕路面務求迅速，以省工價而利交通，故每選用較迅捷之方法，如對於柏油，瀝青，多用「冷用法」，其一例也。

自1925年以來，德國各邦省修築公路計 60,866公里，內高等路面〔大方石塊及小方石塊路面，大石子路面（見譯註一）混凝土路面，瀝青柏油路面之厚逾 6 公分者〕4,265 公里，中等及簡單路面〔灌填，及澆舖柏油瀝青，Betonal（譯註二），及柏油砂與瀝青砂 (Teer-u. Bitumentepiche) 等〕17,086 公里，其餘 39,515 公里，即係用舊法修繕者〔內一部分，係用修補法（散修法Flickverfahren）計用去石子 9,770,000立方公尺。高等路面 4,265 公里中，計3280公里爲方石塊路面，97公里爲

第二圖乙

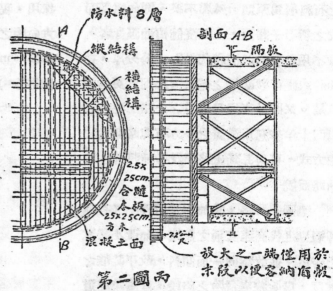

第二圖丙

混凝土路面，888 公里爲柏油或瀝青路面，中等及簡單路面 17,086公里中，2194公里爲用灌填（瀝青等）及類似方法建築者，14,795 公里爲爲表面澆舖瀝青或柏油或兩者之混合料者，97公里爲 Betonal 路面

。簡單路面所以居大多數之故，則因德國
初次數計交通量時，查得公路之受輕簡交
通者，居總數三分之二故。雖照現時估計
，經噸位交通已增至二倍以上，而簡單路
面因用改良方法修築，耐用能力遠在已前
估計之每日1000噸以上，要可無慮。又如
用柏油，瀝青灌透之路面，如於表面澆舖
柏油，瀝青數次，亦可勝載以前惟高等路
面能負擔之交通。此外據經驗所得，可證
明道路工程以用輾壓方法，構成堅厚不移
之石料層爲原則，殊屬不誤，例如輾壓而
成之新石子路面，上面澆舖柏油瀝青者，
雖不用此項材料灌縫仍較3－4公分厚，柏
油砂或瀝青砂薄層之舖於舊路面者更爲耐
久是。又關於交通最繁重之公路，現在仍
以四十年來應用最廣之小方石塊路面爲理
想方式，可與混凝土路面及各種瀝青，柏
油路面競爭。

　　德國各公路，除加固路面外，又有種
種適應近代高速交通之設施，如改小灣道
之彎度，並改爲向一面傾斜，改平陡峻之
坡度，廢除狹窄危險之路段，建築繞越道
路 (Umgehungsstrassen) 等。計各邦省於
1926－1929年期間用於道路新工之經費共
118 兆金馬克，又於1926－1928三年度中
用於修繕路面，改良路線之經費共212,67
9,000金馬克。

　　最近舉辦之工程，有述敍之價值者凡
二：一爲 Oberammergan 附近 Ammer 河
上之大橋，一爲Sachsen邦道 Leipzigchem-
nitz 線繞越 Penig 地方之一段新路。

　　關於號誌方面，三角號牌之指示危險
地點，而其圖形藉反光作用，夜間亦可望
見者，最近頗見推行。德國交通部與鐵路
管理局現正研究由列車發射閃光 (Blink-
lichter) 以避免與公路上車輛相撞之法。
灣道上樹木塗石灰之法，Sachsen 邦首先
採用，現日見推行，甚爲適用。地名牌及
方向牌之豎立，則進行較緩云。（節譯
Bautechnik 1930 Heft 7)

譯註（一）　大石子路面 (Reisenschotter-
　　　　decke) 係用平均 8－10 公分之石子，
　　　　用人工舖砌於 10 公分厚之石屑
　　　　上，然後用 20 噸滾路機輾壓而
　　　　成11－12公分厚之路面，並可用
　　　　「柏油乳」 (Teeremulsion) 灌縫
　　　　（於滾壓時與水同時澆灑，且用
　　　　含有粘土質之沙掩蓋之）及於表
　　　　面澆舖柏油。此種路面較普通石
　　　　子(砂石)路面更勝重耐久，比小
　　　　方石路面則工價較康。

譯註（二）　Betonal 爲「水玻璃」(Wasser-
　　　　glas，英名 Soluble glass)之一種
　　　　，其所含矽酸質，較普通商品爲

多。液狀之 Betonal 與「石灰石子」及「石灰砂」混和，則起化合及粘結作用，普通用以舖蓋舊石子路，再於其上撒佈 Betonal 粉及沙，加噴水滾壓之。

第 三 圖 甲

意大利新築汽車路及鐵路工程

(甲) 羅馬與 Ostia 間汽車路

此路起於羅馬市外著名之 "Basilica San Paolo fuori le Mura" 附近，幾成直線，以達 Ostia，一部分與羅馬至 Ostia 間之雙軌電氣鐵路並行。(參觀第三圖甲)一部分係利用舊有公路而建築者，將至 Ostia 時，乃另闢路線，與公路於相距不遠之處互相平行。沿路地勢平坦，且建築物稀少，故關於路線之設計無甚可述之點。僅有數處與他路交叉(其跨越公路之橋見第三圖乙)。其建築方式爲石子路面加舖瀝青(似係冷瀝青)。全路兩邊，每隔10—12公尺，豎立電燈桿；於半圓形之弧條上，各懸一電燈，上蓋以罩，燈光向下直射路面

第 三 圖 乙

，燈泡自身則被掩蔽，故夜間往來無眩目之患。唯路燈距地面不高，故光線所及之範圍不廣，雖每處兩旁各設一盞，且相距又密，光力仍不甚大；尤以路脊常在黑暗

中，以每兩燈之光線不相匯合故。然惟其如此，車輛常沿路邊而行，往來車輛之界限因此劃分顯明。汽車之行駛於本路者禁用照射燈，亦無用照射燈之必要。每日晝

間通過車輛在 2,000 輛以上，故據意大利鐵路當局云，此路大有與電氣鐵路競爭先後之勢，Ostia 爲古代商業都市，隨羅馬之衰微而烟消雲散，寖至淪爲瓦礫之塲。迨至今日，外國旅客之來此憑弔古蹟者甚衆，加以新設海水浴所，本國人亦樂趨之，故此路非等虛設，殆無疑義焉。

(乙) Napoli(Neapel) 與 Pompeji 間汽車路

　　此路亦爲應外國旅客（乘自用汽車或公共游覽汽車，往來 Napoli (Neapel) 與 Pompeji 間者）之需要而建築者。其路線如第三圖丙，務求平直。該處地勢微作坡陀起伏狀，高起之處（係以前火山噴出物所構成者），如坡度較大，則鏟平之。據 "Hafraba" 報之意見，及著者在 "Neuzeitlicher Strassenbau" 所論列者，此種設施與汽車路之性質不合，蓋汽車之上坡能力頗大，故汽車路之坡度不妨從大，且因此有時可節省油料，而在延長之直線路段內之陡坡，又可使汽車司機人移撥機件，而提醒其注意力也。路線起於 Napoli 總車站稍南之處，終於 Pompeji 西邊 Marina 門。此門於距今 1900 年以前，嘗被 Napoli 海灣 (Golf von Neapel) 之波浪所冲洗，今則在距海邊約 2 公里之處，此 2 公里之地蓋爲千數百年來海水冲積而成者。全路長 19 公里，側石間寬度 8 公尺，最大坡度 4.5%

第 三 丙 圖

最小彎曲半徑 300 公尺，最大彎曲半徑 1 100 公尺。路綫所經係建築稠密及每年收穫二次之肥沃土地，而逕行穿過之，不加顧慮。因此須加增許多藝術建築物（譯註：原文 Kunstbauten，指橋梁等而言），且收用土地費亦較昂。藝術建築物凡93座，內有50座係從上跨越或由下穿過他路之橋梁。挖低之地共12處，須挖去土方 412,000 立方公尺，內183,000 立方公尺係石質。與他路相通之處凡五，皆設守望所，出售該路之通行證，並加建油站出售汽油。

該路之建築方式，係以火山石（Lava）質之粗石子爲基礎，上舖細石子而滾壓之。再舖混凝土一層，中央厚18公分，路邊厚22公分，兩邊橫坡度 1.7%，作屋頂形（人字形），上澆柏油石屑厚2—3公分。寬 1 公尺之側徑（Bermen），一部分以塗白色之混凝土條包嵌之。伸縮縫每隔10公尺各設一條，與路中綫成60°之角度。由Pompeji 附近接通趨向 Castellammare 之道路之一段，用斜坡提高以便跨越鐵路，長約 1 公里，其中 260 公尺設混凝土拱21條，以省填高之土方。

乘車輛往來於此路上時，所經之處，或爲繁榮之鄉村，或爲黍麥青青之原野，且噴雲吐霧之Vesuvio（Vesuv）火山又復歷歷在目，洵合人心曠神怡，較諸乘火車往

來所領路之佳趣，優勝多多。沿路風景之一斑見第三圖丁至庚。

該路於1928年二月開工，1929年六月完工，僅費時一年又三個月，參加工作者凡三千人，建築及收用土地等費總計意幣 35,200,000 Lire。使用者按車輛馬力數徵費。現在每日收通行稅約 6,000 Lire，每日通行車輛約 350—400。現有延長至 Sorrento（Sorrents）之計劃，惟非短期間內所能實現云。

(丙)鐵路及其他汽車路工程

羅馬與 Nopoli 間新鐵路綫，經過 Formia, Campagna 及 Pomptini 低濕之地，長210公里，沿路穿隧道多處。因此綫較舊綫縮短，可節省行車時間二小時半。由 Puzzuoli 至 Posilpo 山與 Napoli 市地面下總車站之一段爲地下鐵路。

由 Bologna 至 Firenze（Florenz）之新鐵路綫現在建築中。有19公里長之隧道，穿過 Apennin（Monte Cimone）山。最高處拔海＋300公尺（舊綫拔海＋600公尺），最大坡度12%，最小彎曲半徑 300 公尺。行車時間較舊綫約可縮短二小時。

Milano（Mailand）與 Bergamo 間汽車路延長至 Brescia 一綫，現在建築中，將來或延展至 Trieste。（節譯 E. Neumann 報告，原文見 Bautechnik 1930, Heft 7）

15919

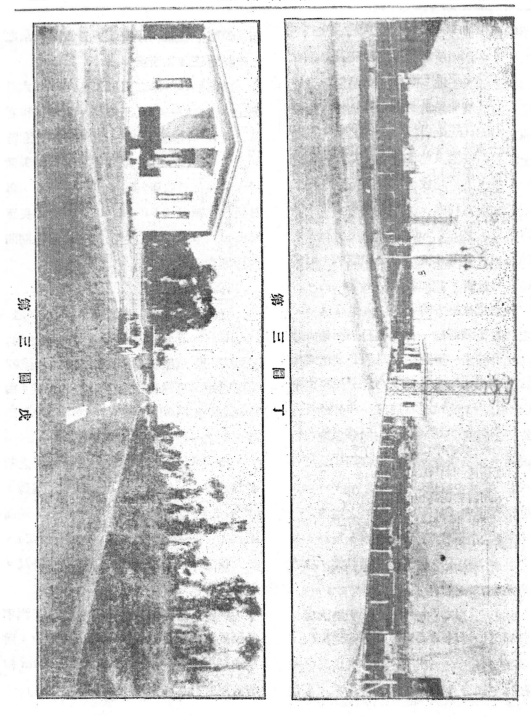

第三圖　丁

第三圖　戊

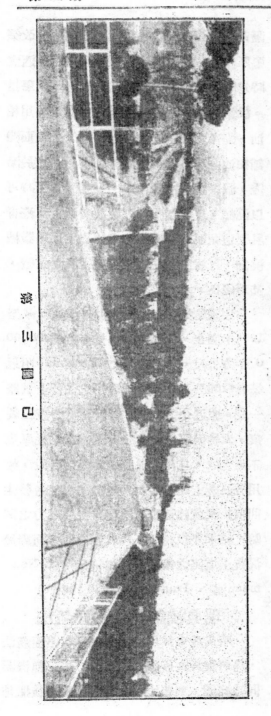

第三圖己

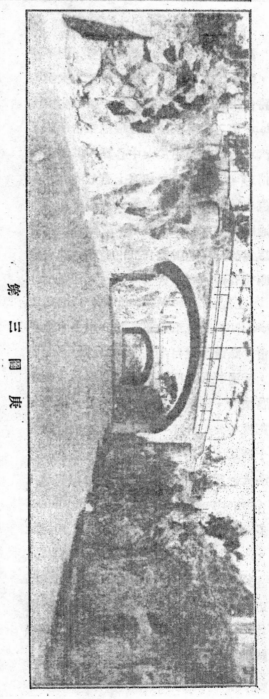

第三圖庚

法國築路情形

法國對於建築汽車路之期望，似不甚大，觀於 1928 年十二月巴黎第六次全國工務會議報告書可以知之。該報告根據 Milano 第五次萬國道路會議總報告所載，謂汽車道路僅適用於大中心點，其交通擁擠情形，對於安全與經濟上有危險者，如令汽車通行於普通道路過於普遍，則汽車交通將失其刺激性與效用。故法人之意見，以為改築交通幹路為汽車道路，即可充分應付各種需要。

工程師 Kern-Morsand 氏曾以巴黎與 Deauville 間汽車道路計劃公諸土木工程師會。該計劃之目的在聯絡各風景名勝地方，接通避暑處所，並為求食料與貨物之易腐壞者，輸入巴黎之迅速起見。建築費按寬度25公尺計算，估計每公里約需華幣二十萬元，全路共長 200 公里，其總數自甚浩大。雖擬徵收通行稅，且路線經過八縣 (Departments)，共有汽車 300,000 輛之多，然此路之建築經濟與否，尚屬疑問。

為試驗汽車道路新建築方法起見，巴黎市與政府及軍事當局合築試驗道路一段於 St. Vincennes 附近，作有系統的與科學的試驗（下略）。

法國築路機關，亦以表面澆舖柏油，瀝青等為改良石子路之主要設施。其改築堅厚路面，僅以經濟上較他種辦法更適宜時為限，以免經費耗費於非屬必要之舉措。故第六次全國工務會議報告對於應用柏油，瀝青之成績述敍甚詳。據云，表面澆舖柏油之利益，為柏油流動較易，易於滲透，瀝青乳（冷瀝青）之長處，為隨時可以澆舖，且澆舖後即可開放交通。又瀝青乳製造版遍佈全國，可省運費，且用器械澆舖，可省工價，故應用瀝青乳之成績，甚形優良。

法國建築混凝土道路進行頗緩。截至1928年底止，此種道路之總面積為500,000 平方公尺。1924年 Bry-Surmarne 附近築有1106公尺長，備試驗用之混凝土道路一段。據近今之報告，各伸縮縫旁發生裂痕，大約因填縫之 2 公分寬瀝青毛氈厚度不足之故，且用濕混凝土建築之各段，較用乾混凝土建築者更為耐久，（後者發生凹痕）又就路面鑽取圓塊，加以壓力之試驗，結果亦復相同。凡此皆與他方面對於混凝土道路之報告大致相符云。(E. Neumann述 , Bautechnik 1930 Heft 7)

瑞典澆舖瀝青路面新法

瑞典近來試用一種澆舖瀝青路面新法，係將瀝青與砂礫（或石屑）用一種機器同時澆舖，與普通將瀝青與砂礫先後撒佈

異。此種機器具有砂礫儲藏器，與用自動機（摩托）發動而與瀝青撒澆器聯絡之通風機。潔淨之砂礫，經由大橡皮管，吹射至熱瀝青噴出之處，而在路面上與之相混和。此法可使逐粒砂礫皆得沾染瀝青，故兩者之粘結性較大，且用量上兩者之比例可期準確，唯輸入未久，故對於試驗結果尚未能作切實報告云(Byggnadsvärlden,由 Verkehrstechnik 1930, Heft 2 轉譯)

英國用鍛接法加固鐵路鋼橋

英國倫敦及東北鐵路公司曾將鋼橋一座，試用鍛接法加固之。未興工以前，先將橋桁一根，從中央割分爲二，其一半保留原狀，其他一半之抗拉部分則截斷之，然後復用鍛接法修復，復將兩者加以重力使其折斷，驗得保留原狀之一半勝載53噸，其他一半則勝載54噸，較前者略高。試驗既竟，遂決意將某鋼橋用鍛接法實行加固。未着手以前，先用「應力計」細測各部分之應力。各部分鍛加之「蓋板」，於有帽釘頭之處，須鑽直徑38公厘之孔，以便與下面板塊密合，且鍛接時卽藉此種圓孔舉行之。此外並沿蓋板兩邊全長鍛接「邊縫」(Kehlnaht) 一道，故蓋板須比下面板塊逐層縮狹，計每層每邊各約12公厘。又

第二層蓋板與第一層鍛接時，除沿全長之「邊縫」外，並於中線上鑽孔一排，爲鍛接之用。爲免各孔透水起見，則於加鍛「弧面鐵塊」(eiserne Kappen) 爲。

橋桁之「下肢」(Untergurt)，僅加蓋板一塊，因其位於原有蓋板之下，故比後者加寬25公厘，以便從上面由兩邊鍛接「邊縫」。橫桁之加固板塊則置於兩行帽釘之間。

加固後，再用同一機關車，作載重試驗，測得各部分之應力，除五點外，皆比以前減小。其五點中之四點皆在加固塊板之末端以外，故推其原因，當爲剖面面積突然變更之結果，由此可證剖面面積之變更應以漸，而不應以頓也。然試驗結果仍稱滿意，於是再將橋面部分(Fahrbahn) 用板塊鍛接加固一部分後，再測驗其應力，則其變化乃不循定律，揣其原因當爲各部分因鍛接時變熱而伸張之故，然以所用鋼料「彈性界」(Elastizitätsgrenze) 低而「破壞界」(Bruchgrenze) 高，故尚無危險可慮。加固後一部分時，則更謹愼从事，先將加固之板塊夾嵌於原有板塊上，次每隔30公分用「點鍛法」(Punktschweissung) 鍛接之，然後於其間加鍛15公分長之縫條以塡實之。且於每段鍛畢後，必俟其冷透，然後从事於次段之鍛合。鍛渣涂去後，再鋪

鍛空縫，以期全縫密合平正。其後測得之應力之分佈仍有不規則之處，然確信全橋載重能力已加大，卽各部分之應力已減小云。

波蘭 Lowicz 附近電鍛新橋

此橋建於 1928—1929 年之冬季，爲梁之完全用鍛接法建築者之第一座。詳細報告見 Le Génie Civil, 14. Sept. 1929。

該橋位於由 Warschau 至柏林之道路上，跨 Sludwia 河，跨度計27公尺。主桁兩根爲橋架式（見第四圖甲），最大高度4.30公尺，相距6.76公尺。橋之寬度連兩邊挑出人行道計11公尺。橋面則用鋼筋混凝土建築。

主桁之側面及剖面見第四圖甲—乙。其下肢分爲兩部，以免積水，而以 U30 號形鋼聯絡之。各垂直桿 (Vertikale) 之剖面爲工字形，由 280×12 公厘之鋼板一塊與 70×70×7 公厘角鋼四條併成，各角鋼之面各高出板端10公厘，因此所成之縫槽 10×12公厘，則以鍛料 (Schweissmetall) 填塞之，藉使每兩角鋼與鋼板三者之間互相聯結。此處用角鋼，對於鍛接上固不甚適當，而佈置聯絡橫梁之巨大角板 (Eckblech) 則較便利。

主桁上無「節板」(Knotenblech)，各垂直桿與斜桿 (Diagonale) 均直接與上下

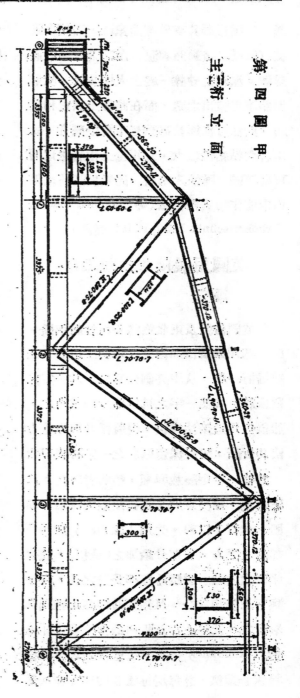

第四圖甲　主桁立面

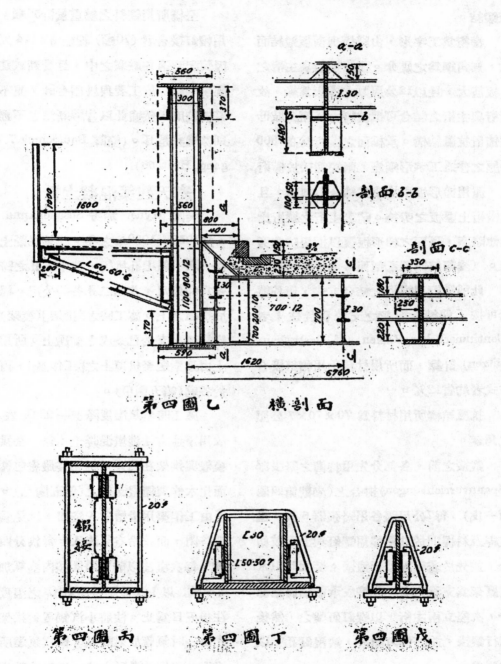

第四圖乙　　橫剖面

第四圖丙　　第四圖丁　　第四圖戊

肢鍛結。

橫桁爲工字形，由豎板與橫板鍛結而成，無角鋼爲之媒介。聯接橫桁與主桁之角板甚大，且以12公厘厚之橫板爲緣，故橫桁與主桁之結合可抵抗彎力，而上肢毋需佈置抗風結構。承橋面之縱桁爲高 300公厘之普通工字形鋼條，兩端鍛接於橫桁上，並用梯形板兩塊使其結合力加強，且免橫桁上豎板之旁撓。緊鄰主桁之縱桁比其他略高，下面之梯形板復以橫板防其旁撓。（參觀第四圖乙剖面 a-a, b-b, c-c）

此種橫桁與縱桁之結合方式，使各縱桁可按「連續性桁梁之支於彈性柱」者(Continuierlicher Balken auf elastischen Stützen) 計算，而所用材料比用帽釘接合方式者約省12%。

抗風結構所用材料爲 70×70×7 公厘之角鋼。

鍛接之前，各部分先用特備之緊張器(Spannvorrichtungen)拼合之（參觀第四圖丙一戊），每7公尺張各用緊張器 6 具。垂直桿及斜桿則於其兩端用螺釘與上下肢結合，並先於若干點暫行鍛接。裝配時以木質鷹架爲支承之具。先築成承載橋面之部分，次豎立兩主桁，以螺釘釘繫之，然後實行鍛接，並將螺釘除去，鍛沒釘孔，以防銹蝕。

全橋所用鋼料之總重量計55噸，較諸用帽釘接合者 (70噸) 約節省21.4%。唯因裝配時適在嚴寒之中，且屬新式建築，經驗未豐，故工費與料價合計，並不比帽釘橋較廉，然據此以訾議新法之不經濟，則殊屬非是耳。（節譯 Bautechnik 7. Jahrgang, Heft 56)

寒天建築混凝土橋

美國 Hyner 地方 Susquehanna 河上，於1928—1929年之冬，建築混凝土鐵路橋一座，係七孔拱橋，其中五孔之跨度，各爲49公尺，其他二孔各26公尺。橋面支於拱弧之上。施工時之「拱架」(模架)爲鋼鐵拱弧，支於已築成之橋礅上。所用混凝土由鋼索送至拱頂上之「工作臺」，再分配於各處(第五圖甲)。

施工時空氣溫度降至—22°C. 左右，故用下述方法灌塡混凝土：每一全拱（連模殼與拱架在內）用帆布袋嚴密包圍，下面用木條與繩索支持之(第五圖乙)。混凝土由工作臺用滑槽送入袋內，以免袋門時需啓閉，而致冷空氣流入。每拱分四期塡灌，每次塡注以前，將圍袋內空氣加熱至+10°C. 以上，並維持+10°C. 之溫度至塡注後五日爲止。法將小汽鍋置於拱架上，先由$\frac{1}{4}$吋氣管放射熱氣，使空氣達所需之溫度，迨塡注混凝土時，則停放熱汽，僅

15926

第　五　圖　甲

第　五　圖　乙

用汽鍋維持溫度，以免蒸氣迷眩工人眼目。

橋面亦仿此法填注混凝土。此法尚有一優點，即冷凝之蒸氣保持混凝土凝固時之濕潤也。

混凝土拌和工場內，在黃沙，石子下面設有汽管，所用之水以鍋爐熱之，拌和器附有油火爐，故製成之混凝土於灌填時，尚有 $+18^\circ$— $+24^\circ C.$ 之溫度。(Construc-

t ion Methods 1929, No. 11, 由 Bautechnik 1930, Heft 1 轉譯)

日本東京之吊橋

日本東京之道路新吊橋(第六圖甲)，

第　六　圖　甲

中孔寬90公尺，弧矢12.6公尺，邊孔各寬45公尺。懸吊之具不用鋼絲纜索，而用鋼板練條，因日本出產鋼絲不多，而纜索又不易製成也。拼成練條之各板塊，僅在橋端者，係打成之「眼桿」(eye bar, Augen-

15927

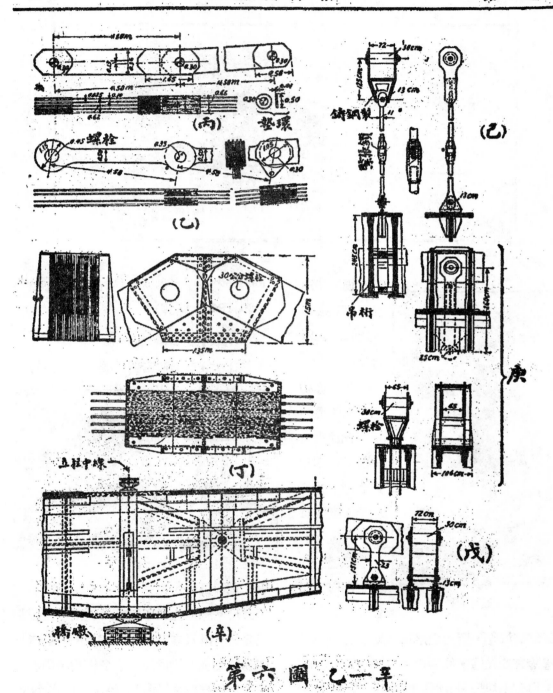

第六圖"乙一平"

stab)（第六圖乙），其餘各段皆係軋成之普通扁鋼條（第六圖丙）。所用之鋼含有錳質1.5％，其最低抗拉強度爲6,270公斤／平方公尺，伸度18％。鍊條之中心距計18公尺，介於其間之車馬寬16.2公尺，連兩旁之人行道共寬 25.5 公尺。支於吊柱上之「鞍條」（第六圖丁）係由鋼板 6 塊組成，其餘各段皆係 5 塊，中間填以墊板或墊環。釘接之螺栓，在橋端者爲45與35公分直徑，其餘皆係30公分直徑。「吊桿」之短者爲「眼桿」兩條（第六圖戊），其上下兩端用螺栓分別釘接於鍊條及「吊桁」上之立板，其較長者即爲11公分徑圓桿（第六圖己），中間裝「緊張鎖」，兩端打成「眼板」，分別聯繫如圖。橋身中間之吊桿（第六圖庚），即下端之螺栓位於吊桁中央，上端並用「角鋼」結構包裹鍊條。吊桁爲匣形，在橋之中央及立柱旁，用螺栓結合（第六圖辛）。橋面之鍋形板，支於釘接於吊桁之板桁，其低凹處用混凝土填滿。立柱自支點至鍊條之螺栓中心高18.3公尺，從橋微面起，即高20公尺。橋做築於「氣壓沉櫃」之上云。(Engineering News Record 1929, P.533-534)

德國 Köln 市之垃圾處理廠

近今各大都市對於垃圾之處置，皆感因難。以前辦法，如運出郊外，填塞低窪等，則因（1）收容處所日益減少，運送路徑日益窵遠，每致費用激增，（2）垃圾堆置之地，蟲豸繁生，或有礙於住宅之建築，或爲害於居戶，（3）垃圾中所含有用成分無從加以利用，故從經濟上，衛生上，廢物利用上着想，均有改良之必要。

現今 Köln 市垃圾之運輸及處置計劃爲運輸廠 (Fuhrpark) 廠長 Aldoph 氏所定。運輸方法爲「雙桶式」：每家各領一垃圾桶，可容 100 公升，每次收集垃圾時，則以另一空桶替代。收集之垃圾桶不逕送垃圾處置廠，先用電動小車 (Elektrokarre) 運至各該區之「垃圾轉運站」（全市劃分9區，各設垃圾轉運站一處），傾出所裝垃圾於運送帶上，洗淨後復送還原處。傾出之垃圾，即用機械裝入約容12立方公尺之「大車」(Grossraumwagen) 內。此項大車復聯接成列，用拖車 (Tractor) 拖至垃圾處置場。

垃圾處置廠與各區之垃圾轉運站係由運輸廠，Musag 公司 (Müll-u. Schlacken-verwertungs-A.G.,Köln-Kalk)及建築局(Hochbauamt) 通力合作而建築者。Musag 公司應用其專利之方法，担任內部之設備，建築局（設計者 Mehrtens, 助理者 Dipl. Ing. Türler）則負建築計劃及監督之責。該廠建於1926--1928年，在設備與規模上，

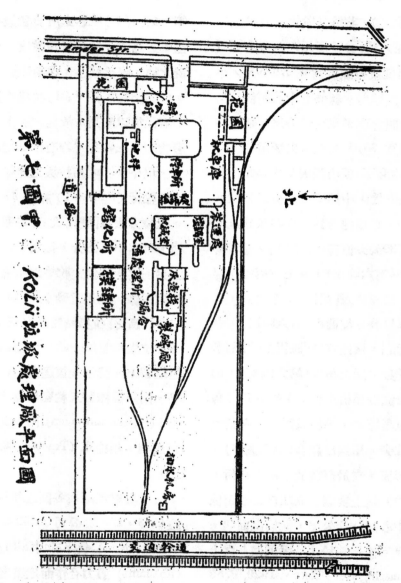

第七圖甲、KOLN 垃圾處理廠平面圖

均可稱空前稀有之物。廠內之佈置如下（參觀第七圖）：

　　由各種運輸站而來之「垃圾大車」隊先經過地秤，然後至停車廠，將垃圾由大漏斗傾倒於運送帶（凡兩條）上。每大車隊四列（即八輛）可同時倒空。（Köln 市每日處理之垃圾約 550 噸，約合1,000立方公尺）倒出之垃圾經運送帶送入地窖，再用「循

循環斗」(Becherwerk)（凡兩具，皆直達屋頂）送至搖篩處 (Sieberei)，用種種巧妙而聯合作用之器械（圓筒篩 Siebtrommeln, 拍擊篩 Schlagsiebe, 磁石筒 Magnetwalzen，選擇帶 Lesebänder) 分爲三起：其一爲粗垃圾（粗徑在30公厘以上且可焚化者）約居62%，則送往爐鍋室 (Kesselhaus)，卽焚化之所，其次爲細垃圾（大部分爲煤灰），約居35%，卽運往鎔化所 (Sinterei und Schmelze)，其餘爲硬物（有用材料及金屬等），約居 3%，則另行堆置，以售予舊貨商人。粗垃圾用循環斗運入爐鍋室後，直達 30 公尺之高處，然後倒入「漏倉」(Bunker)，以下落於焚化爐內。至垃圾之或能自焚或須加入煤灰，卽視年季而異。所餘之灰渣，則送往灰渣處理所後，再送往煉磚廠。

　　焚化之垃圾所發生之蒸汽（每公斤之垃圾約發蒸氣 1 公斤，〔?〕），流入焚化爐上「直立式之管鍋」(Steilrohr-Kessel)內。其一部分用於本廠之工作，他一部分則送入機械室充發電之用。所發生之電流，約四分之一供本廠自用，四分之三則應市內之需。又剩餘蒸汽，如不用以發電，而以接濟鄰近廠家之需要，亦無不可。灰渣（每日出產約 100 噸）由爐下取出噴濕，用「抓帶」(Kratzband) 送入灰渣處理所，

於此研磨成末，用水漂法除去焦煤 (Koks)，然後堆放之。待其風乾 (auswittern) 經過一星期後，卽用「挖鏟起重機」(Greiferkran) 運入製磚廠，再加磨碎，加入適宜之黏結料，製成磚塊，計每日可出 35,000 枚。此種磚塊入「烘硬房」，用 60—70° 之蒸汽（毋需壓力）烘過 10—12 小時後，再徐徐通風使冷，又閱 6—8 小時，卽可堆放待沽矣。

　　細垃圾由搖篩處經由地下溝管一道，送至鎔煉所後，先入漏倉堆放，用種種混拌運送器具送入兩大「轉管鑪」(Drehrohröfen) 中；由他一端而來之煤灰火焰，使此項細垃圾漸漸燃燒，至 1100° 時，細垃圾漸漸凝結成渣 (sintern)，可取出供下列用途：(1) 與瀝青等混和壓成舖砌道路用之板塊，(2) 同樣在本廠壓成「瀝青磚」(Vulkanex-Stein)，(3) 研磨成細粉，送往製磚廠。細垃圾在鑪內凝結成渣後，若熱度再加高至 1200—1250°，則溶化成液 (Schmelzen)，流入「前竈」(Vorherde)，然後再注入「鑄桶」(Giesskübel) 內，用電動懸索 (elektrische Seilbahn) 送至「鑄坑」(Giessgruben)。鑄坑用 "Diatomit" 包砌，其中有相當鐵模埋入浮灰 (Flug asche) 內。液質注入鐵模後，則待其徐冷 (tempern)，視鑄塊之大小，需時 1 日至 4 日不

第七圖乙 Köln 處理廠外觀之一斑

15932

等。鑄塊出鐵模後，性質與玄武石 (Basalt) 相似，如冷却時經過良好，則打斷時之裂痕如貝紋 (Muschelig)，斷面多斑點 (blasig)。此種鑄塊之主要用途爲建築道路，溝渠（可充路面石塊，側石，抵抗酸質之板塊等）。

由上所述，Köln 市已將垃圾盡量化成有用出品，且完成大都市衞生上最要條件之一，其所得之收入可與經營費用相抵消。

關於廠屋方面可得而述者如下（參觀第七圖乙）：除機械室係用鋼筋混凝土建築外，其餘部分皆爲鋼鐵構架式，而空格則砌築12公分厚磚牆，外部露縫，內部粉刷（計算時磚牆以不承載重量論）。地窖之建築須抵抗地下水之侵入與其浮力。廠內設自流井 9 處，每點鐘出水 1,000 立方公尺，以應全廠工作用途（飲用者自屬除外）。取煖用之節約器 (Economiser) 係用爐鍋室放出之氣質 (Abgase) 爲燃料。（節錄 Zentrablatt der Bauverwaltung, Jahrgang 49. Heft 44）

紐約取締高矗房屋

紐約市商業區域內交通之困難，人所共知。其原因泰半在高矗房屋加於交通上之負担過巨。最近美國建築家曾將此問題詳加研究，並建議嗣後對於新建房屋應規定12層爲最大高度云。(Verkohrstechnik, 1930, Heft 5)

倫敦公衆交通事業統一之先聲

英國政府於去年秋間否決工黨與自由黨統一全倫敦公衆交通業事之建議後，現又有重加考慮之形勢。英國交通部長曾在議院報告現在政府對於管理倫敦交通之新計劃，又倫敦聯合地下電車監察委員長 Lord Ashfield 氏對於此項計劃亦有同意之說。據交通部長之報告，倫敦交通事業之統一，亟不容緩，現在由各個公司分別經營者，應收歸公家辦理。倫敦新聞界對於此項計劃亦多所論列，並預擱政府將仿照管理倫敦港之先例，組織一種團體以管理交通。「Modern Transport」雜誌謂英國政府統一交通事業之擬議，係有鑒於柏林同樣舉措之成效云。（按關於柏林統一交通事業，可參閱工程譯報第一卷第一期第77面）。

倫敦統一交通事業之舉，如果實行，則無論由國家經營，抑由另一公司團體經營，收買各事業所需資金自不在少數，有人估計共需 120 兆鎊云。(Verkehrstechnik 1930, Heft 3)

用化學方法硬化沙土

德國 Tiefbau-und Kälteindustrie A.G. (前 Gebhardt und König) 及其經理 H. Joosten Nordhausen 專利之化學硬化鬆沙方法，試用以來，僅及二年，成效已經卓著。其法係將兩種化學藥品之溶液射入鬆散沙層，無論其在水中與否，皆可使硬化至任何深度與寬度。第一種化學藥品為矽酸液，第二種為一種鹽類之溶解液，兩者在鬆沙內聯合作用產生矽酸膠質 (Kieselsäure-Gel) 使沙質卽時硬化，永不變動，亦不溶解於水，非如混凝土，須經過若干時間始能凝固也。注入沙土時，用高氣壓及注射管實施之。注射管用高價鋼製成，內徑25公厘，下附尖端，並沿50公分之長度遍鑽細孔。如沙土中藏有水質，則射出之液汁可以驅除之。先用第一種藥品從上至下，每隔50公分左右，逐漸注射，直至所欲硬化之深度為止。次於拔出注射管時逐層注射第二種藥品。硬化之沙層不畏混凝土所忌之酸質，復可勝載較大之重量，並防止土沙之移動，且毫不透水。上述兩種藥品，除硬化沙質外，又可射入牆垣之縫隙內，使水不能侵入。又舊建築物之裝飾部分，常受風雨之損害者，亦可用此以保護之。

硬化之地層，強度自視原有土沙之性質而異。如為細沙，則其勝載壓力之強度可定為10—30公斤／平方公分，如為砂礫則為40—90公斤／平方公分。記者嘗就硬化細沙角牆試驗其抗彎強度得最大之數為20公斤／平方公分。(節譯 Karl Bernhard 所著，原文載 Bauingenieur, 1930 Heft 11—12)

1929年德國房屋建築統計

一九二九年德國之房屋建築不甚發達。一因天氣關係，是年冬季嚴寒，建築工作幾完全停止，僅其餘少數月份內可以進行，而亦甚滯緩。其他原因則為經濟關係及工作人數等。然與一九二八年比較之下尚有起色，尤以住宅方面增加較多，其百分率如下：

	大住宅	住宅
發給營造執照數	+17%	+27%
已興工者	+12%	+22%
已完工者	+0.3%	+11%

在公共建築及工商業建築方面則較一九二八年無甚進步，其增加之百分數如下：

發給營造執照數	−7%
已動工者	+2%
已完工者	+5%

第八圖示德國四十九大都市前昨兩年完工房屋礦數之比較。

茲將一九二八及一九二九年德國建築

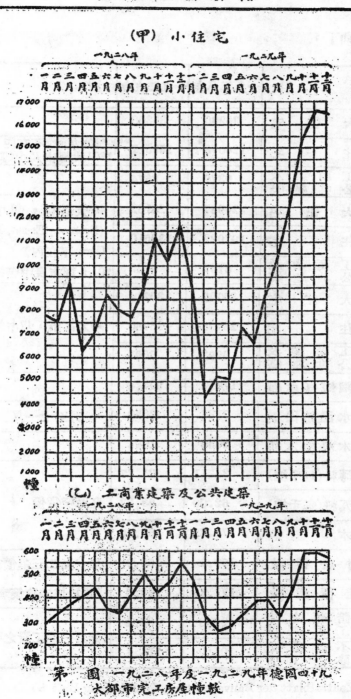

（甲）小住宅

（乙）工商業建築及公共建築

第　圖　一九二八年及一九二九年德國四十
大都市完工房屋幢數

上各項統計列表如下：

項　　　　目	一九二八年	一九二九年	附　　　　　　註
發給件照數 49市等大74都中市 大　住　宅	30200	35300	
住　　　　宅	126073*	159517**	*Nurnberg不在內 **91大都市及中等都市
工商業及公共建築	9372	8674	
動工房屋幢數 大　住　宅	24987	28102	46大都市，46中等都市 (Bremen, Essen, Harrover, Gera 不在內)
住　　　　宅	107022*	130510*	
工商業及公共建築	5732	5832	*91大都市及中等都市
完工房屋幢數 大　住　宅	30622	30714	49大都市，47中等都市
住　　　　宅	123498	136780	
工商業及公共建築	6293	6601	
材料用量（以千噸計） 鋼鐵條產額	1178.7	994.4	
水泥銷出額	7131*	7050	*一月至十一月
木料輸入額	2639	1804	
柏林材料批發價（以馬克計金） 磚料（每千塊）	34.11	35.77	在廠交貨價
瓦料（每千塊）	62.00	63.33	
木　　　　料	72.38	69.66	
建　築　材　料　指　數	159.1	158.9	以一九二三年價額爲100
建　築　工　價　指　數*	172.7	176.9	*關於住宅建築者
每小時工金（分尼以計資分） 諳練之木工泥水匠	128.8	138.4	每月一號工資之平均數
不諳練之建築工人	105·9	114.4	

（詳見Zentralblatt der Bauverwaltung, 50. Jahrgang Heft 8）

15936

紐約某廣場之交通管理法

第九圖示紐約 Columbus Circle 之交通管理法。每日通過該圓形廣塲者，計有汽車 60,000 輛以上（公共汽車在內），電車 2,000 輛。圖中實線示南北向准許通行時各車輛之路線，虛線即東西向待綠燈而後通行之路綫。電車每三分鐘經過一次。

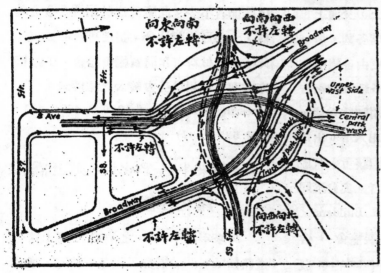

第 九 圖

觀此，知紐約對於該廣塲已放棄環繞式之交通方法。唯絕對禁止向左轉灣，以期管理較易耳。（按此條可與「短篇論著」欄內道路之交叉與分歧一文並觀）(Verkehrstechnik 1930, Heft 6)

1930年在柏林舉行之萬國

動力會議

第二次萬國動力會議定於本年六月十六日至二十五日在柏林舉行。凡各種動力界之專門人員，以及科學界，經濟界之代表均在參加之列。該會之目的為討論力與熱之生產，分配及應用等問題。關於力源方面，以前各次會議已經解決，此次著重之點則為能力之分配與應用，如水力與水力儲存所之建設與經營情形，以及燃料工業（如煤，泥炭，油料，煤氣以及副產品），特注意於能力消費上之改良問題。此外價目，管理，規章，安全率，標準，統計，專門人材之養成方法等項亦列在議程內。

出席代表之招待在德國國會內舉行。開會則假座 Kroll 大劇塲。開會時間以外為宴會及參觀工廠云。（Zentralblatt der Bauverwaltung S. 658）

華盛頓第六次萬國道路會議

第六次萬國道路會議，已由美政府開始召集，定於本年十月六日起，至十一日止，在華盛頓舉行。按第一次會議係於1908年在巴黎舉行，同時組織永久機關：

"Association Internationale Permanente

"des Congrès de la Route"，以促進國際間對於道路問題之合作，及按期組織會議為宗旨，第二次於 1910 年在比京，第三次於 1913 年在倫敦，第四次於 1923 年在西班牙之 Sevilla，第五次於1926年在意大利之 Milano。

該會議之工作，係先由上述永久機關發出關於道路之建築及維持上，交通上，事業上之一定問題，再由出席各國，於一定期限內作簡單書面答覆，更由會議所在國指定代表，對於每項問題各編成總報告，送會議討論。此次會議所用語言為法，英，德，西四種，討論問題凡六項。出席會員為各國政府所派之代表與該會永久或臨時會員之按法定手續報到者。與會議同時舉行者有 American Road Builders Association 舉辦之萬國道路展覽會，會議後由American Automobil Association 發起遊覽旅行，凡預會者及其眷屬皆得參加，取費甚廉云。

鋁質合金用作輕便建築材料

以前鋁質僅以質輕，傳熱，耐久，傳電等關係，用於用具（食具）之製造與長跨電線（鋁索之以鋼絲為心者）之敷設。近今鋁質與銅，錳，矽，鎂等質之合金，可加熱鎚打或範鑄成任何形狀，故不但用以製造傢具，裝潢房屋（護牆板，屋頂蓋板），構成飛機，自動機等，亦可應用於機車，鐵路車輛，電車，汽車等之製造。自鋁質合金可滾軋成形後，並可用於橋梁及房屋之建築。美國 Pittsburgh 鋁業公司近構造鋁質合金起重橋架一座，載重 9 噸，跨度 22公尺。隨後再建六座，其中之一載重45噸，跨度 24.7公尺，基礎工程費與運用費因此節省不少。此廠現滾軋鋁質合金之塊條，大小可達35公分，長度可至26公尺。此種建築材料可用同質帽釘結合，至鍛接方式則尚未用於受力較大之結構云。(Engineering News Record 1929 P. 487—491 又P. 535—537)

馬來半島 Pontian 河上橋梁之打椿法

馬來半島 Johore 之 Pontian河上建有道路橋梁。關於橋身工程茲不贅述，唯述其在泥淖內之打椿法。

建橋地址為泥淖之土質，其自然坡度在22.5°以下，而支承橋身之椿則有載重至25噸者。初由實地試驗，測得鋼筋混凝土椿之長度應為18.2公尺。打椿之鎚重 1.75噸，落下高度 1.82公尺，照 Eytelwein 氏公式計算，最後一擊之打入深度應為 7.5公厘。椿之剖面為30×30公分，內佈28公厘徑圓鋼筋四條，以 9公厘徑之圓鋼為螺

旋籠。

　　迨打第一根樁時，驗得最後一擊之入土深度爲 28.6 公厘。自不能視爲滿意，途將該樁接長 6.1 公尺（鋼筋搭接長度1.2公尺），再行錘打，初擊卽深入 31.7 公厘，直打至入土 23.5 公尺，仍無達堅固地層之望。乃改變計劃，於樁上加做菌形板（Mushrooms, Pilze）（第十圖），係按勻佈載重25頓計算者。先將樁打至適當深度，然後於指定之處，沿60公分之長度（其選定時以樁頭與橋面齊平時，菌形板入泥0.6公尺爲度）敲去混凝土，加做菌形板，用速凝水泥（洋灰）拌合之混凝土製成。閱 8—10 日後，卽可再往下打。各樁打入泥土之深度，皆以打樁錘從 1.3 公尺高落下時最後一擊之入土深度係 7.5 公厘爲度，因此菌形板入泥深度自 0.6 至 2.5 公尺不等。

　　經過五個月後，再將各樁試打一次，所得下沉尺寸皆與前同。建築混凝土橋面時，復用水平儀驗得各樁沉下之尺寸，其微渺非用尋常水平儀所能測定。混凝土橋面完工一月後，再於橋上置55公分高之花崗石塊，使其載重與 1020 公斤／平方公尺之勻佈載重相當，驗得樁頭下沉之尺寸亦微渺不能測計。(Ingenioeren 1929 No. 31, 從 Zentralblatt d. Bauverwaltung 1930 Heft 8 轉譯)

巴黎之擴大說

　　巴黎及其近郊，爲全法國人口八分之

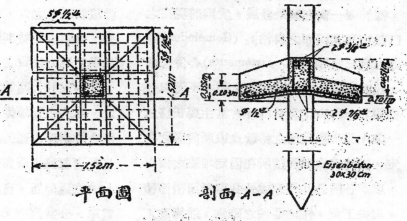

平面圖　　　　剖面 A-A

第十圖

一所聚之地，且近年居民尙有陸續增加之勢。此種情形，自多方面觀察，皆非佳象。良以每平方公里人口密度至 37,500 人之多，使主管行政，住宅建築，交通，衛生之機關艱於應付，例如就交通設備言，則不足以應需要，就住宅與公共設備言，亦感缺乏，自來水之供給旣不充裕，又有若干居住房屋或簡陋而難禦風雨，或狹隘而妨礙衛生。爲排除此種障礙，且順應居民

增加之潮流起見，自應將該市與其四郊，依據近代都市建設之原則，加以整理與擴充，有如某法國專家所云者：「以秩序與調和代替今日之混亂狀況」。因之 1928 年有委員會名 Comité Superieur d'amenagement dela Région Parisienne 者之設立，為實施改造之基礎。該委員會鑒於各分立並存之地方機關，因要求與計劃每互相牴觸，輒妨礙一致之繁榮發展，爰擬將現在之巴黎市與其四周之自治區 (Gemeinden) 備處以及三四郡縣 (Departements) 合併管理，然非取現有機關而代之之謂，不過以各機關之一致合作為目的耳。其主要任務之一斑，為交通設備之待改良或新設者之決定，園林與空地面積所在固定地點之指出，以及各種公共用途或公共事業所需面積，與夫工業，住宅區域之確定，並籌設工人居住區與高等住宅區，以及商業道路等。此外並擬以法律規定各地區之建築與利用方式，並取得收用地產之權力，以便計劃之實施焉。在計劃之範圍內，將分為兩區。內區之廣袤，以火車於半小時內能達到之處為度，即須着手整理。外區界線直至 Fontainebleau 與 Rambouillet 之森林及 Chantilly 為止，其計劃暫緩從事。對於建築大新村之私人霤業將加以干涉，而建設衞星式之都市 (Trabantenstädte) 於四周，使各自獨立。對於凌亂分立之事業，將以一定之計劃整理之，尤注意於鄰近居住地水，電，煤氣供給之合併辦理，以資建設費之撙節。對於建築界線之規定，則同時計及交通幹道之地位寬度。對於單家住宅，大建築，公共建築，商業房屋等之分佈，務使適當，並注意美觀方面。對於風景名勝，則保留並添設之。又巴黎將來括有疆域既若是之大，對於利益公衆之各種設多，自須規定特別辦法，以期佈置適當。凡屬於地方性質者，則聽其各自獨立經營，其關係較大區域之利益者，則統一辦理之，即將主管權從各自治區移於州縣，以便合併辦理，而著成效。按現在情形，每日往返服務塲所與住宅間者，凡四百萬人，故交通問題，自屬最要者之一。除統一電車，公共汽車，與地下電車之主張外，對於鐵路亦有所擬議。據云，當巴黎設立各大車站時，其時市內人口僅一百七十萬，四郊人口僅二十五萬，自七十年以來，市內人口約加增 70%，四郊人口約加增 800%，故現在各車站每日來往旅客總計有 754,000 人之多，有數處線段每三分鐘須開行列車一次，以免旅客擁擠，而鐵路設備較諸曩日增進無幾，故運輸上異常困難。將來巴黎再行擴大，則鐵路設備亦須改進，而所需經費則非鐵路自身所能担任

，尤以近郊交通，收費僅居遠地交通三分之一，更爲不能籌措巨款。若將車資加高若干，以償擴充費用，即市民將聚居於市中區而不願覓寓於外郊，與改造之宗旨相刺謬。是以現時之主張，爲鐵路之整理擴充經費由受益之地主分擔，此外亦有要求政府，換言之卽普遍之公衆，担任一部分者。如能籌得經費，則技術上之設施殆無困難可言，而其目的卽在全市市民皆得由鐵路直達服務塲所，同時每日二次至四次如潮似水之市民往返交通，又須不妨礙他種交通與遠地運輸，故近郊交通須與遠地交通完全分離，而分設車站以處理之。

總之，建設大巴黎之計劃中，含有種種理想，饒有注意價值，唯實施時在治理上，經費上，技術上不免發生若干困難問題，其解決之方法，不獨關係巴黎自身，卽對於其他方面亦或有重大意義也。

美國抽稅橋之現狀

美國現時投資，及擬投資於公私抽稅橋之事業，至爲發達，估計投資額共約 1,100,000,000 元之鉅。下表示美國各州及邊境已建及籌建抽稅橋梁(tollbridge)之數目

	已完工者	在建築中者	在計劃中者
截至1927年十月一日止	233	24	163
截至1929年八月一日止	272	60	294

（自一九二七年十月一日至一九二九年八月一日之間，抽稅橋之已完工者原爲73座，惟其中有34座復經開放免稅，故實際上比一九二七年十月一日只增39座之數。又上表所謂在計劃中之抽稅橋，係指着手請求，或取得特許權，或組織公司者而言）。

以前造橋之權，直隸於各州政府。其後聯邦政府根據憲法之商業條文中「政府有權管轄各州來往商業」之規定，獲得管理各州間造橋之權。至一九〇六年，國會通過橋梁法，所有橋梁建築事宜，非得國會許可，不准動工，而橋梁跨連二州之間者，并須經國會特別通過。往昔國會所准特許權狀，（已有一五〇）類皆含有永久繼續性質。迨一九二六年與一九二七年，政策改變，於特許權狀內，加以收囘之規定。其條文略謂在二十年期滿後，私人所有之橋，在相當條件之下，得由公家收買。最近國會會議，復將限期核減，故現時特許權狀之頒給，多以五年爲期。屆滿後，所造之橋，卽由公家收囘之。

通航水面上之抽稅橋，所抽稅率，以前係根據一九二六年頒佈於軍政部之普通橋梁法加以規定。近年各州漸覺橋梁抽稅爲公用事業之一種，乃頒行法規，以該項橋梁稅率之規定，及管理事宜，屬各州公

用 (Public Service) 委員會直接辦理，以收簡捷之效，Pennsylvania 州其一例也。

籌款建造抽稅橋梁之辦法，已在計劃改變中。往日之習慣辦法，多以各個橋梁，及其收入為抵押，出售債券。今則官廳及私人均以聯合各橋產業共同抵押，有如公司性質，與辦理他項公用事業之公司性質相同。Alabama 州最近以橋梁公司名義，售出 5,000,000 元之抽稅橋梁公債。該公司原屬公共機關，依照州法而組織者，在該州造有抽稅橋達 15 座，執行抽稅職務。

近數年來，市上發現公私抽稅橋之押款，總數超逾 230,000,000 元之數。其籌款之計劃，全數中有一小部分之失敗，其原因在於地方人士，對於造橋之需要，過於熱心，而忽視其在於工程上，及事實上是否有建造之必要，貿然募債以成之，日後稅收竟不足以償所發之債券，結果致造橋之費用，出於債權者所擔負，使購買債券者坐蒙其弊，殆一顯著之失敗也。

凡無論何地，為政府及其他政治機關財力所及，倘能造備公橋，以利行旅，固屬佳事，然如紐約跨 Hudson 河之橋，需費浩大，由聯邦政府或本州政府重徵人民以成之，而專備該河附近居民行李往來之用，似又不甚公允。故此等地點，抽稅橋之建設，至為相宜，以其徵於使用之人，而非使市民共同擔負經濟義務也。

特許權之頒給，及建造抽稅橋籌款辦法，今日已在進步中，將來聯邦政府及州政府，必更有若干法例頒佈，而使投資者與旅行者雙方利益之保障益臻完善，可預卜也。(P. K. Schnyler, Public Works, Jan. 1930, 文永闓譯)

最近各國工程稍息

(一) 土西鐵道通車

新造土耳其斯坦，西比利亞間鐵路，於本年四月二十三日全部竣工，二十八日上午九時，在伊亞那布拉克地方舉行盛大之通車典禮，勞農政府代表，各國大使館代表，及內外新聞記者皆參列。

按聯絡西比利亞與中央亞細亞之土耳其斯坦西比利亞鐵道，為俄國三大事業之一。計 Lugowaja, Semipalatinsk 間之新線，延長為一千四百四十五公里，投資一萬七千六百萬羅布，於沙漠地排除一切困難，歷時三年半而完成。該鐵路完成後，不獨產業開發，於各項關係，在俄國均有重大之意義，第一西比利亞之穀類木材等，可運往中央亞細亞，而中央亞細亞之棉花，羊毛，可運往西比利亞，俄國企業因是將呈轉機云。

(二) 北海運河工竣

接通阿姆斯特丹與北海之運河，乃世

界極大工程，十年始造成，共費荷幣一千八百萬盾，可容最大商船，由北海直達阿姆斯特丹。本年四月二十九日舉行伊穆登新閘門之開門禮，由荷女皇行之，機紐一轉，閘門遂開。水道大臣演說，謂此工程係荷蘭技師與荷蘭進取家所成就，可爲荷蘭國民魄力之紀念物云。

(四)英法海峽隧道計劃

世界社譯法報云，一九三〇年三月之一晨，全法國人民得一最可異之消息，即英政府於十二月前所舉之一委員會已造成報告，幾全體贊成於海峽（英吉利海峽）中開一隧道，如是本世代之人將有機會目睹一奇事，即英國將不復爲一島國，而由一鐵路與歐洲大陸相連接。法國與不列顛羣島間隧道成功後，其將引起之變遷如何，在吾人之想像中，幾至無限。第一，世界中最可怖之短海行程之一，行將終止，從歐陸赴英之遊客將大增多，英人之遊歐洲各歷史勝地者亦將激增，今則因畏渡海峽，多裹足不前也。總之，此將改變許多英人之島國人的心量，同時使許多大陸人對於英人較爲諒解。第二，爲節省時間，夫節省時間非伴於近代文明之一大目的乎？將來巴黎人可於晨八時出發，至倫敦午餐，午後遊覽，半夜前返巴黎，在某種場合，省時可更多。例如東方人遊英者，於馬

養上陸，由直通鐵路可以十五小時到倫敦，目下則需一日一夜也。而其最大之革命乃在商業。從英國各製造市運貨至大陸各地，不必卸貨重裝，從大陸至英亦然，如是英商業可開發新市場，大陸對英貿易亦將大獲便利。有人計算，開築隧道，需時七年，英國失業工人因此可有數千名被雇用，其利大矣。然隧道成後，外人遊英者衆，英國商業所獲之利，豈算數所能知耶。英國報告中預料開掘隧道，在地質上或工程上，均無困難，法方之報告亦然。就地質上言，海峽底之白堊質之構成上並無罅隙，曾經施行試驗鑽掘八千次證明此項信心，即謂覺有罅隙，在近代工程學亦無不可能之工作，就各方面觀察，苟有可疑之點，厥爲經費一項。據熱烈贊助此隧道計劃之羅什米挨貴族云：「全部用費約計三千萬鎊，每年用此隧道之人預計至少四百萬，目下以船渡峽，每客付費平均十六先令，將來四百萬人之付費苟逾此數即每年載客收入一項達三百二十萬鎊，此外運貨收入預計爲八十萬鎊，連前項共四百萬鎊，除去業務支出五十萬鎊，結果獲淨收入一成以上之贏利」而依法國最大鐵路權威者，現任法蘭西北方鐵路總理茹伐雷氏之計算，則與羅什米挨貴族異。茹氏亦積極贊助隧道計劃者，但彼謂在開成伊始

，載客及運貨兩項收入未必能逾三百萬鎊，而業務支出至少需八十萬鎊，如是即投資所獲之利益殊菲，然而吾人以爲此金錢問題乃次要之問題，卽使隧道開成無利可獲，亦應開之，蓋精神的，智識的，政治的，商業的利益遠大於金錢的利益也。假令英國及法國之資本家眼光短而胆小，遲疑於合任此艱巨，兩國之金融界應以其從前開巴拿馬運河之精神更開此英吉利海峽，冒一時之險，而享未來之利。總之，吾人希望隧道工程早日實現，至一九三七年，有第一人能以鐵路達英國，不亦懿歟。

茲將英國委員會之報告內容略述如左：

此問題之存在於英國輿論界，已逾八十年，反對之理由甚多。其最有力者，爲一種感情的理由，蓋英國本爲島國，故向來視其地理上之隔離爲一種國防屏翰。但大戰以後，此項態度卽大改變，則以飛機之發展，已無國境可以限隔也。此爲軍事上見解之變更，而在經濟上亦有改變輿論之要因。英國戰後失業者衆，其朝野上下咸覺開築隧道之計劃若實現，可用不少工人，以解決一部分之失業問題，而對歐陸之商業，亦可望大爲發展，迨去年四月五號，前總理包爾溫氏舉出一委員會，其職務爲「對於海峽隧道建築，或其他橫斷海

峽交通方法之提議之經濟的方面從事審查及報告」。觀此規定，有可注意者，即除經濟的一項外，其他各方面概置不提，質言之，蓋已不成問題矣。

該委員會審查至一年之久，近已發表報告書，委員五名中四員贊成開築隧道之議。據彼等所信，開築隧道之結果，雖有若干利益，或將受不利影響，而在大體上英國將得經費上利益。另一委員卽簽字於報告書之大部分，而不贊同四委員之結論。據彼意見，開築隧道，事屬可能，但就經濟上觀察，未必有利云。委員會所徵得之各方面證書，紛雜不一，極耐尋味。英國南部之農人社會，慮隧道開後，妨礙彼之農業(委員會認此項懸慮爲無根據)。各地商會則大體皆贊同開築隧道。製造家則恐結果將獎勵外貨之輸入，航業公司對此計劃竟大起恐慌，竭力反對。委員會歸納各方面之不同意見，決定若干之主要結論，卽橫斷海峽交通，其方法雖有種種，而比較研究，似無逾於開築隧道者，就種種證據觀察，物質上及工程上之困難均不足慮。但於消除一切疑念之先，必須先開一「嚮導」隧道，其費需五百六十萬鎊。此「嚮導」隧道一經造成，則繼續建造雙線之鐵路隧道，可無問題，鐵路之運轉及維持，亦無困難。此雙線隧道開築費，預計約

二千五百萬鎊，其工程事宜全由私人企業團體任之，政府不予以任何補助。如可使造費省儉，將來鐵路開通後，所收運費可不逾於目下汽船所收之率。

至開築計劃，提出者有兩種，委員會贊成「海峽隧道公司」所提之一種，其內容為造一隧道，長三十六哩，其中二十四哩確實開於海峽之底，其餘十二哩，則連接海面沿海岸之隧道。據該公司預算，「嚮導」隧道可以兩年半開成，雙線鐵路隧道更需四年半，兩項造費，如上所述，共約三千萬鎊。報告書中關於雇用工人之一節，與失業問題有關，最為重要。據各顧問工程師計算，在「嚮導」隧道之五年工事中，直接，間接可用工人一千名。在鐵路隧道之三年工事中，可直接，間接用工人六千零五十名。對此，各航業公司方面員工失業者當有三千名強，但此乃隧道工程完成後之事，而隧道完成後，尚有關係之新工作，可以重新吸收失業者。

報告書之發表，並未使此問題得切實解決，而英當局可藉此於實際上繼續攷慮，蓋於此問題之解決，已更進一步云。

(四)中美洲鐵路完成

中美薩爾伐多 (Salvador) 及貴脫馬拉 (Guatemala) 兩共和國間之第一鐵道近已完成。此路成後，除貴脫馬拉及墨西哥間

之蘇却脫河河面以外，從薩爾伐多南部經美國直達坎拿大，已有不斷之鐵路線。又此路聯接－－貴脫馬拉之鐵路，直達洪都拉司 (Honduras) 灣之普爾多巴聊司埠 (Ports Barrios) 如是　薩爾伐多在大西洋方面得一出海之路。以前從美國大西洋各埠及歐洲各埠輸出之貨物均由巴拿馬運河而至薩爾伐多，今後由鐵路轉運，可縮短水運約一千一百哩云。

(五) Montreal 巨橋竣工開放

本年五月廿四日坎拿大首相在Ottawa按一電紐，於是 Montreal (坎拿大屬城市，位於 St. Lawrence河中島上) 與美相接之新橋遂通行。此橋需費美金二千萬元。赴美國邊界之路程因此縮短。

(六)蘇俄築路計劃

蘇俄勞工國防會議核准五年內建築鐵路計劃，計建築新路 22500 公里，完成已動工之路 20900 公里。

(七)法國會通過大巴黎案

據國民社六月二十日巴黎電訊，法國會已一致通過大巴黎案。凡在距聖母教堂三十公里周圍之內，悉為巴黎市區。巴黎今日已有戶口六百萬，為歐陸第一大都市。(按此則可與上文「巴黎市之擴充說」並觀)

(以上轉錄上海各日報)

工程譯報第一卷第三期

中華民國十九年七月出版

編輯者　上海特別市工務局（上海南市毛家弄）

發行者　上海特別市工務局（上海南市毛家弄）

印刷者　科學印刷所（上海慕爾鳴路一二二號）

分售處　上海商務印書館

定價表

	零售每册第一二三期	訂購第一卷四册
	大洋三角	大洋一元

外埠函購辦法　（一）郵票十足通用　（二）寄費加一

廣告價目表

地位（面積）每期價目	底面	封面及其底面之裏面及其對面	普通地位
全面	三十元	二十四元	十六元
二分之一面	十六元	十三元	九元
四分之一面	九元	七元	五元

附註

一、上表所開價目一律實收不折不扣

二、凡國家或地方經營事業登廣告者概照定價減收半費

三、繪圖撰文攝影製版等費另計

工程譯報

第 一 卷　第 四 期

中 華 民 國 十 九 年 十 月

要　目

上 海 市 工 務 局 發 行

中 華 郵 政 局 特 准 掛 號 認 爲 新 聞 紙 類

啓　　事

　　本報以介紹各國工程名著及新聞爲宗旨，對於我國目前市政建設上之疑難問題，尤端力探討，盡量在本報披露，以資研究。惟同人因職務關係，時間與精力俱甚有限，深望國內外同志樂予贊助。倘蒙投寄譯稿，以光篇幅，曷勝歡迎。

投稿簡章

(一)　本報以每期出版前一月爲集稿期。

(一)　投寄之稿以譯著爲限，或全譯，或摘要介紹而附加意見，文體文言白話均可，內容以關於市政工程，土木，建築等項，及於吾國今日各種建設尤切要者最爲歡迎。

(一)　若係自撰之稿，經編輯部認爲確有價值者，亦得附刊。

(一)　投寄之稿，須繕寫清楚，并加標點符號。能依本報稿紙格式(縱三十行，橫兩欄各十五字)者尤佳，如投稿人先將擬譯之原文寄閱，經本報編輯部認可後，當將本報稿紙寄奉，以便謄寫。

(一)　本報編輯部對於投寄稿件有修改文字之權，但以不變更原文內容爲限。其不願修改者應先聲明。

(一)　譯報刊載後當酌贈本報，其有長篇譯著，經本報編輯部認爲極有價值者，得酌贈酬金，多寡由編輯部臨時定之。

(一)　投寄之稿件，無論登載與否，概不寄還，如需寄還者，請先聲明，并附寄郵票。

(一)　稿件投函須寫明「上海南市毛家弄工務局工程譯報編輯部收」。

工 程 譯 報

第一卷 第四期

中華民國十九年十月

目 錄

15949

編　輯　者　言

本期材料大都關係市政工程方面，可稱市政工程專號。

「將來城市之組織」一篇，述城市設計之一種新原則，其要旨在以交通幹線（幹路或鐵路等）劃分城市爲若干區，各區僅能藉少數「高級支路」與道路幹線相聯絡，且幹線兩旁留爲空地，不許營造，故幹路上之交通少受妨礙，而各區因內部交通與幹路隔絕，有各自獨立發展之勢，合之則成城市，分之則自成一部，故以生物之「細胞」擬之。此種關係交通與城市設計之原則，本報以前各期中亦曾有簡略之介紹（如第一卷第二期中德國 Hermann Jansen 氏對於都市計劃之貢獻等篇），特此篇說明較詳耳。最近德國著名城市設計家 Hermann Jansen 曾函達上海市市中心區域建設委員會主席沈君怡氏，備言沿幹道不准營造，幹道與他路相交處之距離，至少須在五六百公尺左右，且幹道與幹道相遇，務免互相平叉等說，可見上述各種原則，歐美學者不僅發爲議論，且在實際上亦認爲可行，閱者幸勿以其理想過高而忽之。

「美國之市政工程」一篇係美國葛詩基博士（Dr. C. E. Grunsky）去年在東京萬國工程會議演講文稿。〔按博士曾應上海市市中心區域建設委員會之邀請，來滬研究該區域建設計劃，著有「對於（上海市）市中心計劃之意見」一文，由會譯述刊行〕於此可於新大陸方面市政工程上之設施得一概括的觀念，而作吾國城市建設之借鏡，稿末原附有照片數幅，以與正文無重要關係，從略。

日本東京市政調查會編著之「分區制」與「美國 Cleveland 市土地估價法」兩書，可供主持城市設計與地政等機關之參攷，爰爲介紹於此。

爲增進美觀及增加讀者之興趣起見，本期封面附印工程照片，各論著中亦酌插影片，並用銅板紙印刷，以期醒目。

本報前數期未完各篇，如華特爾博士「關於發展中國之經濟條陳」之譯文，李學海君之「鋼筋混凝土烟囱」，以續稿未到，留待下卷刊入，特併聲明。

Geheimrat Prof. em. Dr.-Ing. ehr. Karl Dolezalek

15951

Geheimrat Prof. Dr.-Ing. E. H. Max Foerster

15952

將來城市之組織

(原文載 Der Städtische Tiefbau 1930, Heft 2)

W. Nöldechen 原著

胡 樹 楫 譯

今日之城市爲人口與文化經濟集中之地，依分工制而組織，其構造爲複雜而宏大之有機體，與中古時代之城市異。此種情形實爲鐵路造成之結果。蓋未有鐵路以前，城市之內部縱亦爲組合之有機體，而外觀上則爲緊湊密集之形式。自有鐵路以來(至今尚未滿百年)，裝運貨物之列車，非如往日之小車，直達商店之門前，故業商者必須趨就之，而市區遂延展至鐵路之近旁，是爲分工之初步。次則工業環繞鐵路而與，以其運輸上所需要故。復因人口增加，聚居於投機者經營之房屋。在衛生與社會生活上發生危險，城市之組織乃漸成分散式。時至今日，鐵路之專利性又被打破，船舶，飛機，汽車起而競爭，加以電報，電話，電力，煤氣均可無遠弗屆，將來城市組織之分散性，必益見鞏固，而城市設計有順應此項趨勢之必要。

今日之汽車交通，以聯絡城市內散立之部分爲主旨，故不能如鐵路之可摒諸街道以外。街道上之汽車愈多，則交通系統愈須加以整理，以期經濟，而免危險(下略)。

應用「交通機械」(在廣義上凡汽車，火車，艇舶，飛機等皆屬之)之目的，在迅速而價廉。因此所經之路徑，必須合下列條件；(甲)往來路線務求縮短，(乙)沿途阻滯務求減少，(丙)路面務求平坦。凡此各點，在鐵路均已辦到，而以前建築之道路則否，尤以(乙)點爲甚，良以今日各城市之道路系統成立於尚未有「機械交通」以前故。欲達此目的，並爲適應汽車交通集中之趨勢與免除交通禍變起見，交通幹線(其廣義包括鐵路，河流，航空線在內)之兩旁必須禁止建築或嚴加限制，而交通支線之通入幹線者僅限於少數處所。如是則幹線與幹線相交成寬大之格網。此種格網可隨幹線之擴充而逐漸增加以至無限。再於此項格網中，加入局部交通性質之支路網，因各幹線格網所括之地，其內部交通與外部無關而含獨立性質，故「細胞式」之城市組織以成立焉。在支路網內交通可直接往來，幹線網則須經由媒界設備；卽

特種道路以及車站，碼頭，飛機場，則接以逮。支路又分爲三級：里弄及私路爲市民出入最初所必經，是爲「初級支路」，里弄私路直接通入之道路爲「次級支路」，聯絡次級支路之較寬道路，其沿路仍有建築物，且多橫越交通而於相當處所接通交通幹線者，是爲「高級支路」。如是，即交通系統整然有條，而幹線交通少受阻礙矣。

上項交通系統與細胞式城市組織之原則，自難完全應用於現有之城市，良以已成之局不易改革故，然對於城市將來之發展，以及新設之城市，則殊有採用之必要。茲舉例說明如次：

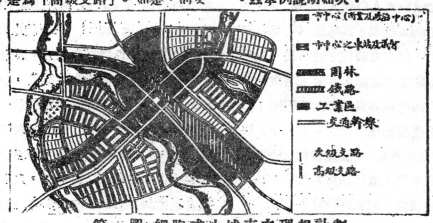

第一圖　細胞式小城市之理想計劃

第一圖至第三圖示一小城市之理想計劃，其組織爲「細胞式」。如第一圖，該市之中心（商業區）圍繞車站與議會。由各方而來之幹路，除緊沿中心之部分外，其餘皆於兩旁留空，不許營造。幹路與園林所包圍之各部分（「細胞」），設立支路網，其

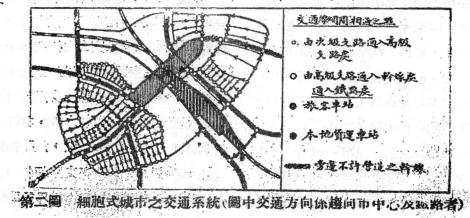

第二圖　細胞式城市之交通系統（圖中交通方向係趨向市中心及鐵路者）

結合方式觀第二圖更屬明瞭。在第二圖中，由「次級支路」通入「高級支路」之處以小圓圈表之，「高級支路」通入「幹線」（包括鐵路在內）之處以大圓圈表之。接通鐵路（即客運車站與地方貨運車站）之處尤為重要。第三圖示分區與交通幹線網及園林之關係。

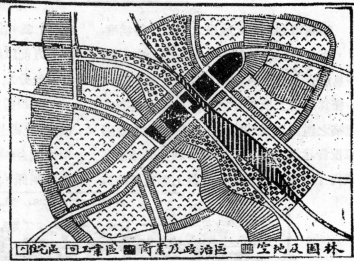

第三圖
分區圖
　　□醫院區　□工業區　▨商業及政治區　▦園林及空地

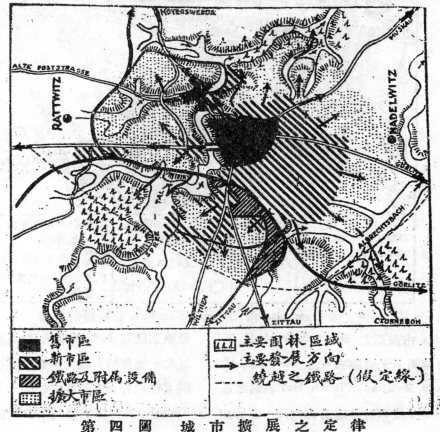

■ 舊市區
▨ 新市區
▨ 鐵路及附屬設備
▦ 擴大市區

⊥⊥⊥ 主要園林區域
→ 主要發展方向
--- 繞趨之鐵路（假定線）

第四圖　城市擴展之定律

觀圖可知細胞式城市之組織，甚為醒目，使各地點便於尋覓。又各部分之交通亦易於宣洩，且各道路在性質上之差別，如僅為居住上所需要之里弄，應就地徵費建築之道路以及利益公衆而須由地方或國家投資建築之幹路均不難辨別。又城市區域內「直徑上之交通比切線上之交通較為

重要」為相傳不易之原則，故上述計劃之交通方面以趨向城市中心為主，而各部分卽依此分劃。

第四圖以下各圖，示今日之城市確有依「細胞式」構造而形成之趨勢。第四圖表明德國 Sachsen 邦之 Bautzen 市擴張時因地勢關係，而成細胞式之情形。第五圖示

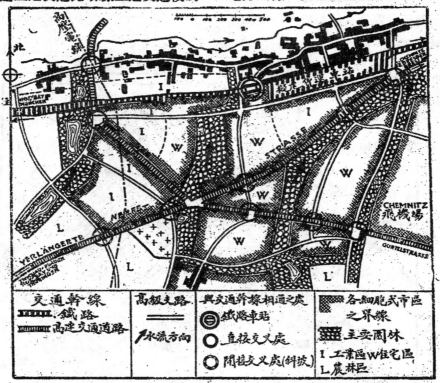

第五圖 Chemnitz 市 Schönau-Neustadt 區建設計劃圖

Chemnitz 市西面之 Schönau-Neustadt 工業區計劃圖，尤饒趣味。由 Chemnitz 往 Glauchau, Zwickau, Plauen Hof 等處之重要鐵路線，橫亘於該處南北之間，僅於少

數地點已設或籌設「旱橋」以通過之。自南至北，地勢微有起伏，有小溪橫貫其間，與園林組合而成美麗之公園。Verlangerte Neefe-Strasse 原為舊時督狹紆曲之公路，

因交通上之需要（沿路工業城市村落密佈）於1926年開始改築爲高速車道，由Chemnitz 起以達 Reichenbrand，沿路與鐵路及普通道路不相平叉。另有所謂 Gürtel-strasse（環市道路）者，以環繞大 Chemnitz 市爲目的，雖在原則上巳屬陳腐之舉（以舊時對於切線上之交通過於重視故），而因局部地方交通之需要，仍保留其一部分。此路亦屬高速道路，與前述道路相交叉。鐵路與高速道路（交通幹線）以及前述沿小溪分佈之園林間，可加入交通支路，而成細胞式之市區。本計劃爲著者於 1925/26 年間所擬製，可證明近今交通系統與園林之設施有劃分城市爲細胞式之趨勢。第六圖爲 Oberschlesien 之 Gleiwitz, Hindenburg, Beuthen 三市聯合計劃中關係衛星式城市 Mikulschütz-Pilzendorf-Schakanau 之部分。其中將交通幹線合併計劃及以園林與建築物分隔，與細胞式城市組織之說正復相符。惟衛星式城市之說，已屬陳舊。著者之意見，以爲細胞式組織之說較爲優勝。蓋細胞式之組織，更可保證各市區之分立，而對於城市「有機的」發展更少妨礙，此其一；新「細胞」連接舊「細胞」，比整

第六圖 Gleiwitz-Hindenburg-Beuthen 市區之一部分

個新有機體（衛星式城市）連接舊有機體（中央城市）較易，此其二；生物皆由細胞組織而成，且其生長皆由舊細胞生出新細胞，城市依細胞式而構成，與自然之理相符，此其三。今日之城市如將繼續發展，則必需備有園林與新村，以爲經濟生活之基礎，細胞式城市之組織，卽以取得低層建築物與附屬園林所需之廣大土地爲目的也。

美 國 之 市 政 工 程

（東京萬國工業會論文之一）

美國 C.E. Grunsky 博士原著

朱　　熙　　譯

緒　言

都會區域，人口稠密，因之交通，衞生，商業，水電及其他一切公共事業，發生問題。市政工程，卽土木工程中對於解決上項問題之一部分也。市政問題因性質不同，約可分爲數種，如衞生與便利工商業之設備，各種廢棄物料之處理，水電及交通事業之規劃，學校及公園之佈置等。

「市政工程」爲比較新起之名詞。以前城市工程，均附屬於土木工程內，後以各主要區域內居民繁盛，公衆事業，亦日見增加，而各種工程設施，不著以前之簡便因此市政工程成爲專門學術。三十年前，美國各大城市，如舊金山等，所有市內工程，如修築道路及溝渠等，均由主管團體公擧一官吏，所謂 City and County surveyor 者，隨時予以僱用，依照特定金額，按計劃之件數給予酬庸之費。近來各著名城市，均設有城市工程師(City Engineer)一名及助手多人，其額數及任務視計劃之

範圍及市民之多寡而定。此外或尙有設計委員會及公用委員會之組織。設計委員會之職掌，大致爲分區，取締建築，如關及放寬道路等事項。又有設運動場及公園等委員會者。市政工程對於上述市政發展，維持及管理上均不無關係，並非限於城市工程師所掌理之部分已也。

市政機關所接觸之問題，其最重要者，爲良好水料之供給，道路之舖築，垃圾之處理，及交通設備之擴充等，以上諸項，固屬對舊有城市而言，而對於新關城市如 Canberra（澳洲都城），Longview（在 Columbia 河上），華盛頓等之預備容留多數居民者，皆屬適用。

本篇所述市政工程各項節目，均屬重要，因限於篇幅，不克逐項詳細討論，僅將美國各部會市政情形簡述之。而各項節目亦不依重要之程度而分列先後也。

（一）城市設計

從事城市設計者之任務，爲對於舊有人烟稠密市區之改良，與新市區之擘劃，

以維持居住上之便利。凡此種市區現在發生及預擬日後或可發生之各項問題，必須籌適當之解決辦法，務求有利於公衆，而適合現代社會之組織。

　　城市設計者，須明瞭所計劃區域內關係市民生活之各項情形，如工業，商業，水陸運輸，土地之富源，及其他可使市民安居樂業者。凡此各項均須加以研究，以決定何者可以容許，何者須加以禁止也。

　　例如今日通行之習慣，對於建築高巍辦公房屋不特容許，且加以獎勵，必須妥籌方法以矯正之。極高之房屋，實屬需要者甚鮮。美國人容許此種建築物存在於新式城市之商業區域，實由貪婪之天性有以致之。假如當初不許建築此種高屋，則昔之向高處發展者，將由平面發展為之替代，而紐約等市之街道交通，不致過分擁擠，如今日之甚。就紐約而言，倘係平面發展，則East Side方面早成新式商業區域，而許多舊時三四層樓建築物之在西部者，不待今日，早已除去矣。現有主張將高巍房屋上部各層逐步縮進者，此種妨礙美觀之辦法，已為世人所諒解。一若高巍房屋之最大弊害，僅為妨礙空氣光線之流通也者，而街道交通之過分擁擠，則每視為次要問題，常有予以忽視者。

　　高屋之阻礙街道之空氣與光線而損害公衆之利益，洵屬事實。換言之，業主之建築高巍房屋者，不需取鄰居所有之物以為已用。此問題之滑稽解決方式為鄰居亦可如法泡製，建造高屋，然殊不合理。高屋所在之土地利用既大，故其他繁盛地點之土地價值亦因之激漲，其結果為在一處許建高屋，在他處亦紛紛傚尤而無法加以阻止，寖至相習成風，甚至如芝加哥一市，雖有充分地位為平面發展之需，至今尚需設法阻止營造高屋之趨勢。曾有人提議課高層房屋以遞進率稅，以取締過高房屋，殊有價值。

　　城市計劃中最要問題之一，為劃分區域。新城市成立時，對於地位，面積，日後發達之程度，須有明瞭之概念，以便規定相當之分區制，而應將來之需要。

　　運輸計劃如鐵路，水道，公路等亦須從早加以攷慮。運輸計劃既定，則對於批發商業，製造業及工廠，可按其在運輸上特有之需要及將來發展之情形指定適宜之地位。大抵城市成立之初，必先由零賣商業區 (Retail Business district) 逐漸延展而成住宅區 (Residence district)，其後則在商業區及專有住宅區之間，常被立分租住宅區 (Apartment house district)，此種需要未可忽視。

　　分區計劃，非一成不變者，隨城市之

發展，恆有新問題發生。然最初卽熟籌審
慮，加以規定，對於種種方面，實爲便利
，如道路之級別，溝渠之計劃，學校，公
園，運動場之位置等，均因此得適當解決
，對於城市內工商業之發展範圍，影響尤
大。

　　美國若干城市現應從事之工作如下：

　　高區建築之弊，必須承認，並爲避免
將來市民密集一處起見，雖在商業區域內
，應規定一種合理的最大建築高度。超過
此項高度時須徵收特稅，

　　凡佔出街道上面者亦應徵稅。

　　商業地點之新建築物，其結構方式均
須特別規定，以便將來之人行道可移入建
築線內。

　　電車路線須設法遷出繁盛之市區，而
以引電線係懸空者爲尤甚。

　　分區制應堅決執行，不但爲城市之穩
健發展計，且使溝渠，運輸，給水等計劃
易於着手。

（二）道路及交通問題

　　美國城市之道路寬度，普通爲 60 至
80 呎。各大城市中之幹路，最大寬度爲
100 或 120 呎。聖保羅之商業區有道路一
條寬 200 呎，華盛頓之最寬道路，寬度爲
160 呎。各處林蔭大道之寬度有超過上列
最大數以上者自不待論。爲比較起見，舉

例如下：巴黎 Bois de Boulogne 之寬度近
400 呎，Avenue Champs Elysee 之寬度約
230 呎，比京 Boulevard Circulaire 之寬度
約 220 呎。

　　但美國僅有少數城市如華盛頓，鹽湖
城(Salt Lake City) 等，備有良好之大規模
廣闊道路系統。其他城市於當時設立時，
對於土地之分割，大率以獲利最多而迅速
爲主旨。卽偶然有若干寬闊道路及公園，
學校等公衆需要之土地亦爲使其餘地產價
值高漲起見而設備者。假如今日美國多數
城市，人烟過密之狀況，爲當初預料所及
，則對於留備公衆應用之土地，當必多加
考慮，而許多問題當早已解決矣。至於今
日，欲增進過狹道路之效率，以應人烟稠
密市區之需要，實爲複雜繁難之事件。

　　解決上項問題之初步，通常係訂立交
通法規，以增加交通量而減少生命危險。
停車限制加嚴，不無稗益。此外或將側石
移進而放寬車馬道。

　　上述方法，自不能稱爲圓滿。此外尚
有增進道路效率之方法多種，茲僅舉數種
已足。尤著者爲走廊式人行道之建築，因
此兩建築線間之全部土地，或其大部分，
可充車輛行駛之用。最良之例證，在全世
界各處均可覓取，例如歐州許多城市以及
美國之 Philadelphia 等城市有業主自願將

其建築線以內土地之一部分充人行道以放寬道路。亦有將此項辦法列入新式城市計劃之內者如 California 之 El Centro 是，該市商業區域之人行道，即爲走廊式。爲之創導者於一九○六年前後，就該區商業段落多方，在未有居民以前，即已料及各該道路交通將來之繁盛，即於所有房屋前建築走廊式人行道。其後因廊簷之設備可遮蔽熱烈之陽光，常受歡迎焉。

地下高速電車乃至電車與公共汽車可使狹隘道路之效率激增。就公共汽車而言，應深切注意於可代電車而興之一點。現今美國各處普通仍多用電車爲交通工具，然公共汽車之可以深用，可於倫敦，巴黎等處見之。將來美國多數城市亦必以公共汽車爲價廉而普及之運輸方法也。又有主張於許多城市中心部分廢去電車而以公共汽車爲代替品者，其說似屬可行。唯公共汽車容積必須加大，且必低矮，開行次數必多，以便利公衆。且電車路線如不通入交通壅塞之商業區域，以免速度激減，則每小時駛行里程必可增加，而在效率上更形偉大。

在私人建築物間留出過道（公街），或在私人建築物下面，留出空地，爲公衆交通之用，亦可救濟街道狹窄之弊。然最後方法唯有放寬舊路或闢築新路之一着。如過於遷延，每致交通問題更難解決。

今日世界各處汽車交通日增，路面難以容納，實因昔日之市政工程師及城市計劃家缺乏遠大眼光，不特未經設置充分廣闊之道路，並允許業主緊靠路線建造房屋，而未有普遍收進若干呎之規定，有以致之。補救方法爲今日之大問題。有將人行道縮狹而放寬車馬道者，亦有以公共汽車代電車者，又有主張將人行道提高或置諸建築物下面者，然見諸實行者甚鮮。最後唯有以重價沿一邊或兩邊收用四十呎乃至六十呎寬之土地，道路之寬度始能足用。凡此各項問題，甚形複雜，不勝具論。要而言之，市政工程市與城市計劃家應有遠大之眼光。須知人生壽命，在城市歷史上僅佔時間上之一小部分，而預籌二十五年乃至五十年以後之情况，要非無理。例如就美國大城市之熱鬧街道而論，有若干商家將其陳列窗櫥退後二十至二十五呎設置，俾過客得在廊檐之下，免受烈炎雨雪之侵襲而賞鑒其陳列品，雖犧牲若干方呎之地，而廣告之效力得償其損失。使其鄰家盡能如是，則走廊式人行道包圍之房屋段落得以告成。此種佈置既屬有利，則於市建築規則中加以規定，使走廊不致妨碍將來人行道之收進，而車馬道路遂可直達兩勞之建築界線。

舊金山之『市塲路』(Market Street)
聞名全球，爲商業大道之一，敷有電車軌
四條，汽車道兩條，及兩旁人行道各寬22
呎(6.7公尺)。如將電車軌移去並令沿路
建築物讓出走廊，以代人行道，則更形完
善矣。

開闢新路，放寬舊路，普通僅視爲對
於某一定市區有利。故所有費用，通常向
該區不動產業主按受益程度徵收，實則此
種施設，對於公衆亦不無利益，爲求公
允起見，公家亦應負擔此項經費之一部
分。

茲舉一實例，以明採納上項原則之需
要。舊金山之築路費，卽專向附近房地產
業主徵收者。該市位於半島之北部，與島
南之交通爲 San Bruno 山所阻，僅有公路
兩條繞行山之東西兩端，以達島南各處。
爲便利交通起見，此兩路早應鋪築路面，
唯自四十年以來，市當局旣無向路旁地主
徵收全部費用之勇氣，以地價過廉，恐地
主無力負擔而引起糾紛故，亦不知應用上
述原則而由市庫支撥改良費用之大部分，
因之歷年因循敷衍，每年僅以數千元之費
用填補泥坑。此種擧措非惟不智，且阻礙
市郊之發展。

關於道路工程方面，各新式城市近以
汽車交通發達，棄粗糙之碎石路面，而採

用平滑之瀝青，或混凝土路面。距今四分
之一世紀以前，美國各城市商業區之道路
，每由商家指定，須用花崗石或玄武石爲
路面，而光滑路面則在摒棄之列，以其不
適於馬蹄之着力故。

著者任舊金山市工程師時，嘗於一九
〇三年七月一日之報告中，涉及道路鋪築
方式，內有「將來馬之運輸，可完全用汽
車替代，如此種情形普及，則路面之損壞
程度可以銳減」，及「屆時道路之用光滑路
面者面積必大增加」等語。其時又有於最
近將來可將馬類驅出城市街道以外以重衛
生之說。今日則馬類在城市中，不待驅除
，已自受淘汰矣。

光滑路面所以迅取石塊路面而代之主
要原因，實爲昔時商業人員在其辦事處所
，每爲街市之車馬囂聲所擾，甚至不便對
談之故。關於減少市囂一層，近年對於街
市電車亦在注意之列。改良車軌與車輛構
造固可收若干效果，惟求徹底解決，必須
將電車完全移去。此節與公共汽車之日漸
普及，自有聯帶關係。

自數十年來，混凝土路面卽經採用。
唯以前不設縱橫縫條，築成一片，以致因
凝結與寒熱變遷，而生漲縮，結果路邊與
裂開之處高低不平。近日建築方法改良，
於每路之中央設縱縫，每隔25呎至40呎

設橫縫，故上述之弊可以避免，而此種路面爲公衆所樂用。

瀝青路面之採用遠在混凝土路面以前，其建築方法已有一定標準。關於瀝青料之選定，亦有相當根據，以便適合各地之氣候。

其他宜於築路之材料，而未見普遍採用者，則有上等硬磚，木塊，及小方石塊等。此種材料築成之路面，表面平正，並使車胎穩定不滑，亦不甚發生囂聲。故居者，行者皆稱滿意。唯一經掘穿，不如他種光滑路面之易於修復。在美國城市唯磚塊路面已見通行。坡度在3或4%以上之道路，磚塊路面每比瀝青及混凝土路面佔優勢。上述三種道路均須用混凝土爲基礎，黃砂爲墊料，以校正坡度，砌縫間則灌注水泥灰漿或瀝青。

隨混凝土在各種工程上之發展，混凝土路及人行道亦日見普遍。混凝土用以建築路基尤屬適宜，厚度約6吋至1呎不等。露出之混凝土路面，略使糙澀，甚利於汽車之行駛。亦有於其上再舖瀝青或瀝青沙薄層者。此種方法，可以保護破裂磨損之處。混凝土路基上敷各種瀝青路面亦爲採用甚廣之築路方法。通常用瀝青結合之石子，上蓋各種粒徑之沙與瀝青之混合品(其熱度視地方氣候而定)，以資保護而免損壞。用火烘軟以修平瀝青路面之法，比較新出。此法可加長瀝青路面之壽命，並使瀝青築路法更形推行。

混凝土人行道可稱普遍通行。鋼筋混凝土人行道用於城市繁盛部分兼充建築物地窖之頂蓋，最爲適宜。

以前普通以市區面積約三分之一劃作道路面積，再以路面十分之六作車馬路，十分之四作人行道，以爲足敷交通之用，對於道路之利用，初不加以管理，後因車輛擁擠，乃不得不加以限制，於是指定行車方向，訂立停車規則。繼因道路面積漸覺不敷，乃不顧行人之擁擠，商民之反對，將人行道縮狹，最後以上述辦法仍不足以應付，乃建築地下電車道，以移轉繁盛街道自市郊之住宅區而來之交通焉。

交通問題視各處情形而異，從無此城市與他城市完全相同者。故其計劃，恆以現在情形爲動機，將來需要爲條件，並須顧慮二十五年至五十年以後之情形。美國城市之交通問題均本此原則以研究解決之。

(三)自來水

美國城市對於供給清潔自來水一問題，無不認爲重要。而各地飲水對於衞生上有疑問者亦絕無僅有。對於水源之清者，則竭力防其變汙，濁者則設法使之清

潔。

　　美國有許多大城市無法獲得充分之清潔水源，故對於水料之去汙問題非常注意。法將水料次第經過沉澱，濾清及氯氣消毒手續，卽使來源不清，亦成潔淨無毒，唯終不如來自人烟稀少之高山，或極深之自流井而完全未經染汙之清水耳。

　　良好自來水之標準甚高，不特須與規定化學性質相符，且須不含病菌，因之水料之不必檢驗者蓋稀。其取諸河湖者，性質往往時時變易，隨風雨情形及時季與深度而異。若飲料來源不清，或有染汙之可能時，則檢驗之手續尤屬重要，嘗有因忽略將不淨之水放入自來水管內，致於數小時後卽發生霍亂（窒扶斯）病至數百起之多者。

　　消滅自來水內微生物及病菌之方法，現在普通多用氯氣，甚著成效，卽取自比較淸潔之水源者，亦漸推行此法。

　　自來水儲留於廣大水池，經過三四星期之久者，普通多視為穩妥可靠，以在此種情形之下，病菌當不能生存故。唯為愼重起見，通常仍以再經氯氣消毒為佳。在美國各大城市中，僅 Boston 一處之自來水，係取自大儲水池，不經氯氣消毒。然對於微生物之檢驗，常鄭重將事，如察有不合，卽將該池暫予停止使用焉。

　　有若干地方可供城市以泉水。此種水源無論為噴泉與否，無甚關係，大率無病菌存在。唯自化學上立足點而言，往往不合於用，且其量之充足與否尚屬疑問。若水質係由深地層而來，上有一層至數層之粘土質，以防地面之汙水滲入，並不含礦質過多者，普通均屬淸潔無害，可用為自來水，且費用甚廉，第恐來源不敷需要耳。又海濱之自流井，若汲出之量比流入之量較多，則水面降低時，海水可由地下侵入，使此項自流井完全無用。例如 Long Island 之自流井於多年前已察知其來源有限，計每日僅能供給每方哩之居戶以700,000 加侖之水，超過此量過多，則海水侵入，而至少於若干期間內不合應用。

　　除供給日常及工業用途之自來水外消防用之高壓給水亦屬需要。以前救火用水，係取給於尋常街市中之自來水龍頭，藉救火車加大水壓。新式方法則於城市房屋稠密區域另設高壓自來水管，其水來自高塔或抽水站，唯另設消防水管，較小城市，因經濟能力有限，鮮能辦到耳。又有若干城市，如紐約、舊金山等，以海水為高壓消防用水，雖無缺乏之慮，而所含鹽質能損傷水管等件，及未焚貨物，非萬分緊急時，不宜應用也。

(四) 汙水與垃圾之處理

（甲）汙水之處理

凡人類集居一處，在日常生活之下，必有廢棄排洩之汙物，而處置此種汙物，以不害衞生，不引起視覺與嗅覺上之厭惡爲最要。

人體之排洩物，工廠之廢棄物，以及垃圾，須分別處置。在人烟稀疏之鄉村及小市鎮中，人體之排洩物可用窖坑收容，導入地下，或藏入密池，聽其腐化成汁，再由地下埋管撒佈於各處。但現今人烟稠密之處，對於糞便殆無不用水冲刷者。此項汙水有導入海洋者，如紐約舊金山，Boston 等地是。Los Angeles 於汙水入海之前，在距海岸 1 哩，低於海面 60 呎之處，將汙水先加篩治。紐約則除篩治外，尚有其他處理手續。

內地各大城市如 Chicago, Milwaukee, St. Louis, Pittsburgh, Cincinati 等地對於汙水之處理，則爲避免滲汙飲水之來源故，殊形困難。Milwaukee 對於此問題，尤經熱烈研究，現已設立大規模之新式廠所，施行「促進汙泥處理法」（Activated Sludge Process）矣。

Milwaukee 所用之汙水處理法，可免滲汙水源，故其他內地各城市有從而仿效之趨勢，然該地在大雨時期，有時仍難免有未經處理之汙水走漏入 Michigan 湖者。故將來對於陰溝及腐化池內之汙水入河流之防護方法，必須更進一步，而氯氣消毒以及類似沙濾之處理方法勢將實現，以免河水發臭，蓋純恃汙物長期間在河流內之氯化作用，殊不可靠也。

又宰牲廠，硝皮廠，罐頭食物廠等之汙水，如須流入飲水來源之川河或其支流內，亦須先加以處理。

Chicago 近 Michigan 湖之南端，人烟稠密。該處宰牲廠規模甚大，製革業亦甚發達，而湖水又爲自來水之來源，且須避免湖水發生臭味，故以前汙水處理計劃係冲淡後放入 Mississippi 湖。然所需流速須逐漸增加至每秒 9000 呎之大。而汙水係由先運河導入 Illionois 河，河水與汙水合流之速度殊不足以應需要。經 Chicago 衞生區多年研究之結果，乃建築大規模之汙水處理塲，供該區大部分之用。其在北部者，係用促進汙泥法。已於1928年開辦，其在西部者則採用 Imhoff 式沉澱池。其建築尚在進行中。

由汙水提出之汙泥，須設法處置之。Michigan 則用作肥料，Chicago 則暫埋置於坑溝之內。汙水溝管以前係用赤土（terra cotta）燒製而成。證諸多年之經驗，此種溝管之質料合式者，可耐久不壞，唯現時窰廠中所能製之最大瓦筒，二約至呎三呎

對徑。再大者則須用混凝土，裏面襯以磚塊或赤土以免受汙水濁氣之侵蝕。如混凝土溝管完全用赤土爲襯，則此項襯料對於建造時並可代內圈殼子板之用。此外有用磚塊砌成大溝管者，然不多見。

(乙)垃圾之處置

垃圾之處置似非難事。但美國各市政機關對此尚多爭執之點，以至今尚未有通行而可稱滿意之處置方法故。

食物之廢料 (Garbage) 有時可用以餧養牲畜，或提煉油質。如地近海濱，無論垃圾爲食物廢料，抑爲其他廢料，可投諸海中，否則灰渣等常用以填塞低窪，廢物之可燃燒者，即以火焚化之。

美國城市所用之垃圾車，其構造與尋常車輛異，每車由司機人一人，助手數人管理之。住戶大率須將食物廢料與灰渣分別棄置於兩種桶內。每家由垃圾無車取。垃圾清除費用，大率由住戶共同分攤。有多種食物廢料之處置法，結果尚稱滿意。其步驟大率先理去碎骨，破布，及金屬及玻璃塊渣等，並濾去水份，然後用種種方法提取油質。加於乾濕廢料之石腦精，可用蒸溜法，從所得之油質內重新提出，以便再用，故所費極少。

紐約，Philadelphia, Boston, Columbus 等處，先將食物廢料煮過，然後用滾壓法搾取水份及油質，緊入桶油，以分開之。所成之氣體，有時經過火燒，然後使之冷凝，以免發生臭氣。

Columbus 市將搾去水份與油質之渣滓再以汽油煉製。每噸廢料，約需耗費汽油美金 1 角，可得油質 55 磅，及渣滓 160 磅。該項事業由市辦理，獲有盈利。

Los Angeles 市之廠，則爲商辦，由該市免費供給用水。該廠處置手續，先剔淨雜質，傾入容量 3.3 噸之缸內，用 85 磅壓力之蒸氣蒸煮蒸出之。方法畢後，導入溝管。候水份全蒸去後，再加煤油，以溶解油質。計廢料每噸，約可得油質 85 磅，渣滓 600 磅(可供飼畜之用)，費石油 3 加侖。垃圾中有可燃燒物質，均用作燃料，以發蒸氣。

(五)運輸

運輸之廣義，爲都會與外郊及國內外各地之聯絡。對於貨物之存貯與收發，以及旅客之需要，所有設備，須視地方情形而定。故鐵路之舖設，旅客貨物車站以及貨棧之設置，須以遠大眼光出之，以便擴充。尤須注意於分區計劃及各區之需要。

美國各大城市，電車之全部或一部，係由市經營，自屬有利，亦有種種缺點，茲因限於篇幅不克列舉。所須注意者，即

商人舉辦公用事業之特許權有一定期限，在此時期內，彼必設法收回其所投之資，更於期限將屆滿時，敷衍從事，不加整頓。於必要時應收回市辦，有時並可改營公共汽車。若電車事業係屬市辦，當然無時期之限制，並可容許公共汽車之競爭。

（六）娛樂之設備

休息於安適愉快之環境中，爲人類幸福上所必需，美國人士自幼至老，寢饋於事業之中，每過於忽視此層。至於孩童本有娛樂之時間，不幸各運動塲內擁擠不堪，動受限制，嬉戲於街道中，又爲法令所禁。卽較近之公園或運動塲，自孩童觀之，亦屬甚遠，不能單獨前往。又以地價過昂，市民家中又鮮能自備庭院，故孩童每無游戲之機會。

成人亦應多作戶外遊樂，偶爾參觀足球，壘球，網球之比賽，不足以謂已盡休娛之能事。故於良辰暇日，乘汽車以趨鄉間，已相習成風，唯應往何處，及如何消遣，每感問題。

美國各州昔日出售公有地產，實無遠見，惟 Taxes 一州尚屬例外，由公共地產而收入之金額頗豐，而劃充公園及其他娛樂塲所者，僅居一小部分。其他各州近亦漸覺有設立公衆娛樂塲所之需要，正謀糾正已往過失，例如 California 州近擬向私

人捐集 6,000,000 金元，以購置各處設立公園所需之地。該州沿海 900 哩除 35 哩屬市有外，餘均爲私人產業，亦爲以前缺乏遠大眼光之證據。

但市民在其環境之下，能往鄉間公園與運動塲者，比較居少數，故市內亦須設立此種塲所，而及時促成此舉爲城市工程中要圖之一。例如舊金山不可謂爲舊式城市，且增加運動塲之需要，著者於二十五年前任該市工程師時，卽已覺知，而竭力提倡，然現今該市市民遊戲用之面積，仍覺不敷，學校空地亦甚缺乏，致有時借用住宅空地，及暫時斷絕街道交通，以便兒童遊戲者。

凡城市中分佈之小公園及運動塲，其總面積不及全城面積十分之一者，將來遲早皆不免發生舊金山之缺憾。

（七）水患預防

許多城市位於河流之兩岸或其附近。當河水漲時實甚危險。此種危險，於城市初區劃時，每未及覺察，或雖經覺察，而防禦之設備又未能適當。近今以來，知最大洪水之循環時期每無一定，且極綿長，有隔數百年而一至者。蓋河岸兩旁之土地旣被利用，不免侵及水流面積，積之旣久，可使水面提高。搜集多年來之事實，可察知危險之程度，並計算汜濫所及之範圍

。如確有水患之憂，卽應設法預防。所應
研究者如下：

(甲) 設若干蓄水湖，節制水流，使由
　　　水源面積流入江河之時間延長，
　　　而江河水流不致有忽然氾濫之虞
　　　。

(乙) 改良河道。

(丙) 舉辦水利事業須通盤考慮，以全
　　　區共享利益爲宗旨。

(丁) 如氾濫之水，河道不能容納時，
　　　須建築堤岸，限制氾濫之範圍於
　　　一定面積內。

(戊) 對於水源面積之性質及氣象，及
　　　以往之水位紀錄必須明瞭。有時
　　　須搜集該地年老居民之報告以及
　　　相傳之說，以便決定最大之水量
　　　，而預籌防禦之方法。

(己) 防制水患之工程，對於給水及溝
　　　渠汙水處理場所之影響，亦須研
　　　究。

　　Miami 河工區對於 Ohio 州之 Dayton
市及其附近一帶之施設，可稱防制水患上
最著之例。Sacraments (California) 及 New
Orleans (Louisiana) 兩市則築成高堤，使
氾濫之水不能侵入市內。Stockton (Cali-
fornia) 則設大蓄水池，使 Calaveras 河之
來源水流延緩，以免氾濫。

(八) 雨水溝渠

雨水溝渠每與汙水溝渠及處理問題並
論。故城市工程學中，鮮有將其分別研究
者。然在汙水須加處理之處，雨水溝渠實
有分別設立之必要。蓋汙水溝管可因此縮
小，而在大雨期間，汙水處理場所不致窮
於應付，且雨水可由明溝或陰溝隨便宣洩
於相當處所也。

溝渠如有深埋之必要，以便於地下埋
設各種管纜等，則出水處必較低，然後溝
渠所容之水始能藉重力宣洩，否則必須借
助抽水機。如 New Orleans 之雨水，收集於
甚大之溝渠內，用特製之抽水機，(A. B.
Wood 製) 從 11 呎深處抽出之。

美國各地皆有最大雨量之記載可資依
據。又由研究所得，溝渠設計所應依據之
雨量大小，與分配面積之大小，換言之，
卽與雨水自此面積流至匯合集中處之時間
成反比例。又普通皆認最大流量與全部分
配面積之最大雨量，除以集中時間之平均
數爲正比例。又對於透水地面，其流量可
以酌減。根據此項原則及實地經驗，定有
種種公式與系數，對於市政工程師便利不
少。

(九) 岸線之整理

現在與將來商業上之需要不容忽視，
故整理可以停泊船隻之岸線，實爲城市發

展之要圖。唯岸線有由私人經營者，對於公衆殊屬缺憾。公有岸線對於城市之利益，其例證甚多，姑舉一二如次。

昔日 Houston (Texas) 市河流不甚適用，故將某小水道一條濬深爲航道，並開關港塢於市之一隅，計費美金數百萬元，而該城及附近所收利益甚大。Portland (Oregon) 位於 Williamette 河上，於該河與 Columbia 河匯流處附近，設立市有港塢等數處，收入甚豐。舊金山沿海岸線全屬公有，由州港務局經營管理。在 Los Angeles 及 Oakland 亦開關大規模之人工港灣。惟此種種複雜工程問題，不屬城市工程範圍，茲不贅述。

(十)橋梁與隧道

城市工程師，有時擔負橋梁及隧道計劃之責，惟此項爲專門學術，大率須與專家合作。本篇所述，不過述敍普通籌款方法而已。

市區內之橋梁大率由公家出資建造，蓋所有利益由兩岸全部市民享受故。唯建築隧道以聯絡兩市區時，所需全部費用往往由一定區域負擔。此種原則尚未得公認，換言之，所收利益之大部分雖由局部地方享受，而向該局部地方徵收全部費用者絕少。

有時橋梁與隧道工程過大，每借助私人資本與築，或由較大區域建造，以免負擔過鉅。

分　區　制

日本東京市政調查會編

曾　國　霖　譯

緒　言

古代城市大抵依地勢而自然擴大，近代城市則因港灣，河川，鐵道，運河等之位置與設備而各部分有繁榮衰落之別，工商業住宅等區域之分，故其發展實爲人類經營之經果 (Robinson C. M. City Planning, p. 295)，Cowper 氏曰「田舍者，神所創造，都市者，人所經營」，故經營得法之城市，必得合理之發達，而市民沐其恩惠，否則必陷於混亂無序，而市民咸受其弊。城市計劃之理想在促進繁榮及使市民在改良環境之下，得享經濟，道德，衛生上之幸福(Culpin E.G. "Socialogical Aspect of Town Planning" in a Record of the Town Planning Exibition and Conferences, Manchester, Oct. 1922)，而城市計劃之基礎則爲分區制。

第一章　區域制之沿革

西文「區域」("Zone")之一名詞來自德文，含有狹長及環形之意義。緣中世紀歐州各國之城市，爲防禦外患起見，皆建築堅固高大之城垣以環繞之。迨十九世紀中葉，強有力之中央政府出現，城垣無存在之必要，加以商業發達，人口增加，舊有城牆有礙城市之發展，遂被漸次拆去，而成新市區，此種新市區爲免蹈舊市區人烟過密之覆轍起見，適用另一種建築法規 (Bassett E. M. Zoning, The National Municipal Review, May, 1920 p.318)，且大率環繞舊市區而發展，故成狹而長之環形，此其所以有 "Zone" 之稱也。然城市之發展方式，並不限於環狀，有同一性質之區域，縱橫方面同時擴大幾成正方形者，亦有商業區域沿某道路推展成長方形者，故 "Zone" 一字所含環狀之意義，已漸失去。故有於分級建築規則 (Graduated building regulation) 不用 Zone 或 Zoning 一語，而改用 District 或 Districting，以免誤會者(1916年紐約區域制法及 1909年英國住宅及城市計劃法)，但仍以用 Zone 及 Zoning 一語爲普通。(Bassett, E. M; Op. Cit, p. 319)

最初有組織的採用分區制者，為拿破崙一世統治下之德國各城市。然各國自古代以來，因行政上之需要，及因防火，衞生，秩序，職業及人種等關係，亦各施行一種分區制，以舊有此種習慣存在，故時至今日，分區制尤易推行。所以認拿破崙之法律為分區制之濫觴者，以其規定為有組織的及普遍的性質耳。據 Baumeister 氏之研究，Rhein 聯邦保護者之拿破崙一世於1810年十月十五日頒佈一種法律，對於 Rhein 聯邦各城市，規定保護區域，在此區域內，禁止設立發生有礙衞生或令人不快之臭氣之工廠，又對於某種工廠，特定嚴格限制，使與居住地隔開一定距離 (Baumeister, R; Städterweiturngn in Technischer, Baupolizeilicher und Wirtschaftlicher Beziehung, 1876 S. 84)。此法律為1845年一月十七日普魯士頒佈之「普通營業條例」(Allgemeine Gewerbeordnung) 與1869年六月二十一日，德國北部聯邦之「營業法」及著名之「德帝國營業條例」(Reichsgewerbeordnung) 之基礎。同時其他社會的立法及他國繼續摹仿 (Williams, F. B. The Law of City Planning and Zoning, p. 210)。但此等法律不過保護居住上之安全與衞生，而非積極謀工商業之便利。迨產業勃興，因經濟上之要求，分區制乃更進一步。

其時新興之工業(大工業尤甚)以經濟關係，自然在城市之郊外建築工廠及經營工業上必要之各種設備，以形成工業區域，但住宅區域與商業區域尚未截然劃分。

德國城市最初於數世紀內施行之建築法規，對於全市一律適用，嗣因產業勃興，各城市發展甚速，而為環繞之城市所限，且人民有喜羣居之習慣，致市內人口密度甚大。自十九世紀下半期以來，鑒於各城市城垣拆除後，郊外成立之新市區仍不免與舊市區有同一混亂與居住過密之趨勢，而新市區有比舊市區施行更加嚴格之建築法規之必要，故按建築物之高度及面積庭園等制定分級式之建築規則。是為「建築容積分區制」(Bulk Zoning) 之濫觴。

最初施行建築容積分區制者為1884年 Hamburg 郊外之 Altona 區。其時該市市長即日後 Frankfurt am Main 市有名市長 Franz Adickes 博士。博士任 Frankfurt am Main 市長時，於1891年，大規模施行按建築物用途及容積之分區制，為全世界之模範。但該項分區制，分全市為別墅區域，住宅區域，混合區域，工業區域四種，對於住宅區與商業區以及工業區與商業區並未嚴格劃分。大抵歐州大陸各國城市之分區制，不如英美之嚴格，此因國情及城市生活情形不同之故 (Williams. F. B.

Op. Cit. p. 212, Koester, F., Modern City
Planning and Maintenance, p. 177)。蓋英
美城市之住宅，以小住宅爲標準，而在歐
州大陸，則集合住宅較佔優勢，故商店及
事務所等之樓上，普通皆供居住用，而住
宅區域亦鮮有完全禁止商業者，有時並許
小工業之存在焉。但 1918 年德國之「居住
法」(Wohnungsgesetz) 仍予各城市以禁止
在居住區域內經營工商業之權（德國居住
法第四章第一節三項），1902 年普魯士政
府對於柏林近郊施行之建築物分區制爲當
時最嚴峻之法律，故土地業主反對者不少
，但普魯士政府認爲維持市民衞生，公安
及道德所需要，不允撤消，最高行政裁判
所亦因城市衞生上之關係視爲正當，而判
決有效。

　　經過種種困難，然後分區制始發達者
，厥惟美國。因美國爲個人主義思想最盛
之國，堅持私有財產權之主張。其獨立時
之人權宣言 (The Bill of Rights) 中「無論
何人，不依法律手續，不得侵奪人民之生
命，自由及財產，又無相當補償，不得徵
收私有財產以充公用」等語，表示財產權
之不可侵犯。又南北戰爭後，修正憲法第
十四條，規定「無論何州，不依法律手續
，不得制定或實施有侵害人民之生命，自
由及財產等之法律，且不得拒絕法律上之

平等保護」，將財產與生命並舉，以竭力擁
護財產權。因此昔時美國人民對於管理土
地及建築物爲目的之法律，輒視爲妨礙個
人自由與干涉財產權而憤懣不平，故根據
上項條文，對於分級區域制猛烈反對，結
果各城市唯有聽其自然發展，高層建築物
到處皆是，且互炫新奇，工廠侵入住宅區
域，煤烟迷漫，優靜之高等住宅區，亦建
築簡陋之出租房屋，不顧鄰居之不便，時
人苦之，謂爲無政府式之城市發展(Svan,
H. S., The Law of Zoning 1921. Mebian H.
L. American City Progress and Law, 110)。
一部分市民乃相與訂立同意契約，希圖防
止僅知自利之住戶侵入所在區域內。但城
市之管理，並非少數住戶與地主訂立同意
契約所能收效(Bassett, E. M. The Zoning
Plan in Suburban New York and Long
Island)，迨人民飽嘗城市無秩序發展之痛
苦，始感覺有藉法律強制施行分區制之必
要。

　　美國最初施行之分區制爲關係建築物
之高度者。紐約州於1885年首先制定第四
百五十四號法律，以道路寬度爲標準，限
制居住用建築物之高度。其規定爲道路寬
度未滿60尺者，建築物高度以70尺爲限，
若路寬在60尺以上則建築物高度以80尺爲
限。旋其他各州亦相繼而起，但皆以建築

物之構造及道路寬度爲標準，而不按區域而異其限制。(Koester, F. Op. Cit, pp. 171-174)

施行按區域而限制建築物高度之法律，以華盛頓州爲最早，最初不過實施於華盛頓市之一部分，至1904年始推行於 Boston 全市及 Baltimore 市之一部分。其後 Indianapolis 市（屬 Indiana 州）亦體續傚效，以限制建築物之高度與面積。嗣因反對非難者不少，有時裁判所亦宣告此種法律條例爲無效，若干城市乃以取得人數及掌有土地面積各過半數之業主之同意，爲抵制一部分地主反對之方法。

美國用途分區制之施行在建築分區制以後。其時人民之普通觀念，以爲限制土地及建築物之使用方法，較限制建築物高度與面積，與財產權之原則更形牴觸，故反對愈烈。

最初有組織的施行用途分區制者，爲 Los Angeles 市，時在1909年。該市分區制之特色爲注重產業區域之設置（見 Lawrence Veiller 氏之報告，Proceedings of the Sixth National Conference on City Planning, Tront' May, 1914. pp. 92—97），將該市之大部分劃分產業區域與住宅區域，而在居住區域內又設例外區域，許可某種產業之存在。產業區域共分爲三十七處，形狀面積各不相同，大至數方哩（長度 5 哩，寬度 2 哩）小至僅居某段落之一部分。居住區域內之例外區域約一百處，其中有商業區，墓地區，電影館區，汽車間區，廣告牌區等，輻員槪甚狹小，僅一處之面積達半方哩，其餘大者不過一段落，小者僅佔地畝一二方而已。Los Angeles 分區制之另一特色，爲追溯旣往，對於已成之局面亦加以干涉。例如對於非用人工或騾馬力之工廠，碎石廠，印刷廠，機械廠，鋸木廠，洗染廠，乾草棧，煤棧，焦煤棧，騎馬敎練所，洗衣作，酒類釀造廠等之在分區制未頒佈以前設立於住宅區域內者，禁止體續營業。市民反對之烈，自不待言，但經 California 州之高等法院判決，此項禁令並不違反憲法。

分區之變更，雖規定由市長於市議會議決後執行，然實際上市議會照城市設計委員會之決定通過後，亦須由市長決定。又變更住宅區爲商業區，或改甲例外區爲乙例外區時，地價往往增漲，市民見有利可圖，不免有投機請託等腐敗行爲。故近來對於市議會不顧城市設計委員會之決定而恣意變更成案之舉措頗多非難。(National Municipal Review, May, 1924. pp. 318—193)

繼 Los Angeles 市而施行用途分區制

者，爲 Milwaukee, 紐約，Baltimore 等市。其後大小城市陸續仿傚，其中有因此而毅然修正州憲法者。自多數城市，經若干次行政訴訟，而確立分區域制並不違反憲法旨趣，亦不侵害財產權之原則後，最近美國施行分區制之城市總數已達三百以上，而主要大城市，殆全體加入矣。

第二章　分區制之意義

紐約市分區制制定委員會會長 Edward Bassett 曰：分區制者，按區域分別適用不同之規則，以禁止有害及不適當之建築物，及禁止土地與建築物之有害或不適當之使用之制度也。(Bassett, E. M, Zoning p. 332。參觀工程譯報第一卷第一期第 22 面)

Frank Backus Williams 氏曰：「分區制者，城市各部分以現在及預察將來發生之差異情形爲基礎之計劃也」。(Williams F. B.Op; Cit, p. 197)

Frank Koester 氏曰：「分區之目的，在使生活及勞動處所合於衛生，而防止居住過密，又使勞動者之家庭與其工作處所地位上之關係適當，以便易於集合與分散，此外並集合嗜好與收入大致相同者於一處」。(Koester. F; Op. Cit p. 38)

Marris Knowles 曰，「分區制爲城市設計不可缺少之要件，與道路之分配，寬度，性質等有密切之關係)。(Knowles, M; Industrial Housing, P. 56)

芝加哥市分區制制定委員會曰：「分區制之目的，保護現在使用最高且最良之土地及建築物，而限制有損納稅價格及妨礙公衆衛生，公安，快樂，道德，秩序等之土地建築物之使用」。(Tentative Report and a Proposed Zoning Ordinance for the City of Chicago Jan. 5th 1923)

美國商務卿以簡易的言辭，令飭分區域制委員會，使擬定分區制模範方案，其言曰：分區制對於同類之建築物，在郊外住宅區，工廠區，商業區，經濟財政中心地者，應避免適用同一規則之謬誤……，且對於居住或營業於各區域之人，須各予以享受正當權利之機會，同時禁止不顧他人，僅謀一已利益之土地及建築物之利用」。(Lewis N.P. The Planning of the Modern City p. 295)

St. Louis 市之城市設計委員會曰：「城市之道路，公園，學校，公共建築及其他公用土地，約佔全市面積之25％—40％。此等土地之利用固須斟酌，其他60％—75％之土地，亦不能聽私人任意處理，管理之法，卽分區制是」。(Problems of St. Louis, A Report of the City Planning Commission 1917, pp. 65—66)

　　總之，分區制不外爲謀城市合理發展及以警察權按區域管理土地及建築物用途之規則，茲分別說明如下：

　　(一)分區制爲謀城市合理發展之規則城市合理之發達，爲城市設計之目的，而區域制則爲城市設計之基礎。任何城市設計，若不以分區制爲根本，決不能收良好效果。蓋交通系統縱令如何整齊，道路如何堅實，溝渠如何完善，公園，廣場如何壯麗，若工廠，商店，住宅雜處，房屋高低不齊，則市民永處於危險，不愉快，不衞生環境之下，而產業無由振興，分區制之目的在預防以上弊端，故爲都市合理發展之規則。

　　(二)分區制爲管理土地及建築物構造及用途之規則　欲謀城市之發達，首在管理土地及建築物之構造與用途。所謂土地，指建築地畝及道路，公園而言，所謂建築物，指私有建築物及官署，學校，圖書館等公共建築物而言。管理之方法爲消極的限制土地及建築物之用途與建築物之高度與面積，及積極的規則建築物之構造與外觀等。普通所謂用途區域，高度區域，面積區域，爲消極的管理，所謂防火區域爲積極的管理。

　　(三)分區制爲按區域分別管理之規則普通法規以無區域分別爲原則，分區制則管理之方法與程度因區域而異。

　　(四)分區制爲以警察權管理之規則分區制以維持公衆秩序及市民健康，而除去公衆福利之障礙爲目的，決非以增加市收入或使地價騰漲爲宗旨，對於任何損失概以不賠償爲原則。此卽區域制與其他城市計劃事業迥異之點。

　　由上所述之原因，反對分區制者遂有下列之口實：

　　(一)蹂躪憲法所保障之財權說

　　持此說有謂：「倘無區域限制，則土地所有者將地畝全部充建築用，起造高達數百呎之房屋，且工廠，住宅或商店一憑已意，而按分區制，則充建築用之土地必留空若干成，又建築物高度有一定限制，且商店，工廠不能隨地設立，土地及建築物之所有者不免受若干損失，故分區制有侵害財產之嫌，而國家或自治團體應予被侵害者以充分之賠償，否則非正義與憲法所許。

　　與上針鋒相對之說，謂限制土地及建築物之自由使用，爲保護公衆之生命財產。私有財產制度雖爲現代社會組織之樞紐，而自社會的見解觀之，應以公有與共有居優勝之信念爲基礎。Fly. R. T. The Property and Contract in their relation to the Distribution of Wealth Vol. I. pp. 165-

199) 故 Ihering 敎授有言 ：（以財產權觀念中含有絕對支配權者，實屬誤解。在此種形式下之財產，非社會所公認，亦未嘗爲社會所公認。謂財產權觀念與社會觀念不相容者，絕無是理」。(Ihering, Der Zweck im Recht) Dritte Auflage, Bd. I. S. 523) 故因社會全體而設必要之限制，無論如何規定，決非侵害財產權。

（二）限制財產權按所在地點而有差別違反公平原則說

持此說者曰：法律之規定，對於保護與限制，爲一律性質。倘對於甲地所予之保護及限制，比對於乙地所予之保護及限制較大，殊不公平。由此點觀之，分區制實爲憲法上所不許之制度）。

駁之曰：法律上所謂平等保護與限制者，決非不問性質如何，對於任何財產皆屬一律。法律本以公平妥當爲根本，則分區制對於不同之區域施行不同之制度當然亦爲法律所許。所應研究者，不過保護與限制之方法與程度耳。此則常因國民之法律觀念與社會情形而異，不特此國與彼國不同，抑且此時代與彼時代有別，有單由公安上，衛生上之要求而消極的規定者，有由紀律上，美觀上之要求而積極的規定者。要之，分區制實爲理論上所認可也。

第三章　分區制之規定

第一節　用途分區制

用途分區制之產生(1)由於衛生上之必要，蓋對於土地及建築物之使用方法，如不加以限制，則優雅安靜之住宅地，清潔繁榮之商業地，寬廣便利之工業地，必混在一處，而市內爲煤烟，臭氣，灰塵，噪聲所充滿，對於居民之健康，大有妨礙也。(2)劃分區域使市民在全市中分佈適宜，亦爲交通政策上所必需 (Final Report of the Commission on Building District and Restriction, City of New York, 1921, p. 8)。(3)由經濟上觀之，住宅，商業，工業等所需之施設各不相同。就工業方面而論，在工業上設備不完善之住宅區及商業區域內設立工廠，決非所宜。就居住方面而論，若鄰近有工廠，車庫，洗染坊，戲院等，非惟非屬必要，對於居住地之價值亦大有損害。(池田宏「都市計劃法制要論」pp. 132—133) 又就商業方面而論，大百貨商店之四周，如設有大工廠，所受損失必甚鉅大 (Aronovici, C; Housing and the Housing Problems pp. 83—84)。Bassett氏有言，於繁華商業區之中心設立二萬五千元之汽車間，必予附近以十萬元之損失，良有以也。(Bassett, E. M, Zoning, p. 316)

故城市如常在無節制之狀態中發展，

必致產業能率減小，馴至繁榮程度逐漸消失，而市民常因環境汙濁而死亡率增加，道德程度亦必低下。

　　至劃分用途區域之種類，則視分區制之寬嚴而異，須視土地之形勢，社會的與經濟的要求及將來之趨勢等，酌酌出之。或大別為工業區，商業區，住宅區三種。美國 Los Angeles 市則細分為二十餘種。其在日本，除住宅，工業，商業區外，必要時得在工業區域內，設甲，乙兩種特別區域。（「市街地建築物法」第一條及第四條）由城市各部分之機能上觀之，各區域各有其特色，故劃分區域之種類以從多為宜。例如工業之中有爆發性，引火性之危險工業，有發生囂聲，臭氣，灰塵，毒氣之鐵工廠，製革廠等，又有僅礙鄰居之縫級工場等，商業之中有門市，批發之別，其要求亦各不同；住宅則勞動界住宅，高等住宅各不相同。凡此種似應以類相從，各自成區，但區域劃分過細，又有拘束城市將來發展之虞。

　　據 Koester 氏云，普通美國城市，以劃分下列八種區域為最適宜 (Koester, F. Op. Cit; p. 38)：

　　　第一種住宅區域　第二種住宅區域
　　　第一種商業區域　第二種商業區域
　　　第一種工業區域　第二種工業區域

　　分租住宅區域　　倉　庫　區　域

　　又就限制之方法而論，或採禁止主義，或採許可主義，或兩者同時並用，將禁止或許可之產業種類一一列舉，或概括規定大體標準。然概括主義有時而窮，故普通多採用列舉主義。

第二節　高度分區制

　　用途分區制限制城市土地及建築物之使用，固可防止住宅與商店，工廠等之混在一處，而使城市發展合理化，但不限制建築物之高度（高度分區制）與面積（面積分區制）則不能防止人口過密之弊，及免除火災地震時之危險，且使將來之交通問題艱於解決，而城市生活之安全與快樂，無由保證。

　　試推論之，城市發展時固向郊外擴張，而同時中心部分之集中力亦因而增大。故城市愈繁榮，則集中力愈強，結果中心部分之商業區域非營造高層建築物不可，且在此類建築中之商店及辦事處等廣告力甚大，因之，一旦某處有高層建築物築成，則附近之建築物亦必起而競爭，互誇高大。

　　高層建築物物自具一種美觀，且足以表現城市繁榮之象徵，就經濟生活及商業經營之便利上論，又可防止商業中心作無益之擴大，故在相當程度內實為現代產業

城市不可少之物，但其高度若超過一定限制，不獨有害市民之健康，且滋城市生活之危險。由衛生上言之，高層建築物，妨礙附近矮小房屋之通氣，納光。據紐約市之實例，高 424 尺之 Adams Express Building，其投影長度達 875 呎，高 546 呎之 Singer Building, 其投影長度為 1,127 呎，高 791 呎之 Wollworth Building，其投影長 1,635 呎，又有高 493 呎，建築面積，1.14 英畝之 Equitable Building，其正午之投影面積為 7.95 英畝 (池田宏『改訂都市經營論』p. 136)。在此種建築物投影下之低矮房屋。不但在經濟上及外觀上受重大壓迫，且在衛生上亦不適宜，惟有改建至高度與已有高層房屋差堪匹敵之一法。駟至高層建築物鱗次櫛比，其下層之各室，雖正午亦須利用燈光，且空氣亦不流通，有害於居戶之健康自不待言。據 1916 年八月紐約市衛生局之調查，該市商業區內某建築物有房 928 間，為 23,028 人服務之所，其中 85.53% 雖正午亦須在燈光下工作。按日光為衛生上所必須，毋待贅論，即在精神與道德上，亦有重大關係。芝加哥市衛生部長 Charles B. Ball 氏述房屋內日光，空氣不足時所發生之影響如下 (Studies on Building Height Limitation in Great Cities p. 38)，

(甲) 生理上：(一) 血色不良，(二) 食慾退減，(三) 體重減少，(四) 目力疲鈍，(五) 神經衰弱

(乙) 神經上：(一) 元氣不振，(二) 心神煩燥

(丙) 道德上：荒廢業務

此外工作於高層建築物內之婦人，因日夜乘坐昇降機，每致妊娠率減少，而流產之危險增加。

次由安全上言之，建築物高度如無限制，縱令為耐震耐火構造，萬一遇不可抗之天然暴力，非人類保護能力所及，則生命財產之損失必甚鉅。地震且不必論，今論火災。世界救火設備最良之芝加哥市，其消防能力 (由建築物外部) 所及之最高限度不過八層 (Studies on Building Height Limitation in Great Cities, p. 40—41)，而據該市救火技師長 John Plant 云，六七層以上，消防上已不能收效 (Ibid p. 46)，假令二三十層之建築物於中段起火，同時昇降機損壞，上下交通斷絕，則雖免延少，損失亦必不小，若火勢蔓延則其為害更不可勝言。凡此決非杞人之憂，現有種種實例以資證明，蓋防火建築決非完全可免火患，觀日本東京往年大地震時之情形自明。

復次，就交通問題研究，建築物愈高

，可收容之人數必愈多。近代建築物收容二三萬人者，決非異事。此類大建築物，若於某區域內鱗次櫛比，則每日早晚上工散工時，道路嚣雜與車馬之混亂，概可想見。故道路擁擠之程度有按建築物容積之幾何級數而增加之趨勢 (Studies on Building Height Limitation in Great Cities. p. 15)。在紐約熱鬧之區，假令街道上車馬絕跡，亦只能收容兩旁居戶之 37.5%—96.3% (Williams F. B. Op. Cit p. 194)。且街道之嚣雜又與發生之事故成正比例 (Studies on Building Height Limitation in Great Cities, pp. 62—65)，倘一旦災變突發，懸揣其情勢，能不令人懍然。

　　復次，由經濟上觀察，高層建築物亦未必有利，因高度愈增，每方呎之建築價格亦愈大，而昇降機，樓梯等所佔之面積亦愈多也。美國 National Association of he Building Owners and Managers 就該國四十城市內重要建築物（出租充設事務所用者）185 所，調查其收入，支出，盈利等而製成之報告表，可作最有力之證明 (Studies on Building Height Limitation in Great Cities pp. 62—65)。

　　總上所述，高層建築物雖有若干長處，亦有種種缺點，故房屋之高度，須視居戶與其近鄰以及社會情形等加以適當之限制。限制之程度，除視建築物之構造與種類而異外，自隨土地狀況而有等差，此限制建築物高度之分區制所以產生也。

　　按建築材料而規定之高度限制，全市常一律適用，與分區制無直接關係。按區域而規定之高度限制，普通以土地之狀況與前面道路之寬度為標準，大抵商業區域，許可高層建築，住宅區域，則加以較嚴限制。

　　建築物與前面道路之寬度，大有關係，自不待言。多數建築物之光線，空氣，大率仰給於前面之道路，然建築物高度與日光照射之關係，視所在之緯度與道路之方向而異。概言之，沿南北道路之建築物，縱高度相當，亦不過於正午前後若干小時內得受日光照射，建築物愈高，則時間愈縮短，且射入屋內之光線亦愈少。沿東西道路北邊之建築物，如前面建築物低矮，終日得受日光之照射，而南邊建築物則於早晚受納微弱光線，以上情形皆隨緯度而略有差別。此外有僅根據日光照射情形而定建築物高度與寬度之關係者。(ThompsonF. L. "Making the Most of the Sun" in Garden Cities and Town Planning, March. 1924) 由衛生上觀之，高度之限制，應以建築物下層與天空光線 (Sky-light) 所成之角度為標準。在此規定之角度範圍內，倘

建築物由建築綫收進若干呎，得增高若干。但由角度計算高度頗爲不便，故普通多以道路寬度爲標準。例如日本「市街地建築法施行令」規定住宅區域內房屋高度以前面道路寬度之 $1\frac{1}{4}$ 倍爲標準，在住宅區域外，則以 $1\frac{1}{2}$ 倍爲標準，倘由建築綫收進，則在住宅區域內建築物最大高度可達65尺，住宅區外，建築物最大高度可達100尺（都市計劃法施行令第四條及第五條）。紐約市亦大致以道路寬度爲標準，劃分全市爲 $\frac{1}{4}$ 倍，$\frac{1}{2}$ 倍，$\frac{3}{4}$ 倍，1倍，$1\frac{1}{4}$ 倍，$1\frac{1}{2}$ 倍，2倍，$2\frac{1}{2}$ 倍等八區域。此外亦有不以道路寬度爲標準，而單按區域規定建築物之最大高度及層數者，如 Milwaukee 市，劃分高度區域爲四種，第一種區域爲125呎，第二種區域 85 呎，第三種區域60呎，第四種區域 40 呎，Alameda市劃分區域以層數及高度爲標準，第一種區域以二層半及高度35呎爲限制，第二種區域三層及高度50呎，第三種區域四層及高度50呎，第四種八層及高度90呎。

第三節　面積分區制

在一定面積之土地內，除限制建築物之高度外，亦須限制建築物所佔之面積。蓋由衛生上觀之，建築物之面積如不加以限制，則雖經規定高度，仍難免建築過密，及採光，通風不良之弊。由公安上着眼，建築物之周圍，亦有多留空地之必要。然對於極熱鬧之商業中心區與郊外住宅區採用同一標準，則足以妨礙城市之繁榮。故建築面積之限制須視區域而異。限制方式凡兩種：

（一）不問地畝之大小概按一定之區域規定建築面積與空地之比例　例如日本對於商業區域內之規定爲建築面積八成，空地二成，住宅區域內建築面積六成，空地四成，其他區域則爲七成與三成（「市街地建築物法施行令」第十四條），紐約市則分全市爲五區，視建築物之高度而定空地面積之最小限度。但此項方法雖使各區域內得留出一定比率之空地，然各建築地畝之面積若不甚大，則築成之房屋不免過小，使居其中者更形跼促，而留出之空地亦不敷供給空氣與光線之用。德國各城市爲補救屋小人多之弊起見，規定每居住者一人應佔室內之面積及容積之最小限度。雖可收若干成效，終不易完全達到取締之目的。總之，此法在美國各城市，因建築地畝各有適當面積，故行之有效，其在日本，則因地畝分割過小，決非完善。

（二）先定建築之單位然後限制地畝面積內之居住密度　此法行於英國各城市，蓋英國爲採用小住宅制之國，認起居室一

間，寢室三間，連廚房及浴室爲每家居住面積之最小限度，爲建築單位之一種，而按區域限制每英畝（約合4047平方公尺）內之建築單位數。至其規定，各城市間微有差異，而計劃建築之地畝面積則概不得超過 7 英畝。其在田園都市，則 Letchworth 以每英畝12戶（卽建築單位）爲標準，Bournville 6 戶，Woollands 5 戶，英國衛生部(Ministry of Health) 1923 年二月頒佈之模範規則 (Model Clauses for Use in the Preparation of Schemes) 規定城市外之住宅區域內每一英畝建築單位數在 A 區域爲6戶，B 區域8戶，C 區域12戶，其在城市內者則自20戶至24戶不等。上項面積中，含有道路，廣場等在內。假定每英畝內之建築單位爲12戶，則除去道路，廣場佔全面積之3成外，平均每戶面積約佔 236 平方公尺，若以 20 戶計，則每戶約占142 平方公尺，此種限制辦法，在衛生上最稱完善。

第四節　防火區域，風景區域，風紀區域

建築物按用途，高度，面積劃分區域爲最普通之辦法。此外尚有另設防火區域，風景區域，風紀區域等者。

爲避免火災起見，城市建築物最好一律採用不燃燒材料。如因經濟關係不能辦到，亦應就重要地點或按區段，或沿路線，強制施行，以保護市民之生命財產。故在重要城市，自古代以來，已有相當之防火規律。若此種規則僅適用於市內之一部分，則該部分稱防火區域。

風景區域者，爲維持城市之風景及美觀之需要而劃定者也。城市之風景及美觀，本由建築物及橋梁，行道樹等人工設備而來，而劃定風景區域則專爲取締建築物起見。取締方法分消極，積極二種：前者僅對於不雅觀之廣告，招牌，高塔等加以限制或禁止，後者則對於建築物之外觀強制指定某種條件，例如德國 Nürnberg 市，規定舊城廂內之建築物必須採用十四世紀式樣，以維持別致之風景，又 Dresden 市對於住宅區域之一部分，要求一定之房屋構造，高度，式樣等，卽積極取締之實例(Koester, F. Op. Cit, p. 179)。日本「都市計劃法」規定城市於必要時，得劃定風景區域(「都市計劃法」第十條)，美國各城市對於維持美觀而行使警察權，則尚未認可(Mehian, H. L. Op. Cit. p. 96)。

風紀區域者，禁止在居住地點及學校附近，設立酒館，舞場，戲院，電影館及其他有傷風紀之建築物而劃定者也。普通多於用途分區制內作相當規定，特劃定風紀域區者，殊不多覯。

15981

第五節　已成建築物不合分區規定者
之處置

根據分區制劃定區域後，對於與規定
不符(Noncomformity)之已成建築物及其使
用方法，在理應卽拆除或變更用途，但分
區制之原則，在用警察權作預防之取締，
非積極的勒令土地及建築物變更用途或拆
除改造，故日本法律雖有積極取締權之規
定，然以賠償損失爲條件(「市街地建築物
法」第十八條)，其他各國則大率以不予賠
償而使逐漸改變爲原則，故對於不合分區
規定之已成建築物則許其照原狀繼續存在
，亦許可作維持上必要之修理，但以修理
爲名，而事上希圖無期延長現在狀態者自
所不許，至修理之費用，大抵以不超過建
築物價值之40%～75%爲限，否則予以禁
止；對於不合分區規定之用途，或立使變
更而予以損失上之賠償，或暫准維持現狀
，俟經營者易人再行變更。至變更方法，
大抵由限制較嚴之用途改爲限制較寬之用
途則可，而擴充使用之部分與由限制較寬
之用途改爲限制較嚴之用途，則所不許，
例如住宅區域內之工業用建築物可改作商
業用，而商業用之建築物則不許改作工業
用。茲將美國 Bassett 氏所述之原則錄後
(Bassett, E. M. Zoning, pp. 333—334,參觀
本報一第卷第一期22頁)：

(甲)變更不合分區規定之建築物之構
造，所有費用在建築物價值二分
之一以上者，應予禁止。又此種
建築物，除已改爲合法者外，不
許擴充。

(乙)用途上合法之建築物，所有因縮
小而留出之部分，不得移充不合
法之用途。

(丙)住宅區域內之建築物，其用途在
商業區域爲合法，而在居住區域
內則否者，不得改爲在商業區域
內亦不合法之用途。

(丁)居住區域及商業區域內之建築物
，其用途在小工業區域爲合法，
而在居住區域及商業區域內則否
者，不得改爲小工業區域內亦不
合法之用途。

(戊)住宅區域，商業區域及小工業區
域內之建築物，其用途在小工業
區域內在禁止之列者，於分區域
制規定後，變作小工業區域內所
禁止之其他用途時，不得變更其
構造。

(己)住宅區域，商業區域及小工業區
域內之建築物，其用途在小工業
區域內在禁止之列者，於分區制
規定後，如改變其構造，不得改

作小工業區域內所禁止之其他用途。

第六節　區域之境界及其變更

就制度之便利上言，劃分區域之境界，宜與城市行政之境界同一，但城市決非純依行政之區域而發展，倘顧慮行政上之境界過甚，則分區制難期與實際上之需要適應，必致優良住宅區之附近或成貧民窟及工廠所在之所(Bassett, E. M. The Zoning Plan in Suberban New York and Long Island pp. 5—6）。故劃分區域時，不宜單以現在情形為根據，應遠察將來社會與經濟之情形及鄰接市，區，村之狀況等斟酌定之（Adshead S. D. Town Planning and Town Development, pp. 98—102）。

區域與區域，或同區域內甲區與乙區之界線，宜為漸進式，順序式，不宜採急激式，否則將來擴大或縮小某區域時，必致發生困難。

區域劃定後，在理想上應永遠不變，但城市之發展，每有不能預測者，故事實上必留變更之餘地。至變更之方法，或由當局者自動，或由地主在一定人數以上者之請求，要之，最後之決定，事實上在城市設計之主管機關。

若由區域變更而致土地及建築物業主受有損失，應予以充分賠償，然實際上區域之變更大率改住宅區域為工商業區域，或改工業區域為商業區域，在地主方面常屬有利，故賠償損失一節殆不成問題。

第四章　分區制之實例

第一節　日本之分區制

（Ⅰ）用途區域

（一）住宅區域　住宅區域內不許起造下列各種建築物：

（甲）平時雇用工人十五名以上之工廠，平時用發動機超過二馬力者及用爐鍋之工廠，但行政官廳認為不妨礙居住上之安寧及於公益上認為不可少者，不在此限。

（乙）平時收容汽車五輛以上之車間。

（丙）戲館，電影院，說書場，雜耍場。

（丁）妓院，俱樂部

（戊）貨棧

（己）火葬場

（庚）屠宰場

（辛）垃圾焚化所

（壬）此外行政官廳認為有礙居住上之安寧者，得以命令指定之。

（二）商業區域　商業區域內不許建築下列各種建築物：

（甲）平時雇用職工五十名以上之工廠

；使用發動機之馬力數合計在十單位以上之工廠；但日刊報紙印刷所及行政官廳認爲無礙商業上之便利及在公益上所不可少者，不在此限。

(乙)火葬塲，屠宰塲，垃圾焚化所。

(丙)此外行政官廳認爲有妨礙商業之便利者，得以命令指定之。

(三)工業區域　除在工業區域外，不許起造作下列各種用途之建築物：

(甲)平時雇用工人一百名以上之工廠；發動機馬力數合計在三十單位以上之工廠；但行政官廳認爲不妨礙居住上之安甯及商業上之便利，又公益上所需要者不在此限。

(乙)經營以下各種事業之工廠，但行政官廳認爲不妨礙衞生及對於公安上無危險者不在此限；

(1)「槍砲火藥類取締法」所規定之火藥類之製造，

(2)氯酸鹽類，過氯酸鹽類，Picric 酸及其鹽類，黃燐，紅燐，硫化燐，鉀，鈉，鎂，過酸化氫，過酸化鉀，過酸化鈉，過酸化鋇，硫化炭，Ether, Collodium，酒精，木精，Acetone, Benzol, Xylol，煤脂油，松香油，硝化纖維質，假象牙，煤油類，及其他有引火性及發火性物品之製造，

(3)硫黃，碘，溴，四氯化炭，氯化硫，鹽酸，硫酸，硝酸，燐酸，氫氧，醋酸，無水醋酸，石炭酸，安息香酸，苛性鉀，苛性鈉，阿摩利亞水，炭酸鉀，炭酸鈉，氯化鈣，次硝酸鉍，「却恩」(譯音)化合物，砒化合物，銀化合物，水銀化合物，鉛化合物，銅化合物，亞硫酸鹽類，Formaline, Choloroform,「伊批其俄爾」(譯音), Sulforal, 甘油, Aspirine, Creoste, Antifebrine, Guacol 等製造時發生有臭及有害之氣體及毒液等物品之製造，

(4)用水銀之儀器之製造，

(5)火柴之製造，

(6)金屬之融化及鍛錬，

(7)用乾燥油及溶液之充皮紙布及防水紙布之製造，

(8)肥料之製造，

(9)動物質原料之化製，

(10)製革及毛皮之精製，

(11)骨，角及貝殼之乾燥研磨，

(12) 製油及製膠，

(13) 染料，顏料及油漆之製造，

(14) 磚瓦及窰料之製造，

(15) 瀝青之製造，

(16) 水泥，石膏，石灰，鍛製石灰，
　　　炭化石灰及石灰窒質之製造，

(17) 舊棉及破布之精製，

(18) 礦石類，黑鉛，玻璃，磚瓦，磁
　　　器等之打碎，

(19) 煤氣又壓縮氣體之製造，

(20) 焦煤之製造，

(21) 用煤脂，柴油，煤油蒸溜品及其
　　　殘渣為原料之物品製造，

(22) 肥皂之製造，

(23) 製紙，

(24) 用溶劑製造橡皮物品，

(25) 鋼釘與鋼球之製造，

(26) 鍋爐之製造，

(27) 金屬之壓扁及抽絲，

(28) 炭質物品之製造。

(丙) 除以上所述者外，行政官廳認為
　　　對於衞生有妨礙及在公安上有危
　　　險者，得以命令指定經營其他事
　　　業之工廠。

(丁) (乙) 款 (1)，(2)，(5)，(9) 及 (17)
　　　等項所述物品之貯藏及處理，但
　　　行政官廳認為無礙衞生及在公安

上無危險者，不在此限。

(戊) 除 (丁) 款所揭者外，其他各種物
　　　品之貯藏及處置，行政官廳認為
　　　有礙衞生及在公安上有危險時，
　　　得以命令指定之。

倘由內務大臣指定特別區域時，則下
列各項應在特別區域內經營：

(甲) 「鎗砲火藥類取締法施行規則」所
　　　規定之火藥庫，

(乙) 經營下列各種事業之工廠：

(1) 「鎗砲火藥類取締法」所列舉之火
　　　藥類之製造，但鎗砲火藥類取締
　　　法施行規則第四十四條第二項之
　　　火器除外，

(2) 硝化纖維質，假象牙，氯酸鹽類
　　　，Picric 酸鹽類，黃磷，過酸化
　　　鉀，過酸化鈉，硫化炭，ether，
　　　阿亞多尼，濁腷蘇油，水化炭素
　　　，煤脂油，松香油等之製造，

(3) 煤油類，氯化硫，硫酸，硝酸，
　　　氟化氫，氯化鈣，「却恩」化合物
　　　，砒化合物，水銀化合物，亞硫
　　　酸鹽類，及動物質肥料之製造及
　　　動物質原料之化製，

若分特別區域為 (甲)，(乙) 二種時，則
乙款 (3) 項所述者，應入於乙種區域。

(Ⅱ) 高度區域

(一)住宅區域內

(甲)建築物之高度，以不超過65呎為原則，但建築物之周圍有廣闊之公園，廣場，道路及其他空地時，不在此限。

(乙)建築物各部分之高度應小於前面道路寬度之 $1\frac{1}{4}$ 倍，且以25尺加道路寬度 $1\frac{1}{4}$ 之倍為為最高限度。建築物前面由路線收進時，其收進部分可加入道路寬度內計算。

(二)住宅區域外

建築物之高度應在 100 呎以內，除將 $1\frac{1}{4}$ 倍改為 $1\frac{1}{2}$ 倍外，其餘適用關於住宅區域內之規定。烟囱，望遠塔，起重機，水塔，氣槽，無線電柱及工業用建築物等，在用途上已得行政官廳許可者，以及得行政官廳許可之廟宇建築均不適用。

(Ⅲ)面積區域

(一)住宅區域

凡住宅區域內之建築物，以及在住宅區域外而以供居住用為主要者，其面積不得超過建築地畝面積之六成。

(二)商業區域

商業區域內之建築物，其面積不得超過建築地畝面積之八成，但行政官廳

特別指定之路角及其他地點等之建築物之第一層及地層不在此限。

(三)住宅及商業區域以外

在住宅區域及商業區域以外之建築物，其面積不得超過建築地畝之七成。

第二節 紐約之分區制

(Ⅰ)用途區域

(一)住宅區域

住宅區域內，許可下列用途之建築物及其附屬建築物之起造：

(甲)住宅，寄宿舍及旅館包括在內，

(乙)俱樂部，但以營業為主旨者除外，

(丙)教堂，

(丁)學校，圖書館，博物館，

(戊)慈善及救護用建築物，但感化院除外，

(己)醫院及療養所，

(庚)客運車站，

(辛)耕種，栽菜，種花及温室，

(壬)收容汽車五輛以下之車間及附屬建築物，

(二)商業區域

商業區域內不許供下列營業用建築物之起造及使用：

(甲)(1)阿摩利亞，氯氣及漂白粉等之製造，

（2）瀝青之製造及精製，

（3）金屬分析，但金與銀除外，

（4）鍛冶及馬蹄鐵工，

（5）製罐，

（6）酒類之釀造，

（7）氈毯等之洗滌，

（8）假象牙之製造，

（9）火葬場，

（10）煤，木料，骨等之蒸溜，

（11）乾洗（Dry Cleaning）及染色，

（12）發電所，變壓所，

（13）榨取脂肪，

（14）製造肥料，

（15）汽車五輛以上之車間，但不供使
用之汽車之倉庫及陳列場不在此
例，

（16）煤氣（燈火及取熱用）之製造及貯
藏，

（17）膠（Glue），膠水及 Gelatine 之製
造

（18）廚房垃圾，廢肉，動物死骸等及
灰塵等之焚化及煉製，

（19）廢物，紙屑，破布等之儲藏及再
製，

（20）銅，鐵，鋼，銅，青銅等工業，

（21）煤烟製造，

（22）石灰，水泥及石膏粉之製造

（23）牛奶裝瓶處及批發處，

（24）油布及 Linoleum 之製造，

（25）油漆（Paint），漆（Varnish），松
香油之製造，

（26）火油之精製及貯藏，

（27）印刷用墨汁之製造，

（28）獸類生皮之貯藏，精製及着色，

（29）汽車修理廠，

（30）粗橡皮材料之製造，

（31）鋸木廠，

（32）毛織物再製所及羊毛洗滌，

（33）屠宰場，

（34）金屬之精煉及冶金，

（35）肥皂之製造，

（36）養馬五頭以上之馬房，

（37）澱粉，葡萄糖及糊精之製造，

（38）材料堆棧，

（39）石及紀念碑製造所，

（40）砂糖精製廠，

（41）亞硫酸，硫酸，硝酸，鹽酸等之
製造，

（42）獸脂，脂肪（Grease），猪油（lard）
等之製造及精製，

（43）煤脂之蒸溜及製造，

（44）煤脂之塗敷及煤脂防水品之製造

（乙）發散臭氣，灰塵，煤烟，Gas, 醫

聲而妨礙鄰近之工廠，但車間及
娛樂塲所除外，

（丙）前二項以外之製造業，其使用之
　　面積，不得超過建築面積之25％
　　，但許與建築面積相等。

新聞紙之印刷，不視爲製造業。又在
住宅區域內所許可者，在商業區域內
亦不禁止。

（三）無限制區域

此區域內，無論住宅，商業，工業皆
予許可，毫不加以限制。

（Ⅱ）高度區域

（一）四分之一倍區域

此種區域內之建築物，其高度以前面
道路寬度四分之一爲限，但由路線收
進者，每收進二呎得增高一呎。

（二）二分之一倍區域

此種區域內之建築物，其高度以前面
道路寬度二分之一爲限，但由路線收
進者，每收進一呎，得增高一呎。

（三）四分之三倍區域

此種區域內之建築物，其高度以前面
道路寬度四分之三爲限，但由路線收
進者，每收進一呎，得增高一呎。

（四）一倍區域

此種區域之建築物，其高度以與道路
寬度相等爲限，但由路線收進者，每

收進一呎，得增高二呎。

（五）一又四分之一倍區域

此種區域內之建築物，其高度以道路
寬度一又四分之一倍爲限，但由路線
收進者每收進一呎，得增高二呎半，

（六）一倍半區域

此種區域內之建築物，其高度以道路
寬度一又四分之一倍爲限，但由路線
收進者，每收進一呎，得增高三呎，

（七）二倍區域

此種區域內之建築物，其高度以道路
寬度之二倍爲限，但由路線收進者，
每收進一呎，得增高四呎。

（八）二倍半區域

此種區域之建築物，其高度以道路寬
度之二倍半爲限，但由路線收進者，
每收進一呎，得增高五呎。

（七）例外

（甲）道路寬度未滿50呎者，以50呎論
　　，又超過 100 呎者以 100 呎論。

（乙）兩路相交义而其寬度不相同時，
　　則沿狹路至距路角 100 呎之處，
　　建築高度之限制可以寬路爲標準
　　，其路角大建築物，並得在沿狹
　　路 150 呎之範圍內，適用關於較
　　寬道路之規定。

（丙）屋頂窗（Dormer），昇降機井壁等

之開間，未超過建築物開間之六成時，不受上項條文之拘束，但對於此種部分每高一呎按百分一之比例，將開間縮小。

(丁)建築面積(平面內)未超過基地面積四分之一者，不受高度之限制，但道路寬度之半與由路線收進之距離之和，至少須爲75呎。

(戊)若在同一路線上50呎以內，或同道路之對面已有超過規定高度之建築物時，則請照營造之建築物，其高度可與上項超過規定高度之建築物相等。

(己)建築物牆壁上之飛簷 (Cornice) 未突出 5 呎以上者，不受以上規定之限制，但不得突出道路寬度百分之五以上。又單作裝飾用之胸壁 (parapet) 及飛簷等，若突出未達 5 呎半，或道路寬度百分之五之最大限度者，得不受限制。

(庚)上項規定對於寺院之高塔，以及望樓，烟囱，煤氣槽 (Gas-tank) 等不適用。

(III)面積區域

(一)A區域

A 區域內之建築物至少須有庭院 (Court)一處。院落寬度與建築物高度之比至少須爲一呎比一呎。

(二)B 區域

B 區域內之建築物須有後院 (Rear yard) 與外院 (Outer Court) 或側院 (Side yard)各一處。後院之寬度與建築物高度之比，至少須爲二呎比一呎，其進深須在基地進深十分之一以上，但不必超過十呎。外院或側院之寬度與建築物高度之比例，至少須爲一呎比一呎，又外院之寬度與長度之比，至少須爲一呎半比一呎。若規定根據建築物高度計算之外院寬度比根據長度所計算之最小限度較大時，則對於高度每24呎可減少寬度一呎。又側院由道路起，五十呎以內之部分，以外院論。

(三)C 區域

C 區域內之建築物，須有後院，外院，內院(Inner Court)各一處，並酌加公共庭園之設備。

(甲)後院　後院之寬度與建築物高度之比，至少須爲三呎比一呎，其進深須在基地進深十分之一以上，但不必超過十呎。

(乙)外院及側院　外院及側院之寬度與建築物高度之比例，至少須爲

一时半比一呎，或外院之寬度對於長度之比，至少須爲一时半比一呎。倘基地寬度平均不及三十呎，則外院或側院之面積，與建築高度之比，不得小於一时比一呎。

(丙)內院 內院之寬度與建築物高度之比例 (1) 每高一呎須寬二时以上，(2) 與下文(七)款(丙)項所規定之面積相同。

(丁)公共庭園 若C 區域內之全體或一部分地主備有對於B 區域規定之庭園面積，另以總面積之十分之一充永久公共娛樂之用，則此區域可適用B 區域之規定。此項公共庭園至少寬度須爲40呎，面積須在 5,000 方呎以上，又須得請願委員會 (Board of Appeal) 承認對於居民公共娛樂之用確屬適當。

(四)D 區域

D 區域內之建築物，應有後院，外院或側院及內院各一處，且其地指定爲住宅區域時，建築面積之比例亦有限制。此外又有關於公共庭園等之規定。

(甲)後院 後院之寬度與建築物高度之比例，至少須爲四时比一呎。其進深至少須合基地進深十分之一，但不必超過十呎，其在住宅區域，後院之進深至少須合基地進深二十分之一，但不必超過二十呎。又後院之進深在十呎以上時，其超過之數，每一呎得替代路線與建築物外牆間之空地一呎。

(乙)外院或側院及內院 外院及側院之寬度與建築物高度之比例，至少須爲二时比一呎。又外院寬度與長度之比例，至少須爲二时比一呎。其在平均寬度三十呎以下之地畝，則外院及側院之寬度與建築物高度之比例，至少須爲一时半比一呎。此項地畝之外院面積，每長度一呎須與寬度一时半以上相當。又此類地畝之內院寬度與建築物高度之比例；(一)不得小於三时比一呎，(二)至少須與(七)款(丙)項所規定之面積相等。

(丙)建築面積之限制 住宅區域內之路角地畝，其建築面積不得超過八成以上，又沿路 (中間) 地畝 (Inside lot) 其建築面積不得超過

六成以上。路角地畝面積超過八千平方呎之部分，應視爲沿路（中間）地畝。

(丁)公共庭園

若D區域內全體或一部分地主等留有對於C區域所規定之庭院面積，另以其地畝總面積十分之一以上爲永久公共娛樂場所，則此區域可適用關於C區域之規定。此項公共娛樂用地，至少須寬40呎，面積5000方呎，且須經訴願委員會承認，確適於居民公共娛樂之用。

(五)E區域

E區域內之建築物須有後院，側院及外院或側院各一處，對於建築面積亦有嚴格限制。

(甲)後院　後院之寬度與建築物高度之比例，至少須爲五呎比一呎，其進深須在基地進深之一成半以上，但不必超過十五呎。其在居住區域，後院之進深須在宅地進深之二成半以上，但毋需超過二十五呎。又後院進深超過十呎之部分，每一呎得替代路線與建築物外牆間之空地一呎。在居住區域內之E區域，須於建築物之側面，沿地畝全長設一側院以通後院。

(乙)外院及側院　外院或側院之寬度與建築物高度之比例，至少須爲二呎半比一呎。平均寬度在50呎以下之基地，外院或側院之寬度與建築物高度之比例，至少須爲二呎比一呎，且外院寬度與長度之比例，至少須爲二呎比一呎。

(丙)建築面積之限制　住宅區域內之路角地畝，其建築面積不得超過地畝面積之七成，沿路(中間)地畝之建築面積，不得超過地畝面積之五成。又建築物高出路面十八呎以上之處，其建築面積在路角地畝不得逾地畝面積之四成，在沿路(中間)地畝，不得逾三成。路角地畝面積超過8000平方呎之部分，以沿路(中間)地畝論。

(六)後院

(甲)A區域以外之區域，若地畝後方界線之全長或一部分，與他畝之後部相接之處，距道路55呎以上時，必須將該沿界線全長或一部分充後院之用，後院面積至少須與上文所述者相同，倘由道路起，不足55呎時，則可不設後院，

路角地畝及其接連地畝，亦可不
設後院。

(乙)在住宅區域外，後院之最低部分
，至少須比第二層之窗檻低。又
無論如何，不得高出道路面23呎
。

在住宅區域內，後院最低之部分
不得高於路面。但距路面十八呎
以上之房屋平面，在庭院面積四
成以下者，則屬例外，寺院房屋
，無論在住宅區域與否，可起造
高出路面三十呎處，其面積合院
落面積四成之建築物。

(丙)烟囱之總面積未超過5平方呎及
不妨礙通風者，得在後院建築。

(丁)在 A 區域外，若各地畝之間，有
不沿道路之地畝，須闢道路，自
道路起，以達建築物之後院。若
於距道路55呎以上之處設通路時
，則其兩側界綫須設後院。後院
之寬度須比外院寬度較大，即比
由路面至第二層樓窗檻之距離大
，或23呎以上。

(戊)後院進深不合規定之地畝，與合
規定之地畝相連接時，則前者之
後院進深不必與後者之後院進
深相盤，但無論如何，不得比按

建築物高度而規定之外院最小寬
度較小。

(七)庭院(Court)

(甲)若起居，睡眠，工作，接待等室
所需之光線與空氣，直接取給於
建築物之空地，則各室至少須有
一窗戶面對內院，外院，側院，
後院等。此項內院，外院，側院
至少須具有關於面積區域所規定
之最小寬度及最小面積。

又如有後院時，其寬度與面積，
至少須與面積區域所規定內院之
最小寬度及面積相等。A 區域之
內院，外院，側院及後院之面積
與寬度，至少須與 A 區域所規定
庭院之最小限度相等。窗前之空
地，自窗邊垂直起量，至少須寬
3 呎。在本條所規定以外之庭院
及其他空地等，不適用本規則。
又浴室，廁所，走廊，樓梯等所
需要之庭院及小路，亦不適用本
規則。

(乙)外院，內院及側院等之寬度，至
少須在四呎以上，但地畝內側院
邊牆壁之高度平均在二十五呎以
下，長廣在四十呎以下者，不在
此限。除 A 區域外，至少以 3 呎

爲度。若外院接通道路，則道路得視爲外院之一部分。

(丙)內院按建築物之高度，所需要之最小寬度，至少須比後院按建築物高度所需要之寬度爲大。但內院寬度，在進深二分之一以上，而面積與後院相同時，則不在此限。若內院藉側院接通道路，而側院之深度在65呎以內，則按側院之深度一呎，對於建築物每高十五呎，得在所需內院面積中減少一平方呎。照此規定，若基地無後院時，則不接通道路之外院，應與接連基地後面界線之內院相聯絡，若然，則內院可視爲後院。

(IV)不溯旣往之原則

紐約分區制，以限制將來起造之建築物用途，高度及建築面積等爲主旨，對於已成建築物之不合規定者，並不禁止使用或強制改造，此節在該市分區規則第二章第六條及第五章第十九條內有明文規定。

故用途區域內之建築物，倘在規則頒佈前，已經作此區域內所禁止之用途，仍予以保持原狀之特權，惟擴充，改築或變更構造等，則須照新規定辦理，而從此時喪失特權，但修繕及變更構造等之價值，未達建築物價格之五成且用途不變更者，不在此限。

(V)分區制之變更

區域之變更方法有二種：(一)由當局自主變更，(二)由地主請求變更。

(一)財政委員會，或依照自己之意見，或根據請願，得修改分區規則與變更區域，但須預先佈告市民與公開徵求意見。

(二)某區域或一部分沿道路之土地所有權人，由人數百分之五十以上之署名，得向財政委員會請求將分區規則加以修正，變更或補充。委員會受理請求後，須於九十日內制決。若同時有該區域掌有寬度20%以上之土地所有權人與長度20%以上之所有權人，或側面土地20%以上之所有權人提出抗議，則委員會須全體一致通過，始得變更區域。

第三節　芝加哥之分區制

(I)用途區域

(一)住宅區域

住宅區域內許可之建築物爲住宅，教堂，學校等，不許可者爲分租住宅 (Apartment house)，旅館及其他工商

業之建築物。又已成之建築物，不許變更用途。

（二）分租住宅區域

除住宅區域所許可者外，可建築分租住宅，旅館，圖書館，病院，俱樂部等，但不許起造工商業用之建築物，亦不許改已成之建築物爲工商業用。

（三）商業區域

除以上兩種區域所許可者外，可起造商業用及小工業用之建築物。

上項工商業又分爲三種：即（1）在商業區域內，不論何處皆予許可者，（2）加以相當限制者，（3）在某地點內概不可者，其概略如下：

第一種　小商店，汽車間，汽油供給所，倉庫，銀行，事務所，戲院，洗衣店，影戲院及相類似者，凡在商業區域內，無論何處皆予許可。

第二種　不發散灰塵，煤烟，臭氣，gas，囂聲等之小規模工業，其工廠完全在建築物內，又無使鄰人感受不安之設備，且工廠佔地在建築物面積二分之一以內，而建築物面積不大者得予許可，但其位置離住宅及分租住宅區域在125呎以內者，禁止夜間工作。

第三種　染色，乾洗，大宗食品製造

廠，煤炭起卸場，製品廠，牛奶廠，厩舍等對於居住上不免引起不快情形之小工業，禁止在離住宅及分租住宅區域125呎之範圍內設立。

（四）製造業區域

第一種　凡屬小工業無論規模大小，皆予許可。

第二種　在某種程度內發散灰塵，煤烟，gas，臭氣，囂聲等之製造業，禁止離住宅及分租住宅區域400呎之範圍內設立。

第三種　製造肥料，膠，水泥，澱粉等及精製煤油，製革等之工廠，禁止在離住宅及分租住宅區域2,000呎之範圍內設立。

又芝加哥之分區制亦以不溯旣往爲原則，故分區規則頒佈時已有之建築物，縱其使用上違反規定，儘可保持原狀，唯改變或擴充使用方法，則予以禁止。

（II）容積區域

（一）第一容積區域

第一容積區域以具有廣大庭園之住宅區域爲主，並括有分租住宅區域之一部分，以及附近之商業區域等。此區域內之建築物須受下述之限制：

（甲）建築面積　在住宅區域及分租住

宅區域，不得超過基地面積之50％（路角地畝不得超過65％），在商業區域及製造業區域，不得超過65％。

(乙)建築容積　在住宅區域及分租住宅區域不得超過基地面積之10倍（路角地畝不得超過13倍），在商業區域及製造業區域不得超過36倍，但屋頂不在此限。

(丙)建築物之高度　沿路線之高度須在33呎以下，但每由路線起每收進1呎得增高2呎，以加至66呎爲限。

(二)第二容積區域
此區域以地點之將建築三層樓大分租住宅者爲主，並包括附近之商業區域等在內。

(甲)建築面積　在住宅區域及分租住宅區域內，不得超過基地面積之60％（路角地畝不得超過75％），但商業區域及製造業區域不在此限。

(乙)建築容積　不得超過基地面積之40倍，但路角地畝可增至50倍，在商業及製造業區域者，可增至72倍。

(丙)建築物之高度　沿路線之高度須

在66呎以下，但每由路線起，每收進1呎得增高2呎，以增至132呎爲限。

(三)第三容積區域
此區域以將建築大分租住宅，旅館等之地點及非市中央部分而工商業急激發達者爲主。

(甲)建築面積　在住宅及分租住宅區域內，不得超過基地面積之75％（路角地畝不得超過90％），但商業區域及製造業區域不在此限。

(乙)建築容積　不得超過基地面積之100倍，但路角地畝可至120倍，在商業及製造業區域可增至144倍。

(丙)建築物之高度　沿路線高度須在132呎以下，但每由路線收進1呎，得增高2呎，以增至198呎爲限。

(四)第四容積區域　逼近市中心之地點及建築物以倉庫與事務所爲主要之地點適用之。

(甲)建築面積　與第三容積區域之規定同。

(乙)建築容積　不得超過基地面積之216倍。

(丙)建築物之高度　沿路線之高度，

須在 198 呎以下，但在不超過最
高限度之 264 呎之範圍內，每由
路線收進1呎，得增高3呎。

(五)第五容積區域

此區域以工商業中心區域爲主。

(甲)建築面積　與第三容積區域之規
定同。

(乙)建築容積　不加限制。

(丙)建築物之高度　沿路線之高度，
須在 2 6 4 呎以下，但高度超過
264 呎之部分，其面積在基面積
15%以下，而在3600方呎以上時
，得加高至 400 呎。

此外對於各種容積區域，另有按高度
在基地後面或側面留出若干空地之規
定。又塔槽(tank)等，不受以上規定
之拘束，在各種區域內皆受許可。

(六)建築線

商業區域與製造業區域之建築線大率
與路線同，住宅區域及分租住宅區域
等則照例以由路線收進若干呎爲建築
線。住宅區域按地畝進深之15%，分
租住宅區域按10%以定建築線，不許
越出此線建築。

第四節　Milwaukee 之區域制

(I)用途區域分四種：

(一)住宅區域

(二)小商業區域

(三)商業及小工業區域

(四)工業區域

(II)高度區域亦分四種：

(一) 125 呎區域，但商業用建築物許
可高至 225 呎，

(二)85呎區域

(三)60呎區域

(四)40呎區域

(III)面積區域

除視建築物之高度，規定前院，後院
，側院及內院等之最小面積外，並規
定建築物之收進線，某面積內居住戶
數，與地畝內所許可之建築面積等。

分下列四種：

(一) A區域　以商業中心區域爲主，
受限制最少。

(二) B區域　路角地畝之建築面積以
合基地面積之85%爲限，普通地畝以
70%爲限。

(三) C區域　路角地畝之建築面積以
60%爲限，普通地畝以50%爲限；但
商業區域內路角地畝之建築面積以
85%爲限，普通地畝以70%爲限。

又每英畝之地，不得建築收容50戶以
上之房屋，其在小商業區域內，并不
得建築超過20戶以上所居住之房屋。

（四）D區域　路角地畝之建築面積定為基地面積之40%，普通地畝30%，但地畝面積在$\frac{1}{10}$英畝以上時，建築面積可達基地面積之35%。

又每英畝可收容 20 戶以上之建築物不許起造。單供一戶居住之房屋，其基地面積不得小於$\frac{1}{20}$英畝，兩家居住之房屋，基地面積不得小於$\frac{1}{15}$英畝。

第五節　Alameda 之分區制

（Ｉ）用途區域

（一）住宅區域

第一種　單家住宅

第二種　住宅，長屋（？），俱樂部，分租住宅，旅館等。

（二）商業及公用區域

第三種　小商業，自由職業，交易業及第一，第二兩種區域所許可者。

第四種　學校，公共用及準公共用之建築物，寺院，運動場，温室，公園及第一種區域所許可者。

第五種　汽車間，染色業，乾洗業，批發商業，浴堂，娛樂場，給油所，食品店及前四種區域所許可者。

第六種　病院，療養院，慈善院及第一，第二兩種區域所許可之居住用建築物。

（三）工業區域

第七種　無害之工場及倉庫。禁止新建居住用之房屋。

第八種　工業用之建築物。禁止新建居住用之房屋。

（Ⅱ）高度區域

（一）二層半區域　高度以35呎及二層樓及屋頂一層為限。

（二）三層區域　高度以40呎及三層樓為限。

（三）四層區域　高度以50呎及四層樓為限。

（四）八層區域　高度以90呎及八層樓為限。

（Ⅲ）面積區域

住宅區域商業及公用區域等，每地畝內與建築物間應留之空地面積，係根據州集合住宅法（State Tenement House Act）及州住宅法（State Dwelling House Act）比照建築物高度而規定者。工業區域內，建築物每高 1 呎，至少須留寬 2 吋以上之空地，且空地之進深至少須為 5 呎。

第六節　英國之分區制

英國各城市之分區制，內容各不相同。茲將1923年二月，該國衛生部之城市設計模範條例（Model Clauses for Use in the Preparation of Schemes）所規定者，述其大

要如下：

（Ⅰ）用途區域

（一）住宅區域　對於居住用以外建築物之取締方針爲發生囂聲，臭氣，Gas，灰塵等及有危險性之工商業，完全禁止，其他工商業，必要時得酌量許可之。

（二）商業區域　以商店及居住用建築物爲主，禁止發生囂聲，臭氣，Gas，灰塵及有危險性之工商業，其他工商業必要時得酌量許可之。

（三）工業區域　凡有危險及不衞生之工業用建築物，應受監督官廳之許可。

（四）特別工業區域　凡有危險及不衞生之工業建築，匯集於此。

（Ⅱ）面積區域

以規定建築面積與空地面積之比例爲原則，對於住宅區域則並規定每英畝內建築物之密度。關於建築面積之規定，雖隨道路寬度微有差異，但以依據建築物高度爲主，即

（一）小住宅（單家住宅）：

　高度未滿30呎時　三分之一

　高度在30呎以上時　四分之一

（二）居住用之建築及學校，醫院，店舖等之並供居住用者：

　高度未滿30呎時　二分之一

　高度在30呎以上時　三分之一

（三）其他建築物：

　高度未滿30呎時　四分之三

　高度在30呎以上時　三分之二

英國居住用之建築物，大部採用小住宅制，對於居住過密之防止頗爲周密，即規定建築單位(Building Unit)及土地單位(Land Unit)而限制每英畝內建築單位之數。所謂建築單位者，即供單家住宅之面積，又分甲，乙二種，甲種以備有起居室一間，寢室三間，以及廚房，浴室等爲標準，乙種則以除上項外，再加客堂一間爲標準。出租住屋及其他集合住宅，亦比照上項標準規定其單位數。按模範條例，每英畝內之建築單位在A區域爲12戶，B區域8戶，C區域6戶。土地單位爲計劃住宅之單位，其面積以在7英畝以內爲限。超過土地單位之建築物禁止起造，以防止市區無計劃的發展。

（Ⅲ）高度區域

英國城市設計法，限制建築物之高度辦法凡三種：（一）以建築物之性質爲標準，（二）以區域爲標準，（三）以前面道路之寬度爲標準。住宅區域內

之小住宅之高度限在二層以下，商業區域內，除工商業用之建築物外，其他建築物最高不得超過70呎，又不得高於從前面道路邊起所引仰角 56° 之直線與建築物相交之一點（合道路寬度之一倍半），住宅區域內則仰角為 45° 度，（即建築物之高度與道路寬度等），由建築線收進自得增加建築物之高度。以上規定，視建築物之種類得特別許可時得認為例外。

(附)歐美重要城市建築物高度限制表

美　洲　城　市

城　市　名　稱	高度限制(呎)	摘　　　　要
Boston　A 區域 　　　　B 區域	125 80—100	不得超過前面道路寬度之二倍半
Chicago	260	
Cleveland, Ohio	250	不得超過前面道路寬度之二倍半
Indianapolis	200	
Los Angeles	150	
Milwaukee	225	
New Orleans	160	不得超過前面道路寬度之二倍半
Salt Lake City	125	
Toronto	120	
Washington, D.C. Pennsylvania Ave	160	
商業道路	130	須小於前面道路寬度加20呎之數
住宅道路		前面道路在70呎以上時，得為60呎至80呎，但不得高過由道路之寬度減少10呎者；道路之寬度為60—70呎時，得高60呎。在60呎以下許可與道路之寬闊大
Seattle	約20呎	
Minneapolis	175	但旅館等可高至185呎

歐　洲　城　市

城　市　名　稱	高度限制(呎)	摘　要
Berlin	72.2	
Köln	65.6	
Dresden	72.2	
Edinburgh	60.0	
Frankfurt, a. M.	65.6	
Hamburg	78.7	
Hannover	65.6	
London	80.0	
München	72.2	
Paris	65.6	
Roma	78.5	
Stockholm	72.2	
Stuttgart	65.6	
Wien	82.0	
Zürich	43.0	

美國 Cleveland 市之土地估價法

日本東京市政調查會編

曾　國　霖　譯

第一章　普通地畝之估價法

普通地畝之估價法甚爲簡單。Cleveland 市以沿路開間 1 呎，進深 100 呎之土地爲單位，以定標準「道路價」。故地畝之有標準進深者，可逕由標準道路價及開間計算其價值。

地畝之進深在 100 呎以上或以下者，可由下列第一表先求與此項進深相當之百分率，再以道路價及開間呎數乘之，而得該地畝之總價。

例題　設開間爲 80 呎，進深 150 呎，道路價美金 50 元，求此地畝開間 1 呎及 80 呎之價格。

解　據第一表，進深 150 呎之百分率爲115%，故開間 1 呎之地價爲50×115%＝57.50元，又開間 80 呎之地價爲57.50×80＝4,600 元。

第二章　路角地畝之估價法

路角地畝在地勢上比普通地畝所享之利金爲大，故估價方法亦因之而異。卽先由第一表照普通沿路地畝之估價法，計算由高價道路（大路）至進深 100 呎之價格，次將剩餘部分按橫路之道路價，亦如上法計價，然後將沿橫路開間與進深各在 100 呎範圍內之路角部分，用橫路之道路價及第二表中之百分率計算「路角之影響」，與以上兩數合計之，卽得土地之總價。

第　一　圖

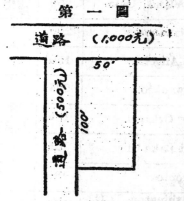

例題　如第一圖大路之道路價爲1,000元，橫路之道路價爲500元，求沿大路開間 50 呎，進深 100 呎路角地畝值。

解

開間(呎)×進深之百分率×道路價(元)＝價格(元)

50　×　100%　×　1,000　＝50,000

（沿大路進深 100 呎部份之價格）

第 一 表　　1—700呎進深地畝合標準價之百分率

進深(呎)	百分率	進深(呎)	百分率	進深(呎)	百分率	進深(呎)	百分率	進深(呎)	百分率
		50	72.50	100	100.00	150	115.00	200	122.00
1	3.10	1	73.25	1	100.41	1	115.19	1	122.00
2	6.10	2	74.00	2	100.85	2	115.38	2	122.20
3	9.00	3	74.75	3	101.27	3	115.57	3	122.30
4	11.75	4	75.50	4	101.70	4	115.76	4	122.40
5	14.35	5	76.20	5	102.08	5	115.95	5	122.50
6	16.75	6	76.90	6	102.48	6	116.12	210	122.95
7	19.05	7	77.55	7	102.88	7	116.29	15	123.38
8	21.20	8	78.20	8	103.25	8	116.46	20	123.80
9	21.20	9	78.85	9	103.62	9	116.62	30	124.60
10	25.00	60	79.50	110	104.00	160	116.80	240	125.35
1	26.70	1	80.11	1	104.36	1	116.96	50	126.05
2	28.36	2	80.77	2	104.72	2	117.13	60	126.75
3	29.99	3	81.38	3	105.08	3	117.30	70	127.40
4	31.61	4	82.00	4	105.43	4	117.47	80	128.05
5	33.22	5	82.61	5	105.78	5	117.64	90	128.65
6	34.92	6	83.21	6	106.13	6	117.79	300	129.25
7	36.41	7	83.82	7	106.47	7	117.94	10	129.80
8	37.97	8	84.42	8	106.81	8	118.09	20	130.35
9	39.50	9	85.01	9	107.15	9	118.24	30	130.90
20	41.00	70	85.60	120	107.50	170	118.40	340	131.40
1	42.50	1	86.15	1	107.80	1	118.54	50	131.90
2	43.96	2	86.70	2	108.11	2	118.70	60	132.40
3	45.30	3	87.24	3	108.43	3	118.85	70	132.85
4	46.61	4	87.78	4	108.75	4	119.00	80	133.30
5	47.90	5	88.30	5	109.05	5	119.14	90	133.75
6	49.17	6	88.82	6	109.35	6	119.25	400	134.20
7	50.40	7	89.35	7	109.65	7	119.41	10	134.60
8	51.61	8	89.87	8	109.93	8	119.54	20	135.00
9	52.81	9	90.39	9	110.21	9	119.67	30	135.40
30	54.00	80	90.90	130	110.50	180	119.80	440	135.80
1	55.05	1	91.39	1	110.76	1	119.92	50	136.15
2	56.10	2	91.89	2	111.02	2	120.05	60	136.50
3	57.15	3	92.38	3	111.28	3	120.18	70	136.85
4	58.20	4	92.86	4	111.53	4	120.31	80	137.20
5	59.20	5	93.33	5	111.80	5	120.43	90	137.55
6	60.30	6	93.80	6	112.05	6	120.55	500	137.85
7	61.25	7	94.27	7	112.28	7	120.66	10	138.15
8	62.20	8	94.73	8	112.52	8	120.77	20	138.45
9	63.10	9	95.17	9	112.76	9	120.88	30	138.75
40	64.00	90	95.60	140	113.00	190	121.00	540	139.05
1	64.95	1	96.04	1	113.20	1	121.10	50	139.30
2	65.90	2	96.50	2	113.43	2	121.21	60	139.55
3	66.75	3	96.95	3	113.64	3	121.32	70	139.80
4	67.60	4	97.40	4	113.85	4	121.43	80	140.05
5	68.45	5	97.85	5	114.05	5	121.53	600	140.55
6	69.30	6	98.30	6	114.25	6	121.62	20	140.95
7	70.10	7	98.74	7	114.45	7	121.71	40	141.35
8	70.90	8	99.17	8	114.64	8	121.80	60	141.75
9	71.70	9	99.58	9	114.82	9	121.90	80	142.05
50	72.50	100	100.00	150	115.00	200	122.00	700	142.35

100　×　63%×　500　=31,500
　　　　　　（路角之影響）

　　　　　　　總計　81,500元

卽此路角地畝之價格爲81,500元。

備考　路角之影響應以自路角起，沿

横路100呎之寬度爲開間而計算之。自高價之道路（大路）邊起，進深超過100呎時，則進深100呎之部分以對向高價道路論，100呎以外之部分則以對向低價道路（横路）論。

第 二 表　　路角地畝之百分率(進深自橫路起量)

進深(呎)	%	進深(呎)	%	進深(呎)	%	進深(呎)	%	進深(呎)	%
		20	40.0	40	58.0	60	66.0	80	70.0
1	3.3	21	41.3	41	58.6	61	66.2	81	70.1
2	6.4	22	42.6	42	59.2	62	66.4	82	70.2
3	9.5	23	43.8	43	59.7	63	66.6	83	70.3
4	12.5	24	44.9	44	60.2	64	66.8	84	70.4
5	15.0	25	46.0	45	60.7	65	67.0	85	70.5
6	17.3	26	47.0	46	61.2	66	67.2	86	70.6
7	19.5	27	48.0	47	61.7	67	67.4	87	70.7
8	21.5	28	49.0	48	62.2	68	67.6	88	70.8
9	23.3	29	50.0	49	62.6	69	67.8	89	70.9
10	25.0	30	51.0	50	63.0	70	68.0	90	71.0
11	26.7	31	51.9	51	63.3	71	68.2	91	71.1
12	28.4	32	52.8	52	63.6	72	68.4	92	71.2
13	30.0	33	53.6	53	63.9	73	68.6	93	71.3
14	31.6	34	54.3	54	64.2	74	68.8	94	71.4
15	33.0	35	55.0	55	64.5	75	69.0	95	71.5
16	34.4	36	55.6	56	64.8	76	69.2	96	71.6
17	35.8	37	56.2	57	65.1	77	69.4	97	71.7
18	37.2	38	56.8	58	65.4	78	69.6	98	71.8
19	38.6	39	57.4	59	65.7	79	69.8	99	71.9
20	40.0	40	58.0	60	66.0	80	70.0	100	78.0

例如第一圖所示之地畝，若沿橫路（道路價 500 元）之開間為 120 呎，則以 100 呎照路角地畝估價，所餘開間 20 呎，進深 50 呎之地，則專以對向橫路論。

$$開間(呎) \times \frac{進深之}{百分率} \times 道路價(元) = 價格(元)$$
$$20 \times 72.5\% \times 500 = 7,200$$

（剩餘 20 呎部分之價格）

81,500

（進深 100 呎部分之價格）

總計　88,700 元

（即所求之地畝總價）

據土地估價人員之經驗，純粹住宅區域內之路角地畝，其價值並不比中間地畝（即普通地畝）之價值加大，且地價低廉之商業區域，其路角之影響率，比地價高昂之商業區域為小。又延長至郊外之道路，其兩側之土地，初為住宅區，路角地畝與中間地畝同價。後因住宅櫛比，可漸成商業區，而路角地畝價值加大，故對於此項地畝，應按住宅區，抑按半商業區，或純粹商業區估價，殊難決定。然應用下列各原則，可免重大錯誤。

（一）住宅區之路角地畝

純粹住宅區之路角地畝，其價格並不比中間地畝為高時，則其所在之道路，性質上屬於何類，不能辨別，唯有按建築物之主要用途及其狀況而決定之。故沿路房屋用為商店，較用為住宅佔優勢者，則其所在之道路，可視為商業區之道路。

（二）半商業區之路角地畝（單價未滿美金 50 元者）

舖設電車路之住宅區，皆有變為商業地之性質，故普通皆計路角影響，唯單位地價未滿 50 元者則否，估計路角地畝價值時，但將由大路起，至進深 100 呎處止之部分，照大路之道路價計算，其餘部分，則以為對向橫路論。依照此法計算之結果，則進深 150 呎之路角地畝，比中間地畝，其價值約多 20%。又為便利起見，凡在半商業區，單價未滿 50 元之路角地畝，不論開間廣狹若何，上述估價方法僅以施於路角地畝本身為限，不涉及鄰接之地畝。

（三）商業區之路角地畝

道路價在 200 元以上之商業區，所有路角地畝之估價，皆須計路角影響之全部。但道路價在 50 元以上，200 元以下之路角地畝，則以第三表規定之數乘路角影響率以減小之。

例題　有開間 50 呎，進深 100 呎之路角地畝，其寬 50 呎之一面，道路價為 50 元，其他一面（即寬 100 呎之一面）道路價為 40 元，則其價值之計算如下（參觀第二圖）。

$$開間(呎)×\frac{進深之}{百分率}×道路價(元)×第三表之減率=價格(元)$$

50	× 100% ×	50		=2,500(沿大路進深100呎部分之價格)
100	× 63% ×	40	× 25%	= 630(路角之影響數)

總計　　3,130元

第 三 表　路角影響減小率

大路之道路價(元)	加算路角影響率%
50—59	25
60—69	30
70—79	35
80—89	40
90—99	45
100—109	50
110—119	55
120—129	60
130—139	65
140—149	70
150—159	75
160—169	80
170—179	85
180—189	90
190—199	95
200 以上	100

第 二 圖

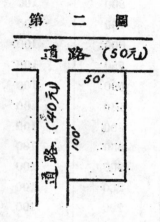

備考　因大路之道路價爲50元，故路角地畝價值之增加部分爲路角影響總額之25%，即630元。

上述各規則，皆與1916年估計商區域及 Euclid 路土地價值時所採用者同，唯路角影響率則約減少三分之一，蓋 Cleveland 市不動產局委員中，有以1916年之

路角地畝估價方法，將路角地畝價值就兩道路同時計算，爲失於過大者，故從其要求而加以修正也。

開間(沿高價道路)50呎，進深100呎之路角地畝，與開間50呎，進深100呎之毗連地畝及中間地畝，其價值之比較如第四表。

表中之數可按道路價之比例加以應用，不必拘泥於道路價之數，例如大路之道路價設爲 3,000 元，橫路之道路價 600 元，其比例爲 5:1，與表中500元與 100 元之比例相當，即據此檢查表中百分率可也。

第四表　　路角地畝與毗連地畝及中間地畝（沿大路開間
各爲 50 呎進深各爲 100 呎者）價值之比較率

道 路 價 之 比		地 畝 價 率		
大 路 (元)	小 路 (元)	路角地畝(%)	毗連地畝(%)	中間地畝(%)
800	100	115.75	102.25	
700	100	118.00	102.57	
600	100	121.00	103.00	
550	100	122.90	103.27	
500	100	125.20	103.60	
450	100	128.00	104.00	100
400	100	131.50	104.50	
350	100	136.00	105.14	
300	100	142.00	106.00	
250	100	150.40	107.20	
200	100	163.00	109.00	
150	100	184.00	112.00	
100	100	226.00	118.00	

第三章　直角三角形地畝之估價法

計算直角三角形地畝價值之法，先以開間及進深爲邊作矩形，依照單價計其價格，然後照下列兩項分別計算卽得：（一）三角形之底邊沿道路時（如第三圖中 ABC），則將矩形面積之價值，以第五表中之百分率乘之。（二）若三角形頂點，在道路邊時（如第三圖中 BCD），則將矩形面積之價值，以由 100% 減去第五表中百分率之餘數乘之。

第　三　圖

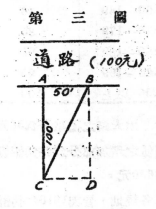

例題（一）　試求第三圖中三角形地畝 ABC 之價。

解　矩形 ABCD 之價格爲

開間(呎)×進深之×道路價(元)＝價格(元)
　　　　　百分率

　50　×100%×　100　＝5,000元

檢第五表，知三角形 ABC 之地價，爲
5,000元之60%，即3,250元。

　　例題(二)　試求第三圖中三角形BCD
之地價。

　　解　如第三圖，以三角形BCD之兩邊
BD, CD作矩形時，則此矩形地之價格與例
(一)同，即5,000元。因垂直深度爲100呎
，故按照上文所述，參照第五表，而得三
角形BCD與矩形ABCD地價之比率爲100%
－65%＝35%，故三角形BCD之地價，爲
5,000元之35%，即1,750元。

　　第五表中之百分率，係由第一表推闡
而來。故用分段法，將三角形之總面積劃
分爲若干段，使各成進深10呎之梯形，而
與路邊平行，再檢取第一表之百分率，分
別求得各段之地價，然後總計之，亦可得
同一結果。唯用上述方法，手續較簡。至
地畝分段估價法，留待第五章詳述之。

第 四 圖

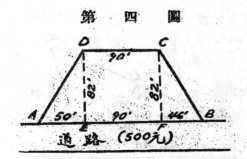

道 路 (500元)

第五表　三角形地畝之價率

進深(呎)	合矩形地畝價之百分率
10	50.0
20	55.5
30	58.0
40	59.0
50	60.0
60	61.0
70	62.0
80	63.0
90	64.0
100	65.0
110	66.0
120	67.0
130	68.0
140	69.0
150	70.0
200	73.5
250	77.5
300	79.0
350	80.0
400	81.0
450	82.0
500	83.0
500	84.0
600	85.0

第四章　不規則形地畝之估價法

　　估定不規則形地畝之價值時，須劃分
爲三角形，矩形或平行四邊形等。

　　如第四圖，有地畝 ABCD, AB 爲開間

16007

，長186呎，DE 或CF爲進深，長82呎，CD 爲後面之寬度，長90呎。由C,D 兩點向AB 引垂線DE及EF，則ABCD全面積劃分爲開間90呎之矩形CDEF及兩直角三角形 ADE與BCF，若量得底邊AE及BF爲50呎及46呎，則全部地價可計算如次：

開間(呎)	×	進深之百分率	×	道路價(元)	×	三角形之百分率	=	價格(元)
□CDEF……90	×	91.89%	×	500			=	41,350
△ADE……50	×	91.89%	×	500	×	63.2%	=	14,520
△BCF……46	×	91.89%	×	500	×	63.2%	=	13,360

ABCD之總價　　　　　　　　　　　　　　　　　=69,230元

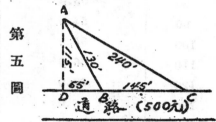

第五圖

第五圖所示之三角形 ABC，非直角三角形，可由A 點向BC 之延長線引垂線AD，並量得 AD=115 呎，DC=210呎，則得

開間(呎)	×	進深之百分率	×	道路價(元)	×	三角形之百分率	=	價格(元)
△ADC……… 210	×	105.78%	×	500	×	66.5%	=	73,750
△ADB……… 65	×	105.78%	×	500	×	66.5%	=	22,830

然△ABC=△ADC—△ADB即

開間(呎)	×	進深之百分率	×	道路價(元)	×	三角形之百分率	=	價格(元)
△ABC……… 145	×	105.78%	×	500	×	66.5%	=	50,920

故三角形地畝之價格，爲道路價與開間，及與垂直深度 相當之百分率三者相乘之積。

第六圖所示之地畝 ABCD，爲各對邊不相平行之四邊形。今延長AB，CD 兩線，使相交於E，再由 C，D 兩點向道路邊引垂線CF,DG，則□ABCD之價格，等於△CEF之價格，減去△BCF 與△ADE之價格。

第　六　圖

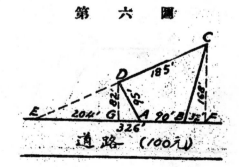

16008

	開間(呎)	×	進深之百分率	×	道路價(元)	×	三角形之百分率	=價格(元)
△CEF……	326	×	118.09%	×	100	×	71.26%	=27,430
△BCF……	32	×	118.09%	×	100	×	71.26%	=11,845
△ADE……	204	×	91.89%	×	100	×	63.20%	= 2,695

然▱ABCD＝△CEF－(△BCF＋△ADE)。

即▱ABCD之價格＝27,430－(11,845＋2695)＝12,890元

第五章　分段評價法

若遇地畝不便劃分爲三角形，矩形及平行四邊形時，可用分段法，以計算其價格。舉例如下：

第七圖所示不規則形地畝，其開間 AB 及最大垂直深度AC，均爲80呎。今沿最大垂直深度AC，自路邊起，每隔 10 呎，作直線與路線平行，則全面積劃分爲八段。計算時以各段中心線之長度視爲開間之長度（求第一段之開間可由路邊向後方5呎處之一點，引直線與路邊平行，此直線在兩側界線間之長度，即此段之開間，餘仿此。如畫地畝形狀於方格紙上，則各段開間之寬度，可逕自圖中量取之）然後以由第一表檢得相當之百分率及道路價乘之，即得各段之地價。（例如計算第一段之地價，可檢第一表，得進深10呎之百分率爲76%，以道路價100元及開間81呎乘之即得。又計算第二段之地價，亦由同表檢得進深20呎之百分率，減去進深10呎之百分率，爲16%，以道路價及此段之開間乘

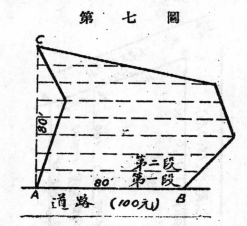

第 七 圖

之，即得）。 將各段地價合計之，即得全部地畝之價格。

各段之單價(元)	×	開間(呎)	=價格(元)
第1段…100×25.0%×		81	=2,025
第2段…100×16.0%×		82	=1,312
第3段…100×13.0%×		82	=1,079
第4段…100×10.0%×		75	= 750
第5段…100× 8.5%×		68	= 578
第6段…100× 7.0%×		66	= 462
第7段…100× 6.1%×		48	= 292
第8段…100× 5.3%×		15	= 79.5
共計			6577.5元

路角地畝，其沿大路之開間，及沿橫路之進深各在100呎以上時，其價值可依下列次序計算之(參觀第八圖)：

（1）將沿高價道路之開間AE＝100呎及沿橫路之進深AG＝100呎之路角部分，

依照高價道路之單位價，求其價格。

（2）將100呎以外之開間寬度BE，與全部進深BC所成之面積BEHC，亦照高價道路之單位價計其價值。

（3）在路角部分後面之面積GDHF，以地畝沿橫路之全長AD減去 AG＝100呎之剩餘DG爲開間，而求其價格，(進深DH，在100呎以內)。

（4）路角之影響，按開間AG，進深AE，(均爲100呎)及橫路之道路價計算之。

總計以上各項求出之數，則得全部地畝ABCD之價值。

若地畝形狀不規則時，須割成矩形，三角形，平行四邊形及梯形等，且須注意各部之廣狹，然後仿照上述各例計算其價值。

例如第八圖所示地畝之價值可計算如下：

第　八　圖

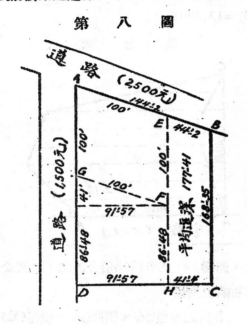

開間(呎)	×	進深之百分率	×	道路價(元)	×	三角形之百分率	＝	價格(元)
(1)……100	×	100%	×	2,500			＝	250,000
(2)……44.2	×	119.46%	×	2,500			＝	132,000
(3)……41	×	96.3%	×	1,500	×	64%	＝	37,900
(4)……86.48	×	96.3%	×	1,500			＝	124,920
(5)……100	×	72%	×	1,500			＝	108,000
			總　計					652,820元

第六章　沿里弄(alley)地畝之估價法

數方地畝，以里弄爲唯一通路時，須另定該里弄之標準道路價，然後與沿道路

地畝同樣辦理。否則以里弄寬度之一半加入地畝之開間或進深，而估價亦可。

例如第九圖，有開間50呎，進深100 呎之地畝，其旁邊縱橫里弄之寬度各為12呎，則以橫里弄寬度之半加於原開間，得所求之開間為56呎，又加縱里弄寬度之半於原進深，得所求之進深為106呎，依此求得地價約為5,740元。

第 九 圖

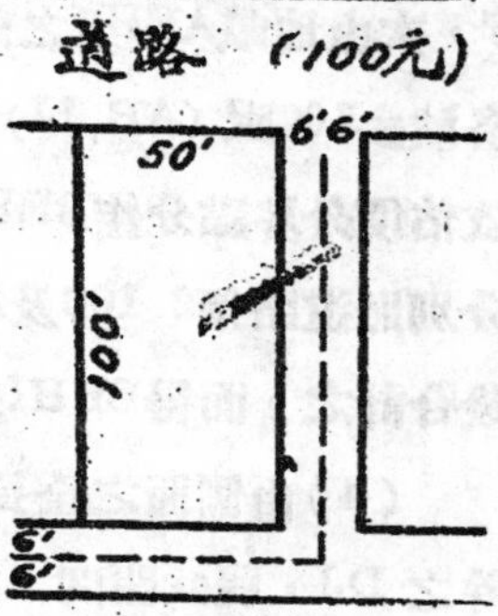

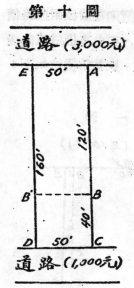

道路 （100元）

$$\text{開間(呎)} \times \frac{\text{進深之}}{\text{百分率}} \times \text{道路價(元)} = \text{價格 (元)}$$

$$50 \quad \times 102.48 \times \quad 100 \quad = 5,738.88$$

上法適用於商業地及半商業地。有里弄之住宅，其地價則不必比普通地畝為高，住宅地畝之側面，有里弄者，其價有時反較低廉。

第七章　估價分界點

如第十圖，有地畝 ACDE，前後兩面皆接近道路，若一面之道路價，比他面較大時，則就進深 AC 之長，按兩面道路價之比例求「估價分界點」。譬如兩面道路價之比為 3:1 時，則由高價道路起，沿進深 AC 四分之三處，引一直線 BB' 與 AE 平行，分全地畝為二部分，各按道路價分別評價，然後合計之，求得全地畝之價格。

第 十 圖

道路 （3,000元）

道路 （1,000元）

例題　有開間50呎，進深 160 呎之地畝，其前面道路價為 3,000 元，後面道路價為1,000 元，兩者之比例為 3:1。因此得估價之分界點，為由高價道路起，向後四分之三之距離處，即 120 呎處，或由低價道路起，向前四分之一之距離處，即40呎處。故該地畝之價格，可計算如下：

$$\text{開間(呎)} \times \frac{\text{進深之}}{\text{百分率}} \times \text{道路價(元)} = \text{價格 (元)}$$

$$50 \quad \times 107.5\% \times \quad 3,000 \quad = 161,250$$

（沿高價道路部分之價格）

$$50 \quad \times \quad 64\% \times \quad 1,000 \quad = \quad 32,000$$

（沿低價道路部分之價格）

總　計　　193,250元

若地畝兩邊之長度 AC，ED 不相同時，則求其平均長，用比例法求估價分界點，然後依照上法估價，

第八章　三面沿路路角地畝之估價法

設有三面沿路之地畝，其向高價道路一面之寬度在 100 呎以上，且後面為低價

道路，而側面之道路價則在前後兩道路價之間，又估價分界點，在由高價道路向後100呎以上之距離處，則其估價法如下：（參觀第十一圖）

第　十　一　圖

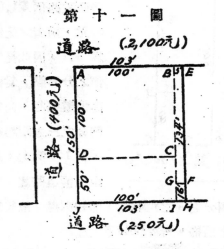

（1）由路角之 A點，沿兩邊道路各取100呎，劃成 ABCD 之面積，依照最高道路價（2,100元）計其價格。

（2）用側面道路價（400元）計算面積ABCD之路角影響價。

（3）在進深 EH 上，求估價分界點F，次由地畝AEHJ之前後寬度AE，HJ，各減去100呎（AB,IJ），得BEHI之面積，依估價分界點分作BEFG及GFHI二部分，分別照道路價2,100及250元計其價格，然後合計之，而得BEHI全部之價。

（4）由側面之全長 AJ減去100呎，所餘之 DJ，視爲開間，其進深則爲 JI（100呎），依照道路價 400 元，求 DCIJ 之價格。

（6）對於面積 DCIJ 之路角影響，應照較低道路價（250元），以IJ（100呎）爲開間，DJ（50呎）爲進深而計算之。

將以上五項所得之數合計之，卽得全部地畝AEHJ之總價：

開間(呎)	×	進深之百分率	×	道路價(元)	=	地價(元)
(1)………100	×	100%	×	2,100	=	210,000
(2)………100	×	72%	×	400	=	28,800
(3)………3	×	111.55%	×	2,100	=	7,028
3	×	34.92%	×	250		262
(4)………50	×	100%	×	400	=	20,000
(5)………100	×	63%	×	250	=	15,750

| 總　　計 | 281,840元 |

第九章　路角地畝不問界線若何之估價法

若路角地畝沿兩路之寬度各在100呎以上，則不問地畝之界線如何，可沿兩路

各取 100 呎，以所劃成之面積，求路角之影響數。但若有地畝之面積，比此面積爲小，則依照較大之道路價計算地價，再加橫路之影響數。

如第十二圖，ABCD 爲第一方地畝，CDEF 爲第二方地畝，皆受大路（道路價 7,000 元）與橫路（道路價 1,000 元）路角之影響。第一方地畝之價可照第一章第一例題，由次式求之：

$$開間(呎) \times \frac{進深之}{百分率} \times 道路價(元) = 地價(元)$$

$$100(AB) \times 47.9\% \times 7,000 = 335,300$$
$$25(AD) \times 72\% \times 1,000 = 18,000$$

（路角影響）

總　計　353,300元

計算第二方地畝之價值時，先以 7,000 元之道路價，求 CDHG（受路角影響 100 呎內之部分）對於大路之價格。法將開間 CD（或 HG∥AB）與進深 DH（或 CG）之百分率及

第 十 二 圖

標準地價（7,000元）三者相乘卽得。至 DH（或 CG）之百分率，則由 AH（或 BG）之百分率 100% 減去 AD（或 BC）之百分率 47.9% 而得，計 52.1%。次以開間 DH（75呎），進深 CD，百分率 72% 計算路角地畝之影響。復次，按橫路道路價計算剩餘面積 HEFG 之價格，三者合計，卽得所求第二方地畝之價格。列式如下：

$$開間(呎) \times 進深之百分率 \times 道路價(元) = 價格(元)$$

(1)⋯⋯⋯⋯100(CD) × 52.1% × 7,000 = 364,700

(2)⋯⋯⋯⋯75(DH) × 72% × 1,000 = 54,000

(3)⋯⋯⋯⋯25(HE) × 100% × 1,000 = 25,000

總　計　443,700元

第十章　路角三角形地畝之估價法

三角形地畝之兩邊，沿不同價之道路，且若其頂點（銳角）適當二路之交叉點時，則其價格可用下法求之：

如第十三圖，由三角形之頂點（C）起，在兩邊上，取大路同一距離之兩點 A 與 B，使 AB 之長爲 10 呎。此三角形 ABC 爲不能

第 十 三 圖

E 道路　(1,200元)
35.25　114.28　90.28
F　82.5　A
80.45　C
D 道路　104.43　B
(400元)

AGFE及BDFG之二部分。

估計AGFE部分之價格時，先測定GF之長(82.5呎)，求其與AE(90.28呎)之平均值(86.39呎)，次求EF與 AG 之平均值(21.37呎)，以此二值之長度作矩形 (86.39呎×21.7呎)，以其長邊86.39呎爲開間，與進深21.37呎之百分率43.04％（觀第一表），及道路價1,200相乘，卽得所求之數。

利用之部分，故除去不計。

求BDFG 部分之價格亦與上同樣，先求GF與BD之平均長度，視爲開間，再求GB與FD之平均值爲進深，作矩形，而以400元爲標準價，卽得所求之數。

次估計殘部ABDE之地價，須在AB線及ED線上，求兩路之估價分界點G（距A點7.5呎，B點2.5呎）及F（距E點35.25呎，D點11.75呎）。以直線連結之，分ABDE爲

	開間(呎)	×	進深之百分率	×	道路價(元)		地價(元)
(1)AEFG	86.39	×	43.04%	×	1200	=	44,620(AGFE之價)
(2)BDFG	81.47	×	19.33%	×	400	=	6,300(BDFG之價)
總　計							50,920元(△ECD之價)

第十一章 三面沿路地畝之 估價法

設有地畝，前面向高價道路（開間在100呎以下），側面向中等價道路，背面向低價道路，且估價分界點距高價道路不滿100 呎，則其價格可用下法求之。（參觀第十四圖）

（1）先求估價分界點E，次用高價道路之單價，算出DFEC（開間CD，進深CE）

16014

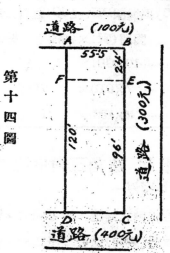

第十四圖

道路 (100元)
A　　　B
55.5
F　　　E
120'　　96'　(300元)
D　　　C
道路 (400元)

之價格。

（2）剩餘面積AFEB，以BE為開間，AB 為進深，側面道路價，為標準價，計算其價格。

開間（呎）×進深之百分率×道路價（元）＝地價（元）

	開間（呎）		進深之百分率		道路價（元）		地價（元）
(1)……	53.5	(DC)×	98.3%	×	400	＝	21,036
(2)……	24	(EB)×	75.12%	×	300	＝	5,408
(3)……	96	(CE)×	64.05%	×	300	＝	18,446
(4)……	53.5	(AB)×	44.9%	×	100	＝	2,400
			總　計				47,290元

反之，若由最高與最低兩道路價所算出之估價分界點，距高價道路在100呎以上時，則此項地畝之價格，應用下法計算之。（參觀第十五圖）

（1）由高價道路邊起，沿側面道路，取100呎，得E點。由開間AB，進深BE（100 呎）及高價道路 價計算前面 面積之價格。

（2）以CE為開間，CD 為進深，採用側面道路價，計算後部面積之價格。

（3）先以沿側面道路之100呎（BE）為開間，AB為進深，採用側面道路價計算前部面積之路角影響。次以CD為開間，C

（3）前面路角之影響，以CE 為開間，CD為進深，用側面道路價求之。

（4）背面路角之影以AB為開間，BE 為進深，用背面道路價求之。

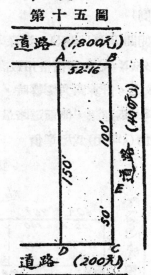

第十五圖

E 為進深，採用後面道路價，計算後部面積之路角影響。

開間（呎）×進深之百分率×道路價（元）＝價格（元）

	開間（呎）		進深之百分率		道路價（元）		價格（元）
(1)……	52.16	(AB)×	100%	×	1,800	＝	93,890
(2)……	50	(EC)×	74.12%	×	400	＝	14,820
(3)……	100	(BE)×	63.65%	×	400	＝	25,460

$$52,16(CD) \times 63\% \times 200 = 6,570$$

總 計 140,740元

第十二章 道路價有等級時之估價法

設有地畝，沿高價道路之開間在100呎以上，又沿側面道路之寬度為500呎或600呎，而側面之道路價，距前面道路200呎以外逐漸遞減，且該地畝之背面之道路價又甚低廉，則其價格之計算如次，（參照第十六圖）

（1）開間 BH(100呎)，進深 BJ (100呎) 之部分(No.1)，其價格用最高道路價(900元)求之。計算路角影響時，則以 BJ 為開間，BH 為進深，側面道路最初200呎處之道路價(125元)為標準價。

（2）No.2. 以外之部分，則沿側面道路各取100呎為開間，並以100呎為進深，割分為No.2.至No.7.之六方，各以其所定之道路價，與普通中間地畝同樣估價。

（3）後部之路角影響，以沿背面高路之CG(100尺)為開間，CK(100呎)為進深，50元為道路價計算之。但道路價若在50元以上，200元以下時，則路面影響，應以半商業地之路角影響減小率(第三表)乘之。

（4）計算其餘部分ADGH之價格時，先求高低兩道路價之估價分界點 E，然後以開間 AH 及進深 A E 之百分率及道路價900元三者相乘之積，加開間GD及進深DE之百分率及道路價50元三者相乘之積。

第 十 六 圖

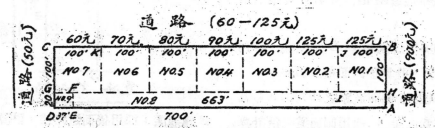

開間(呎)	×	進深之百分率	×	道路價(元)	× 減小率 =	價格(元)
(1)No.1..........100	×	100%	×	900	=	90,000
100	×	72%	×	125	=	9,000
(2)No.2..........100	×	100%	×	125	=	12,500
No.3..........100	×	100%	×	100	=	10,000

No.4..........100	×	100%	×	90	= 9,000
No.5..........100	×	100%	×	80	= 8,000
No.6..........100	×	100%	×	70	= 7,000
No.7..........100	×	100%	×	60	= 6,000
(3)No.7.之路角影響 100	×	72%	×	50 × 30%	= 1,080
(4)No.8..........20	×	141.8%	×	900	= 25,520
No.9..........20	×	61.25%	×	50	= 610

總 計 178,710元

第十三章 中間地畝之一部分受路影響者之估價法

不與路角地畝同角度之中間地畝，而有一部分，受路角影響時，其估價法如次（參照第十七圖）：

先由中間地畝No.1.（卽IMLK）及No.2.（卽CIKJ）內，割出在路角影響面積FABE（等於100平方呎）以內之部分。

次求中間地畝IMLK之價格，先視作普通中間地畝，照前面道路價計價。復作

開間（呎）	×	進深之百分率		×道路價（元）	＝價格（元）
50	×	100%		× 400	= 20,000
$\frac{1}{2}$×45	×	3%（等於100呎之百分率減去75呎之百分率）		× 200	= 140

總 計 20,140元

復次，中間地畝CIKJ之估價法與IMLK同，唯計算路角影響時，須由三角形ABC減

開間（呎）	×	進深之百分率		×道路價（元）	＝價格（元）
(1)........ 30	×	100%		× 400	=＋12,000

第 十 七 圖

平行四邊形 AGHI，則 AI 為計算路角影響之進深，AG 為計算路角影響之開間，而△AGI 等於平行四邊形AGHI之一半，故中間地畝IMLK之總價如下：

去三角形AGI耳。

$$(2)\ \frac{1}{2}\times100\quad\times\quad11.3\%\begin{pmatrix}\text{等於}100\ \text{呎之百分率}\\\text{減去}\ 45\ \text{呎之百分率}\end{pmatrix}\times\quad200\quad=+\ 1{,}130\begin{pmatrix}\triangle\text{ABC路}\\\text{角影響，}\end{pmatrix}$$

$$\frac{1}{2}\times\ 45\quad\times\quad.3\%\begin{pmatrix}\text{等於}100\ \text{呎之百分率}\\\text{減去}\ 75\ \text{呎之百分率}\end{pmatrix}\times\quad200\quad=-\ \ 140\begin{pmatrix}\triangle\text{IAG路}\\\text{角影響，}\end{pmatrix}$$

總　計	12,990元

第十四章　第一表之擴充

第一表所列進深，僅至700呎爲止，若中間地畝之進深在此數以上，而在形狀，位置與寬度上不能割分時，則按超過之呎數，由第一表內進深600呎與700呎間百分率之增加數，求進深700呎以上，應增加之百分率。如進深600呎之百分率爲140.55，700呎之百分率爲142.35，其差爲1.8呎則進深在700呎以上時，每超出100呎，其百分率應增加1.8%，故800呎之百分率爲144.15，900呎之百分率爲145.95。若超過之數未滿100呎，則因超過呎數而增加之百分率，等於由700呎減去超過呎數之百分率與700呎之百分率之差。故超過呎數爲20呎時，則增加之百分率等於700呎之百分率與680呎之百分率之差，即0.3%。

例如第十八圖所示之中間地畝，開間爲50呎，進深840呎，道路價50元，則進深840呎之百分率，如次求之：

最初　700呎之百分率	＝142.35%
次　　100呎之百分率	＝　1.80%
再次　40呎之百分率	＝　0.60%
合計　840呎之百分率	＝144.75%

因之地價爲

開間(呎) ×	進深之百分率	× 道路價(元)	＝ 價格(元)
50 ×	144.75% ×	50	＝ 3,620元

若中間地畝可如第十九圖，分成適當之地形與位置時，則於此地畝內，設一假定道路，將沿假定道路之土地，按其種類分割之，並估定假定道路各段之適當道路價，然後由此項道路價，計算各部分之地價，並合計之，而得全部地價：

第　十　八　圖

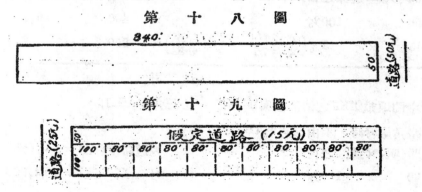

第　十　九　圖

開間(呎)	×	進深100呎之百分率	×	道路價(元)		=地價(元)
100	×	100%	×	25		= 2,500

沿假定道路之開間(呎)	×	進深100呎之百分率	×	假定道路價(元)	=地價(元)
800	×	100%	×	15	=12,000

全部地價　　　　　　=14500元

第十五章　三面沿路三角形地畝之估價法

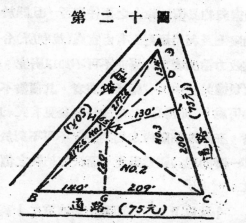

第 二 十 圖

如第二十圖所示之三角形地畝，三面均沿道路，估價時先於 AC 邊上，求估價分界點D，連結B與D，次於 AB 邊上，求評價分界點H，連結H與C，得BD，HC 兩線之交點F，再連結A與F，且由F向各邊引垂線，FH，FG，FI，則三角形 ABC，分爲三個小三角形AFB(No.1)，BFC(No.2)，AFC(No.3)，各以其底邊 AB，BC，AC 爲沿各道路之開間，垂線FH，FG，FI 爲進深，計算地價，然後合計之，而得全部地價。

開間(呎)	×	進深之百分率	×	三角形之百分率	×	道路價(元)	=	價格(元)
△AFB……435	×	82.61%	×	61.5%	×	50	=	11,050
△BFC……349	×	107.5%	×	67%	×	75	=	18,850
△CFA……334	×	110.5%	×	68%	×	75	=	18,820

△ABC之價格　　　　　　　　　　　　　　48,720元

第十六章　估價時須加斟酌之地畝

凡道路價，皆爲同一等級之地畝而定。故精密之地價圖中，對於特殊部分之接鄰接地畝估價認爲苛酷者，則以相當之減輕率而詳細載明。須大加減輕之部分，由計算者根據測量者之調查，加以適當斟酌，以記入分區地圖及地畝圖內。

第十七章　有負擔之地畝

估定地價時，最感困難者，爲有負擔之地畝之適當處置。無論採用若何正確方法，欲在有限之時間內，作大規模之土地

估價，以確定負擔之價格，殆不可能。地價之從高或從低估定，須審慎研究各負擔之內容，以決定契約之為永久性（動產），抑為與土地同樣之不動產等。辦理此等手續，必須具有法律上之專門知識。又判定負擔契約具備法律上之要件與否，且關於期限上及利用變更上有由官廳（裁判所）令其效力消滅者，此層亦不可不加以研究。又負擔契約中，有動產性質者，其價格不拘何處，亦得存在，故一旦發見有契約者，在負擔期限尚未屆期時，不可不對於其一時的利金視為動產，而決定納稅之價格。

今就以上二三點而論，設有有二十萬戶之地畝，與十二萬五千幢之建築物，欲在兩三月內就各地畝之負擔逐一予以特別考慮，殆不可能。又行政上於地畝之價格，以最大限度利用為標準，所獲利益固屬不少，唯如考慮不周，則所有者將以最大利金轉賣之。

第十八章　特別改良費

若知改良道路之工程費，則由已經改良之道路，或未經改良之道路之價格，約略推知其他附近道路旁之地價。

(一)道路工程費（連路面及側石等工程費在內），按寬度26呎計

道路種類	估　價

堅磚（鋪于砂上）	每呎3.50元
堅磚（鋪於混凝土路基上）	每呎4.50元
混凝土	較上廉若干成
瀝青	較上貴若干成
石塊	磚砌路之二倍
石塊（「墨德那」石，混凝土路基）	每呎 16.00 元
(二)溝渠	每呎2元或2元以下
(三)人行道	
砂石	每平方呎0.11—0.12元
混凝土	每平方呎0.90—0.10元
(四)側石	
軟石	每呎0.045元
硬石	每呎0.80元

根據上數，則改良地畝每呎之價格，應照未改良鄰接地畝之價格加下列之數：

道路（堅磚）	約3.50元
溝渠	約2.00元
人行道	約0.50元
側石	約0.50元
水管及煤氣管	——

故最少改良費每呎約為美金6.50元

第十九章　由開間 1 呎之地價折算每英畝之地價

對於郊外土地，常以英畝價與鄰接市內之地價比較。若地面形狀可完全劃成面向60呎寬之道路，及各有相當進深之地畝時，則由第六表，可得每英畝之地價。

第六表　開間一呎之地價與每英畝之地價比較

開間一呎之地價	地畝進深100(呎)	地畝進深150(呎)	地畝進深200(呎)	地畝進深300(呎)
$2	$670	$557	$461	$340
5	1675	1393	1153	850
10	3350	2786	2306	1700
20	6700	5572	4612	3400
30	10050	8358	6918	5100
40	13400	11144	9224	6800
50	16750	13930	11530	8500
60	20100	17716	13836	10200
70	23450	19502	16142	11900
80	26800	22288	18448	13600
90	30150	25074	20754	15300
100	33500	27860	23060	17000
150	50250	41790	34590	25500
200	67000	55720	46120	34000
250	83750	69650	57650	42500
300	100500	83580	69180	51000
350	117250	97510	80710	59500
400	134000	111440	92240	68000
450	150750	125370	103770	76500
500	167500	139300	115300	85000

開間一呎之地價	地畝進深400(呎)	地畝進深600(呎)	地畝進深800(呎)	地畝進深1,000(呎)
$2	$271	$193	$149	121
5	678	483	372	303
10	1356	966	744	606
20	2712	1932	1483	1212
30	4068	2898	2232	1818
40	5424	3864	2976	2424
50	6780	4830	3720	3030
60	8136	5796	4464	3636
70	9492	6762	5208	4242
80	10843	7723	5952	4848
90	12204	8694	6696	5454
100	13560	9660	7440	6060
150	20340	14490	11160	9090
200	27120	19320	14880	12120
250	33900	24150	18600	15150
300	40680	28940	22320	18180
350	47460	33810	26040	21210
400	54240	38640	27760	24240
450	61080	43470	33480	27270
500	67800	48300	37200	30300

第七表　每英畝之地價與未改良地畝價之比較

每英畝地價	開間一呎之地價
$200	$200
300	250
400	300
500	350
600	400
700	450
800	500
900	550
1000	600
1100	650
1200	700
1300	750
1400	800
1500	850
1600	900
1700	950
1800	1000
1900	1050
2000	1100

例題　設未改良之鄉近地畝，其進深為150呎，而闊間1呎之價格為10元，則割成理想的土地以後，每英畝之價值，等於2,786元減去買賣時所需之費用。反之，割成理想的土地後，每英畝之價值為 2,786 元時，則此項土地得不計買賣用費，而分成每闊間1呎需費10元之地價。

進深長短不齊，土地尚待改良，則由第七表，得闊間 1 呎之約略價值。

第二十章　沿鐵道等土地之估價法

本章係由 Cleveland 市土地估價局第一次報告書(每四年報告一次)中，採集而來。

鐵道沿線地所之估價，至為困難。觀於製造廠家對於 Cleveland 市土地估價局發出之填寫書所答覆者，關於製造工廠所構成價值之任何要素，絕無共同之一般概念益明。不論何事，欲求意見一致，實為絕無。因此土地估價局，經百方研究調查之結果，決定對於鐵道，河流，及湖沼等，均假定為各自獨立，不受其他方面之影響，換言之，即視為有價值之道路而估價。至除鐵道，河流，湖沼以外，別無通路之地畝，事實上尤非如此不可。茲將該市所規定者舉例如下：

鐵道及河湖等之名稱	沿邊每寬一呎之標準地價
Pennsylvania鐵道	50元
L. S. and M. S.鐵道	45元
Nickel Plate鐵道	35元
Erie鐵道	25元
B. and O.鐵道	20元
Erie 湖	40至75元
Cuyahoga 河	80至150元

加計鐵道影響之地價，以闊間在 200 呎以上者為限。又對於純粹住宅地，亦不計鐵道影響。

第二十一章　依據還原之估價法

地價以房租等還原時，可用種種利率。建築物之租金，若捐稅由業主自付時，大都按所謂10%法（6%為資本，2%為償還原價，1.5%為捐稅，0.5%為保險費）作折還原價之計算。又租屋人代付捐稅並代修理時，則用 8% 以還原。

一九一六年估價之際，係以5%為由房租等折還地價之標準率，而定課稅價格。而「下町」之地主等則謂近年所用利率，普通約當 6%，大多數之大地主及銀行家亦贊成其說。一九一七年度之課稅額估價，大概係採用此比率，至利率之所以比較高之故，蓋因資本為軍需品及製造家之有

利方面所吸收；有以致之，當然與投機事業界之價值相反應也。

當定地價之等級時，不專依據現在地價，對於將來之地價，亦加以攷慮，或略與縮減，或取其平均。

對於暫定租地租房契約，絕未加以考慮。依照向例，地主及房主總希望於最近之將來略增其值，雖目下租金低廉，亦願出租。故此種契約，常因租地租房人之有利而定之，「其租金不爲現在價值之規準。

當從事不動產之估價時，估價者並不以實際賣買價格之高低爲標準，大抵取其中庸之值。以實際賣買價之高者爲標準，與以其低落者爲標準，其總估價額，約差七千五百萬元。估價者對於或有之價格，及投機之價格，未審注意，專重視「現在市價如何」一點，而定其估價也，對於地價漸次增漲地方之土地，比對於地價漸次低廉地方之土地，所用之價格還原率，較爲低小。吾人相信 Richard M. Hard(？)氏，其所著「市內土地價格之原則」所作下列各語，極爲精確：

「按照收入所定之價格。還原率，係以近似事業所有投資之平均利率爲基礎，且於可能範圍內，務使其隨同變化也」。

「普通都市愈大，又土地之等級愈高，而地價愈趨安定，其運用愈見容易，價格之還原率亦愈低小」。

「價格之還原率，因安全程度而各不同。公債之買賣其利率在二厘以下，鐵道股票及債券之交易，其利率自三厘五至五厘。都會地地價之價格還原率亦然，大都市之最高級土地爲五厘至六厘，又大都市之長期租地爲七厘，八厘或一分，小都市之臨時使用地或厭惡職業所使用者爲一分二至一分五，其不同如此」。

若忽視此項原則，而由一定不易之地租房租還原率以從事估價，恐未允當也。

第二十二章　以價格爲基準之交通量

Ontario 路之商人云：「通行道路之人數，不可爲地價之基準，所宜爲地價基準者，須視通行人之購買力如何耳。試往 Euclid 路觀之自明。其步行於街市者，乃在步行於 Ontario 路者十倍購買力以上」。反之，Euclid 路之零賣商人云：「購買力如何，今不必問。在 Ontario 路買物者均付現款，且金額雖小，次數甚多。吾街方面，則顧客之數少，而記賬者多也」。梅街及伯利街之商店云：「購買力無通行人數，均不應加入考慮。Ontario 路之所以人數廣集者，爲年費十萬元或十萬元以上之廣告費所得之效果，若不花此巨費，則

Ontario路將寂無人聲矣」云云。

換車塲附近之地主房主言：「所應考慮者，不在通行人之購買力，乃在購買意志。換車者，或上，或下，或等候者，深恐時間不及，無意購物。此於劍橋及紐約之換車處觀之，當曉然矣」云云。

由以上各議論，可知梅杜拉格交叉點，因其位置適當換車處，故不能以其交通為標準，梅與伯利諸商店之廣告費過巨，亦不能視為正當。Euclid 街之北部，化粧品店甚多，居民多以金錢交諸其妻，自身無使用餘地。Euclid 路與東第九號路之交叉點，為換車處。歌利夫街與東第四號路過於狹隘，雜沓非常，致使店貨亦無暇顧視，Euclid 路及東第十三路之通行者，只以赴公會堂為目的，不能以其交通量為地價之標準。東第九號為劇塲，通行於此者，大都急如赴劇塲，此更不能以其交通量為標準，如是則土地之估價，詢非易事也。

Cuyahoga（？）縣土地估價當局，對於建築物存在地之收益，不十分主張。關於此點，定有多數非難者，緣有人主張建築物所在地之價格，宜照其收益定之故也。然稍加思慮，其誤謬即可知之。其最大相反之理由，即如若果如此，則空地可以不必納稅，自不待言。對於有建築物土地之

估價，若盲從地主之言而從事，則其結果必至最不均衡，最不公平，若精密從事，則工作又至為繁難，蓋須逐件依照下列各點詳加考慮，以避免一地之估價比鄰地之估價，高至100%或200%乃至300%之誤謬也。

第一，租房契約，是否長期，是否將屆期滿，抑係最近所訂立者。

第二，租房人有無支付房租能力，或對於能力有無懷疑之點。

第三，租房人之商業基礎，是否穩固，例如該商係雜貨店抑電影院。

第四，該建築物是否用於危險性之商業，例如遊戲塲或酒館等。

第五，房屋之修理，由租房人擔任，抑由房主擔任。

第六，建築物由業主自維持之，抑由租房人維持之。

第七，該商號於此建築物果適宜否，例如汽車間內有立柱否，其房頂為橫架房頂否。

第八，房主為寬宏大量者，抑為乖巧伶俐者。以房出租，係其本業，抑為副業。

第九，對於建築物之價格低減，估量應減何等額數。

第十，將近廢棄之地，應減何等額

數。

　　第十一，打掃費及修理費約須幾何？

　　第十二，管理經營費，應以何等額數為適當？

　　第十三，房租徵收費，應以何等額數為適當。

　　第十四，預知地價有騰貴之望，租金

是否尚低？

　　該縣所有地畝二十萬方中，約十七萬五千方已有建築物，今若逐一按照上列各點加以調查，殆屬不勝其煩，必至茫然自失，況依法律規定，全部估價工作須於數月之短期內完成，安有餘暇以及此乎？

悼 Dolezalek 與 Foerster 兩教授

德國 Dolezalek 與 Foerster 兩教授為土木工程界名宿，分別擔任柏林與 Dresden 兩處工科大學教席有年，凡吾國留德習土木工程學者多出其門下。茲聞二氏於本年上半年先後逝世，從此土木工程界失兩良好導師矣。用將兩氏生平經歷簡單介紹，以誌悼忱：

Carl Dolezalek 教授於 1843 年九月一日生於奧國之 Marburg 城（歐戰後割歸南斯拉夫），在維也納工科大學卒業後，從事於鐵路及隧道工程凡十餘年。

1877—1906年受聘為 Hannover 工科大學土木工程教授，並於1886—1892年被舉為該校教務長(Rektor)，1907年改任柏林工科大學鐵路及隧道工程講席，直至1929年始退職休養，計充正教授凡五十年以上，可稱世所稀有。本年一月二十四日在德國之 Blankenburg (Harz) 地方遽然長逝，享壽八十六歲。生平對於鐵路工程上貢獻甚多，在隧道工程方面尤聞名國外，其著作品有 "Der Tunnelbau", "Der Eisenbahntunnel", "Die Zahnbahnen der Gegenwart" 等書。

Max Foerster 教授於1867年生於德國之 Grünberg (Schlesien)，1886年卒業於柏林工科大學土木工科，旋服務普魯士邦政府與 Charlottenburg 市，至1894年為止。中間已從事於著作，為日後蜚聲國內外之基礎，並於1892年得受柏林工程師建築師學會之 "Schinkel" 獎金。1895年任 Dresden 工科大學 Mehrtens 教授之助教，兼活動橋梁工程學講師，其後漸兼任鋼鐵建築，工程材料，「實體建築」(Massivbau) 等學科之講席。1898年被任為該校教授，1900年升任正教授，同時於課餘從事各種專門著作，舉世傳誦。本年六月十二日病卒，享壽六十三歲。

氏生平作品有為普魯士農林部所編之「水利工程書」三冊，視察奧匈境內橋梁工程報告，以及工程材料學，"Balkenbrücken in Eisenbeton" "Eisenkonstruktionen de Ingenieurhochbaues", "Grundzüge des Eisenbetonbaues" 等書；與人合編之雜誌有 "Der Eisenbau", "Der Bauingenieur", 叢書有 "Handbuch der Ingenieurwissenschaften", "Betonkalender", "Taschenbuch für Bauingenieure" 等。

國外工程新聞

▲荷蘭 Ijmuiden 水閘工程

本報上期工程新聞欄內，曾據各日報載有荷蘭 Amsterdam 與北海間運河上 Ijmuiden 地方水閘，於本年四月二十九日舉行開閘典消息。茲在 Bautechnik 雜誌1930年第二十期內覓得此項工程報告之一部分，爰爲摘譯如次，以饷閱者：

(1) 概 要

此水閘位於 Amsterdam 附近之 Ijmuiden 地方（參觀第一圖甲），爲世界同類工程中之最大者。其「閘房」(Schleusenkammer; Lock Chamber) 寬50公尺，長400

公尺，深度爲 Amsterdam 水標零點下 15公尺，故同時可通過船舶多隻。將來如不敷用，尙可擴充。（參觀第一圖乙）

閘門爲旁推式。閘之「外口」設二門，「內口」則僅設一門，以省經費。三門屬之形式尺寸完全相同，故可彼此移用。

本工程施工之先，經鑽驗地質及地下水源情形，察得地質上層爲細沙，略含貝殼，有泥炭及粘土層約在零點（以 Amsterdam 水標爲標準，以下同）下17—19公尺之處，在次即在零點下38—42公尺及100公尺之處（參觀第一圖丁）。第一粘土層下

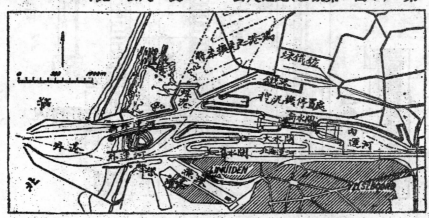

第一圖甲 Jjmuiden 港平面圖

16027

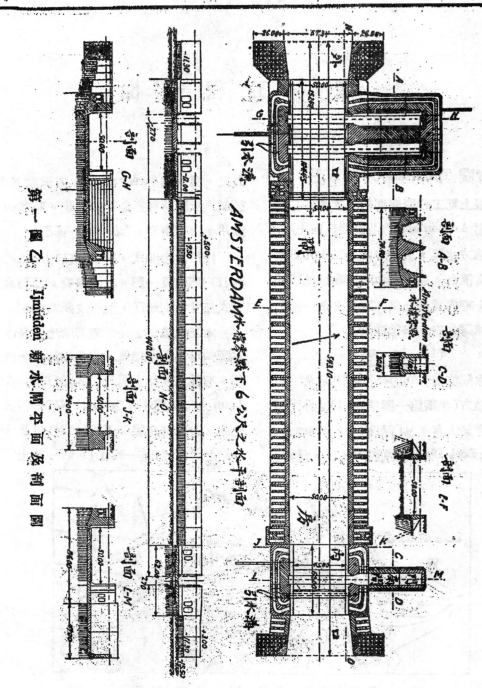

第一圖乙 Ijmüden 新水閘平面及剖面圖

為甜水，此層以上則在近海之處為鹹水，離海較遠之處為甜水。再下則入地愈深，則水愈鹹，直至零點下130公尺始復為甜水。又測知下面之兩粘土層受有水壓力。故於建築閘基時，為避免破壞地下水源之平衡狀態，而防鹹水滲入充自來水源之地下甜水起見，須於四面用企口板樁打至第二層粘土內。惟若不將第一層地下水水面降低，則板樁長度須為32公尺，而此種板樁為市上所無有，故惟一辦法，祇有將第一層地下水面抽低至零點下8公尺，然後挖泥沙至零點下 13 公尺，自此用德國 Dortmunder Union 之 26公尺長，Larsen 式鐵板樁打入第二層粘土1公尺深。

抽出之水不放入北海運河，而輸送至自來水廠，以資利用。

本工程分三期進行，以減少破壞地下水源平衡狀態之影響，先完成「閘房」，次「內口」，再次「外口」，其費用分別估計為荷幣1.8,3.5,4.8兆Gulden。

關於構造方面，亦輕加以研究。因零點下17—19公尺為粘土層，故水閘牆身如全保實體，至少須築至零點下19.5公尺然後可期穩固。若用樁條為基，則牆身自零點下7.5公尺起築巳足，且可減少挖填土方之數，建築費亦較減少。惟以閘牆內設置之「引水溝」(Umlanfskanäle) 地位須低

，故牆底又不可過高。

關於「引水溝」之構造，經委託德國「普魯士水利造船試驗所」作模型試驗，蓋鑒於同地方之舊水閘，所有引水溝內之水流速度頗不一致故。試驗時以各種之水位，不同之船舶地位，以及多數船舶通過水閘時之情形為標準。試驗結果為：每處引水溝之剖面面積須為26.5平方公尺，分作兩條（因技術上關係），兩端各放大成喇叭形，以流出處之面積大如「封閉處」(Schützen)之二倍為度。溝口偏向閘門。封閉之孔，其下端略縮狹。又「內口」之閘門內外水位相差之數至多為2.5公尺（在「外口」方面為4公尺），故一邊之引水溝可穿過「門扇間」，而毋須繞越之。

本工程均用混凝土建築，惟受力較大之部分，如門柱，門限，門扇，滑動軌，蓋板等，係用花崗石築成。

(2)閘房(參觀第一圖丙)

閘房牆垣所用之基樁，係混凝土製，以防海水中之嚙木蟲，且混凝土樁比木樁載重較大，故經濟上亦無甚不合算之處。牆下打混凝土企口板樁，以防閘內之水中蝕後面各樁間之沙泥，並不充載重之用。計算牆身時，假定代表水壓力之三角形之一邊直達零點下19公尺之處，基樁入土深度則達零點下22公尺，以期穩妥。

16029

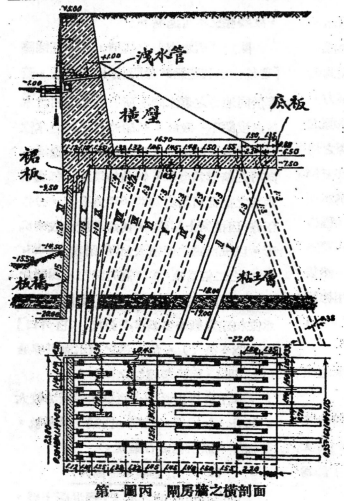

第一圖丙　閘房牆之橫剖面

牆底設「裙板」，藉與板樁相聯絡。牆後每隔5.6公尺，設1.6公尺厚「橫壁」，與「底板」相聯絡。全牆均加鋼筋，上端寬4公尺，其質量甚大，故可抵抗船舶之撞擊。牆身每隔23.8公尺，備伸縮縫，有凸凹部分交錯其間，以便各部分下沉時聯合作用，而免發生裂口，以致牆後細沙漏入閘房

內。伸縮縫之構造，可防透水，而具彈性。

閘房工程於1923年八月招標，由荷蘭某建築廠家承辦。即於是年秋間開工，其步驟為樁與板樁之製造及運送，打樁及建築牆身。

打樁工程之大部分，於1924年內完畢，計用去混凝土樁6100根，混凝土每立方公尺用水泥375公斤。

「底板」之一段，大至400立方公尺，於18小時內一氣築成，每混凝土一立方公尺用水泥300公斤。牆身之一段連橫壁之體積，凡900立方公尺，亦於48小時內一氣築成，每混凝土一立方公尺用混凝土265公斤。

打樁工程完竣日期為1925年一月二十日，南邊牆垣完工日期1924年十二月五日，北面牆垣完工日期為1925年三月二十七日。牆垣總長523.6公尺，建築費計1,576,337 Gulden，即每公尺3010 Gulden 云。

(3)「內口」(參觀第一圖丁及戊)

內口之施工先於外口，以基礎入土較淺，工程較簡易，且挖出泥沙之處置亦較

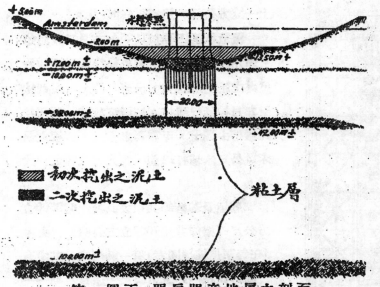

■ 初次挖出之沉土
■ 二次挖出之沉土

粘土層

第一圖丁　門扇間旁地層之剖面

便利故。施工方法係在鋼板樁包圍之乾槽內從事。此項工程亦由荷蘭某廠家以2,976,000 Gulden 承辦。

　　基礎之下面約達零點下18公尺之處，佔地約 62×133 公尺。挖土工程分段進行，以防下面粘土層因水壓變化而破裂。上面建築物亦因各部分載重不等，分作多段，各承以樁，以免作參差不齊之下沉。設計時假定各部分下沉5公分，而接縫處不生裂痕，且「門扇間」須兼充「乾塢」，故防水設備特密。每處防水之具為弧形銅板及鐵管之用瀝青填灌者一條。

　　牆垣須傳送水壓力於基礎，又有「引水溝」通入其內，致各部分剖面面積有顯著之差別，故加入鋼筋須豐。

「門扇間」之剖面為U字形。兩邊牆壁藉鋼條互相聯絡，故厚度可比「閘房」之牆壁較小。

挖泥工程自零點下8公尺至1.35公尺，係用挖泥機一架以從事，同時用抽水機排水。

製樁工程亦於天氣良好時即着手進行。共用鋼筋1600噸，每混凝

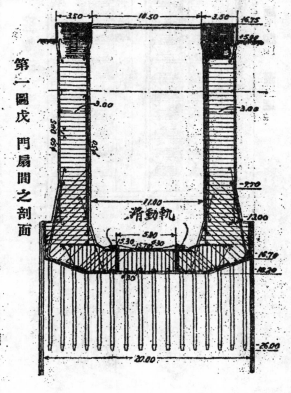

第一圖戊　門扇間之剖面

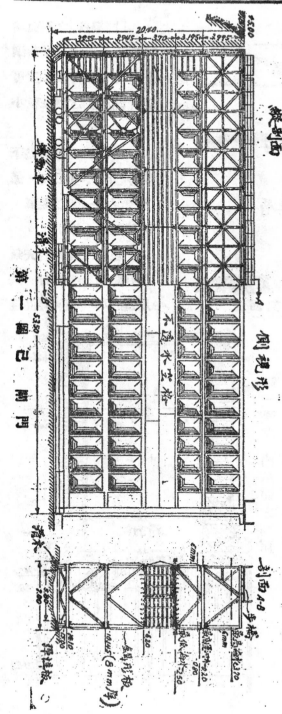

土一立方公尺，用水泥440公斤。

沉放板樁工程於1925年六月二日開始。係用冲泥法辦理，爲免鑿穿零點下40公尺處之粘土層起見，最末2公尺一段則待至九月杪始行補打。樁板沉放後，復用挖泥機挖去泥土，至需要之深度。樁板之最末2公尺未補打以前，並先打入樁條一大批。

牆垣及基樁等共用去混凝土6,9500立方公尺（樁條共用7000立方公呎）。每段（在每兩伸縮縫間者）須一氣築成。其中有一段計體積3000立方公尺，係自星期一一點鐘起至星期五五點鐘止之100小時內，繼續澆填。

(4) 閘門

閘門三扇由荷蘭某造船廠承辦。門扇分作兩層，相距7.3公尺，藉樁架式橫梁五條傳遞水壓於門框上（參觀第一圖己）。最低之橫梁高出門限90公分，自此以下之部分係按彈性板設計，故此項橫梁可自由彎曲，而門限得免受壓力而高度可以從小，因之門扇下面之溝槽不必過深，而基礎可以提高。門扇內從下面數起之第三及第四格製成格子式，共分16格，皆緊密不透水，以限制被碰時之損壞地位。門扇上釘有橫木。又門扇總厚度在「門扇間」方面爲8.4公尺，在門孔方面爲7.7公尺，又門柱間之距離，前者爲8.5公尺，後者爲7.8公尺。

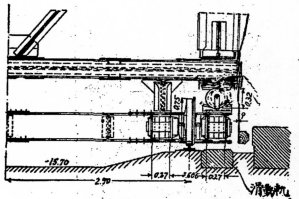

-15.70

2.70　　　0.27　5.606　0.27

滑動軌

第一圖庚　轉動車

門扇各藉轉輪四具支於「轉動車」兩座，轉動車又運行於埋入閘內混凝土地板之鋼軌上（參觀第一圖庚）。因門扇下之轉輪位於淺鋼形盤內，故門扇可循垂直於車輪轉動之方向推移，是以前後兩邊水位齊平時，門扇中立不動，閘房內水位較高時，則向前推移，至邊緣與門框密合為止。此種構造使鋼軌受側面壓力較少。鋼軌損壞時，門扇可藉「滑木」循埋入閘中地板內之花崗石滑動軌而推移。此項滑木之下面平時距石條面約5公分。

閘門各重約1175噸，先在造船廠裝配完竣，然後由水面浮至閘內而裝豎之。

關於外口之建築與設備及完成經過，容後再行報告。

▲土耳其斯坦與西比利亞間鐵路工程（參閱本報第一卷第三期140面）

本年五月一日俄屬中央亞細亞（土耳其斯坦）與西比利亞西部間之鐵路開放臨時交通。此路自 Orenburg 至塔什干(Tashkent)鐵路之Aris站起，至西比利亞鐵路之Nowosibirsk站止（參觀第二圖），其南北兩端長424及653公里各一段已告成，惟中間自Lugowaja至Semipalatinsk，長1481公里一段尚在建築中。此段路線自Lugowaja起，跨 Tschu 河及東面之 Tschu-Ilijsk山，至 Kazakstan 之Alma-ata 城（在Alatau山脈之北腰），再至該城折而北，過伊犂(Ili)河，Kara谷，巴爾喀什(Balchash)湖邊之廣漠荒野以及北面之Tarbagaisk 山脊，至Semipalatinsk，過額爾齊斯(Irtysh)河接通已成之鐵路。所經各地，情形迥異，自種植葡萄，棉花之和暖處所，以至長年在冰雪中之地方，乃至沙漠與正在形成而有地震危險之山脈無所不有，故路線之勘定頗為困難。此外尚有通東方煤鐵等礦區（一部分在中國新疆，蒙古等地）之支路已計劃建築。故此路在經濟上影響所及之區域非常宏大，約125兆公頃，所括人口約5.5兆。該路將於1931年完全竣工，屆時正式通車，其最初運輸量可達1.9兆噸。又上述路線，自1927年秋間至今所築成者，大都為臨時性質之設備，計費203.7兆

羅布云。(Zentralblatt der Bauverwaltung 7. Mai 1930)

附密勒評論報論說

四月二十九日在蘇俄 Kazakstan 區內之伊亞那布拉克鎮（距中國極西邊界不遠，舉行一大祝典，參與者萬人以上，此何事歟，乃慶祝新土耳其斯坦西比利亞鐵路之完成也。此路延長一千七百哩，在 Tomsk 之西不遠處與西比利亞鐵路銜接，然後南向與蒙古，新疆之中國境平行數百哩，至俄屬土耳其斯坦境內之塔什干與通至俄國腹部之另一鐵路相接。此新路在軍事上，經濟上之意義，試查地圖即知。就經濟上言，該路可運西比利亞及北滿之產物與木材至土耳其斯坦，又聯接西比利亞與中央亞細亞，使蘇聯與中國西部之市場接近。就軍事上言，此路使蘇俄與外蒙之西區及新疆距離縮短。俄國勢力從此易於深入；俄在此等地方，本已有潛勢力之存在，今將變成一種活現之勢力矣。中俄如再發生衝突，俄可用此新路運兵至中國西部，不慮中國之反抗，因中國尚無鐵路通至該方面也。況俄國由此新路再築一支路入中國境，使此中亞之一重要部分直接歸於蘇維埃政府勢力之下，亦不過時間問題耳。

中亞方面之土地與人民向來承認中國

之宗主權者，今後將因此新鐵路之築成而有如何之變化，未能預測，觀蒙古，西藏近均派代表至南京，請願政府予以援助，可見中亞政治趨勢之一斑。國府方面雖有援助蒙藏之計畫，然預料在數年內未必能見諸事實，因中國尚在耗費其實力於內戰，致不能舉國一致以對外也。蘇俄於四年之短期內用一萬萬金元，完成此一千七百哩之鐵路，同時中國在此四年內則從事內訌，至今未已，凡有智識之中國人士，應於此深思之焉。

▲德國 Boden 湖上之汽車渡湖設備

(1) 導 言

德國 Boden 湖上，Konstanz 與 Meersburg 兩城間之陸地往來交通，以前須繞越湖之一部分，經由 Überlingen 紆迴以達，計須繞道65公里之多。汽車旅行界有鑒於此，爰於1926年有於兩城間，設置渡船之提議。當由 Konstanz 市當局攷慮之結果，認設立渡船，足使趨向該市之交通加繁，該市與「湖」北各地之經濟關係加密，而該市可成國際間道路線網上之重要交叉點（參觀第三圖甲）。惟以湖濱各地均受其利，故視爲應由國有鐵路機關與湖上輪船交通事業一併辦理。然鐵路當局以爲無利可圖，對 Konstanz 市當局之請，予以拒絕。該市當局又擬借用已有輪船碼頭，自行與辦渡船事業，以節開辦費用，亦未得鐵路方面之允許。

Konstanz 市乃商由 Meersburg 市補助少數經費，決定自行建築渡船港塢，因此渡船可完全不受輪船交通及啣接路軌之牽制，且將渡船碼頭設於郊外 Staad 地方，

第三圖甲　Boden湖上 Konstanz-Meersburg 間渡船航線一覽圖

Boden 湖之支湖旁，航線可由 8.8 公里減至 4.4 公里，適節省路程之一半。其後航渡開始，交通之繁出乎意外，更可證明此舉之合算。

計劃渡船港時，其條件如下：(1)渡船須於任何天氣與水位之下，可以航行與停泊，不受風浪之影響，(2)汽車，馬車，行人之上下渡船，務求便利；等候渡船之車輛，行人須有充分地位以容納之，(3)湖面高度在一年之內，時有變遷，最高與最低水位相差至 3 公尺之多，故聯絡渡船與碼頭之「岸橋」須可活動升降，且無論何時，橋面坡度不至過大，即通行最大最重之車輛，亦靈便而無危險，此外碼頭各種設備尚須與四周景物相稱。

Konstanz 方面之渡船港，在設計上尚無何種困難，故於 1926—1927 年之冬間即已興工。Meersburg 方面之港塢，則(1)因各方面對地點之選擇意見不一，(2)湖岸形狀不整，(3)附近公路僅有一條，(4)湖底地質係屬特別，(5)岸上之地位有限，(6)該處西風及西南風甚大，(7)經費問題等關係，其設計煞費經營，直至19

27—1928 年冬間始招工投標，1928 年四月十日開始興工，中間於是年冬間，以天氣嚴寒停工七星期，於 1929 年五月杪乃告完成。渡船之航行則於建築期間（1928 年十一月杪）已開始，成效甚著。

該兩渡船港在設計上及施工上均有新穎有趣之點，爰擇要述敍如下：

(2) Konstanz-Staad 方面之渡船港

如第三圖乙及第四圖甲所示，該港可分四部：(1)護堤包圍之港塢，水面面積約 1.25 公頃，其護堤係對抗主要風向而設立者，(2)用炸藥與挖泥機開深之出入航道，(3)岸橋及其昇降架，(4)指示航線

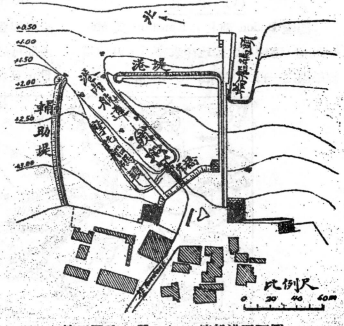

第三圖乙　　Konstanz 渡船港平面圖

之椿。

東南兩面之護堤，以傾入水內之亂石為基礎。此項堤基頗寬，高達低水位為止。堤身以亂石牆為殼，以挖出之泥土及粗礫為心。每隔5公尺，於內外亂石牆間築橫牆以聯結之，以資穩固。堤頂高度為＋5.70公尺(以 Konstanz 水標為標準)，超出最高水位(＋5.56)之上，寬2.4公尺，可步行於其上。內外牆面垂直，惟面東之一段，在港外方面，成1:1之斜坡。北面輔助性質之護堤暫用亂石堆成。堤之末端近渡船入港之處，放大成圓臺，上設燈桿。

港內航道所經之處，原有湖底高度平均約與低水位同。為水位最低時，渡船亦能靠近碼頭起見，須開挖2公尺深，25公尺寬，130公尺長之航行溝槽一條。湖底之一部分為「灰色沙石」岩(Molassefelsen)及不能用挖泥機挖動之堆石(Moräne)，則先用炸藥炸碎之。安放炸藥之孔，係用傱壓開鑿，炸藥之燃發，則自遠處用電流以從事。用連珠斗挖泥機挖起之泥石，用以填高港岸前之湖灘，以便建築與公路銜接之路面及停放車輛與電車往來之廣場，此外並用為築堤之用。所餘之泥石，則投諸湖中。計挖起之泥石約6,500立方公尺，內540立方公尺係先用炸藥炸鬆者。

指示航線之設備，在港口(寬36公尺)者為「香爐椿」4起，在碼頭邊者每邊各5起。每起由40—45公分，直徑11公尺長之松木椿三條，用螺栓互相聯絡。因湖底地質關係，各椿不能逕行打下，則先於岩石內

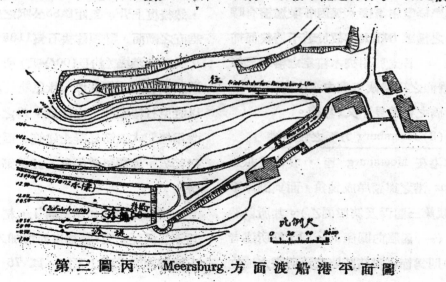

第三圖丙　Meersburg 方面渡船港平面圖

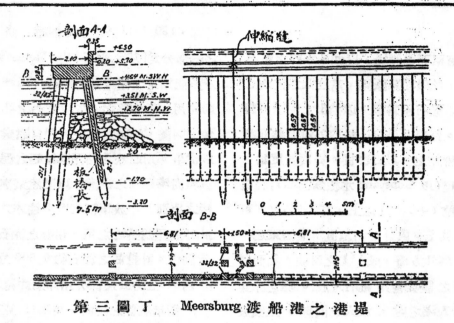

第 三 圖 丁　　　Meersburg 渡 船 港 之 港 堤

鑽鑿2.5公尺深之孔，然後再行錘打，樁
孔間之縫隙則用砂礫填滿之。緊靠碼頭邊
之香爐樁每邊各四起，係照渡船之輪廓線
釘立者，故可於渡船傍岸時緊箝船身，使
船頭與岸橋緊相銜接。又因各駛爐樁有時
受渡船之撞擊力顯大，故於若干樁後面補
加撐條，各支於用夾木箝定之樁木三條
（此項樁條之頂端截至與中水位齊平）。

岸橋之構造見下文(4)節。

(3) Meersburg 方面之渡船港

本港在 Meersburg 西，其佈置非如
Constrnz 港之與湖岸成鈍角，而與湖岸平
行（參觀第三圖丙及第四圖乙）。其所以然
之故，（一）因風向關係，如（1）節所述者
，（二）則爲節省聯絡陸路交通所需之地位

起見。

因無現成之湖底地質詳細報告可資堤
牆及橋基設計之依據，須先作大規模之鑽
驗。察得湖底之灰色沙石岩自岸邊起下降
，然後復上升，至距岸85公呎之處，幾成
垂直之斷面，計須炸去石質1185立方公呎
，又測得港堤（約長100公呎）所在之處，
湖底積有砂礫層甚厚，故原有「建築寶牆
以避免打樁困難」之擬議，爲之打消，而
改用樁架式鋼筋混凝土建築，因之經費可
以節省，外觀可較優良，並免築壩抽水之
勞。

港堤之構造如第三圖丁。樁及板樁均
爲鋼筋混凝土製（板樁兩面均加入鋼筋），
上面舖鋼筋混凝土蓋板，厚 75 公分，寬

2.2公尺，兩面均有鋼筋，各樁與樁板之鋼筋，亦均伸入蓋板內。蓋板於每約22公尺之處，各設伸縮縫一條，成犬牙交錯形，以便各段互相聯繫而免旁移。板面設「角鋼」護邊。接縫之處，樁距縮小爲1.5公尺。因蓋板兼充步行之用，故上面舖瀝青沙一層，並於向湖一面上築高80公分，厚20公分之鋼筋混凝土護牆。板樁之兩邊，於水內投入石塊，以免波浪冲刷底脚之泥土。

港堤之前端，用混凝土築成圓臺形，與堤身緊密聯結，上設主要燈柱與憩息凳椅，（參觀第四圖丙）。此項圓台之底脚，用鋼鐵板樁爲抽水圍壩（工竣後截至與水面齊平），並用松木爲基樁，所以築成實體者，以所在之處湖底爲含粘土之沙質，

不若其他各地點之堅實也。

港內指示航線之設備與 Konstanz 港同。爲防避風力或其他原因，使渡船越出航線起見，另於兩邊航線外10公尺）釘立香爐樁各一排，其向港堤一面者並兼充抵抗渡船撞擊之用，故加以延長，使環繞堤之前端。

陸上停車場及行車道路（各容兩車並行），其面積成三角形，計約3,000平方公尺，係就湖上填土（約10,200立方公尺）築成。水邊成1：1.5之斜坡，蓋以混凝土塊，按3×3公尺之分格舖築（參觀第四圖丁）。坡底拋填亂石，以防波浪冲刷。此外附屬設備有租予某餐館之湖濱空地，亦係填土而成，且築有4.4公尺高混凝土擋牆於湖底岩石之上，又有鋼筋混凝土燈柱15

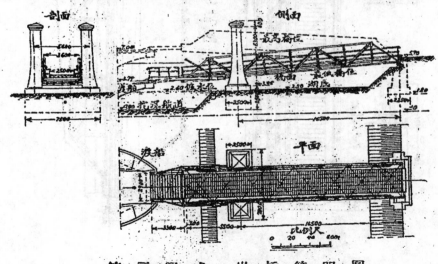

第　三　圖　戊　岸　橋　簡　明　圖

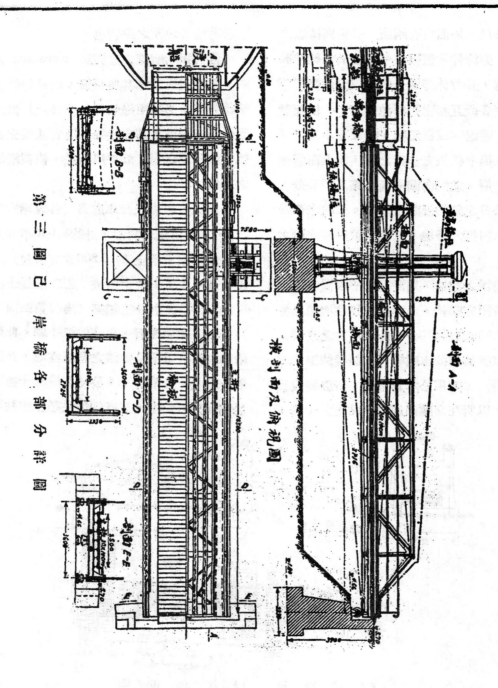

第三圖 己岸橋各部分詳圖

根，趨向碼頭邊之步道一條，交通廣塲邊突出湖內之圓形眺望臺一處，休息用長椅與新植篠懸木各若干。

（4）岸　橋

此項活動岸橋，缺乏先例，可資摹仿。經向許多橋梁廠家徵求計畫圖案，及派員參觀各處輪渡設備，均未得滿意之結果。爰經著者與 Freiburg i. Br. 地方之 A. Beierle 廠合作，擬就下述計劃，尚屬適用，卽由該廠用 St. 37 號鋼製成兩渡船港內之岸橋各一座。

此項岸橋分作兩部，一爲橋梁本身與岸礅，一爲升降架及其基礎。（參觀第三圖戊及己）。

橋桁爲梯形構架式，長22公尺，高2.32公尺，分作八格，各寬2.75公尺。其一端支於岸礅，一端挑出升降架外，實際跨度計16.5公尺。前端所以挑出之故，則除在力學關係方面較爲有利外，尚有下列優點：升降架距橋端較遠，可免直接被渡船撞毀之危險。主桁凡兩根，相距3.6公尺。兩桁間除兩邊高起之護臺，各寬0.45公尺外，中間留有寬2.5公尺之單航車道。橫桁及縱桁釘結於主桁之下肢，特選用低而寬之工字鋼條，以減少橋面高度。縱桁上舖10公分厚松板，用鍍鋅螺栓、黃銅螺絲母，鍍鋅墊板與彈簧環釘繫之，以便松

板損壞時隨時拆換。

岸橋以轉輪式支座四與球形關節式支座一支承之，計岸礅上設轉輪式支座二，以便橋身可作水平之移動，另於其間設球形關節支座一，使橋身可以轉動而又有所聯繫，其他兩轉輪式支座則設於 I 字40號鋼桁兩根（下文簡稱支座桁）之間，可藉升降架上下移動（第三圖庚）。因橋底平置於此項轉輪式支座上，故於主桁下肢釘立橫輪，緊抵釘立於支座桁上之側板（Backen），以免橋身向兩旁移動。

主桁之下肢釘有抗風及抵抗制動力之結構，後者傳遞制動力於固定支座（卽球形關節支座），計算時假定橋上有15噸汽車二輛在橋上同時驟然停駛。

升降架（第三圖庚）爲鋼鐵架兩座各高6.3公尺，組合而成，升降器兩具置於其中。架頂及四周包以鋼板，以資美觀，而保護升降器（第四圖戊及己）。架底以角鋼繫於厚板，再藉1.2公尺長，5公分直徑之螺栓九枚，緊釘於混凝土基礎上。

支座桁（2×I40）藉升降螺紋軸（Spindel）兩根上下移動（螺紋距7/8″，外徑136公釐，內徑114公釐），其螺旋母爲青銅製，支於鋼鑄塊，以承兩鋼桁之一端。升降軸藉球形座懸於升降架上，僅受拉力，故對於下端承托之具無壓力之作用。升降

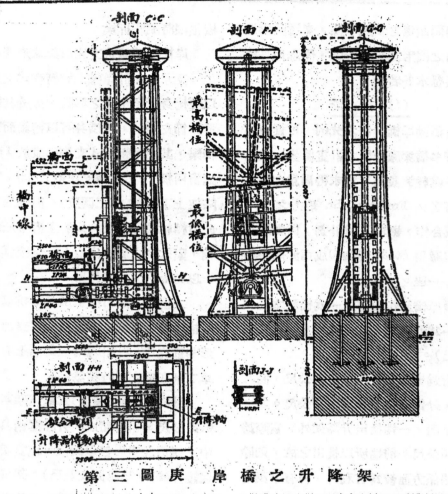

第 三 圖 庚　岸 橋 之 升 降 架

軸之轉動，由手搖「曲柄」（設於橋邊昇降架外）藉齒輪三組之聯絡以控制之。各組齒輪之總「傳力比例」為 I：54.5，故空橋之升降，均須15公斤之腕力。但必要時亦可裝置電動機關以代手搖「曲柄」。

　升降軸之上端設「正齒輪」一組，藉另一縱軸與「斜齒輪」一組相聯絡，此項斜齒輪聯動器又藉正齒輪一組傳遞手搖曲柄上之動力。後兩組齒輪設於與螺旋軸聯動之「滑車」(Schlitten) 上，故隨橋身而昇降，因之手搖曲柄常在橋面上一定地位。為避免橋面升降時向一邊歪斜起見，將兩曲柄之轉軸用 Gall 式鍊條與轉軸聯絡之，故兩發動軸與升降軸之運動常同一步驟。

　升降軸雖能兼勝橋梁本身與所承載之重量，惟為該軸免受活動載重之震盪力起

第四圖 （甲）Konstanz-Staad 渡船港全景 （飛機照相）

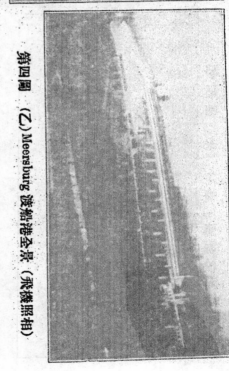

第四圖 （乙）Meersburg 渡船港全景 （飛機照相）

第四圖 （丙）Meersburg 港之港堤

第四圖 （丁）Meersburg 港岸邊斜坡

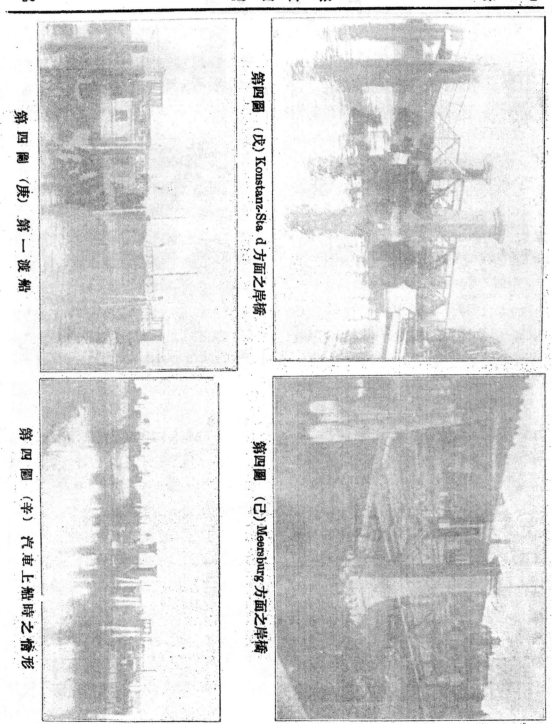

第四圖　（戊）Konstanz-Stad 方面之岸橋

第四圖　（己）Meersburg 方面之岸橋

第四圖　（庚）第一渡船

第四圖　（辛）汽車上船時之情形

16044

見,橋身之昇降常於橋面騰空時行之，又另設「鍵合機關」(Verriegelungsvorrichtung)，以承受活動載重力，藉免司昇降之各機件易於損壞，同時可防止無端觸動升降機關而致橋身移動之危險。此項鍵合機關由鑽有鑽孔之鋼板兩塊（各厚2公分，釘於升降架上，鑽孔相距各22公分），及鍵合器四具（支於支座桁上，可循水平方向移動，各備兩「齒」插入鋼板上之孔內）組合而成。下鍵時由橋面用鑰匙藉「螺旋齒輪傳動機件」之作用行之，同時四處皆可鎖固。

岸橋與渡船之間，又藉「轉動橋」以聯絡之，以應付水面稍有漲落，或渡船吃水深淺不同時之需要。轉動橋長3公尺，聯繫於岸橋前端之橫桁上，循橫軸而上下轉動，後面設有平衡重塊及活動錘各兩具，可自渡船以一人之力移動之。轉動橋橋面與渡船甲板面之高低差別，則藉1.15公尺長之楔形板兩塊以調劑之（第三圖戊及己）。

岸橋轉動時，後端與岸礅上端所成之空縫，視轉動之角度，而寬狹不等，故以微彎而具格紋且可活動之鋼板遮蔽之。岸橋前端與轉橋後端之間亦然。

上項橋梁及升降器，設計時所用之載重標準，爲三軸式運貨汽車（每軸載重各

5噸，共計15噸）及400公斤/平方公尺之行人重量，加相當之衝擊力。全部鋼鐵結構（機件除外）共重96噸。

橋礅以及升降架之基礎，均用1:7混凝土，於板椿或土堤圍牆內抽乾積水後搗築而成。Konstanz (Staad) 方面，橋邊所用之木板椿，及 Meersburg 方面岸礅邊所築之土壩，均於完工後拆除。Meersburg升降架邊所用之鋼鐵板椿，須保存一部分，截至與低水位齊平，以其打入岩石內故。

(5) 渡 船

渡船之第一隻（第四圖庚）爲單層甲板式，淨排水量100噸，載重42噸，其尺寸如下：最大長度32公尺，水面長度26公尺，寬9公尺（連船邊板條9.4公尺），吃水深度：船空時1公尺，滿載時1.2公尺，甲板距水面高度：船空時1.2公尺，滿載時1公尺。

船之兩頭爲對稱式，故傍岸後不必「掉頭」即可開出。駕駛之具爲無壓氣機，可直接變換方向，六汽缸 Diesel 發動機兩具，馬力數各90，推進器四具，分裝於船之兩頭，爲三翼螺旋，直徑90公分，每分鐘旋轉500次。兩頭各設柁，用手轉輪控制之。平時船行速度每小時約17公里。

甲板上除停放汽車地位外，並於船邊

建有小房四間，爲容留旅客，船員及充廁所之用。其兩邊之房間皆爲司機室，備有航行所需各種設備。船上備有發電機及取暖設備。

(6)第一年度營業狀況

自1928年十月一日至1929年九月三十日，渡船逐日每隔一小時開行一次，計共運載汽車35,681輛，兩輪汽車12,878輛，脚踏車45,302輛，公共汽車854輛，運貨汽車7,310輛，掛車566輛，牽曳車221輛，馬車1512輛，傢具車21輛，旅客341129人，牲畜883頭。是年收入總數約229,000金馬克，支出總數（連攤還基金及利息之數在內）估計165000金馬克，但因一部分基金及利息之攤還尚未到期，故實際上未達此數。

渡船之運輸甚形靈敏。車輛（每次常達15輛之數）及行人上下需時不過4—5分鐘，過渡時間約15—20分鐘，視天氣而異。湖上雖時有大風浪，而船體堅固，毫無危險，且甚穩定。

爲籌劃加增渡湖次數，俾每半小時開行一次起見，第二渡船亦已定造，1930年內初季可以完工。因鑒於第一渡船設計時，對於載客人數預算過小（每年僅50,000人），故此船特爲加大，計總長42公尺，寬10公尺，吃水1.05—1.35公尺，淨排水量195噸，載重80噸。裝有六汽缸，360馬力 Diesel 發動機兩具，螺旋推進器四具，平常速度每小時17公里。甲板分兩層：下層高出水面1.3—1.6公尺，供停放車輛之用，上層爲蔭蔽車輛及渡客休息之用，並於中央設有司機室兩間。上層甲板上及下層甲板下均設客房，以備乘客於雨天憩息之用。

(7) 設 備 費

設備費總計約710,000金馬克(內37000馬克左右由 Meersburg 補助)，其支配如下：Konstanz-Staad港233,000, Meersburg港335,000,第一渡船及其他142,000金馬克，若與第二渡船造價（約 295,000 馬克）及完成港內設備并計，則略超出 1 兆之數。

利益方面，則直接上爲營業收入之盈餘，間接上則爲交通加繁以及商業加盛。他如節省汽車之燃料，減輕輪胎之損壞，減少旅行之時間，其利益均甚可觀。

不過營業發達之餘，同時間接上又須支出種種費用，例如 Konstanz 方面通渡船港之道路，最近之將來，須加以放寬，以應繁劇交通之需要，並開築繞越市區而無坡陀起伏之新路約2公里，以資便利。此項費用估計約半兆馬克，預料可由增加之收入項下籌得之。即不然，本事業爲公

來需要而舉辦，非如私人營業之以獲利為　　目的，固不必計較少許之損失也。

車輛行人渡費略如下表：

車輛種類及行人	渡　費（金馬克）	
	單　　程	來　　囘
普通汽車	1·50— 3.00	2.75— 4.50
兩輪汽車及脚踏車	0.50— 1.00	0.75— 1.00
8人以上之公共汽車	4.00— 8.00	6.00—12.00
運貨汽車，牽曳車，掛車	2.00— 5.00	3.00— 7.50
馬車，傢具車	1.00—20.00	1.50—40.00
行人	0.30	0.40

（節譯 Bautechnik 1930, Heft 20, 22, 24.）

▲德國Ammer河上之大橋

本報第一卷第三期第114頁曾涉及德國 Ammer 河上之大橋，茲根據 Bauingenieur 1930, Heft 30, 述其工程概況如下：

德國之 Augsburg 城，舊有公路經由 Landsberg a. Lech, Oberammergan, Garmisch 等地以達奧國之 Innsbruck 城。該路在 Echelsbach 附近跨越 Ammer 河之處，彎曲而坡度甚大（至20%之多），對於交通甚形不便，現將該段路線更改，不復蜿蜒出入谷口，而擇於山峽最窄

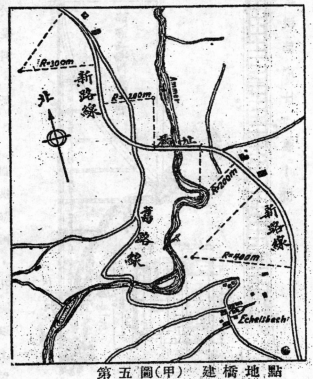

第五圖（甲）　建橋地點

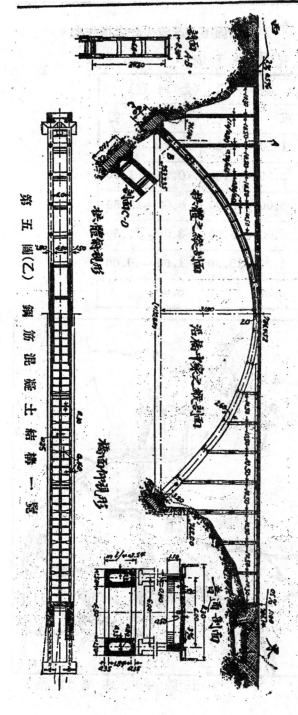

第五圖（乙）　鋼筋混凝土結構！覽

之處架橋跨越而過（參觀第五圖甲）。該橋爲鋼筋混凝土拱橋，跨度130公尺，下臨80公尺之深谷。於1928年秋間開工，1929年十二月告成。

該橋建築計劃係由懸獎徵求而來，應徵者25人，應徵圖案凡50件，有應用鋼鐵構造者，亦有應用鋼筋混凝土橋造者。選擇之標準，則以經濟與美觀爲條件。得獎者凡五名，茲所採用者則爲第二名之計劃。

此項計劃之特色，在應用 Melan 氏發明之建築方式而加以改良，卽以整個之鋼鐵結構爲骨，混凝土模殼懸於其上，毋需另搭廳架，而於灌注混凝土以前，於模殼上堆置相當重之石料，然後隨混凝土之灌注，逐漸撤去，故混凝土之重量完全由鋼鐵結構承受，而混凝土與鋼鐵之利用可較經濟。

拱體凡兩條，照原應徵計劃係三關節式，其大體佈置如第五圖乙。兩拱之中軸相距6公尺。剖面爲匣式，每隔若干公尺內設「橫膜」以加固之。兩拱間設「橫撐」，在兩端者爲U字形，其餘則爲工字形。拱體之橫膜留有孔洞，其旁壁在兩端附近有鐵門，以便隨時入內視察。拱之兩端築實牆，以便傳遞壓力於支座。拱礅築於石岩上，最寬處達11公尺。拱體上設一格至三格之鋼筋混凝土「框架」，以承橋

16048

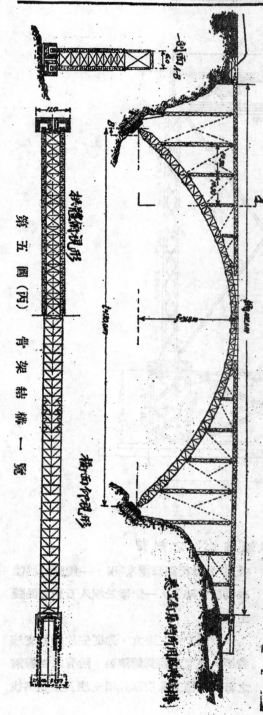

第五圖（丙）骨架結構一覽

面。拱端外陡坡上支承橋面之具仿此。橋面全長 180 公尺，兩端另設有礅座。

橋面有主要縱桁 2 條，其中軸距亦為 6 公尺，其間設橫桁，橫桁之間又設縱桁一道。此項縱橫桁梁支承 20 公分厚之橋面板，其鋼筋為交叉式，以行車馬。人行道與附設之電纜管架則挑出兩邊之外。橋面結構設有伸縮縫四處，主要縱桁於此中斷，斷縫之兩邊各設橫桁。

鋼鐵骨架之詳細佈置如第五圖（丙）與（丁）所示，其簡明圖則見第五圖（戊）。兩拱體骨架間除豎立交叉之斜撐外，上下均設抗風結構 W_1 及 W_2（圖丙，戊）。橋面骨架間亦有橫撐及上部抗風結構 W_3（圖丙，戊）。又由圖丁可見拱體骨架下肢懸掛混凝土模殼之佈置：節板（結合板）突出之部分，用螺栓釘扁鋼條兩條，其下端以 U 字鋼條聯繫之；U 字鋼條上置 Pein 式鋼條，可藉硬木楔校準高低，以支「承模殼之橫桁」。此項鋼鐵條撤去後可再用於橋面結構，以懸掛混凝土模殼。

全部鋼鐵骨架係由兩端起，懸空釘接，故於兩端設拉條及混凝土鎖碇，埋入岩石內，且橋面與拱體兩種結構之間，各節段內設臨時性質之斜帶（第五圖戊），使成整個不移動之結構。故除初釘築拱體結構時，於其支座前搭建臨時鋼鐵支架外（第五圖己），全部工程均毋需借助鷹架。第五圖己示裝接時進行情形及所用之 6 噸起重機。

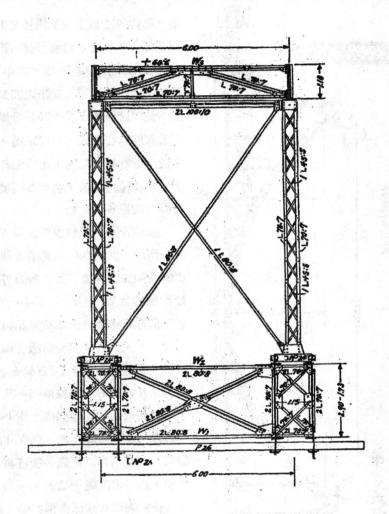

第五圖（丁）　全部鋼鐵骨架之剖面

全部骨架釘接時，因載重不大，易於向旁推翻，故又應有抵抗風力之臨時設備，因於拱體骨架兩端關節之上各釘立扁鋼四條，埋入混凝土礅內，以防拱端被風提起（第五圖庚）。此外爲對抗每平方公尺250公斤之大風力起見，另於骨架之兩邊

各用2公分徑鋼絲纜索5根，一端繫於拱體或橋面骨架上，一端繫於埋入石岩之混凝土塊。

拱體骨架之豎立，先從安放關節支座着手。此項支座爲鑄鋼製，附有互相聯繫之釘條。第五圖庚示此項支座及拱礅與拱

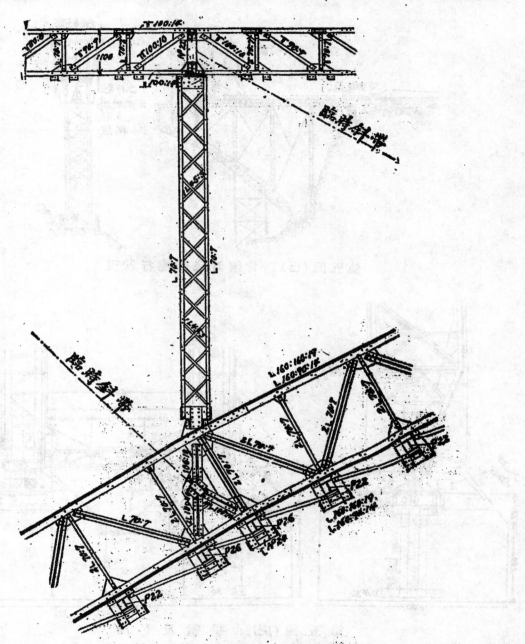

第五圖（戊）　鋼鐵骨架一部分之縱剖面

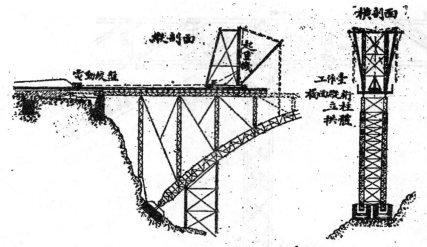

第五圖(己)　　骨架釘接時進行狀況

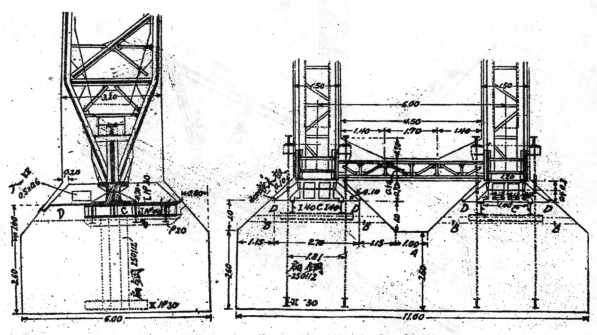

第五圖(庚)　拱礅及支座

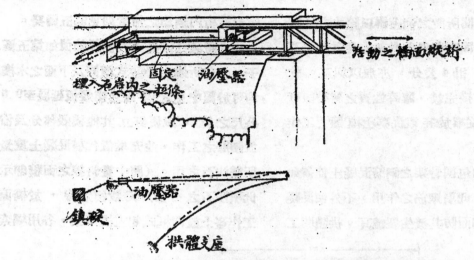

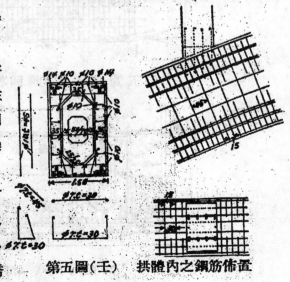

第五圖（辛）　油壓器之佈置及作用

端之佈置（礅內及拱端加入之鋼筋未畫入圖內，以期醒目）。臨時防風結構亦可由圖中觀之。此項結構不在混凝土內之部分，於拱體上堆置沙石後卽行截去。在拱體骨架釘接完竣以前，支座暫以其兩邊突出部分支於疊架之Ｉ字鋼條上，以便必要時得用水壓器提高或移動之。釘接完竣後，始塡灌支座下Ｃ處（圖庚）之混凝土，並將兩Ｉ字鋼條用火焰「齊腰燒斷」。然後塡注Ｄ處之混凝土。最後幷將上下支座完全用鋼筋混凝土包裹，以免關節接合之處沾染汙塵。

支座安放以後，卽可從事於骨架之釘接，逐段進行，其次第爲：兩拱體骨架之向內部分及抗風結構，兩拱體骨架之向外部分，臨時性質之斜帶，拱上之立柱，橋

面之縱桁。由兩端起釘結之骨架在拱中軸「接頭」時，兩尖端在水平面與垂直面上之位置差別僅 1.5 公分。其水平面上之差別可從橋上用複滑車矯正之，不必移動支座。其垂直面上之位置差別，則藉橋面縱桁

第五圖（壬）　拱體內之鋼筋佈置

與後面拉條間所設之油壓器以除去之（第
五圖辛），同時對於由骨架本身重量而下
彎之尺寸，計4公分，亦加以糾正。骨
架旣整個釘接完竣，臨時性質之斜帶卽可
拆除，而從事於裝設混凝土模殼之工作
矣。

　　拱體內包圍骨架之鋼筋混凝土佈置如
第五圖壬。此項鋼筋之作用，不外使混凝
土聯繫密切而防其發生裂縫耳。拱體間工

字形橫桁內鋼筋之佈置則見第五圖癸。

　　拱體灌注混凝土之模殼佈置如第五圖
子。上文所述之Pein式鋼條及下面之木楔
均可於圖中見之。下面之模殼板延展至9.6
公尺之寬，以便釘立其他模殼部分及佈
置鋼筋之工作，並充堆置代替混凝土重量
所需沙石之用。（圖中畫斜線之面積卽示
此項沙石之分佈）裝設模殼時，於橋面
工作臺上設門框式起重機兩架，各用繩索

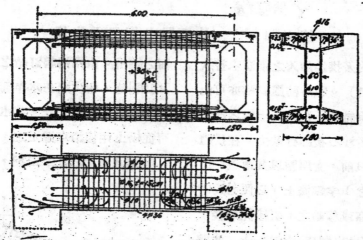

第五圖（癸）　拱體間橫撐內之鋼筋佈置

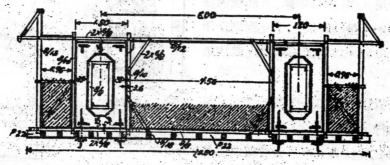

第五圖（子）　拱體模殼之佈置

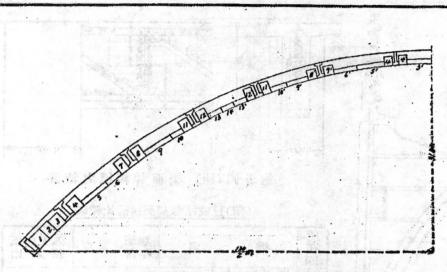

第五圖（丑）　沙石堆置之程序

及複滑車懸「吊臺」一具於拱體之下，故此項吊臺可移動與升降，而至橋下任何地位。

堆放沙石之次序如第五圖丑，每段分四次均勻堆放。

灌填混凝土之分段進行如第五圖寅。灌填時將堆放之沙石逐漸拋棄，已如前述。拱體灌填混凝土後，於兩星期內逐日澆水三次，使混凝土能勝受相當拉力後，然後凝固。拱體上部結構灌填混凝土工作與拆卸拱體模殼同時進行。柱架自兩端起，向中央分段灌填混凝土，橋面則按 A, B, C, D, E, F 之次序進行。橋面結構內亦加入鋼筋。其兩主要縱鋼桁原視作連續桁，在截斷處之附近立柱上，設有滑動支座。

此項支座在橋面灌填混凝土完竣以前，各用螺栓兩枚固定之。待橋面混凝土凝結後，乃將螺栓與該項縱桁截斷，而使橋面可活動伸縮。（第五圖卯，其中鋼筋未盡入）

鋼鐵骨架間之縱撐，斜帶及抗風結構，隨各部分混凝土之凝結，次第拆去。

其餘工作如橋面上不透水物料之設備，路面之舖築，鐵欄杆之豎立等，茲不贅述。（本橋完工後形狀見封面照片）

全橋共約用鋼鐵 497 噸，混凝土 3600 立方公尺，炸去岩石 3000 立方公尺，總價約 720,000 金馬克，就此種大規模之橋梁而論，此數自未爲巨。

第五圖（卯）　橋面伸縮縫之佈置

(附)已成匣形剖面拱橋比較表

所在國	橋　　名	建築年份	跨度	弧矢與弧弦之比
法	St. Pierre-du-Vauvary 之 Seine 河橋	1923	131.8	1: 5.3
	Cruseilles 之 Caille 河橋	1928	139.8	1: 5.2
	巴黎之 Tournelle 橋	1929	73.0	1:10.0
	Neuilly 之 Marne 河橋	1929	70.0	1: 9.5
	Plougastel 之 Elorn 河橋	1930	180.0	1: 5.4
英	Berwick 之 Tweed 河橋	1928	110.0	1: 7.9
德	Augsburg 之 Lech 河橋	1928	84.4	1:11.9
	Ammer 河橋	1929	130.0	1: 4.1

▲混凝土壓送機

　　以前建築高屋等所用之混凝土，須用伸降機送至搭成之高臺而傾注之。此種臺架旣頗笨大，且搭設與工作時均不無危險，尤以混凝土自拌合處運至高處後，每失其勻和性爲最大弊病。爰經德國混凝土工程專家與機械工程師聯合研究之結果，議以活塞唧筒 (Kolbenpumpe, piston pump) 爲壓送之具。1928年作第一次試驗，尚稱滿意。旋製成壓送機一種，可壓送混凝土至15公尺之高，惟構造尚未完善，試用未久，卽

發現閉塞不通之弊。其後屢經改良，始由 Kiel 地方之 Max Giese 營造廠於是年十二月製成合用之品應用於 Flensburg "Deutsches Haus," 房屋之建築其佈置如第六圖。其壓送機亦爲活塞唧筒，具有吸入與壓出兩種活瓣。(Ventil Valve)。以18馬力之汽油發動機發動之。壓送機之前，設攪和器，混凝土由拌和機注入漏斗，經由此器再攪勻之，以免粘結壓送機與壓送管條之內壁。管條係鋼鐵製，內徑12公分。此項設備每小時可壓送混凝土10立方公尺，且質料勻和，又無論稀稠皆可。壓送之最大高度達27公尺，所需之壓力爲8氣壓(at)。停止壓送之時間，僅可達15分鐘，以免混凝土壓結於鐵管內壁，每次完工後，須將管條洗淨，故管條之構造必須易於裝接與拆卸者（豎立之

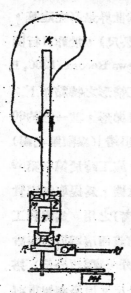

K = 沙石
F = 運送帶
M = 拌和機
T = 拌和轉箸
Z = 水泥傾入處
S = 注入混凝土之漏斗
R = 攪和器
P = 壓送機
Rl = 壓送管條
Mt = 發勤機
　　第 六 圖

管條可用水沖洗，橫置之管條必須拆開洗刷）。爲證明壓送機之合用起見，迭經將壓送之混凝土與直接由拌和機調成之混凝土兩相比較，驗得前者之抗壓強度約大於後者之10.8%云。

總之，應用混凝土壓送機之利，可略述如下：(1) 運費節省，(2) 裝置簡便，(3)機械工作費不多，(4)所需工人及工具減少，(5)質料良好。(Bauing. 1930)

▲柏林之道路

柏林現在約有道路八千條，總面積約26,500,000平方公尺，總長度約2,900公里，其中61%爲磚石路，29%爲瀝青與柏油路，6%爲碎石路，其餘爲他種道路。道路總價值估計330兆(百萬)馬克，平均每市民應攤76.3馬克。

柏林市爲應付逐年增進之市內汽車交通起見，已於數年前記劃建築放射式道路19條，環繞式道路3條，及其他重要聯絡道路多條，無如爲財力所限，延未畢辦。然去年(1929)尚能以18兆馬克之經費築成道路165條，今年築路預算則僅5兆馬克左右，可謂每況愈下矣。

至柏林市築路經費之支紬，其一部分原因係汽車捐稅之大部分，歸德國政府支用。按該市此項收入每年約23.8兆馬克，而分配於該市之數則僅2.34兆，不過總數

十分之一耳。（又汽車每輛所需修築道路費用約 212 馬克，而柏林市由每輛汽車實收之數不過20馬克左右）

因上述情形，柏林市現在築路之方針僅以完成交通幹路為限，其次要交通道路及居住道路之修理，雖亟待舉辦者，亦不得不暫緩從事焉。

柏林修築之道路，其路面擬分割為三部（人行道除外），即電車道一條與車馬道兩條，以利交通。至於交通廣場，其通過之道路在四條以下者採用直接穿過制，在四條以上者則採用環行交通制。廣場之中央仍主張設立寬闊之隔台（例如新築之 Alxander 廣場，中央亦設寬闊之草地，四周車道比較狹隘），雖按過去經驗，對於交通不甚適宜，不顧也。若干廣場如 Kemper, der Grosse Stern, Brandurger Tor 前等廣場，後一處每日十二小時內經驗車輛有33,000之多）已在計劃改造之中。

柏林市工務局對於避免道路雨天發生泥濘，將採嚴密辦法。築路方式僅以瀝青，柏油砂，混凝土，石塊等數種為限。又為減少掘路起見，已擬就埋設各種管線之統一辦法，庶掘路工作得分段分期進行，而免道路交通多受妨礙。

柏林市內之運貨汽車，裝載重量往往超過規定之數，甚至二倍以上，殊於道路之維持有礙，當局將釐定嚴厲之罰則（不僅如往時之罰金5—15馬克）以取締之云。(Bautechnik 1930, Heft 19)

▲紐約之兩高屋

本年五月廿七日路透社紐約電訊，78層之 Chrysler 巨廈，為世界最高之建築，計高 1030 呎（約合314公尺），於昨日行開幕禮。茲根據 Eng. News Record (1930, P 149—151) 略述其施工情形之特點如下：

該屋底層之平面成梯形，其一邊約60公尺，自人行道面至「頂塔」（參觀第七圖）之尖計高 318.5 公尺。施工時於第24第59之兩層樓上設各種起重機，為提取鋼鐵骨架各部分（有重至24噸者）之用。為便利工作及堆放材料起見，將該兩層四周之平台（即牆垣收進後留出部分，寬2.7公尺）搭架（挑臺），放寬 3.6 公尺。頂塔鋼架重24噸，不易從路邊提起，故於第65層架臨時板臺，在臺上將此項鋼架釘接完好，並將上面各層之斜帶等暫時拆去，然後將鋼架垂直提起，安置於應在之地位。全部鋼鐵骨架計重 19000 噸。

又據電通社紐約郵訊，紐約之 Manhatten 島將有105層高層建築出現，已投資一千萬金元，購地約2800平方公尺，近將拆除舊屋，於1932年開始建築，預定至第60層處，照普通建築式樣，自此以上，則

造成塔式。

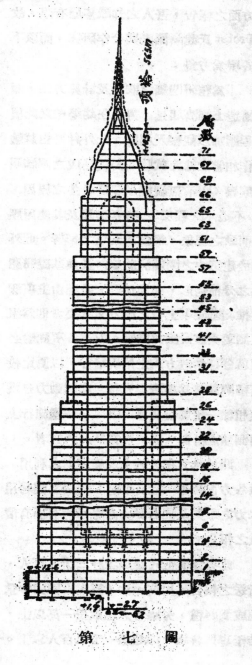

第　七　圖

第七圖 上標註「頂塔 545呎」

▲Firth of Forth 橋邊設渡船之計劃

英國 Firth of Forth 橋為世界大橋之一（長約2.5公里），僅充火車通過 Forth 河口之用。近因汽車交通發達，有另建道路橋梁之議，惟需費約6,000,000鎊之巨，該地道路當局無力負擔，因以關係全國交通為理由，請由政府撥款，但財政部長殊不以為然，建橋計劃遂無實現之望。乃由該處水利航務局籌設渡船，需費約400,000鎊。過渡地點尚未決定，或(1)緊靠上述橋梁之旁，以便聯絡由愛丁堡而來之道路，(2)在上流距橋1.5公里之處，因該處風浪潮流較小之故。渡船擬備三四艘，每艘除載行人外，可收容汽車三四十輛，過渡時間每次約6分鐘，每15分鐘開行一次。每日晝夜不停，可渡汽車2,000輛。此項事業可望獲利，故最近之將來當可募資開辦云。(Zentrablatt d. Bauverwaltung 1930)

▲柏林第二次萬國動力會議紀要

第二次萬國動力會議在柏林開會消息，已見本報第一卷第三期（第135面），茲由 Bauingenieur 1930, Heft 30 譯述其經過情形如下：

會議期間為六月十六日至二十六日。

事先由34國送到報告392件，由會彙集編印總報告，爲討論之基礎。

普通論文中有德國 Einstein 教授之「物理的空間與以太問題」，法國 Serruys 教授之「合理化之新形式」，美國 H. Foster Bain 氏之「礦物在與動力相關之世界中之重要」，及 Edison 氏說明電燈泡出世經過之有聲影片，德國 Oskar Oliven 博士之「歐洲大動力線」，意大利 G. Vallauri 教授之「能力與電力」，英國 Eddington 教授之「內部原子的能力」，瑞典 A. F. Enström 博士之「機械力爲文化要素」等。

關於土木工程方面，總報告中首列水利問題，各報告內容爲研究對於水流更完密之利用方法，以期增進衛生，農林，動力及航運。就中有利用北方水流之溫度差別以產生動力與熱等說。

討論規定標準問題及統計方法之部分，及討論教育與研究工作之部分有演講多起，對於各種工程界人員，聆之均屬有益。

關於電氣事業方面，各國代表報告，各處均有集中發電與統一引電線網之趨勢。

討論鐵路方面動力之一組，報告各處鐵路電化進行之遲滯，純因缺乏需要資金之故。瑞士與意大利兩國鐵路之電化則甚進步云。

關於閘牆，蓄水堤等之設計基礎，據各方面之報告，吾人之知識甚屬有限，故 E. Probst 氏建議國際間合作研究，而以下列各項爲方針：

「爲精研閘牆之設計及計算方法，而期構造上經濟起見，對於在建築中之此項工程應加以觀察及測驗。此外並應由試驗所作相當之補充試驗。對於已成之閘牆並應觀察 (1) 有無裂縫及裂縫發生之原因，(2) 不透水之程度，有無滲漏及其他因壓力而致之現象，氣候與天氣之影響。此外對於建築中之閘牆測驗牆內及與基礎間應力之分佈情形，亦屬切要，並應由上項測驗推測基礎下土石之應力。次要者則爲溫度測驗與直接壓力測驗。上述各項測驗必須就各種構造方式之閘牆舉行，以便比較何種閘牆最爲經濟與完善。萬國動力會議應組織一附屬委員會，擬定在各國施行上項測驗之計劃，以便採擇其最適宜者。」

關於水力在技術上及經濟上之利用，據各方面報告，近有增進。對於各國利用水力之事業及混合動力之廠家均有極有價值之報告。

此次會議正式參加者計三千九百人，所送之報告，用英，法，德，三國文字彙編成爲34種，旁聽者之總數在一萬以上，若干專門會議，亦超過一千二百人以上。

16060

宣讀報告及討論時，同時譯成其他兩國語言，列席者可藉 Siemens u. Halske 之播音器任意聽其一種。

下屆本會擬於 1933 年在瑞典京城 Stockholm 舉行，討論大工業之動力供給問題，第三次全會則將於1936年在美國舉行云。

▲最近各國工程消息

(一)英法海峽隧道築否決

本年六月三十日英國下院各黨議員自由投票公決贊成建築英吉利海峽隧道之動議，結果此項動議遭179票對172票之否決。英相麥唐納反對此議，謂以經濟言，海底隧道之能否實行，猶待證明；以外交言，渠不信隧道告成可使外交辦理稍易云。運輸大臣瑪利森稱，建築海底隧道所可確得之唯一利益，僅在避去渡峽時之暈船而已，以三四千萬鎊之建築費，爲治療暈船病之代價，未免過昂云。此次票決結果，爲海峽築隧計劃之暫時中止，因私人欲辦此工程，須向政府請給許可證也。（參觀本報上期第143面）

(二)Gibraltar 海峽隧道計劃益具體化

國民社十二日瑪德里電，建築聯絡歐非之直布羅陀海峽隧道計劃，益形具體化，據稱，西班牙沿岸海底軟砂，達一千呎之深，地利極佳。非洲方面前經測量，據

稱，地質構造亦頗相宜，不久將繼續試驗云。（參觀本報上期第104面）

(三)蘇俄計劃填塞間宮海峽

蘇俄政府爲使北樺太與西伯利亞大陸陸路銜接起見，擬將間宮海峽填塞，已着手調查，欲達到此目的，將該海峽最狹之處，即拉查列賓附近之海面2哩餘填塞已足。如能實現，則北方之寒流，可不通過該處，海參威可成不凍港云。（七月三日電通社東京電）

(四)尼羅江上新橋

英國著名鋼廠道曼朗公司，現已接到承攬在非洲開羅之尼羅江上造一新橋，計長 1,250 呎，寬 66 呎。（路透社九日倫敦電）

(五)世界最大鐵橋

世界最大之橋，爲英國著名鋼廠道曼朗公司所承造者，其南北兩部已於本年八月二十日在中央啣接。該橋橫跨澳洲 Sydney 海港，自南至北，共長 3,370 呎，最大跨度1675呎，重5萬噸，高出海面440呎，故雖在潮水極高之時，船舶亦可自橋下通過。橋面寬160呎，有闊57呎之大路1條，鐵路4條，10呎寬人行道2條。明年全部工程完竣，重車可通行，其全部建築費爲英金六百萬鎊。（以上轉錄各日報）

(附　錄)　上海市工務局業務簡署報告

茲將本局最近半年來經辦各項業務擇要略述如次：

(一)設計

(甲)規劃道路系統　本市幹道，及滬南，閘北兩區道路系統，業經本局規定公布，茲復廣續將滬西區，引翔區，吳淞鎮，及彭浦，眞茹，蒲淞，法華等區，暨浦東沿浦道路系統，分別規劃就緒。

(乙)擬定開闢西門路計劃　查滬南區道路系統圖，肇嘉路橫貫城廂，東經大碼頭路，直達浦濱，西經西門路（卽現擬開闢之新路），與滬西各路相聯絡，爲滬南東西間之唯一幹道，目前肇嘉路及大碼頭路雖甚紆迴狹隘，然車輛尚可通行，獨自肇嘉路向西，爲一寬不滿三公尺之義術（卽現擬開闢之處）與法租界之辣斐德路相啣接，故往來該處之車輛，非繞道不可，不便孰甚，茲經擬具開闢計劃，一俟經費有着，卽可籌備開工。

(二)工程

(甲)道路　除各路散修，整理及加澆柏油等不計外，重要道路工程如下：(子)新闢之東門路已全部完工，(丑)中山南路路面業已鋪竣，中山北路路基正在進行中，(寅)鋪築交通路西段及桃浦西路路面均已竣工，(卯)改築打浦路，龍華路，龍章路路面及測石人行道已開始興工。

(乙)橋梁　新建之橋梁中，已完工者爲中山路吳淞江橋，眞茹區楊家橋及八字橋，漕涇區溜涇橋，陸行區趙家木橋，橫濱路鴻順里橋等；正在建築中者爲中山路第五號橋，眞茹區許家橋，水電路沙涇港橋及涵洞，翔閘路小徐家橋，沙涇港橋及涵洞等。

(丙)碼頭駁岸　(子)建築南市米業碼頭，已全部竣工，(丑)建造高橋，慶寗寺，爛泥渡，定海橋等四處市輪渡浮碼頭及浮橋，已籌備興工，(寅)建築小沙渡駁岸已竣工。

(丁)房屋　(子)建造法華區市房已完工，(丑)建造萬竹小學校舍已完工，(寅)建造法華區虹路七圖及十六圖三小學校舍已完工，(卯)建造新陸鄉村師範校舍在進行中，(辰)建造第一實驗小學校舍開工。

(三)取締

(甲)修正營造廠登記章程

(乙)公布建築師，工程師呈報開業規則

工程譯報第一卷第四期

中華民國十九年十月出版

編輯者　　上海市工務局（上海南市毛家弄）

發行者　　上海市工務局（上海南市毛家弄）

印刷者　　科學印刷所（上海慕爾鳴路一二二號）

分售處　　上海商務印書館

定價表

第一·二期	每本大洋三角
第三·四期	每本大洋五角
外埠函購辦法	（一）郵票十足通用　（二）寄費加一

每期廣告價目表

地位（面積）	底面	封面及其底面之裏面	普通地位
全面	三十元	二十四元	十六元
二分之一面	十六元	十三元	九元
四分之一面	九元	七元	五元

附註

一· 上表所開價目一律實收不折不扣

二· 凡國家或地方經營事業登廣告者概照定價減收半費

三· 繪圖撰文攝影製版等費另計

16064

工程譯報

第 二 卷　第 一 期

中 華 民 國 二 十 年 一 月

上海市工務局發行

啓　　事

　　本報以介紹各國工程名著及新聞爲宗旨，對於我國目前市政建設上之疑難問題，尤竭力探討，盡量在本報披露，以資研究。惟同人因職務關係，時間與精力俱甚有限，深望國內外同志樂予贊助。倘蒙投寄譯稿，以光篇幅，曷勝歡迎。

投 稿 簡 章

(一)　本報以每期出版前一月爲集稿期。

(一)　投寄之稿以譯著爲限，或全譯，或摘要介紹而附加意見，文體文言白話均可，內容以關於市政工程·土木·建築等項，及於吾國今日各種建設尤切要者最爲歡迎。

(一)　若係自撰之稿，經編輯部認爲確有價值者，亦得附刊。

(一)　投寄之稿，須繕寫清楚，並加標點符號。能依本報稿紙格式(縱三十行，橫兩欄各十五字)者尤佳，如投稿人先將擬譯之原文寄閱，經本報編輯部認可後，當將本報稿紙寄奉，以便謄寫。

(一)　本報編輯部對於投寄稿件有修改文字之權，但以不變更原文內容爲限，其不願修改者應先聲明。

(一)　譯報刊載後當酌贈本報，其有長篇譯著，經本報編輯部認爲極有價值者，得酌贈酬金，多寡由編輯部臨時定之。

(一)　投寄之稿件，無論登載與否，槪不寄還，如需寄還者，請先聲明，並附寄郵票。

(一)　稿件投函須寫明「上海南市毛家弄工務局工程譯報編輯部收」。

工 程 譯 報

第二卷第一期目錄

(中華民國二十年一月)

16067

編 輯 者 言

本報發行以來，已閱一週年，以後自當繼續進行，並力求內容之刷新，尚祈讀者諸君，有以教之。

本期內各篇中尤有介紹之價值者，茲列舉如下，並各誌數語，以示其內容之一斑。

「近代城市設計之要點」：著者主張對於新闢之住宅區域，以略相平行之道路分割之；橫路務求減少，可隔500至1000公尺之遠，始設一條（步行用之里衖不在此例）。依照此項原則，可節省城市建築道路之費用，亦即減少居戶築路徵費之擔負。又對於小住宅建築基地之分割，主張每宅各備家園面積100—200平方公尺，俾居戶多得在戶外休息運動之機會。此點在吾國之城市，亞宜以嚴峻之建築規則促其實現（參閱柏林市建築規則概要），蓋居住為人生之四大要素之一，家有賞心悅目之庭園，然後有高尚之情緒，而不正當之娛樂無從施其誘惑。試觀今日之滬上，除極少數別墅式住宅外，徧地皆為侷促狹隘，前後幾無隙地之里衖房屋，居住於其中者皆感枯索苦悶，作奸犯科者之衆，此殆為重要原因之一。再觀北平等處，凡中人之家，幾無不有植樹蒔花之庭院，故近年市面雖凋落，失業者雖衆，而公共治安則遠勝上海，距非此理之一明證。關於各種道路之寬度等，本篇亦有論列，惟讀者須注意，對於吾國（及東亞）特有之人力車交通，應另加攷慮耳。此外尚多精警可採之點，不勝備述。

「柏油及瀝青路面之舖築方式」：論述各種柏油瀝青路面之舖築方式，並列舉其利弊及勝載重量等，可供築路者之參攷。至所舉造價，雖為美國情形，難資依據，然未始不可藉作大致上之比較。又原文所用英美制度量衡之數字，茲均改算為萬國公制，以便讀者。

「卍字形街道系統」：為美國著名建築師 Henry Wright 氏（例如二年前美國 New Jersy 州新成立之 Radburn 市鎮，其計劃即出於該氏之手）所撰，其理想頗為新穎，其藉以劃分「交通道路」與「居住道路」之原則，則與本報第一卷第四期內「將來城市之組織」所論列者無異。惟以棋盤式（方格式）之交通道路系統為出發點，則不脫美國式城市設計之本色，讀者當分別觀之。

「海港設計之原則」：列舉原則十項，其中關於鐵路佈置方面，尤有詳明之論述。

「路角建築物與交通之關係」：論路角建築線應如何規定，使甲路上之車輛以一定速度駛向路口時，能與乙路上車輛（亦以一定速度駛向路口者）及時相避讓，而無相撞之危險。在城市中不設紅綠燈之道路，似尤宜採用。

「瀝青與柏油路面之損壞及其原因」：著者根據實地觀察，將上項路面損壞之原因，歸納為工程不合，維持不良，載重過大之三點，一一舉例說明。原文附照片數幅，以複製難期清晰，從略。

「鄉間道路及房屋之出水方法」：論述鄉間（或城市四郊未埋設陰溝之處）道路及房屋所收納之雨水應如何宣洩，鄉間居戶廢棄之汙水應如何處置，可供道路及市郊新村設計之參攷。

國外工程新聞欄內之各篇中尤堪注意者如下：

「Stuttgart 市取締汽車加油站辦法」：城市中隨汽車輛數之增加，加油站亦因而密佈，若無好良之取締辦法，必致妨礙道路之交通與觀瞻，或滋行人之危險。此篇述德國 Württemberg 邦首城 Stuttgart 市用種種方法，以防止上述之弊害，可資吾國市政當局之借鏡。

「莫斯科之交通情形」：介紹此篇之用意，在闡明世界各大城市對於高速交通設備之趨勢，即「全世界之城市，其人口在三百萬以上者，殆無不備有與地面（道路）脫離關係之交通設備者」。最近人口未滿三百萬之城市，如日本之東京（人口約二百二十萬），意大利之羅馬（人口未達百萬），阿根廷之 Buenos Aires（人口約一百七十萬），對於地下鐵路之建設亦積極進行，或正在計劃之中，或已完成一部分工程（見 Engineering News Record, Oct. 23, 1930）。於此可知地下鐵路之設備，對

於大城市礦屬需要。上海市人口已達二百餘萬，對於此種「任重行速」之交通設備，縱以財力關係，未能卽行舉辦，似應於通盤設計時預爲顧及，庶他日實施時事半而功倍也。

「華盛頓第六次國際道路會議」：歷屆國際道路會議對於道路工程學術，貢獻頗多。此次會議關於築路籌款問題之結論，可供吾國道路建設當局之參攷。關於築路方法之結論，以「水泥結合碎石路」之築法最堪注意。如能採用，以代上海等處通用之「黃泥結合法」，雖造價不免較昂，或因堅度增加，維持費用銳減，而在經濟上較爲合算，亦未可知。按此法行於歐洲，已著成效，美國工程界前此尚未有認識（見 Engineering News Rec. Oct. 23, 1930），鄙意以爲吾國築路當局不妨擇地試驗，以爲取捨之標準。又此次會議對於鄉間道路，主張對於當地士質作有大規模之研究，以便建築價廉合用之泥土路面而期經濟，此在建設孔亟而經濟落後之吾國，尤有注意之價值也。

自本期起，本報增闢「國外工程法規」一欄，就各國關於城市設計，建築及土木工程之章則，擇要介紹，或酌述大意，如本期內之「柏林市建築規則概要」，或翻譯全文，如本期內之「德國遠地交通道路工程標準」，藉供吾國訂立工程法規或從事工程設計者之參攷。

再，本報爲與國內人士互作學術上之切磋起見，擬自第二卷第二期起，試闢「市政工程問答」一欄。如讀者諸君對於市政工程方面有欲與同人共同研究之問題，請函致本報編輯部，同人等當竭其所知，盡量貢獻，或在本報代徵海內宏達之意見。惟投寄之問題，務以關於原則及理論方面者爲限。

近代城市設計之要點

（原文載 Der Bauingenieur 1930, Heft 31）

德國 Knipping 教授著

胡樹楺譯

（一）十九世紀之囘顧

德國城市之發達最盛時期，在1870—1871年普法戰爭之後。其時醫術進步，衞生設備改良，死亡率減退，人口逐年增加（在歐戰前若干年內，德國每年約增加八九十萬人），此爲城市發達之一因。而工業勃興，集中於大城市與礦產富饒之地，鄉間增加之人口，幾全數謀生於城市與工業區域，尤爲城市繁榮之所由來。（距今百年前，全德國25兆人民中，在城市中者僅 7 兆。歐戰前68兆人民中，在城市中者則爲42兆）

城市人口旣增加若是之速（在百年內增加35兆），居住與工作上所需要之房屋自必聯帶激增，間接上需要之建築物，如學校，教堂，醫院，交通及娛樂設備等，亦復如是。

不幸當時城市當局無先見之明，未能應付得宜，致住宅之建造，爲營利及投機之私人團體所操縱。例如柏林等大城市之建設，幾完全仰大地產公司之鼻息，建設計劃圖亦出於其手，西部及南部各城市雖因當地居民之習慣，不利於兵營式房屋之起造，使投機者失其活動之餘，然其發展亦多不良（有少數例外）。且當時城市當局大都缺乏遠大眼光，僅作目前之打算，不願將來之趨勢，甚至對於古代遺留之美麗街道，廣塲，乃至全市區加以毀壞，而代以拙劣之設施，乃美其名曰「革新」焉。

當時之城市設計圖案，亦多可訾議之點。除爲地勢所限外，街道系統大半採用棋盤式，間加入斜弦式道路，以利交通，會不知棋盤式之系統，在昔羅馬人及日耳曼人用於初建之城市，目的在多設街道，以便鄉民集市設攤，則屬得當，亦猶今日城市商業區域之須用略近正方形之段落，以便各店家多得門面地位，設立陳列窗棚也。至於用於擴充城市，設立住宅區域時，則爲不經濟。

新住宅區之開闢，須求費用節省，以免地價高漲，然後房價可期低廉。又住宅

之建築，應順應自然之趨勢，採用僅容一二家庭之小住宅式，幷附以園地。此層並非「烏托邦」之理想，不特可以德本國以前已有之若干居住地區為證，卽如荷，英兩國以及北美亦不乏先例。按北美雖有若干大城市，為高屋所匯萃，但人民之居住於單家住宅中者仍約佔半數。英國之房屋平均每幢容留 5 人，可見彼邦人民，幾全體生活於單家住宅之中。德國西部各城市之房屋，則每宅容留 16—20 人之多，卽每3—6家居住於3層至4層之房屋中，但一兩家居住之房屋亦非絕無。Königsberg, Stettin, Hamburg 等城市，每屋居住30—40人，柏林則竟達80人之多，凡此皆為「出租大住宅」佔優勢之結果。Bremen 每屋居住8人，以採用單家住宅式為通例，則為德國之唯一例外。

　　然盎格魯薩克遜民族對於單家住宅之原則，實施上殊未能盡愜人意。英國之若干田園城市，如 Letchworth 與 Bournville，僅可視為例外。（德國克魯伯廠之養老村亦然，雖其建造不免稍嫌昂貴，大體上要不失為附有前庭後園之二層，單家或雙家工人住宅。又此種住宅，在德國僅 Ruhr 流域之煤鐵區一處，為其職員與勞工而設備者，已有200,000 幢，容納人口將近百萬，佔工業區人口總數四分之一

。此種成績遠超他國之上，德國西部之最大工業區，其房屋形式所以未仿效東部與柏林之「出租大租宅」者，亦以此故。）反之，英國各大工業城市之單家住宅，則沿無數平行之道路而建築，其形式恆千篇一律，且大率不附園庭，僅備小天井，亦無地窖。美國建築業亦仿效英國之式樣。例如 Long Island 之居住區，難言美觀。Philadelphia 之某組住宅，完全為美國式，每家各設汽車間，而無牆籬為之分隔，則尤有甚於此者。

　　此種居住區，自今日之眼光觀之，原為按「撒佈式」（見後）而設立者。但城市設計圖案，則純用棋盤式。德國不少城市之擴充部分亦蹈此弊。例如持柏林市設計圖之一部分（例如 Charlottenburg）或Mannheim 市設計圖之一部分（第一圖）與紐約市之設計圖（第二圖）比較，在原則上並無若何差別可尋，卽均為無數之長方格（其一部分且約近正方格）集合而成，間有斜穿道路（例如紐約之 Broadway）插入其間耳。

　　以前之城市設計圖中，各道路（除少數斜弦式道路外）既皆相平行或正交，則在利用之性質上，孰為交通道路，孰為居住道路，無從辨別，惟有一律按交通道路之寬度與建築方式而設立之。故當時柏林

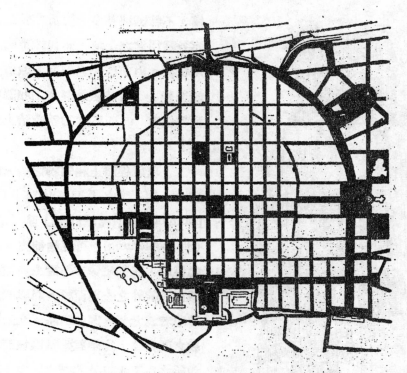

第一圖　　Mannheim 市計劃圖

等處規定道路最小寬度爲18或20公尺，實
則此項寬度，在居住道路則嫌過大，在重
要交通幹道又嫌過小，其弊一也。所有道
路皆採用良好而深厚之路面，在經濟上爲
重大之廢費，其弊二也。

　當時反對此種「城市計劃圖案」者首爲
建築界，其所持理由，爲在藝術上不滿人
意，曾不知當時之建築術亦未爲完善，亦
足增加城市設計之弱點焉。

（二）近代城市設計之要點

　近代城市設計須從經濟上着眼，故擬
製計劃圖案時，雖宜守一定之原則，而對
於實施之費用則必力求減少，否則其計劃
或不能行，或行之而亦異常困難也。

　（甲）城市計劃圖案之擬製

　在計劃開闢新市區以前，須先知土地
面積在利用上應如何分劃，即何處宜於工
業之經營，何處應擴充或開設交通設備，
何處宜於某種市民所居住宅之建築，何處
宜設公墓，游憩與運動塲所，及自來水廠
所，汙水及垃圾處理塲所等。上述各種設

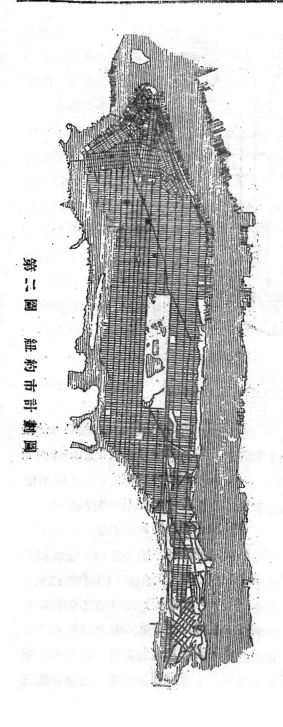

第二圖　紐約市計劃圖

備，不特需地甚多，位置亦須最良。故指定各種用途之土地，而後城市建設計劃有所根據。由前所述之理由，城市分區及建設計劃，有時須就經濟上相關聯之地區通盤從事，而不宜拘執政治上之區域界線。

上項就經濟上相關聯之廣大區域而規定之計劃，謂之「區域計劃」（Landesplannung）。「區域計劃」與「城市計劃」（Städteplanung）可互相補充。區域計劃之目的，在劃定城市建設上所需要而越出城市界線外之土地面積，而以關於交通與游憩者為尤要。例如鐵路，交通道路，延展之園林等，均須就整個區域而計劃。他如給水與下水等公共衞生設備，有時亦須列入區域計劃，自不待言。（舉例而言，德國 Rhein 流域及 Westfalen 省之各工業城市依法律組成「Ruhr流域聯合區域」，其他各處城市亦有起而仿效，而自動聯合，以解決相互間之問題者，如主持得宜，其成效必有可觀）。

區域計劃圖及城市計劃圖，對於土地詳細分劃之範圍，以目前及最近之將來最感切要者為限。故區域計劃中除劃定交通幹線及園林帶與連續之游憩面積外，城市計劃中除以上述各種設備之屬於局部性質者為之補充外，其交通線網與園林等所包

圍之地區，須隨時察酌情形與需要而分割之。因吾人不知十年，二十年，三十年，或五十年後，住宅之建築將取多層式，抑取低矮式，各家所需之庭園面積應如何大小，工業地段應打成一片，抑各自分立等等。至於交通線路將來之要求若何，雖亦非吾人所知，然路線之應求直截，兩旁之應留空，則屬毫無疑問，故不妨及早規定，其路面或舖車軌，或專供汽車使用，則留待他日解決可也。

　　土地詳細分割雖不宜規劃過早，概括的分割則不可不及早擬定，尤以關於工商業者為要。規劃時亦有先決條件，可資依據，猶交通線路與園林等之顯應已有發展之趨勢與以聯絡已成之設備為目的而計

也。最要之條件為接近重要交通線路，工業區尤須傍近鐵路與港灣。故與此項條件相合之處，務宜多留地位，為新營或擴充工商業之用，雖或其地亦宜於居住，在所不廢，蓋工商業所用之地，普通隨市民人口而增加，若劃定廣闊之居住用地，而不同時留備相當之工商業用地，殊為失計也。但在大多數城市中，天然適於經營工業之地點，每不敷用，如籌人工補救方法，殊屬不易，且施行時需費甚鉅，故其計劃須審慎出之。

　　關於擘劃工業地區之法，有 Ruhr 聯合區所作計畫略圖（第三圖）可供參攷。此種地區既需交通線路為之聯絡，又須不妨礙鄰近之居住地區，故對於後者而言，應

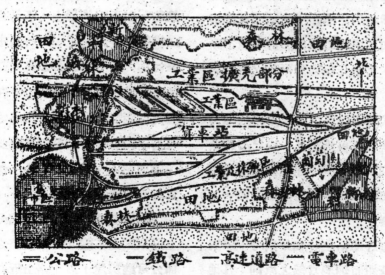

一公路　　一鐵路　一高速道路一電車路

第三圖　Ruhr 流域工業地區佈置略圖

在主要風向之下方或兩旁。若於兩者之間，以森林帶，租園 (Schreber-gärten)，運動場，河流等分隔之，亦甚適宜。

交通及市民工作所需之地旣經大致劃定，則須計及居住及游憩上所用之土地。關於園林帶及連續之游憩面積，雖已與主要交通線路同時討論（因此項設備並供步行與駕脚踏車者之用故），但其面積及界線等須於劃分居住地區時決定，以便居民之趨就，而適應居住地區之形勢。

關於居住地區之佈置方式，各城市計劃家頗多爭論。一方面主張緊接已有市區，甚或不留絲毫空地，他方面則持衛星式城市之說，主張建設遠離舊市區之新村。最近則「撒佈式」居住地區之說，最爲通行，其意義爲將居住地區撒佈於園林等空地之中，亦卽在居住地區內撒佈連續不斷之園林之謂，實則此說卽前兩說之折衷辦法也。

但撒佈式居住地區之說，亦非隨地可行，例如建築物已蔓延過長，或已有工業設備之處，則不能辦到；在此種情形之下，惟有設法使園林延展入居住地區內，如第四圖所示者。

着手計劃各地區之詳細分割時，須依據下述說甚新穎而理屬當然之原則：凡地區無論面積大小，形狀若何，均可以略相

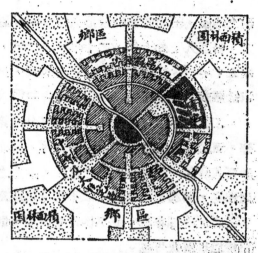

第四圖　園林延展深入市內圖

平行之道路若干條劃分之，以供建築住宅之用。徒爲開闢住宅建築用地起見，本無關設橫路之必要，而橫路之存在，適足以使各建築地之分割難期經濟，且路角之建築物，在平面佈置上，不易合式。故以前之棋盤式分割圖案，如將其中所有橫路一筆勾消，卽可稱優勝多矣。設橫路之處，僅以交通上所必須者爲限。在 500 至 1000 公尺之距離內，無通行車馬之橫路存在，可稱絕無妨礙。至若橫通之步行過道（街），雖屬需要，而寬度可小，舖砌可簡，故其設立，用地少而需費省。

觀第五圖所示之建築地分割法，便知上述原則之不謬。圖中橫路之旁，僅一小部分可建房屋，以正路上近路角之住宅，至少亦須附有若干園地故。尤須注意者，

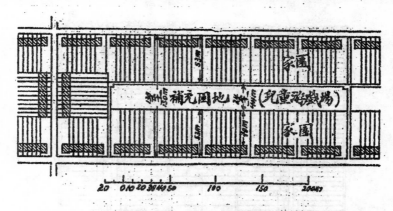

第五圖　　段落分劃圖

即凡一尺一寸之道路，建築費用亦屬甚鉅，故路線之分配於各建築物，務求經濟，以免開闢費過大，因此各房屋應緊靠起造（成列式建築）或於甚長之距離內始有隔離之空隙，（成組式建築），而孤立式或雙立式房屋不適於作小住宅之用（因佔用路線長度增加一半至一倍之多）。又各建築地之面積如求廣大（如為增加園地面積起見），不宜加大門面寬度，否則無異耗費浩大之道路等建築費，化田地為建築地，而其結果大部份仍為園地，其不經濟為何如。惟園地向進深方面加長，尚無不利，但須橫路不過多耳。

　小住宅附設園地之目的，在予居戶以戶外休息運動之機會，並使成人與較長之兒童在園中工作時，幼孩可在旁遊戲，故其大小，以中等家庭之無專門種植經驗而其家長另有職業者所能兼營之範圍為限，

其面積約在100與200平方公尺之間。至於建築面積則每單家小住宅約需30—50平方公尺，故每宅連後園共約需地150—250平方公尺。又小住宅之門面寬度約5—6公尺，故每宅基地進深約40—50公尺，而段落深度約80—100公尺。如各住宅另備前園，上項尺寸原則上不受影響，不過園地之一部分自房屋後移置於房屋前耳。

　建築段落內部可另備補充園地，以便住戶租用，如第五及第六圖所示者。

　第七圖示 Essen 市計劃圖之一部分，其中建築段落盡量延長，橫路盡量減少。

　從事城市設計時，又須求將來實施時土方工程之節省。即高起或低下之地，須盡量利用為點綴市景之需，不宜輒予劃填使平，庶免無謂之耗費。故城市計劃宜順地勢，凡開闢時非屬必要或形勢不適宜之道路均須避免。如劃成之建築地進深過

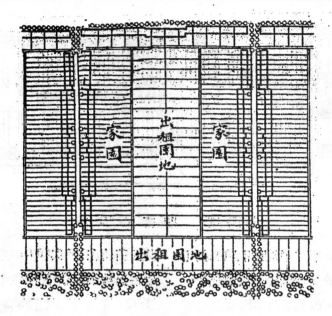

第六圖　居住地區內之出租園地

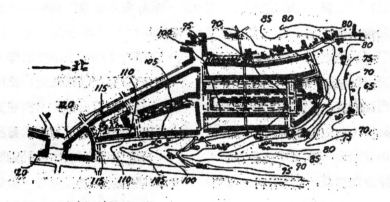

第七圖　Essen 市計劃圖之一部分

大，或形式不佳，可於其中劃出「廣坪」(Wohnhof)，俾建築物沿四邊起造（此項廣坪須備出路，接通道路，自不待言），如第八，第九兩圖所示者。此種居住用之廣坪，係自中古時代相沿而來之制度，在比，荷兩國之城市中，頗不乏良好摸範。

以前之城市設計者，主張遷就地畝界線，以期計劃之實施較易。但近代城市設

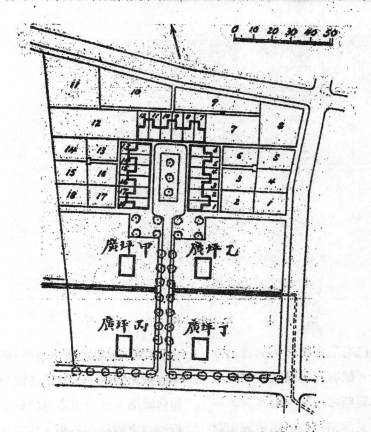

第八圖　Neumarkt 市之一部分

計則可不必顧慮此層，以地畝界址可強制
重劃故。按今日德國之土地重劃制度，係
以面積爲標準，（但 Baden 與 Sachsen 兩
邦則許可或規定以價值爲標準），先從全
區地畝中，除去無償供給公用（即用於設
立道路，廣場，游憩場所等者）之面積（普
魯士之規定，如重劃由強制執行，以總面
積之三成半爲限，如由地主自願執行，則
以四成爲限），然後將剩餘面積比照各地

主原有之地畝面積及位置，劃成合式之建
築地而重新分配。（譯著按，關於德國之
土地重劃制，可參閱本報第一卷第二期）

（乙）城市計劃之實施

土地重劃爲城市計劃製定以後，實施
以前，中間應有之設施。蓋施行土地重劃
後，地主應負擔之開闢費用（第一步即供
給公用之地畝）始定，建築地始能合式。

次一步之工作爲道路，廣場等之建築

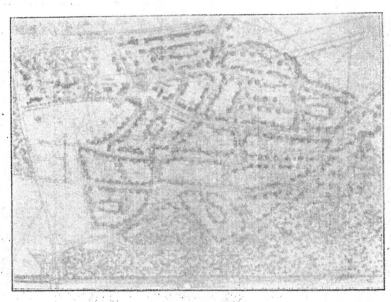

第 九 圖　　Datteln 市 之 一 部 分

。關於此層，前已有順應地勢，減省土方
之說，茲不具論。惟有可得而言者，卽須
注意下水與給水問題之一點。雨水溝渠與
汙水溝渠之出口及線路問題，須於城市設
計時審愼研究，以免發生坡度不足或通過
窪地之弊。給水管線之在凸形道路者，因
須於多數高起之處設洩氣孔，亦不適宜。

　　總之，對於各種設備之性質與需要均
能顧慮週到之城市計劃，實施時必少困難
而省費用。

　　城市計劃雖係逐步實施，需費頗巨。
開闢市區之費用，其大部分固可於相當時
機向地主徵收補助金（築路徵費）以籌得
之。然收築時每在長期間以後，他一部分

（尤以游憩設備之費用爲甚）則須公家担任
。故城市當局，尤其工務當局，須及早於
相當時機，或由市庫另儲款項，或將各年
度結存之數提存不用，爲實施城市計劃，
尤其關於園林及游戲運動場所者之基金。

　　關於徵費問題，德國若干城市之政策
不免謬誤。良以於相當時機向地主徵收開
闢市區之費用雖屬合理合法，然德國今日
之城市，爲獎勵小住宅之建築起見，予以
補助費，尤恐不暇，對於徵收費用一層，
自宜盡量減免。而若干城市不但徵收開闢
土地之必要費用，且欲將大規模的交通道
路之建築費用，亦使兩旁地主負担，此則
非事實與正義所許。蓋其所援引之法律，

定於未有汽車交通以前，其時道路毋需甚寬，路面可從簡單，故建築費用大致相差無幾。即有差別，亦可向較寬，較良道路旁之建築房屋者徵收較多之補助費，因市民樂於在此種道路旁居住，且可覬將來之利益，又有時房屋層數可以加多故。今日之情形則大異是。無論何人均寧居住於狹窄簡單而僻靜之道路，不願居住於寬廣良好而交通繁盛之道路，故除城市中心之商業道路外，交通之於住宅，徒使其價值有減無增。再察交通道路建築之原因，則在促進土地之開闢者甚僅，而在疏導舊交通或誘致新交通者居多。以促進交通之費用，而索諸兩旁地主，不特於理不合，抑亦非彼等之能力所能負擔也。

(三)城市之道路與廣場

城市道路設計上最要之點，已於「城市計劃」中論及，以道路為城市計劃中之重要部分也。茲應補充之點，首為城市道路之分類，蓋建築方式與建築費用極繫於是。

城市道路大別為三類：(一)交通道路，(二)散步道路，(三)居住道路。

交通道路又分為兩種：(甲)往來市中心之幹道(Zubringer-und Ausfallstrassen)，(乙)商業道路 (Geschäftsstrassen)。

商業道路在城市之中心，大率係古代以來已有之道路，故多狹窄。例如柏林之 Regent Street，紐約之 Broad-way，寬度皆不過25公尺，巴黎屬於商業道路性質之各林蔭大道，雖較此路寬，而亦相差無幾。放寬舊商業道路，務宜審慎，因所需費用甚鉅，且每須經過數十年後，始能完全實現，而在過渡期間，交通上既受益有限，觀瞻上亦不佳也。較良之辦法，為使縈過商業道路而不停留之交通改道他路，於可能時，並將車馬道縮狹，人行道放寬。大抵此種商業道路之車馬道，不宜劃分為數條，寬度可小至 5—5.5公尺，此外則為人行道兩條。

往來市中心之幹道，大率如光線之四向放射，供市中心與近郊遠郭間交通之需，故車馬行人之經過者甚多。對於電車與腳踏車並宜另劃地位，有時對於騎馬者亦然。至路面之劃分辦法，凡有多種 (參觀第十圖)，要不外區別交通之種類，使緩行與疾馳者分道前進也。於路面上留長狹形之空地，鋪草種樹，既可點綴市景，又可充路口行人避開車馬，或上下電車之用，為計良得，惟其寬度不宜小於 1.5公尺，以便草木之培植。此種交通道路所需寬度頗大，除建築物之「前園」不計外，動達30—40公尺之多。

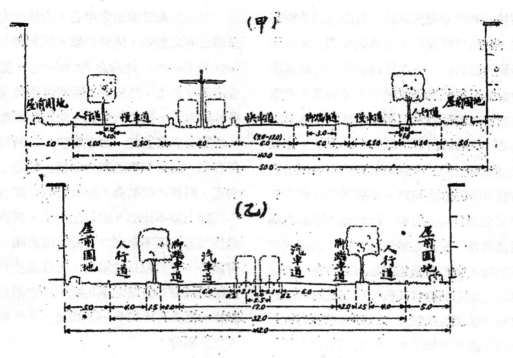

第 十 圖　　交 通 道 路

　　散步道路旣非專供交通之道路，亦非純粹居住道路，其性質在道路與園林帶之間，而供市民戶外運動之用。雖亦有相當交通，仍應含有幽靜居住道路之性質，例如各大城市之環形道路及山地城市之山腰道路等。其寬度亦須甚大，略如交通道路。供散步用之部分，可設於中央或一旁（參觀第十一圖），兩邊宜以樹木草地夾護之。

　　居住道路專以接通房屋基地爲目的，其交通以往來該項房屋基地者爲限，他處之交通概不由此經過，故寬度可小，工程可簡（參觀第十二圖）。車馬道寬5公尺己足，兩邊可留出0.75—1公尺寬之空地，以保護建築物前園地之籬笆，圍牆或樹木，燈桿等。此項空地不必舖砌或稍予舖砌即可。人行道可不設，或僅設一條，亦有設兩條者，其寬度須從小，舖砌須從簡。居住道路之長僅100—150公尺者，可僅備通過車輛一行之寬度，但不宜狹於3.5—4公尺，以便步行者與車馬相避讓（假定不另設人行道時）。

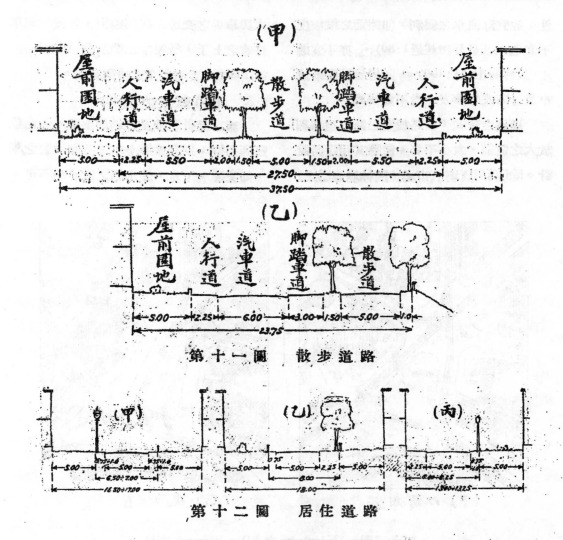

第十一圖　　散步道路

第十二圖　　居住道路

　　居住道路雖可從窄，然兩旁建築物之牆面則必須有相當之距離，庶各能納收充分光線。為達到此項目的起見，可於建築物前設「前園」。此項前園之進深，不宜少於４及尺，亦不宜多於6—7公尺。其圍籬以簡單為妙，最好即以矮樹充之。笨大之圍牆殊不經濟，且多不美觀。其在「小房屋」（見後譯註），圍籬亦可完全缺如，如美國 Philadelphia 之 Germantown 是。

　　關於道路之平面與縱面計劃，自應守「順應地勢」之原則，以減省土方工程。除為經濟起見，寬度宜從小，舖砌宜從簡單

外，並宜謀洩水之便利，即路面之縱坡度不宜過大（最好勿超過1:30），亦不宜過小（最好勿小於1:200）。此層如於從事城市設計時及早顧及，當不難辦到。

廣場之形式，自略放寬之路口至特別放大之設備，大小不等，當隨其用途而設計。除「利用廣場」（市場，園林場等屬之）

人與車馬之交通方向與路徑，並便利電車搭客之上下，觀第十三圖所示 Nürnberg 市 Plärrer 廣場之今昔情形自明。

（四）專家之合作

城市設計所涉及之範圍至廣。如由建築師主持，則非兼通土木工程師所習之學，如交通，下水，給水等之需要等不可，

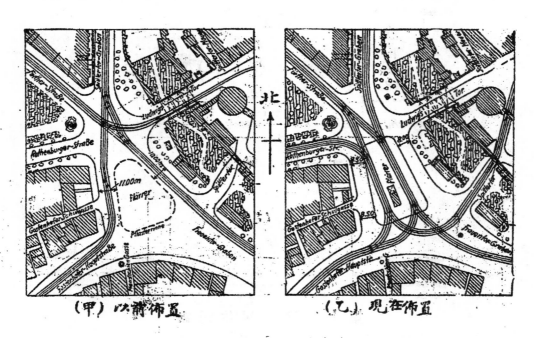

（甲）以前佈置　　　（乙）現在佈置

第十三圖　Nürnberg 之 "Der Plärrer" 廣場

，與「飾景廣場」（有時亦兼供利用，例如兼備兒童遊戲而設立者）外，有以便利交通為目的之「交通廣場」。近代城市設計，對於後者尤有改進之點。其原則在劃分行

如由土木工程師主持，亦非了解城市設計之美術方面不可。他如關於地面之形勢，則須借助測量術。關於地層之變換，則須借助於地質學。但一人之智識有限，終難

總攬一切，故城市設計上之各項問題，當由若干擅長一門，富有經驗與責任心之專家通力合作，而以見解宏博者為之領袖，則城市計劃庶可期完善乎。

（譯註）柏林建築規則對於「小房屋」(Kleinhäuser)之界說略如下：小房屋為居住房屋之合下列條件者：（甲）高不過兩層（地窖及屋頂下假樓除外），（乙）每層祇供少數家庭居住，且設備簡單，（丙）供居住用之部分祇有一進，（丁）對於每家常備有 200 平方公尺以上之田園面積。

大城市需要小住宅之原因

Walter Gropins 氏著論於「新柏林」刊物云：『據報告，柏林於 1924—1926 年間，小住宅之建築約減少 50%。故對於小住宅之發展，須由官廳設法督促，殆無疑義。但限制多層房屋之高度，則為失當。蓋為減少居住之密度起見，儘有他種合理的方法可以採用，不必以規定房屋之高度為手段也。佈置良好之大住宅，不應視為惡物，應視為現代應時產生之適宜物品』云云。

柏林市工程參議 (Baurat) Martin Wagner 氏為文痛駁之，其結語如下：

『予不望新柏林將發展至天空之中，余深信柏林人士將必有拒絕在機械化與衞生化之兵營式出租住宅內居住之一日。蓋人生的與自然的目標超出最良之居住「機械」以上也。大城市之居民既於日間工作與娛樂時與密集之羣衆相接觸，不問心願與否，必須忍受，則夜間必渴望與外界隔離。十層樓之居住「機械」殊不能給予居住者以與外界隔離之機會。闇中求靜之渴望以及與外界隔離之需要，雖不能用數字與角度量計，然其真實性則與房屋內之床位數，臥室內之光線量無異。大城市之理想的、社會的，以及經濟的根本條件，不但在使房屋與房屋隔離，亦應使人與人隔離』(Wasmuths Monatshefte 1930, Heft 2)。

柏油及瀝青路面之舖築方式

(原文載 "The American City," 1930)

周　書　濤　譯

舖築路面方式之選擇，應注意其是否適合於當地之情形，如價格、交通、氣候及路床之性質等。同時亦須知道路之耐久性與路面層之厚度及性質頗有關係，並當視柏油與瀝青為石子間之黏煤 (binder)。

單層柏油（或瀝青）路面舖築法　單層柏油或瀝青路面，用作防禦灰塵，尚無明顯之效果，但可視為暫時之方法耳。其舖法為單層之柏油或瀝青，上面覆以粗砂、細石子或石屑，但路面層未舖之前，須先澆舖初層柏油一層，而在疏鬆之沙泥 (Sand-Clay) 及泥板石等路基，尤不可忽略。單層柏油或瀝青路面，以舖於結實之路基，如碎石路及混凝土路為佳。柏油如用冷舖法，則面層應覆以細石砂，如用熱舖法，則須用較粗之砂或石屑。若無初層柏油，則面層因乏黏性而易致剝落，或舊路面因而不堅實，水易滲入，亦易起剝落之弊。每隔一、二年或三年，必須修繕一次。柏油面之厚度，在 1 公分（或半吋）以上，則於夏季，容易損融，且易為車輛壓壞

。建築費 5.5 公尺 (18呎) 寬之路面，每公里約需美金185—620元，其價值之多少，視柏油面澆舖之次數，及其下層所用材料之性質而定。最薄層之柏油面，下層為堅實之碎石路基，其最大載重量，每日約可行駛車輛 800—1000 次。

雙層柏油（或瀝青）路面舖築法——滲透法 (Penetration Method)　此種路面，無論舖於極堅實或疏鬆之路基，如碎石、石子、石灰石、灰泥石、泥板石及沙泥等類均可。舖築方法與單層者大同小異，大概如次：先澆初層柏油一層，上面覆以極薄層之石屑，或不加亦可。隨後再舖以第二層柏油，立即覆以石屑，即行滾壓。初層柏油滲入路層，凝結舊路面，使不透水，同時與上層柏油及石屑凝結。初層柏油澆舖後，如舖粗砂，則應用冷柏油或已用過之瀝青或下等柏油。面層（即第二層）柏油，則應用重質柏油，如熱瀝青、熱柏油、冷瀝青或重柏油。面層所覆之石子，須用粗而清潔之砂、細石子、或石屑，大

小自 6—40 公釐（$\frac{1}{4}$ 时至 $1\frac{1}{2}$ 时）。載重量視路基之性質而異，每日約可通行車輛 700—2000 次。修繕費之多寡，須視交通之繁簡。如建築在良好之基礎上，則每日行車 1000 次，尚易維持。美國 Western Florida 州建築雙層柏油路面於石灰石及沙泥路基上，得有良好之結果。茲將建築方法略爲介紹如下：

(1)於沙泥路基，以12公釐（$\frac{1}{2}$ 时）小石子掺入，每立方公尺之石子約舖6公尺寬之路面15公尺。

(2)路基應做成所需之形狀，先經車輛壓實至光滑堅硬爲度。

(3)初層柏油，舖於砂泥路基，每平方公尺需0.9—1.4公升，可於通行車輛後，加以修理。

(4)初層柏油上所覆之砂或石子過多者，須掃除。

(5)初層柏油所有裂陷處，以瀝青與石屑修補之。

(6)初層柏油上之雜物掃淨後，乃澆瀝青面層，每平方公尺約需2公升。

(7)面層柏油舖後，應卽覆以碎石屑（約2公分大小）一層，每平方公尺約需25公斤。

(8)石屑須劃平，滾壓至結實。

(9)建築費平均每公里約需美金1500元。

而得光滑良好之路面。

當地混合柏油（或瀝青）路面法——細石子式　法將路面上之天然物料，和以緩性或快性之冷瀝青或柏油。所舖之面層方式，爲柏油上覆以粗砂或細石子。此項舖築法有二種：

(1)冷舖緩性柏油覆以粗砂或細石子和以少量之泥土，用耙泥機拌和之，卽可通行車輛，壓至結實。表面母需澆舖柏油。

(2)砂泥路基和以已用過之柏油或瀝青，用築路機混和之。最後用築路機壓實，並須舖面層柏油。

用第一法築成路面之厚度，以可由 2.5 公分逐年加舖至10公分。用第二法築成路面之厚度可以一次舖足。第一法每公里之造價，在5.5 公尺寬之路面，爲美金1100 元至1900 元；每年加舖價值平均每公里美金310元至750元。第二法造價，同寬之路面，壓實7.5 至10公分之厚度，每公里約需美金 2500 至 3700 元。在 Long Island, N. Y. 用第一法所造之路面，每日平均有2000車輛行駛，但易壓成裂痕，每於夏季修補之。美國 South Carolina 用第二法所築之路面，每日有 800 至1200次車輛經過，亦常現凹痕，亦須時常修理之。

粗石子式（一）　此式係初用於美國 Oregon 州，以後 California 州亦沿用之。

故又名「西部方法」(Western Method)。
此式以柏油(或瀝青)與路面疏鬆之物混和
，成一堅粘性之混合物，粘結於已壓實之
路基。普通均舖於石子路上，然亦可舖築
於已結實之碎石路與石屑路上。路面層石
子不得大於4公分，以2.5公分左右者為佳
。柏油澆舖兩次或四次。路面壓實之厚度
如為7.5公分，則所用柏油等每平方公尺
約需5.9至6.8公升。初次澆舖可用瀝青油
，柏油，或已用過之粘着性弱而滲透性強
者，亦可用之。最後所澆柏油等，應以有
強黏性者為佳。路基可以攪土器使之疏鬆
，於澆舖柏油後，用築路機混和之。Cali-
fornia 州用此法造成 6 公尺寬之路面，每
公里之造價為美金750至930元。此係新式
，在一定時期內費用亦不大。新路每日能
載車輛800 至1500輛。當地混和式之載重
量較滲透式為優，因前者可以築路機耙鬆
路層，而拌混為結實之路面也。

　　粗石子式(二)　美國 Pennsylvania 州
多用此式建築路面，價值較第一式為貴，
然頗堅固，緣選擇上等之石子也。在 Pen-
nsylvania 名曰油凝碎石面 (Oilbound Bro-
ken Stone Surface)。在 Tennessee 名曰氈
舖 (Carpet treatment) 商業上名曰 "Retr-
ead"。其主要之點，係將已築成之路基上
掃除清潔，先舖冷柏油一層，隨後澆舖柏

油與清潔較粗石子之混合物；所用石子為
4—7.5公分，視所需路面之厚度而定，再
以滾路機壓實後，即可通行車輛。在 Ten-
nessee 所用碎石子，約為 3 公分 ($1\frac{1}{4}$吋)
徑，路面層厚度為2.5公分 (1吋)至 4 公分
($1\frac{1}{2}$吋)，每日通行車輛次數400至1000次
，內中有數行為公共汽車道。此項路面自
經車輛通行後，凝結壓實，適如柏油碎石
路。此式在建築時，因路面曾經輾勻壓實
，且路面層所用者為粗石子，故其載重量
極大，而在雨季亦無滑跌之虞，以所用石
子較粗，路面亦耐久，不易為車輛壓壞。
Tennessee 所築5.5公尺寬，2.5公分 (1吋)
厚之路面，每公里約費美金 1250 元。
Pennsylvania 省所築5公尺 (16呎)寬，5公
分 (2吋)厚之路面，每公里約費 1550 元。

　　預先混合之柏油 (或瀝青) 路面——
冷敷法　此項路面將石子與柏油 (或瀝青)
先加熱混和之，或冷和亦可，然後在尋常
氣溫之下澆舖。此式大概有二類：(甲)粗
石子類，(乙)細石子類。用粗石子之最老
方式為 Amiesite，所用柏油為已用過之柏
油或瀝青。Amiesite 混合物之成份，為熱
瀝青，水泥與溶化物。細石子類之性質與
熱和法瀝青砂 (Sheet Asphalt)，之性質同，
所用柏油為瀝青，水泥與溶化劑。以上二
類，所用物料，可置於標準水泥混和器或

担土機混和之，或用人工亦可。石子須清潔乾燥，柏油須合量，並應有相當之熱度。如柏油內含有輕量之流質，應有相當時間，使之揮散，普通三日或四日，有時亦須積蓄至一二月之久，方可應用。建築法包括傾注，灑舖，滾壓，與瀝青混凝土築法相同。此項路面載重量不及當地混合法所造之路面。建築5.5公尺寬之路面，每公里約需美金4350—7450元。

熱敷法　屬於此法者為機器混和之瀝青片，瀝青混凝土，柏油混凝土，以及美國 Florida 與 North Carolina 兩州之柏油砂路面等均是。Massachusetts 州柏油混凝土路面之築法如下：

於巳築好之砂石路，石子路，或混凝土路上舖一結層之柏油，面層覆以細石子，造價：包括傾倒，灑舖（用人工或機器均可），及滾壓結實等手續，5.5公尺寬之路面，每公里6200元至15500元，視其設計方法及路面厚度而異。

天然瀝青石舖法　路面應堅實而能承受此項路面之載重量。舖築方法：先用瀝青油或柏油澆灌，使之滲入路層，覆以一鬆層之天然瀝青碎石，在尋常空氣溫度之下，用大號滾路機壓實，厚度為1公分（½吋）至4公分（1½吋），再舖以天然瀝青石粉作面層滾平之。此項瀝青碎石以

0.6—2.0公分（¼吋至¾吋）為度。通常加以柏油溶液，使其柔軟，並增加粘結性。此種路面每日能勝載1000至2000次車輛經過。造價：5.5公尺寬之路面，每公里美金2200—4000元。

柏油碎石路面——熱敷法　此係 New England 州沿用已十五年之柏油灌注砂石路法。用清潔碎石子及熱瀝青。造法手續有三步：

(1)舖青石子於已壓實之路基上，並滾結之。澆灌柏油以填石子間一部分之孔隙。

(2)灑舖小石子一層，其大小適填合於石子間之孔隙，並壓實之。

(3)表面澆舖柏油一層，覆以細石子，並滾壓之。

所用石子普通為0.6公分以下，小於壓實路面之厚度。平均每公分厚之路面每平方公尺約用柏油1.8公升。造價：5.5公尺寬，厚度6.5—7.5公分（2½吋至3吋）之路面，每公里美金5600元至10500元。所成路面極光平，每日可行車輛1000至2000次，視路層之強固性而異。

改良柏油碎石路面——冷敷法　此種路面之建築法大致與水凝砂石路面築法同，即以冷柏油代水作凝結物也。此法在美國 West Virginia 州名曰「改良柏油碎石

路」(Modified bituminous macadam)；在 Virginia 州名曰「冷柏油凝結砂石路」(Cold bituminous bound macadam)。表面所舖柏油，無論冷熱均可。此項造法比柏油灌注碎石路面所用柏油較省。在 West Virginia 所用石子為脆砂石子。5.5公尺寬，9.5公分（$3\frac{3}{4}$ 吋）厚之路面，造價平均每公里美金4500元。每日平均有500至800次車輛行經其上，如下面為堅實石層，則載重量當可增加。

結論提要

(1)柏油用以防禦灰塵，尚未見效，但亦可視為暫時防禦方法。

(2)柏油面舖層較避灰柏油層為可取，因前者有不斷修繕或分期建築之價值，及有巨大之載重力。

(3)單層與雙層柏油路面不同之點，主要在覆層之厚度，而舖築次數次之。

(4)柏油用以作初層，較瀝青為優，因柏油能滲入路層較深，不如瀝青一經過灰塵即失去膠性，且柏油易乾燥，妨礙交通最少。

(5)瀝青用作上層較柏油為優，因瀝青中所含油量成份蒸發緩慢，故膠性較強，而與石子粘結甚堅，不致透水。

(6)柏油愈重則愈厚，而所覆石子應愈大。

(7)柏油冷舖法漸趨歡迎，因舖築便利而易整理，修理時，路面混合物，可以翻起墊平壓實，而得光滑潔淨之路面。

(8)若無初層柏油，則路面易於剝落，以無柏油滲入路層，而乏粘力。

(9)以薄層論，則單層柏油舖於已經壓實之砂石路上為佳。

(10)觀察氣候，交通，及路層之厚度，路基之性質等，而擇其適合於何種道路之需要。

(11)建築時路面經翻起，墊平，及藉車輛壓實者，較滾路機壓實之路面為光平。

(12)在各種情形之下，舖面之耐久性，視壓實之石子層之厚度及性質而異，但柏油當僅視為黏媒。

(13)美國西部 Florida 州建築雙層柏油路面於石灰石及沙泥路基上。6 公尺寬之路面，每公里費美金1550元，得有良好之結果。此法當可採用，研究以推廣之。

(14)用當地混合法築成之路面，其勝載重量較用滲透法築成者為優，因建築時用墊機墊平也。

(15)面層所用細石子，若小於0.6公
　　分，則路面易被車壓成凹槽。

(16)粗糙有角之石子，能增柏油路面
　　之耐久性。

(17)用預先混合法鋪築柏油路面，比
　　用當地混合法，材料較易管理，
　　且妨礙交通較少。

(18)堅實之路層，能調節瀝青石路面
　　之造價。

(19)覆層石子之堅韌性與柏油路面之
　　耐久性大有關係。太光滑者與柏
　　油間缺乏粘着力，殊不可取。

(20)有角石子及碎石屑所造之路面，
　　較為耐久而穩固。

雷擊路面奇聞

美國 Georgia 州第三號州道在 Griffin 與 Thomaston 間新鋪成混凝土路面約2750
公尺，於1930年九月十一日下午，忽被雷擊成孔穴多處。該段路面寬6.1公尺
，中央設金屬縱隔縫，每隔 15.25 公尺，設瀝青料橫隔縫，各備聯絡之釘條
(dowels)。雷「落下」時，在一橫縫與縱縫交錯之處，距工作終點426公尺，該
處路面完全被擊穿，成一小孔，然後沿金屬縫條，每邊分別前進至400公尺與
1220公尺之遙，同時似跨越橫縫由路面上前進，每邊各擊成小孔穴若干，一部
分又由路面下前進，致橫縫條微微突起。

當時距落雷處約45公尺之地，有二男子立於一加油站之屋簷下，受震倒地；另
有一男子與一婦人坐於加油站屋內，則安然無事。事後據該在加油站內之男子
聲稱，曾目覩雷擊路面時之情狀，又見一團火球沿路之中央滾行云。

　　　(Engineering News Record, October 2, 1930)

卍字形街道系統

（原文載 American City 1930, No. 3）

Henry wright 著（節譯）

現今通用之爐條式街道系統（"Grid-iron" Street System 按卽棋盤式街道系統），雖便於街道之編號，郵件與商品之送遞，人地生疏者之尋覓，然在其他方面，缺點頗多，無復可取。今欲另立他式，則下列各點，首須顧慮週到：

(1)須設備有系統之「通行交通」道路，(through traffic streets)，其寬度須敷高速交通之用，又須不爲地方局部交通所妨礙。

(2)交通道路之總長度務求縮小，以免居住用房屋之門面過寬，同時商業用房屋門面過寬，亦應避免。

(3)居住道路之佈置，須使長途往來之車輛望而却步。

(4)幹道與支路之交叉處所宜少。

(5)幹道與幹道之交叉處，須備有充分面積，以便於必要時，築成以斜坡互相跨越聯絡之路面，或應用其他方法，俾各路交通免致互相阻撓。

(6)須避免過高之建設費用。

按紐約之標準街道系統（第一圖甲）內設有幹道(Main avenues)，普通寬80呎（約24 公尺），每隔 $\frac{1}{4}$ 哩（約合400公尺）各設一條。每相鄰之縱橫幹道四條所包圍之正方形面積計40英畝（約16公頃），與耕地標準分割面積相當。此種正方形段落，又用60呎（約18公尺）寬之街道分割爲10格，各爲200×590呎（約60×180公尺）。故分割出售之地，其沿路總長度爲20×590＝11800呎（約3600公尺），其進深各爲 100呎 （約30 公尺），面積計 1,180,000 方呎（約108,000平方公尺），而劃作道路之面積則爲562,400方呎（約52,000平方公尺），居總面積之32 $\frac{1}{4}$ %。

今就同樣土地單位（40英畝），或四倍之數（第一圖乙），將道路系統路加變更，分割爲較少而展長之段落如第一圖（丙）及（丁）所示，則道路之面積可以減少，而道路之寬度，則除較短之支路兩條由60減爲50呎外，餘均仍舊，而每隔 $\frac{1}{2}$ 哩之幹路，且由80呎放寬爲120 呎（約36公尺）。幹路

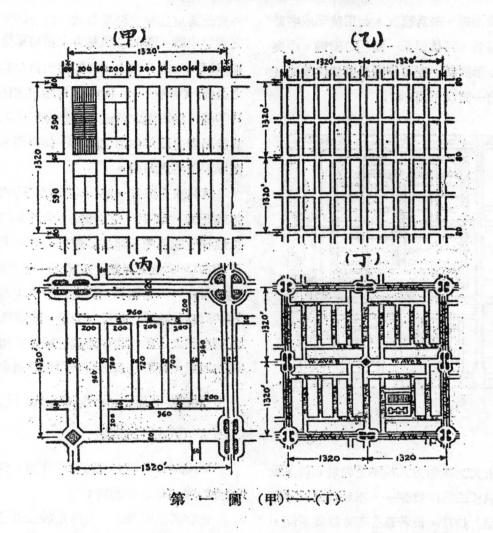

第 一 圖 (甲)——(丁)

於每隔$\frac{1}{2}$哩與他幹路相交叉處設325呎(約100公尺)直徑之圓形廣塲，其他每隔$\frac{1}{4}$哩之交叉處則設200×340呎(約61×104公尺)之廣塲。凡幹道上之交通，均可藉高低不同之路面或用環行法通過此種路口而迅疾無阻。

第一圖(丙)及(丁)所示每方格內之道路系統式樣，係根據卍字(梵文 Swastika)而來。此種道路系統曾用於古代城市。顧問工程師 Ernest P. Goodrich 氏近於中國之南京城發見之，并擬於相當面積內仍予保留。又此種道路系統用以阻止長途交通

之濫取途徑，最為適宜。如用號碼或字母以取路名，可仿照第一圖（丁）辦理。中央之正方形面積，亦可酌酌分割為棋盤式（參觀第一圖戊下面）。

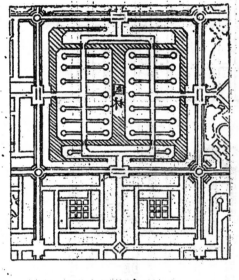

園林

第　一　圖　戊

上文之說明方式或不免過於呆板，致難者以「段落深度劃一，不足以應付不同之用途」相詰。但若以 $\frac{1}{2}$ 哩方格為單位，則在各種情形之下，更饒有伸縮性。此種單位亦可照 Radburn（地名）所用「超然段落」(superblock) 式分割，此時 $\frac{1}{2}$ 哩距離之幹道須寬120呎（36公尺）或以上，支路則可相當縮狹。

第一圖戊示卍字形道路系統在城市郊

外可改為更空曠之發展方式，即令80呎寬之幹道中斷，而將 $\frac{1}{2}$ 哩見方之面積單位按照 Radburn 式分割之。每單位內沿口袋形之公術 (Closed-end lanes) 可建單家住宅1000幢，沿四圍之幹道可起造分租住宅，其後面對向段落內部之園林。此項園林包圍單家住宅之四周。

就經濟上而言，第一圖（丙）與（丁）內之道路面積，與（甲）、（乙）相較，大致相等，故建築地畝面積亦無顯著差別。至於丙，丁圖內120呎闊之幹道，亦不必一氣築成，儘可暫以80呎為標準，而於兩旁各規定退後20呎為建築線，再於必要時，無償收用放寬道路之土地。他如廣場上幹路互相跨越之設備，亦可待至必要時再行建築也。

附錄　Gardner S. Rogers 氏之意見（摘譯）

Wright 君所擬之道路系統計劃，自實地上觀察，有若干缺點：

卍字式道路系統，如應用於城市已建設之部分，非犧牲極大之改造代價不可，於理至明，則其實施僅限於城市之新建設部分，不待言喻。

又幹道至少須於每2哩之一段內無平叉之交點，始能發揮其效用。今照 Wright 君之計劃，在每 $\frac{1}{2}$ 哩中間有平叉之路口，

則其結果恐未足以減除交通壅塞之弊。

今假定此項計劃施於寬 1 哩，長 2 哩之面積，則其內約可容納居民 53,000 人（按每家 4 人，每 8 家佔地 1 英畝計算）。唯大城市始能增加如許人數，然亦需時甚久。

再假定倘大面積，能如 Wright 君之計劃發展，則在交通上尚有問題：

居住密度約與距市中心之遠近成反比例，為公認之定律。設距商業中心 1 哩，寬 $\frac{1}{2}$ 哩之面積內，居住密度為每英畝 500 人，則在 5 哩內，每寬 $\frac{1}{2}$ 哩，長 1 哩之面積，所容居民數目如下：

第一哩	108,000人
第二哩	54,000人
第三哩	27,000人
第四哩	13,000人
第五哩	6,750人

如每 4 人為一家，每家各備汽車一輛，則各段共有汽車輛數如下：

第一哩	27000輛
第二哩	13500輛
第三哩	6750輛
第四哩	3375輛
第五哩	1687輛

若每車平均每日由住宅區往返商業區各一次，且每小時內最繁之交通量為每日十小時平均數之一倍半，則此時從各區段出發之汽車輛數如下：

第一哩	4050輛
第二哩	2025輛
第三哩	1012輛
第四哩	505輛
第五哩	250輛

各車輛沿路合併進行，總數如下：

第一哩	7842輛
第二哩	3792輛
第三哩	1767輛
第四哩	755輛
第五哩	250輛

假定每小時內每地點可通過汽車 500 輛，又每車各佔用路面寬度 10 呎，沿兩邊人行道各留空停車寬度 8 呎，則各區段內車馬道寬度應為：

第一哩	336呎
第二哩	170呎
第三哩	96呎
第四哩	56呎
第五哩	36呎

但 336 呎寬之車馬道甚不適用，實際上應以 96 呎為最大限制，故近市中心處應設幹道數條。各段內幹道條數及車馬道寬度如下：

第一哩　幹道 4 條，車馬道各寬 96 呎

第二哩　幹道2條，車馬道各寬96呎

第三哩　幹道1條，車馬道各寬96呎

第四哩　幹道1條，車馬道各寬56呎

第五哩　幹道1條，車馬道各寬36呎

上舉數字係根據各種假定得來，固未可認爲準確，然愈近市中心則交通愈繁之原則，則屬顚撲不破，故 Wright 君之計劃，僅適用於距市中心3哩以外，而距市中心5哩以外120呎寬之幹道又嫌過寬，在第四哩之一段內，以交通較稀，亦可不必築成與他路互相跨越之路面。第一圖（己）（粗線）示幹道應有之佈置，差可與各段之交通密度相適應。至幹道包圍之面積，則不妨照卍字形系統分割耳。

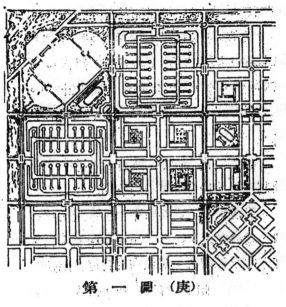

第　一　圖　（庚）

Henry Wright 答語（節譯）

Rogers 君或未覩余所擬單位細胞（Unit Cell）式城市計劃之全豹，今爲附圖（第一圖庚）以說明之。此種計劃係限制居住市區之面積爲3哩（約5公里）見方，其中心爲商業地，四邊爲工業地，居住地之深度常在 $1\frac{1}{4}$ 哩以下，交通之方向多相反而少相並。居民人數照現在分區制應以250,000人爲限，依 Rogers 君之說，全區汽車總數不過50,000輛，而有四向之150呎寬幹道8條，80呎寬幹道4條，以容納之，則必卓有餘裕。若城市人口增加在250,000以上，何妨另起爐竈乎？

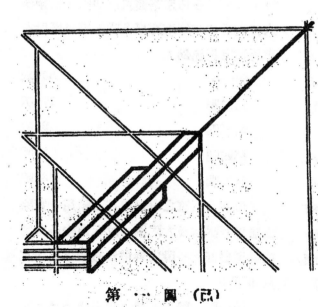

第　一　圖　（己）

海港設計之原則

(原文載 Bautechnik, 1930. Heft 44)

Dr.-Ing. Chr. Fabricius 著

港埠之用途在貨物之收發，其佈置與設備必須使貨物裝卸迅速與遞送之路經縮短。

今日之海港，尚多未能滿足此項條件，不僅因經濟關係，致裝卸之設備不能與工程上之佈置等步齊趨，亦有因往日所定之全部佈置未能適當者。故港灣之建設或擴充，須以遠大之眼光加以計劃。

港灣計劃普通爲設計者所預擬將來港灣之佈置，其中有商業碼頭（小件貨物碼頭），大宗貨物碼頭，工業用地，居住用地，港灣鐵路，道路等，其土地之分割須不難變更，而有改充他項用途之餘地。

著者在 Jahrbuch der Hafenbautechnischen Gesellschaft 1922/23 中曾舉設計原則數項，茲轉述並說明如下：

(1)必須使將來無論何時可以擴充無阻

此項條件似甚寬泛，但眼光遠大之計劃爲適應所取之土地政策起見，亦須注意此層。

(2)工程及管理費用與收入比較須求經濟

當此資本缺乏之時（譯者按：指德國情形而言），港灣計劃尤應儘先就經濟上着想。例如大規模之挖泥工程可分期進行，建築工程亦應從簡。譬如德國在歐戰以前所建碼頭上之過貨棧，甚形堅固，可有甚長之壽命。按照今日之經濟狀況，及技術上時有變遷之趨勢，則各種工程，除因特別用途及力學關係有必要者（如駁岸等）外，均應力求簡單，不求堅固持久，以期易於變更或拆卸。

(3)新闢部分應與舊有部分鎔成一片

爲使用之經濟起見，新闢部分與舊有部分務求鎔成一片。

(4)商業上之設備與工業上之設備不可混在一處

港灣之全部佈置，固須守統一之原則，然應分割爲下列部分：

(甲)小件貨物 (Stückgut) 港，又分爲海船所用者及內河船舶所用者，

(乙)大宗貨物 (Massengut) 港，附以

內河船舶專用之停泊處，

(丙)工業港。

Bunnies 氏對於漢堡亦主張小件貨物
應在距市內較近且與市內交通便利之碼頭
裝卸，其他貨物之碼頭則設於較僻遠之處
所。

為促進工商業相互間之發展與港內交
通起見，工業地區在不可少之列，故對於
港內港外之工業用土地，須妥為準備。

(5)為特殊用途而定之佈置須留有相當
變通之餘地

凡計劃只能在廣泛的範圍內規定，亦
只須在廣泛的範圍內規定。在此範圍內，
對於零星之點，尤其在用途上，須有適應
各種需要之可能性。

某港所關係之區域內，如經濟組織上
有變化，則轉運上之需要亦可因而變更。
例如工業棄煤炭而改用流質燃料，則裝卸
煤炭之港塢，將變更為存儲及裝卸煤油類
之港塢矣。

(6)海船趨向港灣之航道務成直綫且須
無橋梁之阻礙

關於避免橋梁阻礙一層，不待贅論。
對於由海趨港之航道，其路綫，深度，寬
度，以及晝夜所用之號誌。近今有多數港
灣，已大加改良。港塢之入口之佈置，則
以適應港內交通，鐵路交通，內河船舶交

通之需要為原則。

(7)內河船舶駁運之路徑宜短停泊地位
宜多

在小件貨物港內，內河船舶之交通，
應與在大宗貨物港內者異。在小件貨物港
內之內河船舶，僅需要相當長度之岸綫，
而設備大率可以從簡。其在大宗貨物港內
，則所需停泊地位甚多，以便同時停留多
數船舶，駁運海船所載若干千噸之貨物。
自繫船處至駁運處之駁運路徑應短，因內
河船舶不能勝任甚大之駁運費用也。

(8)合式之港灣鐵路必須備有離碼頭不
遠之調車設備

所謂合式之港灣鐵路設備者，指此項
設備之能以最少費用，裝卸貨物者而言。
港灣鐵路設備包括港灣車站，分車站，碼
頭上之路軌及聯絡之路軌在內。(參觀第
一圖)

港灣車站必須備有下列各項：

(1)開入列車(由內地來者)之軌道，

(2)調整車輛，以便分別開往各碼頭之
軌道，

(3)集中各碼頭開來車輛之軌道，

(4)調整集中車輛之軌道，

(5)開出列車(往內地者)之軌道，

(6)特種設備，如機車庫，車輛存放場
，鐵路工廠等。

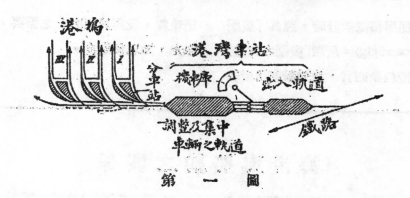

第 一 圖

車站之佈置，或向縱向延展，或向橫向擴張，視所備土地之形狀而定。如由內地開來之列車，均在他站調整妥治，則上列第二種軌道可付缺如。

分車站設於各船塢與港灣車站之間，列車到此後，再分送至碼頭上各裝卸處所（過貨棧，堆貨場等）。此項車站須備有停留列車之軌道多條（長約與列車長度之半等），有時幷應設「拖出軌道」(Ausziehgleis)一條，及調整車輛之軌道多條。

碼頭上軌道之條數，視碼頭之用途及交通之情形而定。如碼頭上建有小件貨物之過貨棧或倉庫，則按照普通情形，岸邊至少須備以轉轍線互相聯絡之軌道兩條，其傍過貨棧及倉庫者，備車輛裝卸貨物，其近水邊者，則充車輛暫時停放之用。如貨物由船舶與鐵路間直接裝卸，則岸邊軌道之數應再加多。過貨棧與倉庫之後面，至少亦應設軌道兩條，其在裝卸大宗貨物

之碼頭，此項軌道可增至3－6條之多。

(9) 港內行人車馬之道路務求縮短

第 (2) 點之要求，在相當範圍之內，包括港內道路之縮短在內。此點如不能實現，則港塢之使用及管理者，皆不免受經濟上之損失，有時損失之數並甚浩大。

(10) 應與市區及住宅區有便利之聯絡

以前形成之港灣，裝卸貨物之處，往往距市內（商業事務所，交易所等所在之處）過遠，殊爲遺憾。欲加變更，恐難辦到。又港灣爲工作繁忙之地，故應於附近設立多數住宅。住宅區與工作區之交通，本爲今日各大城市不易解決之問題，其在太港灣，因有船塢及運河橫亘其間，故困難尤甚。從事港灣之設計時，應於其間設住宅區以分隔之。各城市試行之結果，證明常川在港灣內工作之人員，每喜在服務處所之附近居住，雖有若干缺點亦所不顧也。

總之，從事港灣設計時，應具「廣闊之胸襟」(Grossztigig)。所謂「廣闊之胸襟」者，非指不惜經費而言，乃謂擘劃地段勿過瑣細，及對於經濟上之需要，以遠大之眼光，加以顧慮也。

海港與船舶之關係

自蒸汽機發明，帆船與汽船之競爭以起，同時船舶亦日益加大。1870年前後，前面水深 5—7 公尺，高出水底 8—10 公尺之碼頭，尚可敷用。二十世紀以來，工業突飛猛進，於是船舶皆用鋼鐵構造，其尺寸增加之數，略如下：

1900年前後普通貨船之尺寸：容量約 2000 註冊毛噸，長約12公尺，吃水約 5.5 公尺。

1927年前後普通貨船之尺寸：容量約 8000 註冊毛噸，長約150 公尺，寬約19公尺，吃水約8.3 公尺。

歐戰前造成之客運汽船 "Leviathan"（以前名"Deutschland"）號之尺寸：容量54000 註冊毛噸，長289.5公尺，寬30.5 公尺，吃水12公尺（以前吃水10.7公尺）。

德國新造客運汽船 "Bremen"號與"Europa"號之尺寸：容量約 50000 註冊毛噸，長286.1公尺，寬31 公尺，吃水約10公尺。

故海港之水深及碼頭牆之高度約須增至前數之兩倍，即水深須爲11—14公尺，碼頭牆高度須在20公尺以上。

又因近代船舶，其剖面幾成長方形，與以前之船底之縮狹者異，故碼頭牆前面須成垂直面。茲將自1854年以來，船舶輪廓與外切長方形所佔面積之比率列下：

1854年前後之帆船	0.80
1904年前後之帆船	0.80
1900年之高速汽船 "Deutschland"號	0.949
1913年之高速汽船 "Vaterland"號	0.961
1927年前後之普通運貨汽船	0.985

（摘譯Bautechnik 1930, Heft 12, S. 187）

路角建築物與交通之關係

(原文載 Verkehrstechni'', 1930, Heft 38/39)

Friemann 原著（節譯）

車輛經過兩道路之叉口，有與他車相撞之危險，然將路角建築物退後起造，則（在規定行車速率之下）此種危險可以避免。試就第一圖說明之。

然司機人察知危險後，必經過相當時間（驚愕時間），始能撥動制動機關，故除制動距離外，尚須顧及在「驚愕時間」內車行之路程。此項「驚愕時間」可假定行車速

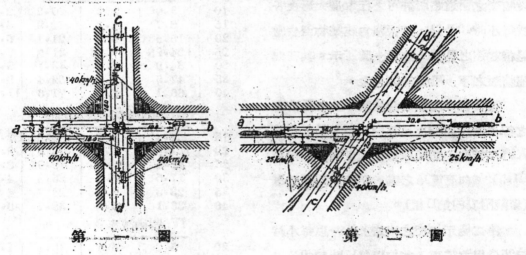

第　一　圖　　　　　　　　　第　二　圖

圖中 a-b 路上之A車，若求避免與 c-d 路上B車相撞之危險，必須A司機人在相當之處已見B車，庶於未至交义點 x 以前，能將車停住，換言之，即A司機人最初望見B車時，與 x 之距離，至少須與制動（煞車）路徑相等。

度在每小時30公里以下時為1秒，在30公里以上時為$\frac{1}{2}$秒，因車行愈速，司機人大率較為留意也。

制動距離（S）視車行之速度 (v m/sec) 與「制動減速」（p m/sec²）而定，即

$$S = \frac{v^2}{2p}。$$

制動減速又視制動機之構造及路面之性質而定。據實地試驗之結果，如四輪能同時制動，則在尋常道路，減速率可達 $5 m/sec^2$ 之數，其在運貨汽車可定爲 $2 m/sec^2$，電車則爲 $1 m/sec^2$。

根據各種假定，可得附表內第四行所列之數。例如載人汽車行駛速度爲每小時40公里，制動減速爲 $5 m/sec^2$ 時，則得制動距離與驚愕時間車行距離之和爲17.9公尺（參觀附表內第VI組），即約18公尺。設相交之兩道路所許可之行車最大速度各爲每小時40公里，則得路角建築物至少應退後起造之界線，如第一圖所示。其在他種情形之下，可仿此劃定之。

運貨汽車之制動減速較小，普通許可之行車速度亦較小，其制動距離是否比載人汽車較大，宜加以審察（參觀附表內第III組）。如有電車之處，亦應作同樣攷慮（參觀附表內第II組）。

第二圖示相交之兩路，其一以每小時行25公里之電車，其他以每小時行40公里之汽車，爲規定路角建築線之標準。

若甲路上之車輛有通過路口之優先權，乙路上之車輛須負避讓之責，則情形略異。例如第三圖（甲），若B車對A車有行駛之優先權，則B車以全速通過交叉點時，A車必須能於達到該點以前停車。B車

附　表

1	2	3	4	5
速　度 v 每小時公里數	制動距離 S 公尺	驚愕時間車行之路程 公尺	第2,3兩行之和 公尺	制動時間 秒
I. 制動減速 $0.5 m/sec^2$				
10	7.8	2.8	10.6	5.6
15	17.4	4.2	21.6	8.4
20	31.0	5.6	36.6	11.2
25	48.5	6.95	55.5	14.0
30	69.8	8.3	78.1	16.6
II. 制動減速 $1.0 m/sec^2$				
10	3.9	2.8	6.2	2.8
15	8.7	4.2	12.9	4.2
20	15.5	5.6	21.1	5.6
25	24.25	6.95	31.2	7.0
30	34.9	8.3	43.1	8.3
35	47.5	4.9	52.4	9.8
40	66.1	5.6	71.6	11.2
III. 制動減速 $2.0 m/sec^2$				
15	4.4	4.2	8.6	2.1
20	7.8	5.6	13.4	2.8
25	12.1	6.95	19.05	3.5
30	17.5	8.3	25.8	4.2
35	23.8	4.9	28.7	4.9
40	33.1	5.6	38.7	5.6
IV. 制動減速 $3.0 m/sec^2$				
20	5.2	5.6	10.8	1.9
30	11.6	8.3	19.9	2.8
40	20.6	5.6	26.2	3.7
50	32.4	6.9	39.3	4.6
60	46.3	8.4	54.7	5.6
V. 制動減速 $4.0 m/sec^2$				
30	8.8	8.4	17.2	2.1
40	16.6	5.6	22.2	2.8
50	24.4	6.9	31.3	3.5
60	35.5	8.4	43.9	4.4
70	47.4	9.7	57.3	4.9
80	61.8	11.1	72.9	5.5

VI. 制動減速 5.0 m/sec²

20	3.1	5.6	8.7	1.1
30	7.1	8.3	15.4	1.7
40	12.3	5.6	17.9	2.3
50	19.4	6.9	26.3	2.8
60	28.0	9.4	36.4	3.4
80	49.4	11.1	60.5	4.4
100	77.6	13.9	91.5	5.6

（每小時行駛速度40公里）至交叉點停車所需之時間爲2.3秒（參觀附表第5行），在此時間內B車（速度每小時40公里）所行之路程爲26公尺，故A車必須於B車行至距交叉點26公尺之處時，卽能望見之。路角之建築線卽依此規定。

總之，車輛之制動時間愈長，則路角應留出之空地愈大。

依據附表，依可就路角建築物之形狀，返求爲避免車輛衝撞起見，應許可之最大行車速度。

德國 1931 年建築展覽會

德國1931年建築展覽會定於本年五月九日至八月九日在柏林 Kaiserdamm 會塲舉行。其目的在表現今代建築物與住宅在思想與經濟上之重要變遷，灌輸民衆以建築上之知識，以及促進新建築精神暨改良建築學術與式樣之發展；故其作用不但在宣傳方面，而兼具敎育與啓示之性質，又不着重過去與現今之成績，而以將來之趨勢爲主眼。又該會之內容，非紛亂雜陳性質，係將建築術擇要介紹，而以活動與運用之形式出之。同時由專家作有系統之演講，俾蒞會者對於新建築術得充分之了解。

會塲分作五部：

（甲）國際市政工程及住宅建築展覽部；凡參加之國可將該本國市政工程及住宅建築之特色及急要之問題在此宣示與討論。

（乙）現代工程部：包括鐵路，橋梁，港灣與河工，動力廠，工廠，房屋建築，道路工程等七門，又設有「建築物與環境之關係」分部。

（丙）現代住宅部。

（丁）「新建築」部：包括材料，方法，管理等。

（戊）農林建築部。

該會通訊處爲 Geschäftsstelle der Deutschen Bauausstellung Berlin 1931, Berlin-Charlottenburg 9, Ausstellungshallen am Kaiserdamm。

如上所述，該會之內容可稱豐富，宗旨可稱嶄新，殊有參加參觀之價值，爰輯該會會程專册，摘要介紹，以告國人。　　　　　編者誌

16103

瀝青與柏油路面之損壞及其原因

(原文載 Verkehrstechnik 1930, Heft 21)

Walter Haussmann 著(節譯)

瀝青與柏油路面之建築,現已有一定之方法。依照此項方法,大率可免失敗。然仍有成效不良者,則因築路時往往分段進行,各段相距過遠,監察不易周密,以及爲當地情形及材料乃至財力所限,不能完全滿足理論上之條件故。

路面易壞之原因大致上可分三種:

(1)路面及路基工程不合,

(2)維持不良,或由於不利情形之發生,

(3)載重過大。

I. 路面及路基工程不合

(例一)某路(碎石路)於1906年澆鋪柏油,1927年復加鋪 Spramex 瀝青一次。經過多年似無損壞。1928/1929年冬間,路面忽發現零星小裂紋,追天氣漸暖又復不見。1929/30 年冬間,則密佈網狀之裂紋,旋於1930年初,路面漸成塊剝落,經加以修補,復密合如初,預料來冬必有同一現象發生,且必較以往更烈。蓋因柏油瀝青路皮(約2公分厚)與下面石料粘合不固

(因初次澆鋪柏油時,未將石料之縫捕除至相當乾淨,故路皮與石料間不能作犬牙交錯之結合), 往來移動,故易破裂耳。根本補救之法,惟有於路皮損壞至相當程度時,將其劃去,重新澆鋪,或於路皮不能劃去時,將全部路面翻起重行鞏築。若不此之圖,而僅再加澆鋪柏油一層,則爲有損無益。

(例二)有某路情形與例一相似,惟路皮尚有變成波浪狀之處,因行車而盆加甚,致車輪常受撞擊,路皮之損壞程度亦隨之增進。補救之法,當先從除去波狀部分着手,即於熱天令幹練之工人,用重鐵條,其前端打成扁劃形者,將凸起之部分一一劃去之,此時須防銳劃深入路皮,以免劃去過多,故此種工作殊不易易。

(例三)某處之「柏油瀝青」路面,係於柏油內摻入30—60%之瀝青料,而與碎石料混和築成者,厚4—5公分。所用碎石之最大粒徑爲3公分,自路面2公分以下僅爲較細之碎石。此項路皮於多處沿路邊發生

裂縫甚多。其原因爲泥土路基不良，故路面新經放寬處，損壞尤甚，有於一年後即完全破壞者。

此例給予吾人之教訓，爲道路之壽命，不僅繫於直接受磨擦之路面，而繫於路基者亦甚多。輕薄之柏油碎石（柏油混凝土）路面，祇適用於良好之泥土路基；否則非有深厚石層爲墊，必不能勝重也。故在泥土路基不甚可靠之處，導用堅厚緊輾之碎石築成，而僅於表面澆舖柏油或瀝青，雖外觀上不甚類似完全用瀝青築成者，然大率可免意外之損壞，蓋用重輾壓成之碎石路，雖僅厚 8—10 公分，已有勝重之能力，而足以調劑泥土路基之弱點，至少於輾壓時可藉充分之填補，作相當之補救也。

（例四）某小方石塊路面，因表面漸不平整，於1928年用 40/60 柏油澆舖，上蓋 6—12 公釐之石屑，開放車輛交通八星期後，復用40/60柏油及20%之 Spramex 瀝青質澆舖一次，上蓋 10/20 公釐之石屑。（兩次澆舖時，每平方公尺用油料 1.5 公斤）此項粗石屑用於碎石路之路皮，有最良之效果。1928年內石屑經重車壓入路皮內，路皮甚爲光滑，1929年仍稱完好，是年秋間，路邊部分稍成波狀，車輛經過頻繁之處旋逐漸剝落，1930年初，破壞之處面積甚大。

據 München 工科大學道路工程系研究之結果，謂該項路皮破壞之主因，爲石屑在車輪與小方石塊之間逐漸研成細粉，致所具之表面面積加大，柏油料不敷膠結之用。將樣品篩驗之結果，知路皮破壞後所含石屑之粒徑不過 5 公釐。又一原因爲該路每日照例灑水兩次，致於秋冬日不能乾透。又有堪注意者，即某小方石塊路自 1925年用純 Sparmex 瀝青澆舖以來，成效甚著，而同路之另一段用柏油澆舖者，則已損壞淨盡，故由煤油提取之瀝青料，似較柏油較難剝落。但1928年用柏油澆舖之另一小方石塊路，所用柏油較濃厚者，則於1928/29及1929/30年冬間，經過均稱良好。

故以後用柏油澆舖小方石塊路時，須守下列定律：

(1)所用石屑之大小至多爲6/12公釐。

(2)應用堅硬之玄武石（Basalt）石屑，不宜用石灰石石屑（碎石路面反是），即較軟之玄武石，如所謂「蛇紋玄武石」(Serpentin basalt 微作綠色)，以及花崗石(Granit)亦不可用。

(3)澆舖之路皮務薄，但質料宜濃厚（澆舖碎石路時亦然），即有與車輪粘結之患，亦比冬日完全破壞較勝

一籌。

(4)第二次路皮如用純瀝青料，較可勝
重耐久。

II.特種情形或維持不良

(例一)1927年築成之柏油面碎石路，
1928年再用柏油40/60與20％之Mexphalt
瀝青澆鋪一次。路面之一段在樹蔭之下，
致樹上積雪融化之水，點點下滴，路面多
麼，為水毀蝕。可於天氣和暖後復修理完
好。

(例二)某柏油面碎石路之一段，在兩
排房屋之間，因打掃工作欠周，致積雪融
化之水將路面損壞。

(例三)某柏油面碎石路與上例有同樣
而較烈之情形。路邊之洩水砌石完全積冰
，致路面積雪融化之水不能宣洩，於其附
近儲積成「湖」，將路皮浸鬆，使經車輪壓
輾而成巨坑。此種現象之避免方法，惟有
將路面勤加掃除，而以在融雪時期內為尤
要。如掃除不能合式，則柏油路面無論如
何完善，終令人失望。

(例四)某「柏油瀝青」(柏油瀝青混凝
土)路面，因一面之路邊未加鋪砌，車輛
避讓時，車輪陷入汙泥內，其後復將汙泥
(沙礫粘土)壓入路面，將其搔破而漸侵蝕
之。

III. 載重過大

柏油或瀝青面之碎石路或輕薄之柏油
或瀝青混凝土路，雖有良好之成績，然祇
適用於一定載重範圍，超過載重範圍，則
此種路面不能適用。舉例如下：

(例一)某「柏油瀝青」(柏油瀝青混凝
土)路面，厚約2公分，經過一年後已磨
去甚多，致載重最大之處發現孔坑。

(例二)某市郊幹道，為玄武石料之碎
石路，厚度頗大，表面次第澆鋪柏油(40/
60)及瀝青(Spramex)各一層。此種路面
在理本可勝載該路通行之電車及車輛，但
在秋冬間，路面常全日不能乾透，而成濕
軟之狀態，致不能抵抗繁重之交通量(每
日約三千噸)，故將來須逐漸用較堅固之
鋪砌法翻築。

蘇 俄 之「水 玻 璃」道 路

蘇俄Orel 行政區(Gouvernement)於
1930年夏間試築「水玻璃」(矽酸鹽質)道
路一條，成效甚佳，據謂汽車輪胎在水
玻璃質面上之損蝕程度，比在完好之碎
石路面上，較小17倍。故蘇俄已定有建
築大宗水玻璃道路之計劃；蘇俄化學工
業界在1930年內已承攬600 公噸水玻璃
料之供給，預料1931年將增加至 45000
公噸之多云。 (Verkehrstechnik 1930,
Heft 44)

鄉間道路及房屋之出水方法

(原文載 "Der Städtsche Tiefbau," 1930. Heft 1—2)

Eduard Schneider 著

胡 樹 楫 譯

鄉間之道路，大率將雨水均勻宣洩於兩旁之田地，地主亦無反對之餘地。但路邊設有高起之人行道時，則雨水沿路邊流積，對於路面之維持（碎石路與砂礫路尤甚，卽柏油或瀝青路面亦然），大有妨礙，而引起鄉民之抗議者（如因積潦，泛濫等）亦數數覩。

路邊如僅有零星之房屋，則不難將路面之水導入房屋兩邊之田地中。然路邊苟有成行之房屋，並有高起之人行道時，則對於雨水之處置頗屬不易，尤以附近無溪浜之處爲甚。

清滅路邊之積水，最簡單方法，爲用鐵條在地上穿一孔，使流入地下；如用10—20公分徑之「泥土鑽」(Erdbohrer) 鑽入泥土內1—2公尺，尤佳。鑽成之孔口，可用碎石掩蓋之。

按照普通情形，兩旁無房屋之鄉間道路，毋需有溝水之設備。其在坎內之路段，祇須備小溝，以容納路面之水，便其自乾或滲入地下(第一圖)。如道路與兩旁地面等高，則於路邊設淺槽 (Furche) 已足。如道路設於提上（對於路面最爲合式，以其最易受風吹日晒而迅速乾燥也），則雨水可平均宣洩於兩旁田地之內，尤無設溝之需要。

但道路設於山腰時，則向山頂之一邊須設較大且具有相當縱坡度之溝，並於低窪處設穿過路面下之涵洞，以便將路面及由山上流下之水，放入山谷(第二圖)。

路邊未加鋪砌處滋生之草莾，須完全剷除，或至少隔一定距離剷除其一部分，以便路面之水易於流去(第三圖)。

路邊植樹之「地盤」，(Baumscheibe) 如比路面略低，則不但易於收水，且可容納路上之牲畜糞汙等。

路面之低處，如流集之水甚多，又無溪浜以資容納時，則必須設「呑水坑」，(Schlinggrube) 使滲入地下。但此種呑水坑須佔若干地基，最好設於道路交叉處不能利用之尖角上，每坑須挖土4—8立方公尺，深度以達透水地層爲度，用煤屑，粗

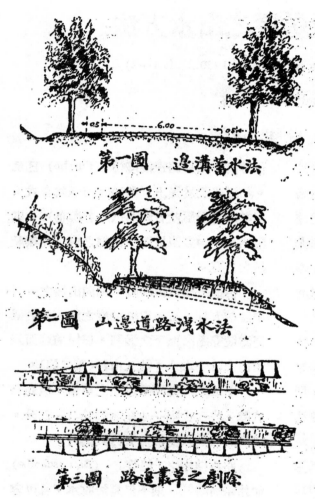

第一圖　邊溝蓄水法

第二圖　山邊道路洩水法

第三圖　路邊叢草之剷除

礫，碎磚或類似材料填滿之 。 如並設小窨井，(Vorsenke) 先使水中粗物料沉澱，則坑中磚石層透水之穴隙不致易為汙泥所填塞(第四圖)。

　此種「吞水坑」之造價廉而無弊害，惟吞水力顏屬有限。初設時不必甚大，可待不敷用時再行擴充。如能設法使暴雨時坑水不致外溢，尤佳。

在房屋櫛比之道路，有時須於低處設6─10公尺深之「吞水井」(Schling-brunnen)，用磚或水泥管砌成。井底鋪粗礫，井壁穿孔穴。並設小窨井，以彎管與吞水井相通(第五圖)。此種「吞水井」之造價，每具約為 500─700 馬克，視深度而定。如一具不敷洩水，須於其旁加設一具。井內汙泥須常加清除；清除時須防井內積有毒氣，致工人昏倒，墮入井內，可點燈放入井內以試之，燈滅即為有危險之徵。又此種「吞水井」造價旣昂，且對於交通不無危險，除無他種洩水方法可用外，勿設於道路上。

　鄉村內房屋每緊靠道路邊，致牆壁沾水潮濕，而妨衛生。著者嘗用下列方法以補救之：沿房屋一面之溝邊，砌混凝土磚塊，寬約10公分，用水泥塡縫，並於溝內鋪水泥膠泥或瀝青，以防透水。

　鄉間每有將汙水（用餘之水）傾倒於道路上之惡習，雖此種情形普通在嚴禁之列，然居戶輒視為具文。實則道路旁之居住者應各負將汙水歸納於自有空地上之義務，或用以灌園，或儲以坑穴，而隨時運去之，然後者顏為可厭，而亦嫌耗費。

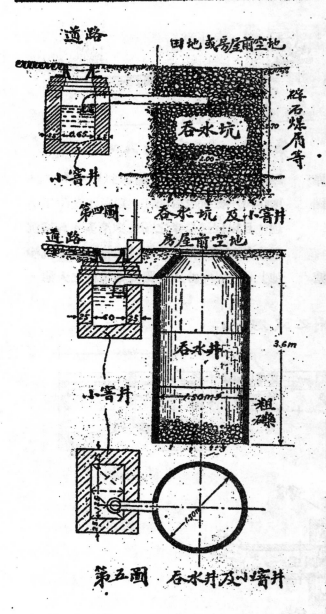

道路

田地或房屋前空地

呑水坑

碎石煤屑等

小窨井

0.65

1.00

第四圖　呑水坑及小窨井

道路

房屋前空地

小窨井

呑水井

25 40 25

3.6m

1.50M5

粗礫

第五圖　呑水井及小窨井

鄉間屋頂流下之雨水，亦以消納於各家基地上為原則。但前簷流下之水導至後面之院落，所需費用頗昂，且用以冲刷路溝亦屬無害。故對於

新建之房屋，不妨在一定條件之下，許其將前簷之水通入路溝，但每家須按人行道寬度每公尺納費 8—12 馬克，充代設接通溝管（約10公分直徑）及維持路溝與呑水坑等之用。

無論何種汙水，除已有處理設備外，應不許導入雨水明溝或陰溝內。如作例外之許可，每足引起糾紛。

鄉間有溪河之處，道路上之水可導入其中，聽其自行清淨，如溪河之水甚淺，亦可於大雨時冲去。其在平坦無流水之處，則必於最低之處設「蓄水塘」(Schlingfelder oder Himmelteiche)，凡雨水及路面之泥汙咸匯萃於是。此種水塘須用圍籬等妥如保護，以免變成藏垢納汙之所（常見鄉人將貓犬等之死屍，不用之器具，罐頭等拋入水塘內），而為疫癘（傷寒等）之源

新設蓄水塘時，須預籌擴充之餘地。其地位大率在最低之處，已如前述。如此種最低處所，適在已有房屋之各道路間，則須察酌地面高低情形，將水塘改設於空曠之處，而以溝管或明溝與該最低地面聯絡。

最好一次開設高低不同之蓄水塘兩處，並設法使來匯之水可任意導入甲塘或乙塘內，以便輪流將乾涸之塘

（或自行乾涸，或加以抽屎），加以清除。沉積之泥汙堪用作肥料，可不必出費，令農民取去（第六圖）。普通先用較高而淺之塘容水（易於清理），聽其由上面溢出一部分於較低而深之塘（清理次數較少）內，故深塘之水較爲清潔，可養魚類。如鵝鴨游泳於其中，岸邊又植美麗之樹木，則此種水塘直類公園中之魚池矣。

著者在 Köln-Bocklemund, Köln-men-genich, Longerich 等處，於下水流入水塘

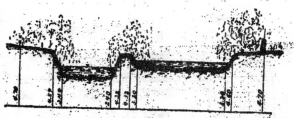

第六圖　深淺蓄水塘及四周之樹木

以前，再設混凝土「沉澱池」（Vorklärungs-becken）盡量收容泥汙，以免水塘時須清理，且以促進公衆之衞生與清潔。此種沉澱池（第七圖）備有收容較粗物料之「沉沙池」（Sandfang）及沉澱較細物料之大池，

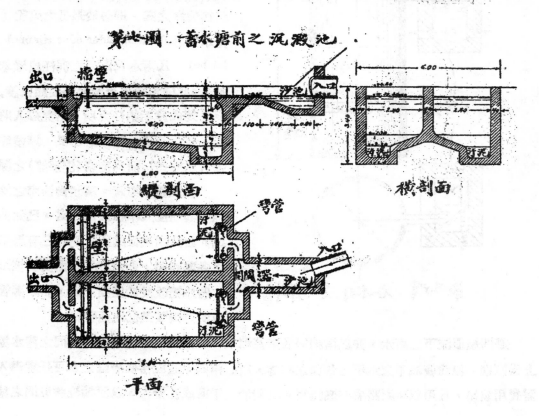

第七圖　蓄水塘前之沉澱池

縱剖面　　　　　横剖面

平面

故下水於入塘以前，已有相當之清深。該兩池又各分為兩部分，各備開關器(Schieber)，以便輪流使用與清除泥汙。

此種地塘須用籬笆等圍繞，以防兒童墮入其中，惟於冬日結冰時，可開放作滑冰之戲。圍籬最好以埋入混凝土塊內之角鐵為柱，鐵絲網為棚，此外另栽山楂等短樹笆，以便於鐵絲網毀壞時為之替代。

總之，蓄水池塘如能佈置與維持得當，不但不致變為藏垢納汙，發生疫癘之所，且可點綴風景，而在缺乏樹木流水之處，尤為適宜。沉澱池之設備，亦較用藥品（如氯化鈣，硫化鐵，石炭酸液）等為優，綠此種藥品頗為昂貴，且在較大之水量內不易侵入汙泥，而收效甚少，故專將汙泥及早清除之，其尚存之腐敗物料，亦易為水中動植物所吸收，無分解散播病菌之機會。

鄉村無完善溝渠設備之處，其雨水可導入路溝與吞水坑井以及蓄水池塘，但用餘之汙水則否，已如前述。至於由水沖廁所（抽水馬桶）而來之糞便汁，不得放入路溝等之內，更不待言。然則此種惹人厭惡妨礙衛生之汙物將如何處置之乎？

按照德國法規之規定，為設坑以容納之，坑須有相當容積，且須密不滲漏，又汙物須不溢出路面或院落內之地面，而於貯滿時運去之。此種設備不特予房主以頗大之擔負，且運去汙物又為不愉快之工作，雖新式抽水機與運送器已減除此種弊害不少，究亦未能完全避免。因此有私在坑

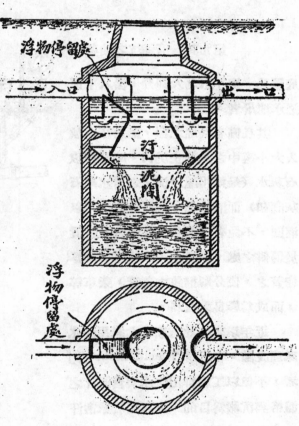

第八圖　　KREMER-FRISCHWASSER
清淨坑

第九圖　清淨坑之抽乾

次爲「新式肥料窖」，（"Moderne Dungsilos zur Abfallverwertung"），爲用混凝土包圍之一種木質箱桶，其構造之方式可促進汙物（肥料）之發酵且使與空氣及下面地層不相接觸。對於汙水等之輸入用簡單而嚴密之方法。此項方法與器具爲專利品。

復次爲「Kremer-Frischwasser 清

底鑿孔，使汙水之大部分，滲入下面透水地層者。

　　其在備有園地之家，應將汙水放入大小適中之混凝土坑內，時時和以石灰水（最好用屋頂流下之雨水與石灰調和）而清除之。糞便汁直接用以灌園，不免有害衞生，故應將其放置於偏僻之處，以肥土（Mutterboden）密蓋之，使分解掃集之落葉，柴草等，而成爲極良之肥料。

　　近年以來，始有新式之家用汙水處理設備。有所謂「Klein-Emscher井」者，不但以工廠排出之水與糞便汁之濾格與沉澱爲目的，亦可用於家常汙水之處理；或爲獨立之設備，或爲細菌清淨法（biologische Reinigung）之初步設備，均可。

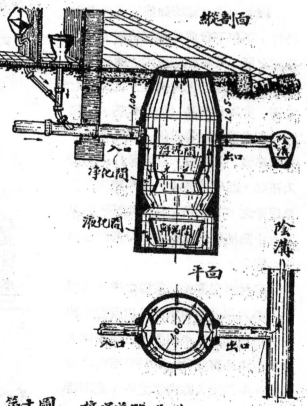

第十圖　接通道路陰溝之"OMS"式家用清淨坑

「淨坑」(第八圖)用於一家或一村鎮或工廠均可。製成此種清淨坑之混凝土零塊(直徑自0.80—1.50公尺)連鑄鐵蓋，市上均有出售，任何工人皆可裝配，故便利而價廉。坑內備有浮物收容器，凡浮物，糞便，紙張等均沉澱於其內而逐漸分解(第八圖)。沉澱之泥汙可用抽水機抽出，作肥料之用(第九圖)。

復次，"Oms" 家用清淨坑亦屬通行，有用鋼筋混凝土製成者出售。又分兩種，一種適於汙水處理清淨後放入陰溝，(第十圖)一種則將汙水處理清淨後放入「滲水井」(Sicker-Schacht)等，令其滲入地下(第十一圖)。汙水由水面下流入坑中之「淨化間」(Abritz-od. Klärraum)，因速度減小，其所含之混合物料沉澱於水底，由孔縫墮入「鮮泥間」(Sinkschlamm-raum)，再由孔縫漸漸壓入「液化間」(Verflüssigungs-raum)。其浮起之物料則升向水面，由上面之孔縫入「淨泥間」；(Schwimm-schlamm-raum)，出入口前之「檔壁」(Tauchwände)則用以防止浮物溢出口外。由坑內流出之水未發生腐敗作用，無臭氣而顯清潔，故

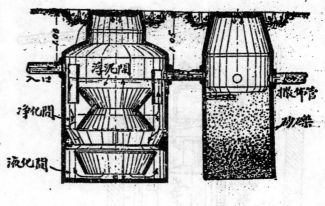

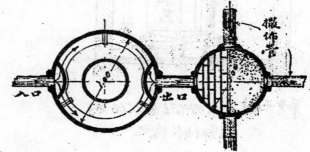

第十一圖　接通撒佈坑之"Oms"式家用清淨坑

可不必再經過「細菌清淨」，逕行撒佈於地面或地下。

在無陰溝之處，或蓄水之處比陰溝較低，須借助自動抽水機，將所須宣洩之水打入明溝或陰溝。其佈置方法，大率如次：先將所須宣洩之水，以池桶等或溝槽容納之，而於其中設「浮體」(Schwimmer)，使其隨水面升起至一定高度時，觸動活瓣(Ventil)或電氣開關器，使發動抽水機

16113

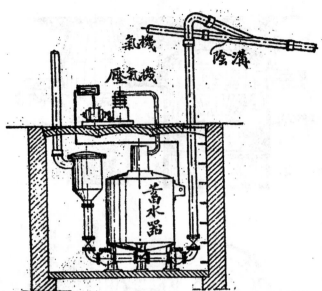

第十二圖 HAMMELRATH 式
自動抽水機之一

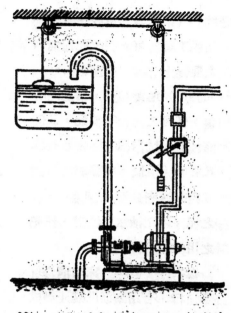

第十三圖 HAMMELRATH 式
自動抽水機之二

第十四圖 HAMMELRATH 式
自動抽水機之三

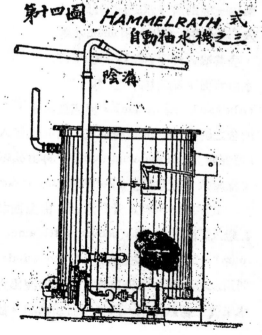

，迨水面降至一定地位時，活瓣與開關
復閉，抽水機復自行停止，如是輪流不
巳。現在所用者多為電氣發動之壓氣機（
Luftkompressoren）；蓄水器內之氣壓隨水
面之升降而高低，因此可發動或停止壓氣
機之運用。此種壓氣機用以壓送汙水及糞
便汁，較他種抽水機為優，以其活動部分
不與汙水直接接觸，故無臭氣發生，且較
難損壞。第十二，十三，十四圖示 Ham-
melrath (Köln) 式抽水機三種。

　　道路築於常川含水之泥土上時，必須
另設排水管以宣洩路床之水。其在高處之

路堤（？），可設排水總管與行車之方向平行，再設支管，分洩總管之水於路溝（等十五圖）。第十六圖示路基與旁邊較高斜坡之排水方法。

　　如路基為不透水之濕粘土層，則排水管難以收效。縱以20公分厚之石塊或碎石為道路底層，路面亦難期堅固。滾壓時路基之濕粘土可受壓而透過道路底層以達路面，使全部工程發生搖動，滾壓愈多，則弊害愈甚。故在粘土及濕泥上之道路，無論路床為挖成或填成，最好均於道路底層下舖30—50公分厚之易乾而價廉之材料（如煤屑等）一層（第十七圖），並以輕輾滾壓之。此時泥土路床，宜於中央比兩邊較低，並設排水管，藉支管通入路邊小管井，再轉入陰溝內。如是，然後路面可期堅固，而於冬日鮮凍裂之患焉。

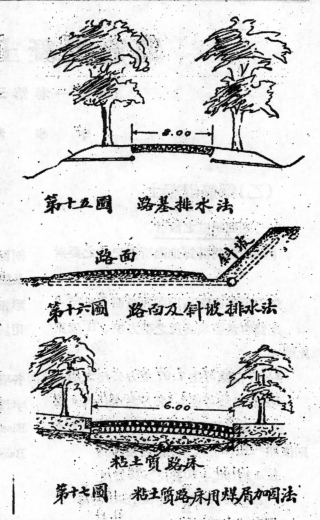

第十五圖　路基排水法

第十六圖　路面及斜坡排水法

第十七圖　粘土質路床用煤屑加固法

第二次國際衛生工程及城市衛生會議

　　第二次國際衛生工程及城市衛生會議定於1931年四月二十日至二十六日在意大利之米蘭（Milano）城舉行，同時舉行展覽會。該會通訊處為 Segreteria generale del II. Congresso Internationale per la Tecnica Sanitaria e Igiene urbanistica, Milano, Piazza del Duomo 17。

鋼筋混凝土烟囱

(續 第 一 卷 第 三 期)

李 學 海

(乙)鋼筋混凝土

(一)烟囱牆壁之設計

下列數點為計算烟囱所需尺寸之要素

烟囱頂點必須高出鄰近屋面 3 公尺。

烟囱容量恆與高度之平方根 $\sqrt{\mathrm{H}}$ 成正比例。

1公斤稻糠可生 7.87 立方公尺之烟。

1公斤稻糠可使 2.2 公斤之水化汽。假定烟囱容量將來可增加百分之三十，則依照 "Hütte" II，烟囱高度應為

$$H = 約15d_o + 10公尺 > 16公尺$$
$$= 0.00277\left(\frac{B}{R}\right)^2 + Gd_o > 16公尺$$

烟囱頂之空面積：$F_o = \dfrac{B.G}{2500.V_n}$

烟囱頂之內徑：$d_o = 0.1 \times B^{o.4}$

上數式中之 B = 每小時中所用燃料之公斤數。

G = 常數 = 19(煤炭) = ?(稻糠)

V_n = 烟囱頂際出烟之速率

= 每秒鐘約 4 公尺

R = 火爐 (Fire Place) 之面積 (平方公尺)

用本篇所述施工方法築成之烟囱，其剖面雖為圓角多邊形，惟斜度 △ 愈小，以及圓鑄面劃分圓直部分愈多時，則愈與圓形相近，故舉凡圓烟囱之設計手續，多適用於此種烟囱，無大差謬也。

篇首所舉之烟囱其構造如第十一圖，各項尺寸之計算見第三表。其中 H，h 等字母之意義如下：(參閱 Handbuch für Eisenbetonbau, von Dr. Ing. von Emperger, Band 11)

H = 烟囱牆某點高出地坪面土之高度〔其低入地坪面下之數，則以(一)號表明之〕(公尺)

h = 烟囱牆某點距烟囱頂之垂直長度 (公尺)，

Δ_a = 烟囱牆外面斜度之百分比(%)，

Δ_i = 烟囱牆裏面斜度之百分比(%)，

D_o = 烟囱頂外圓之對徑(公尺)，

d_o = 烟囱頂內圓之對徑(公尺)，

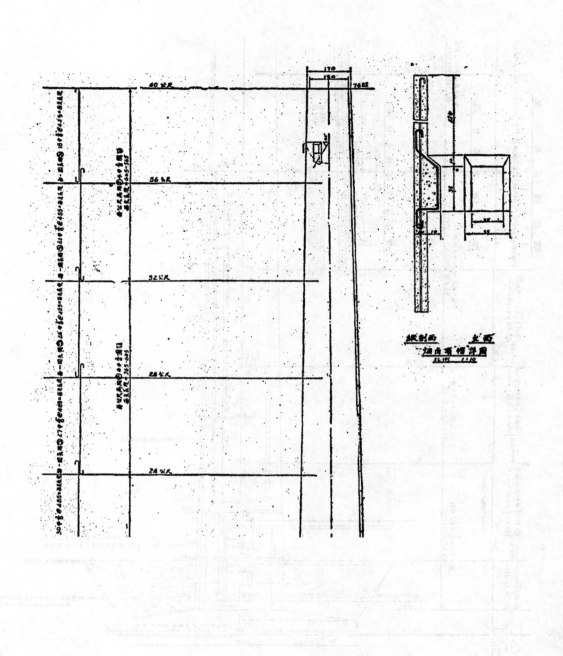

16117

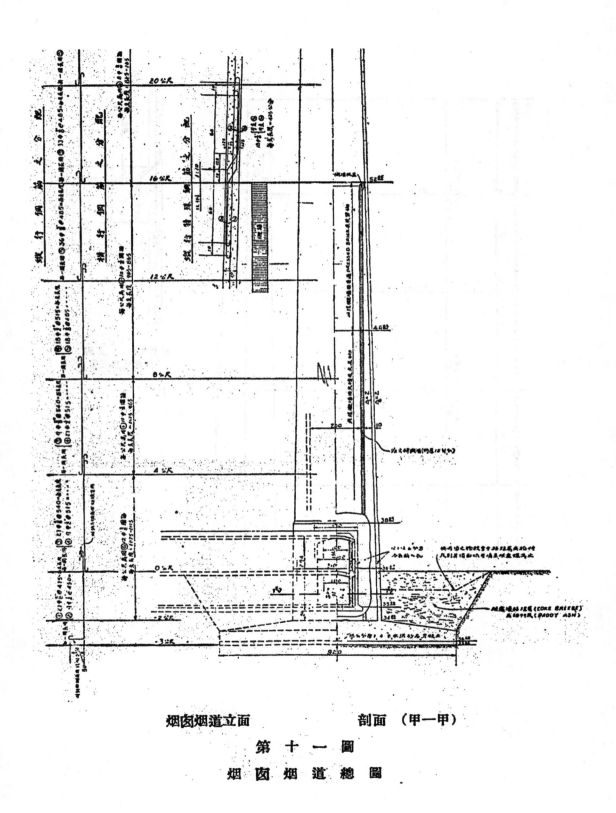

烟囱烟道立面　　　　　　剖面（甲—甲）

第 十 一 圖

烟 囱 烟 道 總 圖

D_h＝烟囱牆距頂端 h 公尺處之外圓對徑(公尺)，

d_h＝烟囱牆距頂端 h 公尺處之內圓對徑(公尺)，

ΔV＝烟囱牆距頂端 h 至 h+4 公尺一段(高 4 公尺)之體積。設 F_h＝烟囱牆距頂端 h 公尺處之剖面面積，F_{h+4}＝烟囱牆距頂端 (h+4) 公尺處之剖面面積，則 $\Delta V = 4 \cdot \dfrac{F_h + F_{h+4}}{2} = 2(F_h + F_{h+4})$ 立方公尺，

V＝烟囱牆自頂端至垂直距離 h 公尺處之體積(立方公尺)，

W＝烟囱牆自頂端至垂直距離 h 公尺處之總重量＝2.4V(公噸)，

σ_0＝烟囱牆不受風力時，距頂端 h 公尺處之剖面所受之勻佈應壓力，$=\dfrac{W}{F_h}=\dfrac{W}{2\pi\varrho t}$ (公噸/平方公尺)(剖面內鋼筋面積不計)，

a＝烟囱牆距頂端 h 公尺處之剖面上本身重量(W)與風力(Q)之合力(R)之偏心距離，$=\dfrac{M}{W}$(公尺)，

ϱ＝烟囱牆距頂端 h 公尺處之剖面之「回轉半徑」(Radius of gyration of cross section of chimney Stack)，

＝烟囱牆距頂端 h 公尺處之剖面內鋼筋中線距烟囱中心之半徑，$=\dfrac{d_h}{2}+\dfrac{2}{3}t$(公尺)，〔因縱行鋼筋每偏向外面，故應力中心亦略向外移〕

μ＝同上剖面內鋼筋面積與混凝土面積之千分比率(‰)，

f＝同上剖面內縱行鋼筋之面積 $=\dfrac{\mu F}{1000}$(平方公尺)，$=\dfrac{\mu F}{1000}\times 10000 = 10\mu F$ (平方公分)，

為施工便利起見，縱行鋼筋須就每高 4 公尺一段各計算一次，其每相連兩段內鋼筋之搭接，須在兩段相連之處，俾上段之鋼筋之底可擱於下段已成之混凝土面上，其每根鋼筋之長度即為(4公尺)＋(50倍鋼筋半徑)＋(兩端鈎長)(參看第十一圖)。

每段縱行鋼筋之尺寸，在二種以上時，其一種之根數，須為他種根數之倍數，以便沿底周易於勻佈，而使到處得相當之鋼筋面積(參看第三表)。

每相連高 4 公尺之兩段，其縱行鋼筋根數之差必須相等或為零，以便易於逐段排裝(參看第三表)。

由第三表，知本例中烟囱牆壁最弱之

處在$H＝2$公尺，其σ_0及σ_s之數值均為最大，緣此處牆厚由$t＝15$公分，頓減至$t＝10$公分也（參觀第三，第四兩圖表）。

令$\sigma_c＝$烟囱牆壁受風力時，其高h公尺一段底面在背風方面所受之最大應壓力（公斤/平方公分）（參觀第十二圖）。

$\sigma_c'＝$烟囱牆壁受風力時，其高h公尺一段底面在對風方面所受之最大應張力（公斤/平方公分），

$\sigma_c''＝$烟囱牆壁受風力時，其高h公尺一段底面之混凝土在對風方面所受之最大應張力（公斤/平方公分），

$\sigma_s＝$烟囱牆壁受風力時，其高H公尺一段底面之縱行鋼筋在對風方面所受之最大應張力（照常例混凝土之應張力不計時）（公斤/平方公分）。

$F_e＝$烟囱牆剖面混凝土與縱行鋼筋之理想混合面積，

$t_e＝$烟囱牆背風一面受壓力處混凝土與縱行鋼筋之理想混合厚度，

$t_e'＝$照常例不計混凝土之應張力時，烟囱牆對風一面受張力處縱行鋼筋折合混凝土之理想厚度，

$n＝$鋼筋混凝土之彈性係數之比$＝15$

則
$$F_e＝F+15f＝F(1+0.015\mu)$$
$$＝(2\pi\varrho)t_e$$
$$F＝(2\pi\varrho)t$$
$$\therefore t_e＝\frac{2\pi\varrho t(1+0.015\mu)}{2\pi\varrho}＝t(1+0.015\mu)$$
又$t_e'＝0.015\mu t$

由第十二圖得烟囱牆剖面上內外力平衡之方程式如下：

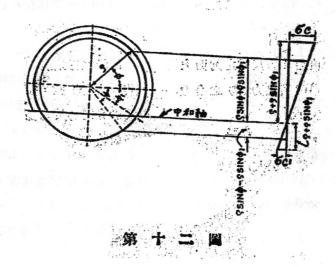

第 十 二 圖

水平高度 (公尺)	H (公尺)	h (公尺)	$i=\Delta u$ (%)	Δi (%)	D_0 (公尺)	d_0 (公尺)	D_h (公尺)	d_h (公尺)	t (公尺)	F (平方公尺)	ΔV (立方公尺)	V (立方公尺)	W (公尺)	σ_0 (公斤/平方公分)
76.85	40	0	2.00	2.00	1.70	1.50	1.70	1.50	0.10	0.5027				0.925
72.85	36	4	2.00	2.00	1.50		1.86	1.66	0.10	0.6032	2.1312	2.1312	5.115	1.770
68.85	32	8	2.00	2.00			2.02	1.82	0.10	0.6535	2.3122	4.4434	10.670	2.550
64.85	28	12	2.00	2.00			2.18	1.98	0.10	0.7037	2.5134	6.9568	16.703	3.300
60.85	24	16	2.00	2.00			2.34	2.14	0.10	0.7540	2.7144	9.6712	23.200	4.000
56.85	20	20	2.00	2.00			2.50	2.30	0.10	0.8042	2.9154	12.5866	30.200	4.680
52.85	16	24	2.00	2.00			2.66	2.46	0.10	0.8545	3.1164	15.7030	37.650	5.330
48.85	12	28	2.00	2.00			2.82	2.62	0.10	0.9048	3.3174	19.0204	45.600	5.970
44.85	8	32	2.00	2.00			2.98	2.78	0.10	0.9550	3.5186	22.5390	54.000	6.600
40.85	4	36	2.00	2.00			3.14	2.94	0.10	1.0053	3.7196	26.2586	63.000	6.890
38.85	2	38	2.00	2.00			3.22 / 3.33	3.02	0.10 / 0.15	0.98017	1.935517	28.1938	67.600	7.225
36.85	0	40	2.00	2.00			3.40	3.10	0.15	1.53152	3.9206	30.6952	73.500	4.790
34.85	-2	42					3.48	3.18	0.15	1.56923	3.1008	33.7960	81.000	5.160

三　壁　計　算　表

Dh+2D0 (公尺)	M (公噸-公尺)	a (公尺)	g (公尺)	$\frac{a}{g}$	1000μ	f (平方公分)	縱行鋼筋	A	B	σ_c (公斤/平方公分)	σ_s (公斤/平方公分)
5.26	1.17	0.229	0.90	0.2545			$18\,\Phi\frac{5}{8}''$				
5.42	4.815	0.452	0.98	0.462			$21\,\Phi\frac{5}{8}''$				
5.58	11.19	0.669	1.06	0.630			$24\,\Phi\frac{5}{8}''$				
5.74	20.40	0.879	1.14	0.770			$27\,\Phi\frac{5}{8}''$				
5.90	32.80	1.035	1.22	0.889			$30\,\Phi\frac{3}{4}''$				
6.06	48.50	1.286	1.30	0.990			$33\,\Phi\frac{3}{4}''$				
6.22	67.75	1.485	1.38	1.075	2.990	25.56	$36\,\Phi\frac{3}{4}''$	0.2365	29.0	22.5	650
6.38	90.71	1.679	1.46	1.149	3.930	35.56	$18\,\Phi\frac{1}{2}'' + 18\,\Phi\frac{3}{4}''$	0.2289	29.7	26.05	775
6.54	117.50	1.865	1.54	1.210	5.430	51.97	$9\,\Phi\frac{5}{5}'' + 27\,\Phi\frac{1}{2}''$	0.2318	27.1	28.55	773
6.62	133.10	1.975	1.58	1.250	6.610	64.79	$27\,\Phi\frac{5}{8}'' + 9\,\Phi\frac{1}{2}''$	0.2342	26.4	29.5	778
6.70	149.00	2.060	1.62	1.228	4.225	64.79	$27\,\Phi\frac{5}{8}'' + 9\,\Phi\frac{1}{2}''$	0.2149	32.2	22.3	717
		2.025	1.65								
	166.50	2.042	1.69	1.235	4.125	64.79	$27\,\Phi\frac{5}{4}'' + 9\,\Phi\frac{1}{2}''$	0.2125	33.0	24.25	800

$$W = 2\int_{-\Phi_1}^{\frac{\pi}{2}} \varrho.d\Phi.t_e \frac{\varrho\sin\Phi + \varrho\sin\Phi_1}{\varrho + \varrho\sin\Phi_1}\sigma_e - 2\int_{\Phi_1}^{\frac{\pi}{2}} \varrho.d\Phi.t_e' \frac{\varrho\sin\Phi - \varrho\sin\Phi_1}{\varrho - \varrho\sin\Phi}\sigma_e'$$

$$= \frac{2\varrho t_e.\sigma_e}{1+\sin\Phi_1}\left[\cos\Phi_1 + \sin\Phi_1\left(\frac{\pi}{2}+\Phi_1\right)\right] - \frac{2\varrho t_e'.\sigma_e'}{1+\sin\Phi_1}\left[\cos\Phi_1 - \sin\Phi_1\left(\frac{\pi}{2}-\Phi_1\right)\right]$$

又因　　　　　　$$\frac{\sigma_e}{\sigma_e'} = \frac{1+\sin\Phi_1}{1-\sin\Phi_1}$$

及　　　　　　$$t_e = t + 0.015\mu t$$

　　　　　　$$t_e' = 0.015\mu t$$

故　　　　$$W = \frac{2\varrho\sigma_e}{1+\sin\Phi}\left\{(t+0.015\mu t)\left[\cos\Phi_1 + \sin\Phi_1\left(\frac{\pi}{2}+\Phi_1\right)\right]\right.$$

$$\left. - 0.015\mu t \left[\cos\Phi_1 - \sin\Phi_1\left(\frac{\pi}{2}-\Phi_1\right)\right]\right\}$$

或　　　$$W = \frac{2\varrho\sigma_e t}{1+\sin\Phi_1}\left[\cos\Phi_1 + \sin\Phi_1\left(\frac{\pi}{2}+\Phi_1\right) + 0.015\,\mu\pi\sin\Phi_1\right]$$ ·················(1)

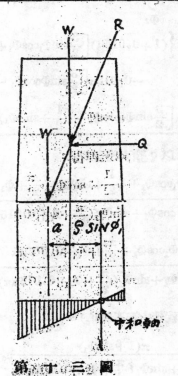

第 十 三 圖

由第十三圖得烟囪牆剖面上內外力在中和軸上之彎冪平衡之方程式如下：

$$W\,(a+\varrho\sin\Phi_1)=2\int_{-\Phi_1}^{\frac{\pi}{2}}\varrho\cdot d\Phi\cdot t_c\,\frac{\sin\Phi+\sin\Phi_1}{1+\sin\Phi_1}\cdot\sigma_c\,(\varrho\sin\Phi+\varrho\sin\Phi_1)$$

$$+2\int_{\Phi}^{\frac{\pi}{2}}\varrho\cdot d\Phi\cdot t_c'\,\frac{\sin\Phi-\sin\Phi_1}{1-\sin\Phi_1}\cdot\sigma_c'\,(\varrho\sin\Phi-\varrho\sin\Phi_1)$$

$$=\frac{2\varrho^2\sigma_c t}{1+\sin\Phi_1}\Bigg[\,t_c\int_{-\Phi_1}^{\frac{\pi}{2}}(\sin^2\Phi+2\sin\Phi_1\cdot\sin\Phi+\sin^2\Phi_1)d\Phi$$

$$+t_c'\int_{\Phi_1}^{\frac{\pi}{2}}(\sin^2\Phi-2\sin\Phi_1\cdot\sin\Phi+\sin^2\Phi_1)\cdot d\Phi\Bigg]$$

$$=\frac{2\varrho^2\sigma_c t}{1+\sin\Phi_1}\Bigg\{(1+0.015\mu)\Big[\frac{3}{2}\sin\Phi_1\cos\Phi_1+(\frac{\pi}{2}+\Phi_1)(\frac{1}{2}+\sin^2\Phi_1)\Big]$$

$$-0.015\mu\Big[\frac{3}{2}\sin\Phi\cos\Phi_1-(\frac{\pi}{2}-\Phi_1)(\frac{1}{2}+\sin^2\Phi_1)\Big]\Bigg\}$$

$$=\frac{2\varrho^2\sigma_c t}{1+\sin\Phi_1}\Big[\frac{3}{2}\sin\Phi_1\cos\Phi_1+(\frac{1}{2}+\sin^2\Phi_1)(\frac{\pi}{2}+\Phi_1+0.015\mu\pi)\Big]\cdots\cdots\cdots(2)$$

以第(1)式除第(2)式再以 ϱ 除兩邊卽得：

$$\frac{a}{\varrho}+\sin\Phi_1=\frac{\frac{3}{2}\sin\Phi_1\cos\Phi_1+(\frac{1}{2}+\sin^2\Phi_1)(\frac{\pi}{2}+\Phi_1+0.015\mu\pi)}{\cos\Phi_1+\sin\Phi_1(\frac{\pi}{2}+\Phi_1+0.015\mu\pi)}$$

或　　　$$\frac{a}{\varrho}=\frac{1}{2}\cdot\frac{\sin\Phi_1\cos\Phi_1+\frac{\pi}{2}+\Phi_1+0.015\mu\pi}{\cos\Phi_1+\sin\Phi_1(\frac{\pi}{2}+\Phi_1+0.015\mu\pi)}$$

又因　　　$$\sigma_o=\frac{W}{F}\text{（祇就F計算不就F}_c\text{）}=\frac{W}{2\pi\varrho t}$$

故　　　$$\sigma_c=\frac{\pi(1+\sin\Phi_1)}{\cos\Phi+\sin\Phi_1(\frac{\pi}{2}+\Phi_1+0.015\mu\pi)}\sigma_o=\frac{\sigma_o}{A}$$

內　　$$A = \frac{\cos\Phi_1 + \sin\Phi_1(\frac{\pi}{2} + \Phi_1 + 0.015\mu\pi)}{\pi(1 + \sin\Phi_1)}$$

又鋼筋之最大應張力爲：

$$\sigma_z = n\sigma_c' = 15 \cdot \frac{1 - \sin\Phi_1}{1 + \sin\Phi_1}\sigma_c = B\sigma_c$$

內 $$B = 15 \cdot \frac{1 - \sin\Phi_1}{1 + \sin\Phi_1}$$

由已知數 $M, W, t, a, \varrho, \sigma_c$ 求未知數 $\Phi_1, \mu, \sigma_c, \sigma_z$ 似非易事。Prof. Dr.—Ing. R. Saliger 曾將由 $\frac{a}{\varrho}$ 及 μ 計算所得之 A, B 兩數分別列表如第四第五兩表(參觀第一，第二兩圖表)。

第四表　係數 A

$\frac{a}{\varrho}$	$1000\mu=$									
	0	2.5	5	10	15	20	25	30	35	40
0.5	0.500	0.519	0.538	0.575	0.613	0.650	0.688			
0.6	444	461	480	515	550	584	618			
0.7	380	400	421	455	489	521	553			
0.8	306	342	365	402	437	470	500	530		
0.9	220	291	319	360	394	425	455	485		
1.0	0	253	283	325	358	388	418	446		
1.1		223	254	297	328	357	385	413	438	
1.2		199	230	273	303	331	358	384	407	
1.3		180	211	253	282	309	334	358	381	
1.4		163	195	235	264	290	313	336	358	380
1.5		150	181	219	247	272	295	317	338	358
1.6		138	170	206	233	257	279	300	320	340
1.8			151	184	209	231	251	270	289	307
2.0			137	166	189	210	229	246	263	279
2.2				151	173	193	210	225	241	256
2.4				160	178	195	209	223	236	
2.6				149	166	181	195	208	220	

第 五 表 保 數 B

$\dfrac{a}{\varrho}$	\multicolumn{10}{c}{$1000\mu=$}								
	0	2.5	5	10	15	20	25	30	35	40
0.5	0	0	0	0	0	0	0			
0.6	2.5	2.4	2.4	2.3	2.2	2.1	2.0			
0.7	7.1	6.2	5.7	5.1	4.6	4.2	4.0			
0.8	17.0	12.0	10.0	8.5	7.3	6.7	6.3	5.9		
0.9	44.0	19.0	14.8	11.5	9.9	8.9	8.2	7.7		
1.0	∞	26.0	19.6	14.5	12.2	10.9	10.0	9.3		
1.1		32.0	23.8	17.1	14.3	12.7	11.6	10.7	10.1	
1.2		38.5	27.5	19.5	16.1	14.2	13.0	12.0	11.2	
1.3		45.0	30.9	21.6	17.8	15.6	14.2	13.1	12.3	
1.4		50	33.8	23.4	19.3	16.9	15.3	14.1	13.3	12.6
1.5		54	36.5	25.0	20.6	18.0	16.3	15.0	14.2	13.4
1.6		57	39.0	26.6	21.8	19.0	17.2	15.8	14.9	14.1
1.8			43.2	29.3	23.7	20.7	18.7	17.2	16.2	15.4
2.0			47.0	31.8	25.4	22.1	20.0	18.4	17.3	16.5
2.2				34.0	26.9	23.3	21.1	19.3	18.2	17.4
2.4					28.2	24.4	22.1	20.2	19.1	18.2
2.6					29.3	25.3	23.0	21.1	19.8	18.9

運用此二表求 σ_c 及 σ_s 時，須先由 σ_o 得 σ_c，次由 σ_c 得 σ_s，且先除以 A，後乘以 B，手續繁多，不甚敏捷。

若以 D 代 $\dfrac{1}{A}$，復以 $D\sigma_o$ 代 $B\sigma_c$，列成圖表，更爲簡便，因如是則 σ_c 與 σ_s 二數均可同時在計算尺上以 C 與 D 各乘 σ_o 而得之也。

令 $\sigma_c=\dfrac{\sigma_o}{A}=C\sigma_o$

$\sigma_s=B\sigma_c=\dfrac{B}{A}\sigma_o=BC\sigma_o=D\sigma_o$

則 $C=\dfrac{1}{A}=\dfrac{\pi(1+\sin\Phi_1)}{\cos\Phi_1+\sin\Phi_1(\frac{\pi}{2}+\Phi_1+0.015\mu\pi)}$

$D=BC=\dfrac{B}{A}=\dfrac{15\pi(1-\sin\Phi_1)}{\cos\Phi_1+\sin\Phi_1(\frac{\pi}{2}+\Phi_1+0.015\mu\pi)}$ （參看第三，第四兩圖表）

第一圖表　係數 A

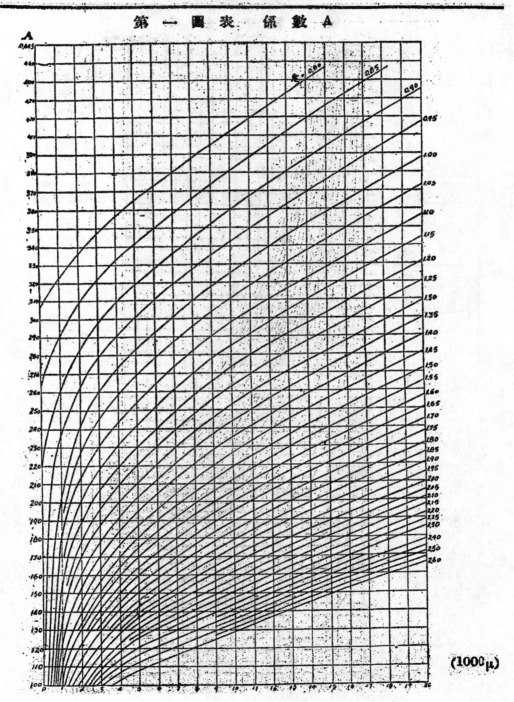

(1000μ)

第二圖表 係數B

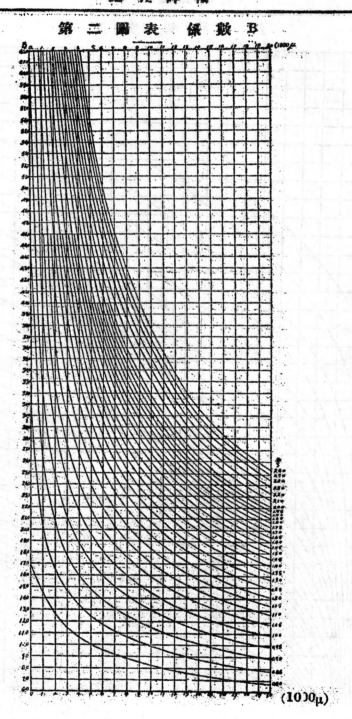

(1000μ)

第三圖表　保數 C

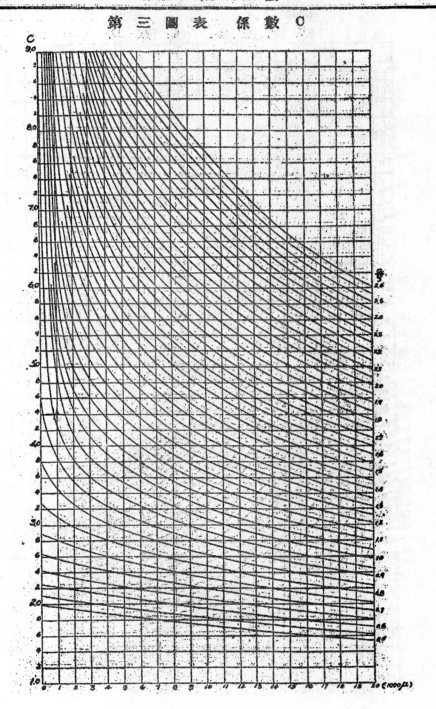

第 四 圖 表　係　數 D₁

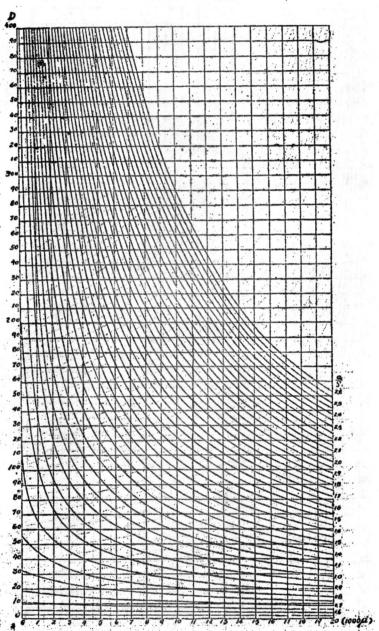

鋼筋混凝土烟囱牆壁之最大安全力應爲：

混凝土—每平方公分30公斤之應壓力

每平方公分？公斤之應張力

鋼　筋—每平方公分800公斤之應張力或應壓力

因烟囱牆壁所受之溫度較高，故以上規定諸數僅及普通慣用數值之 $\frac{3}{4}$。

混凝土裂縫之防止對於鋼筋混凝土烟囱牆壁最爲重要，故須求混凝土最大應張力 σ_c'' 之約數，以斷定有發生裂縫之可能與否。根據曾經築成之烟囱以及就其他建築物觀測之結果，下列公式可稱有相當之準碼。

因 $I=$ 烟囱牆剖面之惰性率

$$=\frac{\pi}{64}(D_h^4-d_h^4)$$

$$=\frac{\pi}{64}(D^2+d^2)(D^2-d^2)$$

$$=\frac{1}{16}F_h(D^2+d^2)$$

又以 $2(2\varrho)^2=D_h^2+d_h^2$ 代入上式則得：

$$I=\frac{1}{2}F_h\varrho^2（約數）$$

故最大彎曲應力 $=\frac{MS}{I}=\frac{2M}{F_h\varrho}$（約數）

故混凝土之最大應張力爲：

$$\sigma_c''=\frac{2M}{F_h\varrho}-\sigma_o$$

此公式內對於縱行鋼筋未曾計及，故 σ_c'' 之值僅爲約數。

概而論之，烟囱牆壁所受之應力概由〔I〕本身重量〔II〕水平風力及〔III〕溫度差異而來。

〔I〕烟囱之本身重量恆由各種材料之容積推算而得，故假定之單位重量務須與實際情形相符，若於計算時將各項單位重量從小假定，則所得之應壓力不足，固不安全。若將各項單位重量從大假定，則所得之本身重與風力之合力在底面上之偏心距離太小，此項差誤更屬危險。蓋對於烟囱最危險之力，實爲水平風力，而非其本身重量，此點宜三注意焉。

倘烟囱上載有他種建築物，如水塔等，則水塔中水滿及無水時之力學關係均須研究。

混凝土及鋼筋混凝土之單位重量，如無他種關係，可定爲每立方公尺2200公斤及2400公斤。

磚牆(良好堅固之磚)用水泥漿或水泥石灰漿砌成者，其單位重量可定爲每立方公尺1800公斤。

泥土之單位重量，如無他種根據，不得超過每立方公尺1600公斤。

沙之單位重量，可定爲每立方公尺1600公斤或1800公斤。

〔I〕風力率(intensity)之大小，隨處不同，應照各地由觀測及由經驗而得之結果

加以估定。

普通在垂直之平面上恆以

q= 125—150 公斤/平方公尺或 25

遏羅及馬來半島	q=100—125 公斤/平方公尺=20—25磅/平方呎	
中華民國	150 ,, = 30 ,,
歐洲	150 ,, = 30 ,,
美國	150—200 ,, = 30—40 ,,
日本(多暴風及颶風)	200—250 ,, = 40—50 ,,

測視風力率之值固屬困難，即欲列一公式以表明風之速度與力率之關係亦難準確，緣背風一面之吸力作用恆依烟囱形狀與面積大小以及各種情形而異，其數不易斷定。

今姑照廣闊無垠之水之衝擊力定律得風力率：

$$q = \psi \cdot \gamma \cdot \frac{v^2}{2g} \text{（公斤/平方公尺在垂直平面上）}$$

—30磅/平方呎爲標準。

世界各國所用之風力率如下：

項中 ψ = 常數，據 Grashof = 1.86，

γ = 1 立方公尺空氣之重量(公斤)，在溫度 0°C 及氣壓 760 公釐時爲 1.293，

g = 動力之加速率(以公尺/秒計)，

v = 風之速度(以公尺/秒計)，

由是得 $q = 0.122v^2$，

故風力率之大小，可由風之速度而得，如第六表。

第 六 表

v公尺/秒	2	3	6	9	12	15	18	21	24	27	30	33	36	39	42
q公斤/平方公尺	0.5	1.1	4.4	9.9	17.6	27.6	39.7	54.0	70.6	89.3	110.2	133.4	158.7	186.3	216.2

烟囱之四周如有房屋，亦不可將風力減少計算，即使烟囱之下部完全在房屋以內，僅上部穿過屋頂，亦宜顧及將來房屋拆卸時，烟囱仍屬孤立，而不用較小之風力以計算之。

烟囱面多爲弧形，依據 Newton 氏之說，與風向成水平斜角 α 之立面上所受之風力，恆隨 $\sin^2\alpha$ 之值而減。

在圓墻形周面 dF 面積上之風力 $q \cdot \sin^2\alpha \cdot dF$ 可分爲 $q \cdot \sin^3\alpha \cdot dF$ 與 $q \cdot \sin^2\alpha \cdot \cos\alpha \cdot dF$ 之二分力(第十四圖)。故單位高度圓墻面上所受之垂直風力爲：

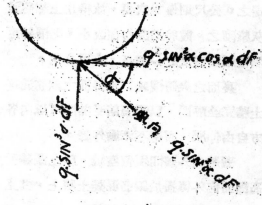

第 十 四 圖

$$Q=2\int_{\frac{\pi}{2}}^{0} q.\sin^3\alpha\,dF=2\int_{\frac{\pi}{2}}^{0} q.\sin^3\alpha.\frac{1}{2}D.da$$

$$=q.D\int_{\frac{\pi}{2}}^{0}\sin^3\alpha\,d\alpha=\frac{2}{3}(q.D)=(\frac{2}{3}q.)D,$$

內D爲圓墻面之直徑。

故圓烟囱之風力率常可按平面風力之$\frac{2}{3}$倍計算，因此，圓烟囱高 h 公尺一段所受之風力爲（參觀第十五圖）：

$$Q=\frac{2}{3}q.\frac{D_h+D_o}{2}.h$$

着力點與下端之距離：

$$\overline{X}=\frac{h}{3}.\frac{D_h+2D_o}{D_h+D_o}$$

烟囱墻高 h 公尺一段，底面上因風力而生之傾覆彎冪爲：

$$M=Q\overline{X}$$
$$=\frac{2}{3}q.(\frac{D_h+D_o}{2}h)(\frac{h}{3}.\frac{D_h+2D_o}{D_h+D_o})$$
$$=\frac{1}{9}qh^2(D_h+2D_o)\text{（公斤×公尺）}$$

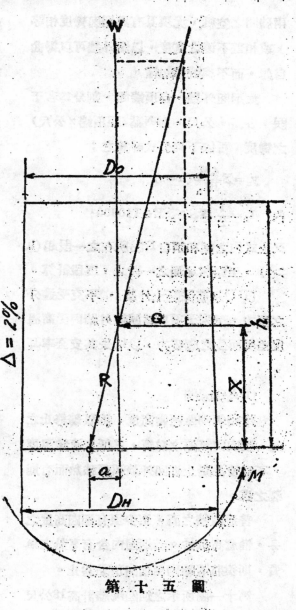

第 十 五 圖

烟囱受風力時，其鋼筋混凝土牆壁往往彎曲，惟裏面火磚襯牆抵抗彎曲之強度甚小，故內外牆之構造，須絕對隔開，其

兩牆間之空縫，尤須具有與烟囱彎度相等，或相差不遠之寬度，以備外牆可以彎曲自如，而不與襯牆相撞。

如烟囱外牆，自頂端起，劃分為若干段，各高4公尺，則N點（距頂端z公尺）之彎度，可依下列公式計算之：

$$y_z = \sum \frac{4M_h}{EI_h}(h-z)$$

內 $I_h = \frac{1}{2} \cdot F_h \cdot q^2_h$; $E=140000$;

又上式內之總和須自N點所在之一段起（$h>z$），至緊靠地面之一段止，逐段計算。

〔III〕鋼筋混凝土外牆，不克受逾分之張力，下列三項專為減輕外牆因受高溫度差異而生之應張力，以增長其安全率耳。

(1)火磚襯牆

襯牆須砌至適當高度，庶該牆終止之處，烟囱內氣質之熱度，已低至適當溫度，不致使混凝土烟囱外牆頓受強熱而有崩裂之虞。

普通襯牆之高，至少須有烟囱高度之$\frac{1}{3}$，惟愈高愈妙。若烟囱內含有高熱之氣質，則須將襯牆砌至烟囱頂點為止。

第十一圖所示之烟囱襯牆計高18公尺，約佔全烟囱高度（42公尺）之$\frac{3}{7}$，其下端12公尺（約與烟囱高度之$\frac{1}{3}$相埒），係所需之最低高度，故須全用火磚火泥砌。其上

端之6公尺則僅為次要，故得用上等磚及灰漿砌之。設將烟囱內徑改小，則襯牆更須較烟囱高度之$\frac{3}{7}$加高，方可合用。

裏面之火磚襯牆須與外面之鋼筋混凝土牆完全隔開，以便襯牆受熱時可以向各方自由伸漲，而毫不牽動外牆。

襯牆與外牆間須留空縫，以免襯牆受高熱而向外傳播於鋼筋混凝土牆上，其寬度至少須為7.5公分（或3吋）。

襯牆頂端須四周向外挑出，將空縫遮沒，以免烟囱內之灰塵下注，惟此等挑蓋之構造，仍須與外牆完全間斷，以便襯牆可以上下伸縮。

(2)冷氣輸入孔

烟囱內外牆雖不相連接，然兩牆間之空氣仍可為傳熱之媒介，使混凝土外牆得受逾分之高熱，致不安全。故須在外牆上面開若干洞口（在第十一圖所示之烟囱為6個），庶冷空氣得時常輸入二牆之間，不使其熱度增高。洞之高點須超出最高洪水水位，以防洪水侵入烟囱中。

(3)特殊縱行鋼筋

如第十一圖，在火磚襯牆終止，（即16公尺高水平）之處，鋼筋混凝土烟囱外牆頓受較高之熱度，此時因16公尺高水平上下熱度及伸縮之差別甚大，故烟囱牆受一種放射應力；此種應力須加用特殊縱行

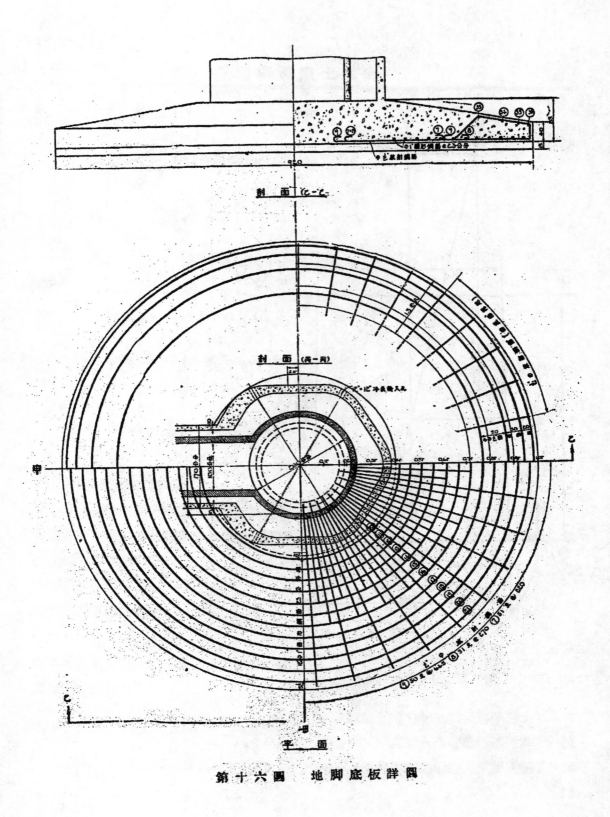

割面 (乙-乙)

割面 (丙一丙)

第十六圖　地脚底板詳圖

16135

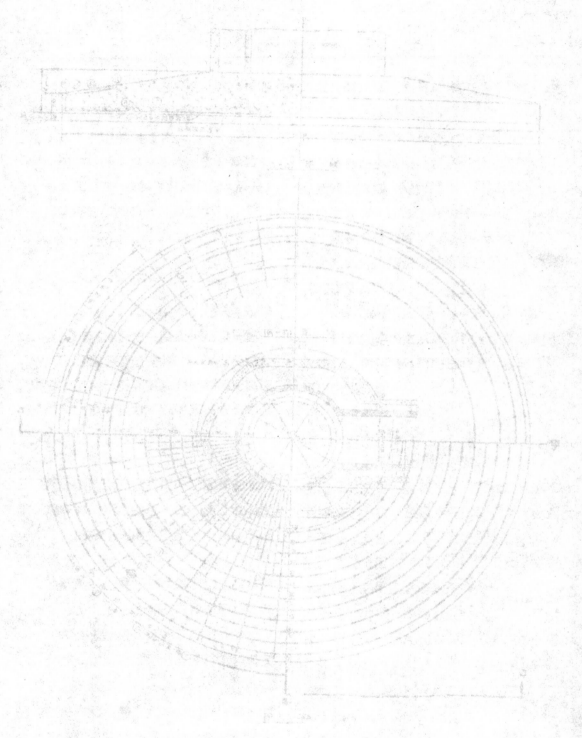

鋼筋以吸收之。此項鋼筋須等佈於烟囱外牆之圓周上。

烟囱頂端若做成帽式，致烟囱牆壁在有帽之處較厚於規定尺寸，則在牆身厚薄相接之處，發生一種與視牆頂端相仿之應力，亦須另用特種縱行鋼筋以吸收之。

本例所畢之烟囱其橫剖面爲圓角六邊形，其頂飾僅爲六個齒形物（Dentals），位於每$\frac{1}{6}$周之中（見第十一圖），所需特殊縱行鋼筋則僅爲連接是項齒飾於烟囱牆壁之用而已。

(二)烟囱地脚之設計

地脚下泥土之最大安全載重率爲：

烟囱牆壁不受風力時——每平方公尺4公噸（即每平方公分0.4公斤）

烟囱牆壁受每平方公尺125公斤之風力時——每平方公尺6,25公噸（即每平方公分0.625公斤）

若於地脚下打底脚樁，更屬安全。

鋼筋混凝土地脚平板之最大安全應力爲：

混凝土——每平方公分40公斤之應壓力

鋼　筋——每平方公分1000公斤之應張力或應壓力

地脚計算係根據圓形平底板之定理而求其切線及放射方向之彎羃（參看 Foerster, Taschenbuch für Bauingenieure, Band 1, 3. Auflage）。

如第十一圖，爲減輕地脚之載重計，其底板上祇填放每立方公尺375公斤之枯煤屑，倘無此種輕質物品，惟有稍儲他種物料於其上，使其總重量與原擬之物相等（即填至第十一圖所示之虛線爲止）。唯泥土之有效平均反應力 $p_o = \sigma_o - g$ 爲量甚小，致對風方面泥土之有效反應力 $p = p_o - 4\frac{a}{\gamma}\sigma_o$ 爲負數，竟變成向下之方向，故於底板上面外緣有負 p 之處需用少許鋼筋（第十六圖）。

(1)鋼筋混凝土烟囱牆之重量	約		= 81000公斤
(2)磚質視牆之重量	$= 2.12\pi.20 \times 0.12 \times 1800 =$		28800公斤
P	=		109800公斤
(3)假定鋼筋混凝土地脚底板重	$= 43.6 \times 2400$		104500公斤
(4)假定地脚底板上所填物重	$= 126.80 \times 375$		47600公斤
G	=		152100公斤

烟囱總重 $W = P + G =$　　　　　261900公斤

地脚底板之面積 $F = \pi r^2 = 66,47$ 平方公尺

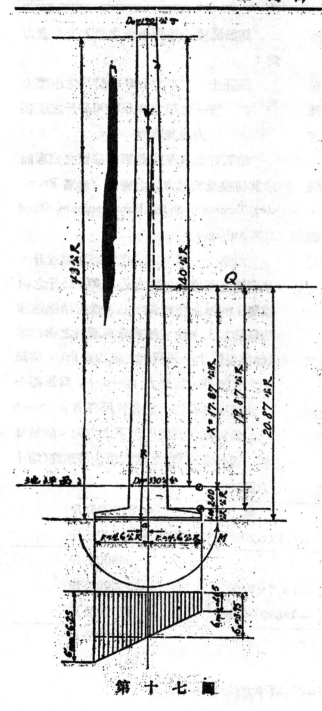

第 十 七 圖

烟囱牆壁不受風力時，地脚下泥土之平均反應力為：

$$\sigma_0 = \frac{W}{F} = \frac{261.9}{66.47} = 3.95 \text{ 公噸/平方公尺} < 4\text{公噸/平方公尺（規定最大安全量）}$$

烟囱牆壁受風力時：

$$Q = \frac{2}{3} \times q \times \frac{D_H+D_0}{2} h = \frac{2}{3}$$
$$\times 125 \times \frac{3.30+1.70}{2} \times 40 = 8330$$
公斤

$$\overline{X} = \frac{h}{3} \cdot \frac{D_H+2D_0}{D_H+D_0} = \frac{40}{3} \cdot$$
$$\frac{3.30+2\times1.70}{3.30+1.70} = 17.87\text{公尺}$$

在地脚底板上面：

$$M_1 = 8.33 \times (17.87+2.00) =$$
$$165.5\text{公噸×公尺}$$

在地脚底板下面：

$$M_2 = 165.5 \times \frac{20.87}{19.87} = 175\text{公噸×}$$
公尺

烟囱本身重量與風力之合力在地脚底板下面之偏心距離為：

$$a = \frac{M}{W} = \frac{175}{261.9} = 0.666\text{公尺}$$

故在背風方面之地脚下泥土最大反應力

$$\sigma_{max} = \sigma_0(1+4\frac{a}{r}) = 3.95(1+$$
$$\frac{4\times0.666}{4.6}) = 6.25\text{公噸/平方公尺）}$$

在對風方面之地腳下泥土最小反應力

$$\sigma_{min} = \sigma_0 \left(1 - 4\frac{a}{r}\right) = 3.95 \left(1 - \frac{4 \times 0.666}{4.6}\right) = 1.65 公噸/平方公尺)$$

又由 $\sigma_{max} = \sigma_0 \left(1 + 4\frac{a}{r}\right)$

$$\sigma_{min} = \sigma_0 \left(1 - 4\frac{a}{r}\right)$$

相加得 $\sigma_{max} + \sigma_{min} = 2\sigma_0$

故在任何一點，σ_{max} 與 σ_{min} 之和恆爲 σ_0 之二倍 σ

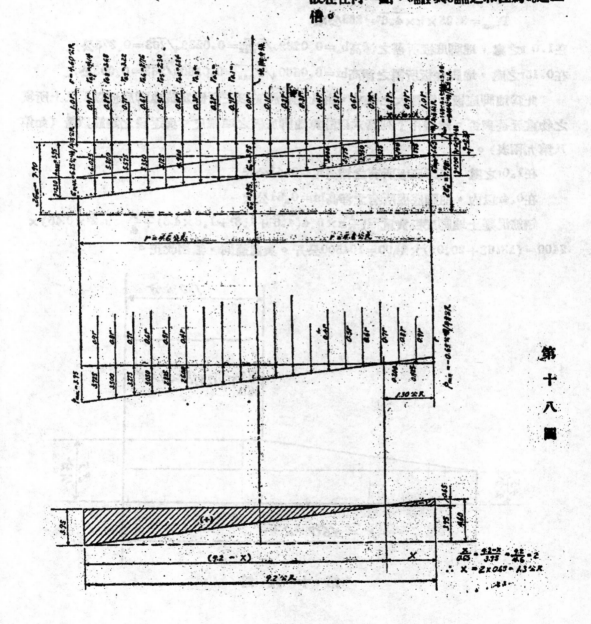

第十八圖

$$g = \frac{G}{F} = \frac{104500 + 47600}{66.5} = 2.30 \text{公噸/平方公尺}$$

$$p_o = \sigma_o - g. \left(= \frac{P}{F} = \frac{81000 + 28800}{66.5} \right) = 1.65 \text{公噸/平方公尺}$$

$$p_{max} = \sigma_{max} - g = 6.25 - 2.30 = 3.95 \text{公噸/平方公尺}$$

$$P_{max} = 3.95 \times \pi \times \overline{4.6^2} = 263 \text{公噸}$$

在1.0 r之處，地脚底板所需之淨高$h_o = 0.0232 \sqrt{P_{max}} = 0.0232 \sqrt{263} = 0.376$公尺

在0.15r之處，地脚底板所需之淨高$h_i = 0.0560 \sqrt{P_{max}} = 0.0560 \sqrt{263} = 0.908$公尺

此為地脚底板所需最大之尺寸，由此先行校正以上所假定該地脚底板以及其上所填之物重近是與否。然後用下列諸式以計算地脚底板之準確尺寸與逐段之鋼筋數量（如第八第九兩表）。

在1.0r之處，地脚底板所有之淨高$h_o = 0.41$公尺

在0.4r以內，地脚底板所有之淨高$h_i = 0.81$公尺

鋼筋混凝土地脚底板實重$= \left[\frac{1}{3} \pi \times 0.4 (\overline{4.6^2} + \overline{1.8^2} + 1.8 \times 4.6) + \frac{\pi}{4} \times \overline{9.2^2} \times 0.45 \right] \times$

$2400 = (13.68 + 29.92) \times 2400 = 104500$公斤。與前適同，無須改正。

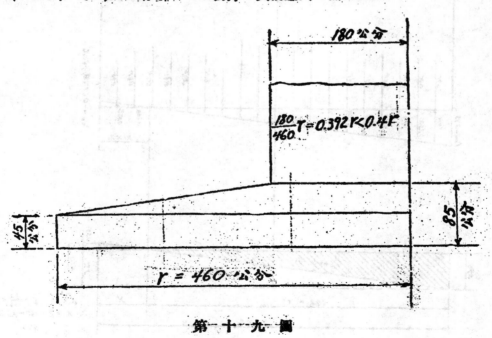

第　十　九　圖

求切線方面彎羃之公式為$M_r = \xi_r \gamma^2 (\sigma - g)$

求放射方面彎羃之公式為$M_s = \xi_s \gamma^2 (\sigma - g)$

二式中ξ_r及ξ_s均為係數，可由第七表(由 "Beton u. Eisen," 1913轉載)得之。

第 七 表　係 數 ξ_r 及 ξ_s

方　面	劃分之地點 ($\frac{x}{r}$)									
	0.10	0.20	0.30	0.40	0.50	0.60	0.70	0.80	0.90	1.00
切線ξ_r	$\frac{2}{3}$	$\frac{1}{2}$	$\frac{11}{30}$	$\frac{3}{10}$	$\frac{7}{30}$	$\frac{1}{5}$	$\frac{1}{6}$	$\frac{2}{15}$	$\frac{1}{9}$	$\frac{1}{10}$
放射ξ_s	$\frac{5}{11}$	$\frac{3}{11}$	$\frac{1}{6}$	$\frac{1}{10}$	$\frac{1}{20}$	$\frac{1}{40}$	$\frac{1}{200}$	0	0	0

求所需底板淨厚之公式為

$(h-a) = 0.389 \sqrt{\dfrac{M}{b}}$，式中$(h-a)$及b均以公分計，M以公斤×公分計。

求所需鋼筋橫截面積之公式為：

$A = 0.00293.b. \sqrt{\dfrac{M}{b}}$ 平方公分/公尺寬度

(三)烟道之設計

第十一圖所示之烟囱共有烟道二個，上下相叠，中間相隔，一與兩個 Babcock & Wilcox汽爐連接，一與兩個Cylinderical汽爐連接。

烟道在汽爐房內者，其外牆概用上等磚(Pressed Bricks)砌，其在汽爐房外者，則須做鋼筋混凝土，其內部則均須襯以半塊火磚牆。

磚砌烟道係建於鋼筋混凝土平底板上。鋼筋混凝土烟道之本身實為一箱梁(Box Girder)，其四隅之構造極為堅固，庶足抵禦因泥土強弱不勻而生之諸種應力(第二十圖)。

因建築上之需要，烟道之寬須愈狹愈妙，普通最大寬度 X 為烟囱頂面內徑之$\frac{2}{3}$，

即$X_{max} = \frac{2}{3} d_o (= \frac{2}{3} \times 1.50 = 1.00公尺)$

或$d_o = 1.5 X_{max}$

又烟道之裏面面積，普通較烟囱裏面之最小面積(即頂面面積)大20%，即

烟道之裏面面積 $= 1.2 \times \frac{\pi}{4} d_o^2 = 0.9435 d_o^2$

$= 0.9435(1.5 X_{max})^2$

$= 2.125 X_{max}^2 (= 2.125平方公尺)$

16141

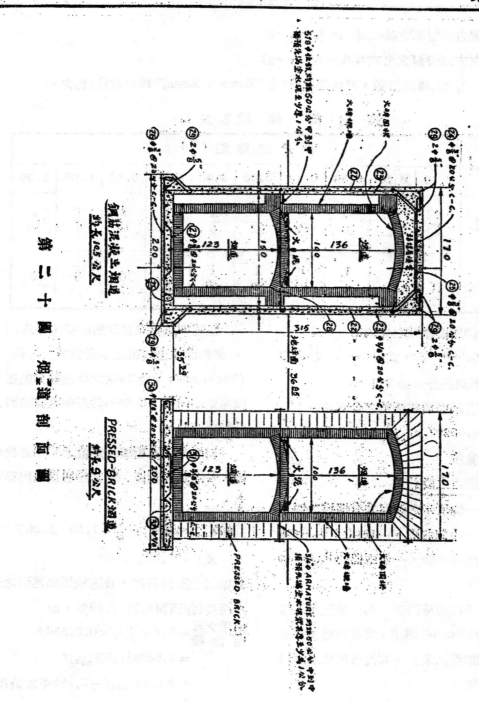

第 二 十 圖　煙 道 剖 面 圖

剖分之地點	σ_{max} (公噸/平方公尺)	σ_{max-g} (公噸/平方公尺)	種類	ξ	彎矩數某 (公噸一公尺)	所需之 (h-a') 公分	所有之 (h-a) 公分
1.0γ	6.250	3.950	M_r	$\frac{1}{10}$	8.35	35.60	41
			M_s	0	0		
0.9γ	6.025	3.725	M_r	$\frac{1}{16}$	8.75	36.40	47.5
			M_s	0	0		
0.8γ	5.800	3.500	M_r	$\frac{2}{16}$	9.87	38.70	54
			M_s	0	0		
0.7γ	5.575	3.275	M_r	$\frac{1}{6}$	11.55	41.80	60.5
			M_s	$\frac{1}{200}$	0.436	8.125	
0.6γ	5.350	3.050	M_r	$\frac{1}{40}$	12.90	44.25	67
			M_s	$\frac{7}{30}$	2.175	18.20	
0.5γ	5.125	2.825	M_r	$\frac{1}{20}$	13.85	46.00	73.5
			M_s	$\frac{8}{16}$	4.175	25.20	
0.4γ	4.900	2.600	M_r	$\frac{1}{10}$	16.50	50.00	81
			M_s		8.35	35.60	

表

筋混凝土針算表

所有之 h 公分	所需之 f (平方公分/公尺寬)(平方公分/公尺寬)	與b相折後所需之 f	所需切斷方面之數 (切斷方面積)	縱筋方面 (切斷面面積)
45	26.75	23.2 ↑		
51.5	27.40	21.0 ↑		
58	29.05	20.7 ↑	1"φ @ 23 公分 等距	
64.5	31.45 / 6.10	21.7 ↑ / 0.82 ↑		
71	33.25 / 13.65	23.0 ↑ / 3.71 ↑		
77.5	34.45 / 18.90	21.6 ↑ / 6.47 ↑		
85	37.60 / 26.75	23.2 ↑ / 11.75 ↑		

平均為 22.1 平方公分/公尺徑寬

$$\frac{100}{23} \times 5.06 = 22 \text{ 平方公分/公尺徑寬}$$

每公尺兩寬用 10 φ ↑ 12.60平方公分/公尺兩寬
(即1"φ @10公分等距)

每公尺兩寬用 10 φ ↑ 10.12平方公分/公尺兩寬
(即?"φ@12公分等距)

16144

测力之地点	σ min	σ ming	钢筋种类	η	弯鉴数量（公斤—公尺）	所需之 (h-a) 公分	所有之 (h-a) 公分
1.0γ	1.650	-0.650	Mr	$\frac{1}{11}$	1.374	14.43	41
			Ms	0	0	0	
0.9γ	1.875	-0.425	Mr	$\frac{1}{9}$	1.000	12.32	47,5
			Ms	0	0	0	
0.8γ	2.100	-0.200	Mr	$\frac{2}{15}$	0.565	9,25	54
			Ms	0	0	0	

16145

钢筋混凝土设计表

<table>
<tr><td rowspan="2">所有之 h</td><td rowspan="2">所需之 t
(三角形断面所需之 t)</td><td colspan="2">切线方 所有之钢筋</td><td colspan="2">放射方 所有之钢筋</td></tr>
<tr><td>数量</td><td>横截面面积</td><td>数放量</td><td>横截面面积</td></tr>
<tr><td>45</td><td>10.86</td><td>3.82↘</td><td></td><td></td><td>Φ½" @ 77.5 公分等距</td></tr>
<tr><td>51.5</td><td>9.27</td><td>2.40↘</td><td>4 Φ½"</td><td>平方公分
4×1.26 = 3.65 平方公分
3×0.46 尺公 公尺宽</td><td>Φ½" @ 70 公分等距</td></tr>
<tr><td>58</td><td>6.97</td><td>1.19↗</td><td></td><td></td><td>Φ½" @ 62 公分等距</td></tr>
<tr><td>公分</td><td>(平方公分/公尺宽)(平方公分/公尺宽)</td><td colspan="2">平均 $\dfrac{3.82+2.40+1.19}{3} = 2.47$</td><td colspan="2"></td></tr>
</table>

16146

故　烟道之最小高度 $Y_{min} = \dfrac{2.125 X^2_{max}}{X_{max}}$

$\qquad = 2\dfrac{1}{8} X_{max} = (2.125 公尺)$.

冷氣輸入孔　鋼筋混凝土烟道外牆上亦須做12平方公分之洞口，其高度與原則均與在鋼筋混凝土烟囱牆壁同。

(四)施工及附件

烟囱混凝土之石子　烟囱牆壁混凝土所用之石子，須爲防火材料，切勿用石灰石(Calcium Carbonate)，此點宜加注意，以免烟囱因不堪抵抗所受之熱度而致崩裂。

地腳下之1:4:8混凝土　地腳底下須較地面掘深3公尺(卽至水平33.85)，但於將至此水平之際，須將最後30 cm之一層泥土速速掘去，幷用15公分厚之1:4:8水泥砂石(3″對徑以下)混凝土，立卽堆下排堅，此時並須於填注混凝土時以及填注後3小時內將地腳坑內之水抽乾，

避電器(Lightening Conductor)　第二十一圖中所示爲最簡單之避電器，卽用$\dfrac{7}{8}$圓鐵棒上端尖銳之處包以鋼質，下端接於舊鋼絲索，幷埋入混凝土烟囱牆壁中。此索係從裝於烟囱地腳外面之一鋼板接入於地腳混凝土平板上面，然後鬆鬆繫於烟囱牆壁內之縱行鋼筋上，惟速灌注混凝土時，須將牽繫鋼絲索與縱行鋼筋之物逐段向上解開，俟烟囱牆壁灌完混凝土後，該

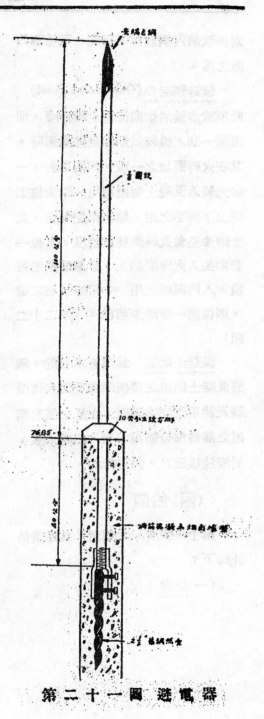

第二十一圖　避電器

16147

索與該牆內鋼筋兩不接觸，電流無四
散之虞。

　　鍍鋅鋼踏步（Galvanzied Steel）
此項踏步裝於烟囪混凝土牆外時，則
僅需一套，惟裝於烟囪牆壁裏面時，
其在火磚襯牆之一段，須備兩套，一
套先裝入混凝土烟囪牆內，以備施工
時上下腳手之用，遠工作完畢後，此
套踏步全爲火磚襯牆所遮沒，其他一
套則裝入火磚襯牆上，專備烟囪造好
後，入內視察之用。至無襯牆之處
，則僅需一套踏步而已。（第二十二
圖）

　　混凝土烟道　爲撙節木殼計，鋼
筋混凝土烟道之頂板須俟裏面火磚襯
牆及拱頂砌完後再做，如是則僅有烟
道之牆邊部分需用木殼。此處木殼，
於灌注後三日，即可拆卸。

（丙）估價

　　第十一圖所示之烟囪，其造價估
計如下：

　　（一）烟囪

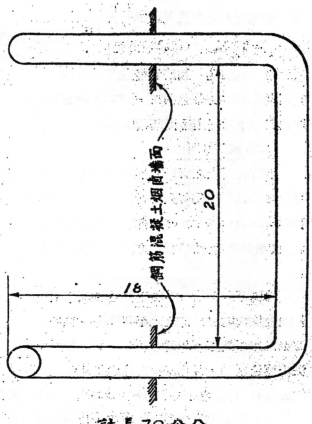

計長 70 公分

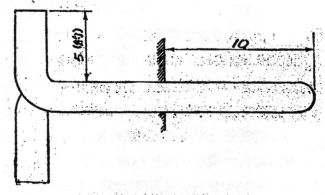

第二十二圖　鍍鋅鋼踏步圖

項　目	數　量	單位價格（遏幣）	本項共價（遏幣）	百分比
掘土	200立方公尺	Tcs. 0.80/立方公尺	Tcs. 160.00	2.61%
復填土	127立方公尺	0.80/立方公尺	101.50	1.64%
1:4:8混凝土	10立方公尺	18.50/立方公尺	185.00	2.99%
1:2:4混凝土	77.6立方公尺	23.50/立方公尺	1824.00	29.69%
鋼筋	10350磅	0.08/磅	828.00	13.48%
模子			約200.00	3.25%
地脚人工			約180.00	2.92%
烟囱人工			約420.00	6.83%
襯牆			約1200.00	19.52%
避電器			約80.00	1.29%
鋼踏步			約70.00	1.13%
水泥粉光			約30.00	0.48%
施工上所需繩板滑車等			約200.00	3.25%
木模施工 { 24 支 Stretching Screws 上應用之 { 48 支 Clamps			400.00	6.51%
運輸			約100.00	1.62%
付 Danahlith 之專利費			170.00	2.79%
淨價			6148.50	100.00%
另加監工費及承包人之紅利(30%—40%)			Tcs. 1841.50—2461.50	30—40%
總價			Tcs. 7990.00—8610.00	130-140%

（二）烟道

項　目	數　量	單位價格	本項共價	百分比	附註
掘土	50立方公尺	Tcs. 0.80/立方公尺	Tcs. 40.00	0.69%	
1:2:4混凝土	15立方公尺	23.50/立方公尺	352.00	6.07%	
鋼筋	2270磅	0.08/磅	181.60	3.14%	
模子	133平方公尺	0.50/平方公尺	66.50	1.15%	
Pressed Bricks	15.3立方公尺（約7650塊磚）	0.048/塊磚	367.00	6.33%	

火磚	19.3立方公尺 （約10000塊磚）	0.32/塊磚	3200.00	55.02%連破磚在內
火泥	約10噸	0.04/磅	896.00	15.51%
人工			500.00	8.63%
Armature			約100.00	1.73%
運輸			100.00	1.73%
淨價			Tcs. 5803.10	100%
另加監工費及承包 人之紅利(15%)			866.90	15%
總價			Tcs. 6670.00	115%

美國之 Radburn 市鎮

Wathmuths Monatshefte 1930, Heft 11 對於美國之 Radburn 市鎮 (Clarence Stein 與 Henry Wright 兩氏設計) 有簡單之介紹與批評，茲摘譯如下：

美國 New Jersey 州 Radburn 市鎮創建於二年之前；據揣測，在十年之內可有居民三萬五千人，有 "Town for the Motor Age"（汽車時代之城市）之稱，蓋市內各房屋皆以背面朝汽車道，汽車間亦設於是，前面則對向步行道；汽車道僅以一端接通交通幹道，步行道則互相聯絡；汽車道與步行道交叉之處，則設橋以跨越之，故無論步往任何地點，皆毋需穿過汽車道路，故有是名。步行道兼充小孩游戲之所。

Radburn 為衛星式市鎮，目前無發展工商之可能，但計劃中仍定有工業區一處，俾工商業將應居民之需要逐漸設立，而居民之大部亦得在市內服務。

市內之園林面積，自美國眼光觀之，可稱廣大，但僅與歐洲城市內散立式建築區域所需要之最低限度相當。

計劃所採之系統異於美國城市通用之棋盤式，藉以表現「鄉間性」，蓋此為居民所渴望故，否則，自歐洲眼光觀之，殆不免矯揉造作之譏。然其具一種美感作用，自難否認，尤以房屋立於草地而無藩籬，及用磚砌與白漆牆垣之各點為特色。

Radburn 為自治之村鎮，凡學校，教堂，浴所，路燈，以及道路之清除，交通之管理，治安之維持等等，均由創辦該市之地產公司 ── "City Housing Corporation" ── 經營云。

國外工程新聞

◀澳洲 Melbourne 城之發展計劃

澳洲 Melbourne 城爲不列顛帝國第六大城市，其成立距今不過九十年。該城之

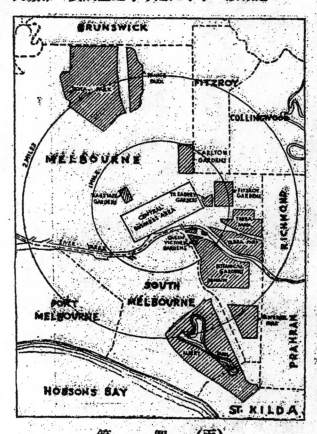

第一圖　（丙）

設計委員會爲免市區之畸形發展起見，近製有計劃。茲根據 "American City" 摘其要點，如第一圖（甲）—（戊）。

第一圖（甲）示市內某通衢舊時情形，以路面過寬，反妨交通。（乙）爲改良計劃。路口廣場之佈置，以適於環行式之交通爲目的。

（丙）示廣大空面積 (Open Areas) 在 3.2 公里（2 哩）半徑內之分佈，其計劃以每千人佔空地 2 公頃（5 英畝）爲標準。

（丁）及（戊）示市內 Maidstone 區現在情形及改良計劃。

▲用棉織物改良公路路面法

美國 South Corolina 州（自 1927 年）與 Texas 州（自 1929 年）試用棉織物 (Cotton fabric) 改良土質路面 (earthtype roads) 之成績，頗引起全美及其他各國之注意。

法將公路土質路面攪鬆 (scari-

16151

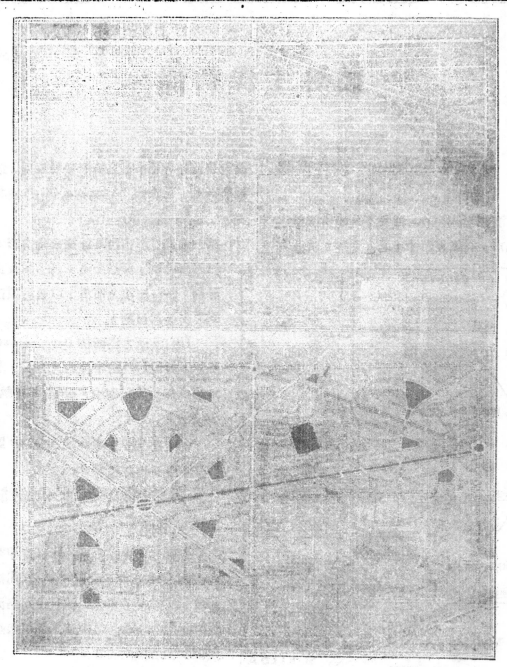

第一圖 戊（上圖）及庚（下圖）

fying)，使具需要之剖面與坡度，然後開放車馬以壓緊之，並耙鏟使平。路面之土須含細礫(Small-sized gravel)並以沙與粘土之混合質爲粘結料。俟路面完全粘結後，再阻止車馬，用「轉帚」(revolving broom)掃去鬆土等，最後幷以「手帚」(hand broom)打掃淨盡。次澆稀柏油(light tar)一層。此項稀柏油每平方公尺路面約用 1.1 公升，所含水質須不超過 2%，「變軟點」(Softening point)須不超過華氏 140 度，所含瀝青質 (bitumen)須爲 88—97%。用時熱度須在 125—150 度之間。澆稀柏油 24 小時後，趁柏油之粘性尚存在時，於全路面，或僅沿「路肩」(Shoulders)鋪棉織物。此種棉織物寬約0.9公尺(36吋)，每公尺約重 120 公分(克)，每 25 公釐(每吋)內以31根線爲經，7根線爲緯，皆爲 4 絞之紗線。次於其上澆「瀝青油」(Asphaltic Oil)，每平方公尺約用 1.8 公升。此項瀝青油在華氏 77 度時之透入度(penetration)須爲150—200，使用時之熱度須在華氏 275 度以上，375 度以下。資料須勻，並不含水分，加熱至華氏347 度須不起泡沫。復次，於路面上立卽鋪粗沙，或粗沙與細礫之混合品，或石灰石或花崗石之細屑，每平方公尺約用27公斤。此時卽可開放交通。

South Carolina 州試用上項方法於 2.4 公里之公路，經過一年後，察知路肩損壞甚少，因此該州公路局宣稱，將於兩年內用此法改良 100 公里之公路云。

此法之主要長處，在用於公路之建築與維持需費甚少。此外又據聲稱有下述之效力：（1）防止雨水由路邊滲入瀝青下之路面，故能增加路面之載重能力，（2）增加瀝青層之抗勁力，聯絡已破裂之部分，故能減殺瀝青層逐漸損壞之趨勢，（3）阻止路邊瀝青塊之移動，以免路面不勝車輪之壓力而破壞，（4）防止瀝青層之移動而成波紋形。以上各節，將來如能證實，則前項方法，對於築路界與公衆，誠大有裨益也。（摘譯 American City, August, 1930）

▲舊金山之行人交通信號

美國舊金山之 Market Street，爲增進管理繁劇交通之效率起見，特設專備行人交通用之信號。此種信號爲裝於鐵管上之箱，中設紅綠燈，其光向橫越路面之方向照射，並與車馬交通之信號聯合作用。此外若干「鳥籠式」車馬交通信號之下面，亦兼設行人交通信號焉。

當開放車馬交通時，行人交通信號現紅光，橫向照射，須待至與行人橫越路線平行之車馬信號發出 "Go" 號，始換綠光

。因此行人不特於車馬行動時，不得橫過
道路，卽該區段內車馬未全離去時，亦復
如是。但每區段距離頗大，有時需費時15
秒鐘，車馬始能全數離去，故行人等候之
時間頗長，但為安全起見，不得不爾。

　　在廣大之路口，行人趨過車馬道之路
徑，每至90公尺（300呎）之多，因於其間
特設安全站臺，與普通人行道等高，各備
行人交通信號。此種設備，對於行人之於
改變「行人交通信號」時適在路心者，尤為
重要。又為增加站臺之安全起見，於日暮
後，車馬交通信號不在運用中與車馬速度
甚大時，則由站臺上之混凝土注發
出「泛光」（flood light），與黃色
閃光。泛光之作用在使行人可以察
辨，閃光之作用則在警告趨近之車
輛云。（摘譯 Eng. News Rec.
1930, No. 16）

▲美國 New Orleans 之 電車軌道舖設新法

　　美國 New Orleans 城之 Canal
Street，為全世界最寬道路之一，
計兩邊土地界線相距52公尺（170¼
呎）。該路之一段於1929－1930年
間改築，茲僅述其電車軌道之舖設
方法如下（摘譯 Eng. News Rec.,

1930, No. 16）：

　　此項電車軌道凡四條，位於路之中央
，用鋼筋混凝土為基，鋼軌則籍「彈性支座」
（resilient rail anchorages）釘繫其上。每條鋼
軌下之鋼筋混凝土基礎，其形式如連續性
桁，其鋼筋之徑為16公釐（⅝吋），　全部基
板則代替普通橫枕木之作用。（第二圖甲）

　　彈性支座之構造，為橢圓形薄鋼板兩
塊，其外邊包捲於鋼環上，並互相連結而
成空殼（diaphram）。空殼內壓入熱瀝青
與石棉之混合料。上下支板亦作橢圓形，
鍛結於空殼之上面與底面（第二圖乙）。鋼

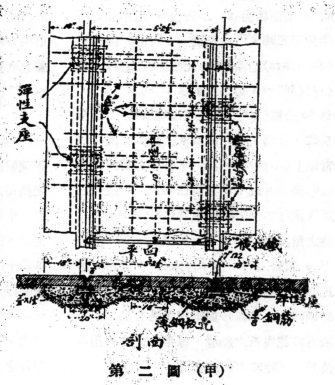

第 二 圖 （甲）

軌用「夾軌」(rail clips) 釘緊於其上，釘緊之螺栓穿過殼板及下面支承之角鋼。此項角鋼在每條鋼軌下各縱鋪兩條，在每支座之前後，又與橫鋼板帶(transverse straps)各一條相鍛接，藉其鉤形之兩端固定於混凝土內。

此種鋼軌鋪法之效用，據述如下：「鋼軌所受之力，藉上面支板傳遞於鋼殼，使

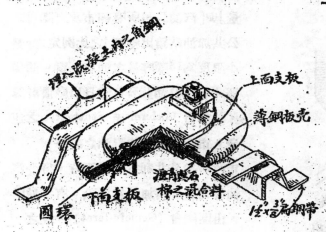

第 二 圖 （甲）

之收縮，內部之瀝青石棉「心」感受壓力，而傳遞於下面之支板及基礎。迨鋼軌不復受力時，瀝青石棉「心」含蓄之壓力與彈性殼板聯合作用，使上面支板回復原有位置。瀝青石棉心之作用，凡有兩種，一則增加殼板之強度，一則減少鋼軌之震動云。

各彈性支座之距離為1.22公尺（4呎），其支承之佈置如第二圖甲，使混凝土基礎之應力甚小。鋼軌之兩邊漆以瀝青質，

並於底面鋪6公釐（¼吋）厚瀝青等之混合料一條，庶路面不受鋼軌之牽制。

▲ Stuttgart 市取締汽車加油站辦法

德國 Stuttgart 市取締汽車加油站辦法分為兩種：

（1）市街及廣場中之加油站

原則上仿照柏林市1929年一月十五日公布之「道路規則」，規定：加油站須設於私人地產之上，不得設於人行道上。但為應付例外情形起見，另規定在人行道及廣場上設立加油站之條件。按照此項條件，在下列情形之下，不得在人行道及廣場，設立加油站：

（甲）通行電車及公共汽車之道路；

（乙）舊市區（市中心）內之道路與廣場以及其他交通較繁道路之特經指定者；

（丙）車馬道寬度不及8公尺之道路（本項用意在除加油汽車所佔之地位外，路面須可容兩車通行）；

（丁）裝設加油柱後，留出人行道寬度，自加油柱至路界，不及3公尺者（因加油柱直徑0.60公尺，人行

道邊與油柱相距至少須爲0.40公
尺，故入行道寬度至少須爲4公
尺，始許裝設加油柱）；

（戊）加油站後面土地之所有權人未經
書面表示同意者。

自施行上項取締辦法後，市街得免於
加油站之凌亂散佈。又核准設立加油站時
，對於其外觀之形狀與顏色亦加以限制，
以免損害市景。

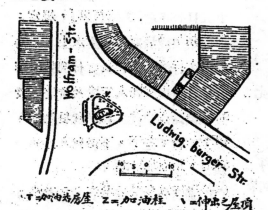

第 三 圖 甲

現有廣場上加油站之一例，其平面佈
置如第三圖（甲），并由市當局指定，釘立
透明醒目之路牌於路燈之旁。

Stuttgart市政府又與該市汽油公司訂
立合同，其主要條件如下：

汽油公司裝設加油站時，所有公共設
備之須變更者，（譯者按：如掘開路
面等）須遵照市政府之指示辦理，並
負擔該項費用。出油之管至少須離行

道樹1.80公尺埋設。

汽油公司因營業而使用之公共廣塲，
每年須納租金500—3000馬克，此外
并將加油站銷出油量總價之1½%繳納
市政府。

市政府得要求汽車公司認購煤氣廠出
產之「石炭汽油」(Benzol)；其數量按
照「煤氣廠之各加油站每月銷出之數
量」與「汽油公司所有經市政府認可之
公共加油站銷出總額」之比例定之。最
小限度爲15噸容量之油車一車。油價
照「石炭汽油」公會當日出廠價計算
，外加自 Bochum 至 Stuttgart 之運
費。市政府無認銷汽油之義務。

市政府於公共利益之需要時，得令汽
油公司自費將加油站撤除。有爭執時
，由區議會 (Gemeinderat) 仲裁之，
不得訴諸法律。

市政府或第三者因加油站之設立、存
在、使用或撤除所受任何損失，須由
汽油公司賠償。

在此種條件之下，汽油公司因利害關
係，將加油站盡量設於私人地產上，以免
擔負任何義務。

（2）私人地產上之加油站

Stuttgart 市核准私人地產上設立加
油站，爲市公安局（關於防火方面）及建築

警察局（關於建築方面）之職權。建築警察局又須徵求「邦警察局」（關於交通方面）及市工務局（關於汽車穿過人行道出入路徑之設施方面）之同意。市工務局與邦警察局議定關於汽車出入路徑之佈置辦法如下：

　　出入路徑須力求合併爲一，庶行人交通少受阻礙，且少危險。在此種情形之下

距出入口兩邊5公尺之處起，須以鐵欄杆或矮牆爲界，以便行人一望而知爲汽車加油站所在。此種佈置，在業主方面亦屬有利，以路過之汽車，可從遠眺見而辨其爲加油站也。

　　自以上所述取錄辦法施行以來，有屋頂之新式大加油站日益加多，舊時不美觀之零星加油柱日益減少。以前有以大加油

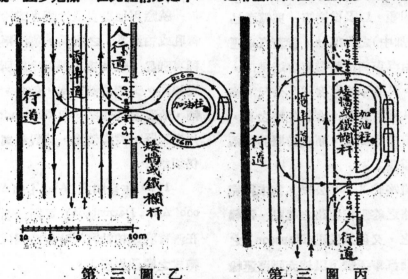

第 三 圖 乙　　　　　　第 三 圖 丙

，加油站之佈置應如第三圖乙（適用於狹而深之地畝）。但若加油站甚大，顧客繁多，而地畝又闊而淺者，則可如第三圖丙，將汽車出入路徑分開。

　　汽車出入路徑，在出入口處，例不得寬於3公尺，但已設或有特別情形者，得通融許可增至4公尺爲度。爲使行人及早注意防備，以免與出入汽車相撞起見，自

站爲妨礙繁盛道路之交通者，事實上殊不如是。且各汽油商互相競爭之結果，加油站數激增，分佈於全市，故汽車壅塞於少數街道之弊，自然免除矣。（節譯Verkehrs-technik, 1930, Heft 37）

▲安南之公路

昔日法國工程師從事於安南公路之建

設時，恆注意於將來遊歷與土產運輸之便利，故能造成非常之公路系統。今日安南已成之汽車路凡15000公里，皆可稱爲優良之道路，在維持與運輸上旣屬經濟，遊歷者亦感愉快。雖造路之主要動機或爲軍事着想，而他種目的亦能達到，是則工程師技術嫻巧與眼光遠大有以致之也。

安南之農產物（每年米1,600,000噸，玉蜀黍50,000噸，以及橡樹等）與鑛產品（近年常在增加中）之大部分，皆藉汽車運至港口，或由汽車與鐵路聯運以達港口，而輸出境外。公路平均寬度爲6公尺，路面勝載力爲9噸。公路上客貨運輸之具，除汽車外：有牛車與象，而在遊歷界，兩者有與汽車爭長之勢。

安南之鐵路約2,000公里，尚未稱完備，故由此路之終點至他路之起點，每賴汽車以聯絡之，又因氣候風（Monsoon）之關係，亦須藉汽車運輸，以補充鐵路運輸焉。

交址省之公路交通尤稱發達，其公路長度凡 5,800 公里。凡遊客之取道南旺（Pnompenh）至 kep（?）之公路者，莫不讚賞此林蔭大道之優美。各大城市之林蔭大道，亦足引動全世界之歆羨。

安南地處熱帶，天氣悶熱，夜間乘汽車兜風爲唯一之消遣方法，故公路之計劃亦須注意及此。此種情形，在他處殊不多覯。

暹羅現擬建築與安南聯絡之公路，數年後將有由河內直達新嘉坡之公路告成。若與印度之公路聯絡，則汽車可由安南逕達歐陸矣。（節譯American City July, 1930）

▲瀝青或柏油之鋪路新法

就應用地點製造冷瀝青或冷柏油（瀝青乳或柏油乳）之器具，英法兩國已有種種專利品，惟其構造與固定廠所所用者大致相同，又須象備取水、儲料、運料之車輛，故設備費頗昂。照 Calhumid 法，係用攪和器，設備較簡，然製料與用料手續仍須劃分。

1929 年發明之 Ajag 法（August, Jacobi A.G., Darmstadt）可稱最新。其特色在瀝青乳或柏油乳同時製造與使用。凡旋轉式之機件均廢去。

應用 Ajag 法之器具，又稱Ajag 車，備有圓鍋兩具，一儲瀝青或柏油，一儲水·兩者皆用唧筒（pumpe）吸出，混合而成乳狀流質，立即澆射於路面上。唧筒停止運用，乳狀流質亦停止製造。

製造時所需藥料甚少，僅爲水之1—3%。水之性質如何，無甚關係。

擴大規模試用之結果，估計每平方公

尺路面，用此法澆鋪7公分厚之瀝青乳，約需工料價1.4馬克（就德國情形而論）。

Ajag 法兼有熱澆冷鋪兩法之長，而無其短。例如冷瀝青路皮每具微孔；熱瀝青須與熱石料混和始能膠結，又澆於冷路面時，如無柏油爲之先容，亦復如是；熱瀝青必須用於乾燥路面，冷瀝青雖能用於微濕路面，而不能用於雨天，以有被冲洗之危險故；且冷瀝青與沙石料混合，每發生困難，有時須將沙石料先用特種物調合；凡此種種，皆屬缺點。照 Ajag法，則係將乳質熱瀝青或柏油澆於路面，促水分之蒸發，而留存之瀝青或柏油得以凝結，故無上述各種弊病。最近數月內，曾經實地證明，在－5°C 氣溫之下，照 Ajag 法，用瀝青或柏油澆鋪，灌填路面，或調製柏油瀝青混凝土路面，均異常合用。

用 Ajag 車可製造各種配合比例之瀝青或柏油乳（瀝青或柏油成分10－70%），以適應各種天氣。（節譯Verkehrstechnik, 1930, Heft 34）

▲用橡皮蓋護混凝土板塊法

美國 Ernest Clark 與 Daniel Tomas Gilmartin 兩氏近發明用橡皮蓋護混凝土板塊之法。如第四圖，橡皮板1之下面，製成凸起之小圓壔體3,4,其下端逐漸放大。圓壔體4比3較長，其佈置循序更換。圓壔體之下端可設凹穴 5,6，以加增聯繫力。圓壔體之角與邊復成半圓壔形或 ¼ 圓壔形。此種橡皮板塊或趁混凝土板塊2尚未凝結時，置於其上以固定之，或趁橡皮質尚無彈性時，加於已堅凝實之混凝土板

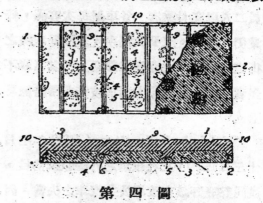

第 四 圖

塊上，然後再加熱硫化（即製成眞正橡皮 Vulkanisieren）之。此種橡皮板塊鋪於就地鋪填之混凝土地面亦可。板面橫槽9及截邊10之設，用意在避免滑足云。（Verkehrstechnik 1930, Heft 34）

▲羅馬市內廢電車改用公共汽車之結果

羅馬市內於1930年初廢止電車，改用公共汽車，結果殊不佳，可由 Verkehrstechnik 1930, Heft 33 轉載之下列批評文字見之：

Dr. Rothe 云：「羅馬此舉，殊不足爲

訓，適見「公共汽車比電車於交通較少妨礙之說」爲謬誤耳。蓋公共汽車之容積小於電車多多，故行駛之輛數必較繁，而羅馬公共汽車之數，實不敷容納熱鬧時間之交通，故乘客異常擁擠，上車下車時，無異經過「壓搾機械」，因此每車上須用售票員二人以應付乘客。各車雖每次客滿，營業仍難獲利。又公共汽車疾馳而過狹隘之街道，一部分之路面又顏惡劣，其肇禍不多者，幸賴各駕車人對於技術非常諳練耳」。

Kölnische Volkszeitung（1930年七月十三日）云：「凡在羅馬之外國報紙訪員，幾同聲護評該市改用公共汽車之失當，因外人之來遊者亦深感不便故。該市中心部分之街道，大部分無人行道之設，凡在狹路與公共汽車相遇者，每不知所措，而公共汽車後面發出之濃厚汽油或石腦油氣味，更無法逃避。又羅馬街道禍變之統計，數字上亦有增加，實因公共汽車行駛之速度過大之故。至羅馬市中心廢除電車之動機，蓋欲將古代教堂宮殿所在之地造成肅靜區域。本報於今年初卽有報告，謂所謂肅靜區域恐終難實現，而羅馬人則稱爲汽油池區域。現將閱半載，意大利官報"Giornale d'Italia"於六月二十日亦有「羅馬爲世界最嚣之城市」「所謂肅靜區域果何在乎？」等標題，旋"Polazzo Chigi"報亦有護評羅馬市醫之長篇文字，據稱 Piazza Cavour在未廢電車以前本爲清靜之地，今則變爲人間地獄云」。

▲德國Koblenz 市附近Mosel 河橋塌倒之原因

本年七月二十二日德國總統興登堡（Hindenburg）氏巡視 Rhein流域，Koblenz 市人民慶祝協約國撤兵，結隊游行，致 Mosel 河上步行橋梁忽然傾陷，死傷多人，德總統乃悄然返柏林。此事已見各日報電訊，茲據德國 Bautechnik 等雜誌，補述禍變原因如下：

上述日期之午夜，當地民衆成羣結隊由 Mosel 對岸蜂擁過橋，趨向 Koblenz 及 Lützed 兩地（參觀第五圖乙）。據事後調查之結果，知橋面之傾陷有種種原因。茲先就力學上說明如次（參觀第五圖）：

（1）橋面滿載行人時之重量，每平方公尺以 0.4 噸計，全橋載重爲 18.4噸，衝擊力未計。

（2）橋梁本身重量11.18噸。

（3）活載（除衝擊力）與本身重量合計爲 29.58 噸，內分配於兩岸礅者約 6.93 噸，分配於兩浮礅者約 22.65 噸。

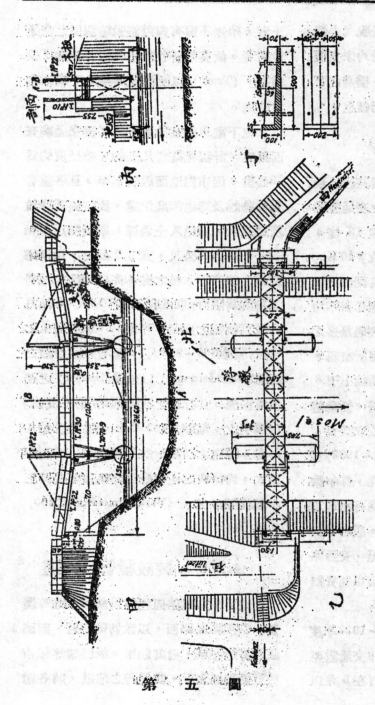

第 五 圖

（4）兩浮礅之勝載力（浮力）爲27.2噸。

第四項與第三項相差之數，即4.55噸，爲浮礅穩定之安全率。惟上項活儎未加入衝擊力，實際上未免過小。祇須增至每平方公尺0.54噸（約與衝擊率35%相當），浮體之勝載力，便可發生問題。當時橋身竪面之震動旣甚大，此外尙有沿步行方向之衝擊力，故浮礅下沉，而橋面與轉動支座脫離，遂致下陷，

另一原因爲右岸之道路與橋面成尖角，以致橋端受斜向衝擊力，致橋面向北彎動（此點有當時目視者證明）。又橋面兩邊較中間更寬，故中段行人更行擁擠，橋身卽不沉陷，中段兩邊之欄杆亦有折斷之虞。

左岸接通往 Koblenz. 公路之級步，寬僅0.9公尺，不便宣洩擁擠之羣衆，亦爲肇禍之一因。

然最大之原因，實由轉動軸與支承板尺寸過小，且無互

相繼縶之設備，致轉勤軸易於滑脫（參觀第五圖丁），觀各支承板與螺栓均未損壞，卽知轉勤軸係躍出墊板以外，橋身之下陷卽由於此，並非因橋身折斷而然也。

▲莫斯科之交通情形

莫斯科市因政治關係，發展甚速，現有居民2¼兆（百萬）以上。市內之交通設備，現有電車線38條，公共汽車線 13 條。

電車乘資爲統一制（一律收費10 Kop，約合華幣一角九分）。行車無時刻表之規定，速度亦無限制，故沿路車輛稀密不均。D.erschinsker 廣場爲爲電車經過最多之處，一遇阻礙，往往全線爲車輛所壅塞。乘客甚形擁擠，分別由車輛之前後上下。

公共汽車之情形，大致相同，惟乘客人數較有限制，且按路程遠近收取乘資。

蘇俄「五年經濟計劃」(1927–1933)實施後，估計市內人口將增至 3 兆，每年乘車人數至少有1500兆，內1100兆可由電車運載，300兆由公共汽車運載。屆時市內交通區域將擴展至 300 平方公里，交通路線加長59%，但道路鋪砌面積則以經費無法籌措，將由51%減至36%

按照五年計劃，將於1932–1933年度開始時興築地下電車路，但恐非交通需要所許，蓋全世界之城市，其人口在 3 兆以上者，殆無不備有與道路脫離關係之交通設備者。故莫斯科各電車公司合組爲「脫辣斯」（Trust）以便決定興築地下電車路之時期。

地下電車線路計劃，係根據交通調查而擬定，計擬建築者凡五線，總長度約爲50公里。因市內地面起伏不平，且各線有互相跨越及穿過河底之處，故路線升降坡度須從大，以免入土過深。車輛擬用四軸式，各長15.7公尺，寬2.7公尺，用鋼鐵製造，卽有甲木料之處，亦以用防火材料滿塗者爲限。每車可容乘客 150 人。車站月台分列軌道之兩旁，可停4–6車所組成之車隊（裝載600–900人）。裝有分段封鎖之設備（Blockierung）；以包護（isoliert）之鋼軌通電流。其行車之電流則用「第三軌條」以導引之。電壓爲750 Volt,給電之分站凡6 處。隧道之剖面，將用拱頂式，抑用平頂式，尚待決定。估計每條路線須費時三年始能築成云。 (Verkehrstechnik 1930, Heft 29)

▲Zürich 裝設纜管之地道

城市中之道路因埋設及修理水電等纜管，常須掘勤路面，以致妨礙交通，而路面之易於損壞，猶其餘事。故巴黎等城市於重要道路之下，設通行之地道，將各種

管纜悉數容納於其中，以便裝設與修理，而免掘開路面。

Zürich 市近於新闢築之道路網內，在某三條道路之下面，亦試築此項地道，總長計1257公尺。建築材料係鋼筋混凝土。地道高1.80—2.20公尺，寬度視所容管纜之種類而定，中間概留空0.80公尺，以便通行。各種管纜置於鋼筋混凝土板架之上，地道之下，下水溝渠在焉。地道內裝有電燈。每隔60公呎設出入之井，每隔200公呎，另設輸入修理材料之井。

第六圖示該市 Kanzleistrasse 地道之

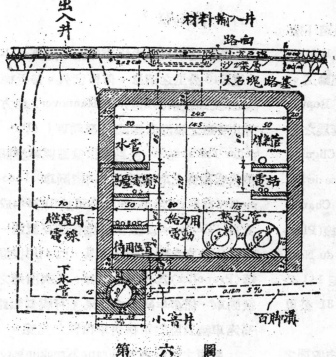

第　六　圖

剖面。此項地道每公尺之建築費（土方費在內）爲瑞幣 350 法郎。

爲通風換氣起見，該地道等之設有通風機，每日自動發動兩次，各運行 7 分鐘。(Bautechnik, 1930 Heft 19)

▲蘇俄建築公路計劃

蘇俄於 1930 年間除決定發展鐵路（參觀本報第一卷第三期）及水道外，又議決五年建築公路計劃，計碎石路由 11403 公里增至 16174 公里，砌石路由1738公里增至4565公里，鄉僻便路由 20983 公里增至 21378 公里，修建橋梁在 10000 座以上。工程費預算32兆盧布。

(Verkehrstechnik 1930, Heft 37)

▲Sahara 沙漠中之汽車路

北非洲之汽車交通，發展甚速，自地中海邊之 Tunis 至大西洋邊之Casablanca, 以及由 Algiers 至 Niger 均有汽車及公共汽車往來。其路線一部分與鐵路並行，一部分通入鐵路未達之處。此兩路對於經濟上甚屬重要。

由非洲北岸 Algiers 穿過Sahara 沙漠往 Niger 河邊 Gao 地方

之路線，長2000哩，汽車須行九日。經過 Sahara 時，用三軸式队車，可容八人。自 Reggan 至 Gao 之一段，長 810 哩，沿途由車中供給飲食。每車雇用三人，一爲司機，其他兩人爲機匠，其一管理無線電機。另有一種雙楊汽車，備私人租用。(Motor Transport, 28. 4. 1930)

▲巴黎地下電車路之擴充

巴黎已成之地下電車路，凡十線，總長123公里，分屬於 Métropolitain 與 Nord-Sud 兩公司(自 1930 年一月一日起混合營業)。

第八號線(Auteuil-Opéra)延展至「殖民地博覽會」(在Bois de Vincennes, 1931年開幕)之一段(至 Porte Dorée)已經動工。同時第九線亦延展至 Place de la Republique, 兩線在雙層隧道內交叉。延展之線在St. Denis 站與第四線(Forth de Clignancourt 至 Porte d'Orleans)，在 Place de la Republique 與第三線 (Porte de Champerret 至 Porte de Lilas) 及第五線(Place d'Etoile 至 Place d'Italie 及 Gare du Nord)。因此巴黎地下電車路線加長至 141 公里，而遍及全市熱鬧之處。尚有 31 公里路線之建築在計劃進行中。

Seine Departement 以巴黎市四周之

要塞已於數年前拆去，其附近之地可開放建築，已計劃建築至郊外長 15 公里之地下電車線15條，大部分就市區內路線延長，擬交 Métro 公司經營。

第七線(Palais Royal 至 Place du Danube及Porte de la Villette)及第十線(Invalides Odeon) 之延長線，近已完工。車站月臺比以前所建者(75公尺)加長至 105 公尺，以便停靠七車組成之列車，其中五處以離地面在 9 公尺以上，設自動梯以利乘客之出入車站云。(Genie Civil 1930)

▲推進式之鐵路發動車(參觀封面圖)

英國建築推進式快車鐵路，速度每小時達 240 公里之消息，傳佈已久。最近德國之「交通技術公司」亦在 Hannover 地方將其所造之推進式鐵路「發動車」(Propeller Triebwagen 發動車指彙備開駛機關與載客設備之車輛而言，與機關車 Locomotive有別)出示公衆。該公司於1924年成立於 Heidelberg, 其主要宗旨即在製造一種穩快價廉之陸上交通器具，而利用推進器(Propeller)爲發動機關者。此次所造之發動車，係多年研究之結果，可視爲鐵路高速車輛及懸空單軌快車出世之先聲。

此車之設計者爲 Franz Kruckenberg

與 Curt Stedefeld 兩氏。車身及發動機均務求輕巧。骨架甚為堅固，構造材料為鋼管，鋁質，木料。車長26公尺，輪軸距20公尺。可駛行之彎曲半徑，可小至 140 公尺。車身與托架之間，除設彈簧外，設有橡皮墊。空車重量計 18580 公斤。車內設 500 馬力之 BMW 式飛機發動機，以發動後面之推進器（掮風螺旋）及輔助機械。本年（1930）九十月間，在 Hannover 至 Celle 鐵路長 8 公里之一段試車，駛行速度每小時達 182 公里，若路段加長，則速度當更大。初開時之「加速」為每秒鐘0.63公尺，經過66秒及 985 公尺路徑後，每小時之速度為 100 公里。若無風時在水平軌道上行駛，且速度為每小時 150 公里，則推進軸（Propeller welle）之運轉效率（Betriebsleistung）為 198 馬力，每百公里所費油料為60公升。

　車內備有獨立之制動器（煞車）兩具。可供利用之地位長16公尺，除行李間與厠所所佔面積外，可載客24人。（Bautechnik, 1930, Heft 44）

附錄上海各日報電訊

（國民社十九年十月十八日柏林電）漢諾佛城附近，今日試驗一新式火車，該車長 100 呎，形狀在齊柏林飛船與新式路車之間，尾端置推進器，以400 馬力引擎運

轉之。今日試驗，軌道較短，且頗曲折，故最高速度僅得每小時 180 公里，料若在直線上行走，當可兩倍此數。但卽此速率，已令車中金鐵皆鳴，四十餘乘客與專家咸感昏眩。據發明者言，此車可謂一切有軌車輛之大革命，下次將擇較長鐵路線試驗，并擬改用透平引擎，以節燃料云。

▲華盛頓第六次國際道路會議紀要

國際道路會之組織與以往歷史，本報第一卷第三期已述其大概。第六次會議於1930十月六日至十一日在華盛頓開會消息，亦經預誌。茲據 "Engineering News Record" Oct. 16, 1930, 略述會議經過情形如下：

此次會議派代表參加者凡63國（中國亦有代表數人參加）。除會議外，有展覽會與視察旅行。展覽會設於華盛頓陳列館（Auditorium），陳列築路機械及築路材料，尚有野外展覽之部分，實地表演築路之工作，美國公路局附屬 Arlington 試驗所亦加入實地表演，並藉演講為之說明。由華盛頓 Potomac 河南岸至華盛頓總統故鄉 Mount Vernon 長27.4公里之紀念路（為華盛頓生後 200 年紀念而建築者），亦在參觀之列。最後由美國公路教育局與

American Automobile Association 備公共
汽車，請各國代表作兩星期之視察旅行，
分三路出發，分別趨 New England 與南部
沿大西洋邊及中部各州，皆以 Detroit 爲
終點。以上各項辦法，均可使參觀者，對
於美國道路建築之思想與設施，得充分之
了解。

　　開會時用英，德，法，西（西班牙）四
種語言，其翻譯與傳播方法，甚爲完備。

　　會議之重要結果可概述如次：

　　關於會務方面者：議決於若干國內分
設委員會，以擴大與鞏固該會之組織。

　　關於技術方面者

　　（1）築路經費問題　美國商會代表
A.B. Barber 氏作「築路經費籌措方法」之
總報告，其要點如下：

　　大宗道路之建築與改良，爲汽車交通
所必需，且在經濟上亦屬合算。無論
何國，此項工作皆屬當務之亟。預算
與事先計劃尤爲重要。計劃內須包括
維持辦法。所有道路應按交通性質劃
分爲「公衆用」(for general use) 與
「地方用」(for local use) 兩種，以辨
別利益與責任之所在。對於未發展之
鄉間，須注意次要道路之開築。募集
補助金或借款爲籌措國有道路建築費
用之有效方法。

築路費用，應照利益與稅收多寡支配
。實現公衆利益所需基金，最好以普
遍稅 (General taxes) 爲來源，而以地
方及城市道路爲尤然。向沿路產業所
有人徵費，須與其實享利益成比例。
道路使用稅，包括牌照稅及汽油稅在
內，爲修築公路經費重要而可逐增逐增
加之來源，但稅額不可過大，以免道
路使用者難以擔負，且以施行於一般
的公衆所用之公路（包括在城市內之
部分在內）爲限。大多數國家須發行
公債或舉辦他種借款，以促進道路之
建設，但借款年限不宜超過工程之壽
命。

　　討論時集中於道路分類與汽油稅移作
他用之兩問題。關於道路分類問題，初擬
確立「公衆用」及「地方用」之顯明界限，但
無結果，惟會衆一致通過，將城市街道列
入「公衆用」之道路內。關於汽油稅移作他
用問題，原條文爲「使用稅須專用於路」，
法國某代表提議修改爲「無論何時，公家
機關應致慮將此項稅收之大部分用於修築
道路之利益」，英美某兩代表均主張維持
原條文，德國某代表亦擁護不移作他項用
途之原則，並舉各國照汽油售價抽稅之百
分率（意大利50％，法45％，英23％，德22％
，丹麥與瑞典 20—21％），謂稅率較高之

國稅將稅收分作他用，惟丹，瑞兩國限制稅收之用途於築路云。討論結果仍維持原文。

（2）道路與鐵路等之調劑問題。

美國 H. R. Trumbower 教授提出議案法國某代表動議與國際鐵路會及其他關係運輸（水道，航空）之會團組織聯席委員會，以討論調劑問題。意代表動議，加入一段文字，即「各種運輸方法之調劑，務使其各爲最經濟且最適合於特殊之需要，政府訂立之法規，不得損害各種運輸方式之自然的經濟情形」。兩動議皆經通過，此外尚有修正之小點。議決文可概述如下：

公路在運輸上已得有鞏固之立足點。鐵路運輸與公路運輸之調劑爲今日重大需要之一：公衆應得享受各種運輸方式之最大利益。公路與鐵路之作用，一部分互相補充，一部分各自獨立。公共運輸（Common Carriers）不過居公路交通之一部分。與鐵路競爭最烈者爲私人汽車。在此種情形之下，當局應准鐵路機關修改行車表，以便盡量減少客車次數及里程。公共汽車應由權限廣大之機關監理，以期效率大而合經濟。汽車用料之供給（Feeder Service）有時增加鐵路之運輸。鐵路運輸與公路運輸之調劑，無論自動或強制均可。貨車運輸大率在鐵路不能獲利之短程（Short haul）範圍內。以前之公共貨車運輸大率不能獲利。公路運輸事業應足自維持（Self-sustaining）。各種運輸方式如道路，鐵路，水道，航空之調劑方法，應由主管之各國際大會研究，并由聯席會議起草報告。

（3）道路交通之管理　Dr. Miller Mc Clintock 之提案，於文字上經略加修正，可分三項概括如下：

總綱　號誌之形狀及顏色對於交通之指示應爲可靠者。爲促進1926年外交界會議（diploma ic Conference）建議原則之應用起見，應組織國際委員會，以便研究實行方法，並規定交通號誌之劃一標準。在未規定標準以前，紅色號誌祇應用以阻止車輛之行駛，但紅色指示牌亦可用爲警告之具，如指示道路上有障礙物等。

公路　建議之各項爲：交通繁重路段之管理辦法，包括限制停車辦法在內，某種車輛之禁止，狹巷之標明（Lane Marking），「單程」交通之行動，道路叉口（附有廣大而不妨礙視線之圓塲者）之環行，路口及 U 字形轉彎處之「掉頭」，行人之取締。又公路警察

應有保護公路安甯及游憩價值(recrea-
tional value)之權。

城市街道 建議改造街道以暢交通之
辦法為：將有軌運輸器具（按指電車
而言）移出市街面積之外；行人橫越
路面處之標明，或備地道或橋梁供行
人橫越路面之需；限制停車；設備離
開街道之堆貨場，車輛裝卸須離開街
道，強制新建築物設備此種裝卸地位
以及停車地位；交叉道路之上下分開
(grade Seperation)；建築高架或地下
街道。

（4）混凝土道路問題 因歐洲多數國
家通行鋼製輪胎，普通混凝土道路不能抵
抗此種車輛之磨蝕力，建議如下：

　　在有多量鋼輪胎車輛交通之道路，如
　　用水泥混凝土為鋪砌料，路面須分兩
　　層，上層之混凝土須用極堅硬之石料
　　，

美國方面之提案為：（甲）混凝土鋪砌
與以混凝土路基，他種材料為路面之道路
比較，其勝載之交通量與結構之強度相等
，而價較低，（乙）路邊須加厚。討論時英
國代表二人，法國代表一人正式反對。付
表決之結果，（甲）項打消，（乙）項修正為
「路邊加厚為混凝土鋪砌板設計上求經濟
與力學上平衡之良好方法。」

（5）水泥結合之碎石路問題 歐洲方
面報告，碎石路面用水泥灌注，藉資結合
，已證明合用。施工時，或將水泥與沙乾
鋪於碎石路面，然後洒水，沖入縫內，或
用已調成之水泥灰漿灌注，或將碎石分兩
層鋪成，中間加入水泥膠泥一層，均可；
次再加以滾壓。議決如下：

　　水泥結合之碎石路面，對於輕量交通
　　之適用碎石路面者，已著成效，對於
　　排水與陽光不佳之處，似比水結碎石
　　路面尤為優勝。保護之路皮對於水泥
　　結合之碎石路面與水結之碎石路面，
　　似均不可省略。

末一句殊有注意之價值，因歐洲各國得有
同一經驗，即水泥結合之碎石路面須加澆
柏油或瀝青油類，以防損壞。

（6）磚砌或石塊等鋪砌路面問題

因各國所用磚塊尺寸不同，無從擬定
劃一之標準。故建議預備標準書及試驗報
告，送交下屆大會討論。對於橡皮路面承
認為一種免除囂聲之鋪砌方法，適用於大
城市之某種部分，認為應加研究者為橡皮
塊之材料與形狀，鋪砌之方法，及用何種
材料接合，與如何減輕造價等。對於他種
鋪砌方法未加討論。

對於表面澆鋪瀝青問題，主張就瀝青
料之性質暨與他種材料結合之作用以及與

土基，氣候，交通密度之關係，並與他種鋪砌方式在經濟上之比較，並以平滑為尤應注意之一點。

（7）鄉間道路問題　對於此問題（假定已有有系統的發展計劃時）之建議如下：

人煙稀少之鄉間，因財源缺乏，不能建築長里程之道路（適於輕量交通者）時，認分期進行為應採用之辦法。對於路線及剖面之初步設計，務求於將來最後發展時，仍可利用。又宜舉行有系統的研究，以決定泥土由粘土與沙混合之性質（含有吸水性鹽類

又據"Verkehrstechnik"消息，德國代表 Stapenhorst 氏在國際道路永久會第六次大會席上以德政府名義，提議下次大會於1937年在 München 城舉行，當經多數贊成通過。

▲土耳其新都政治區之建設

土耳其新都 Angora 城之設計，係出於德國 Hermann Jansen 教授之手，其內容已見本報第一卷第二期51—55頁。茲據"Wasmuths Monatshefte Baukunst u. Städtebau" 1930, Heft 6 述該城政治區內政府房

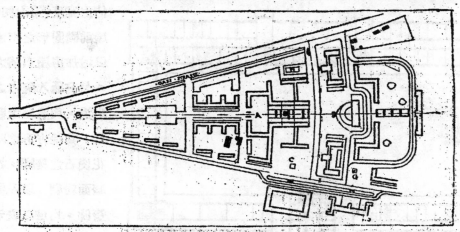

第 七 圖 甲 Angora 之 政 治 區

之泥土亦復如是），以便搜集各種可根據之點，為計劃土質路面之用，對於收入微少，未經發展之區域，尤為適宜。

屋之建築計劃（維也納美術院 Clemens Holzmeister設計）如下：

Angora 之政治區在市之南部，以新設之商業區與舊市區相隔離。各公共建築物

起造於兩重要幹道間之三角形基地上，其
尖端對向市內（第七圖甲及己）。然該區之
視線非朝向市內之古堡，而正對 Ghasi
Kemal Pascha 氏之別墅。

及陸軍醫院繼之。

軍政部及參謀本部房屋與其他政府建
築物略相隔離，在三角形基地西邊幹道之
一邊（即第七圖甲下面口字形及工字形部
分）。軍政部房屋爲長方形之四合式（第七
圖乙），所包圍之院落
較長之一邊，寬 116 公
尺。房屋高三層，其牆
壁以立方形之凸出部分
點綴之。第二層凸出部
分寬度爲兩窗所佔之寬
度或以上，第三層之凸
出部分則縮狹爲一窗所
佔之寬度（第七圖辛）。
屋前橢圓形之車道，所
以增加房屋對稱之印象
。另有通入院內之寬闊
車道，與房屋之莊嚴相
稱。其長方形之院落，
花崗石之牆脚，扭縫之
牆面粉刷，以及假石之
簷飾，均足以表示軍事
機關之性質，同時又不
失爲新時代之建築物。

軍政部旁之參謀本

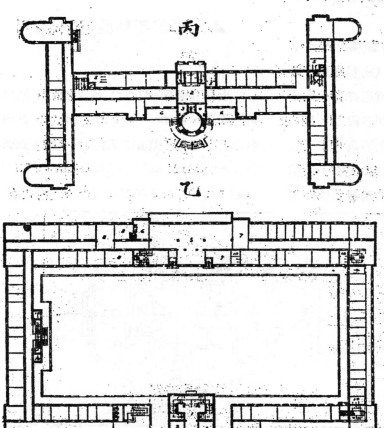

第 七 圖 （乙） Angora 軍 政 部
（丙） Angora 參 謀 本 部

先行起造之政府房屋凡四：軍政部及
參謀本部，可於 1930 年秋間完工，勞工部

部房屋（第七圖丙）成展寬之 H 字形。中央
作半圓形突出之小門廊以及縮小起造之第

四層樓房，均足以引起視線之集中，而又無牽強不自然之處（第七圖庚）。

　　勞工部之房屋，平面佈置（第七圖丁）及立體佈置（第七圖壬）較為活潑，在 Angora 政治區之橫軸上，及將來議會房屋之附近。自三面觀之均為延展之長方形。中央之大門，以突出之凸樓，引人注意。屋角部分亦略突出，并加高至四層。

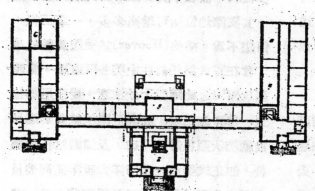

第 七 圖（丁）Angora 勞工部

　　陸軍醫院，規模宏大，因無紀念建築物之性質，故分為四組，每組各以立方形之部分交錯接合。因此可免比較舊式之四合式，而各方面均有良好之光線與便利之入口。房屋之南面有廣闊之階臺（第七圖戊及癸）。

　　在 Angora 政治區內籌建之房屋尚有戰術學校及陸軍俱樂部。私人房屋亦將在附近開始營造，因此新建都城新增之市民，對於住宅之需要甚亟云。

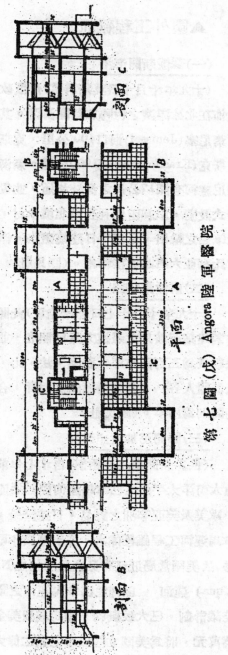

第七圖（戊）Angora 陸軍醫院

▲國外工程雜訊

(一)蘇俄新闢海港

(十九年十月十日莫斯科電)蘇俄政府宣佈在北冰洋濱之伊噔加新闢海港。其地距業尼塞(Jenissei)河口400公里，克斯諾茹斯克(Krasnojarsk)城1900公里。新海港與尼塞河有深17公尺之海峽相通，並置有新式設備，以利西比利亞西北境木材，煤及筆鉛之輸出，且擬早日建築鐵路，俾與西比利亞大鐵路直接聯絡。(國民社)

(二)南波斯築路

(十九年十月十七日德哈倫電)此間國會對建築南波斯之鐵道方案已照准，並票決經費爲三百萬克郎。委德，法，比，美及波蘭人各一，爲該路顧問工程師，合同期間則爲兩年。(國民社)

(三)籌開尼加拉圭運河

(世界新聞社華盛頓訊)自十七年前貫通大西洋太平洋之巴拿馬運河開始通運後，歐美及美亞等洲之貿易，日益繁榮，巴拿馬運河工程雖極偉大，亦有應接不暇之勢。故美國當局近又有另造尼加拉圭(Nicar_qua)運河，以輔佐巴拿馬運河之議，全議計劃，已大致擬就，預定經費美金十萬萬元，將爲美國立國以來之第二偉大工程，與巴拿馬運河媲美。陸軍部工程師已被派赴尼加拉圭者不少，從事測量探險工作。自去年十月至今已有一年之成績，預計再有兩年便可完竣，政府將來造運河計劃，大牛將視此輩工程師之測量而決定。贊成尼加拉圭運河計劃者，聲稱此項運河成功後，在商業上及貿易上將大有裨益，自不待言，而在軍事上，國防上亦增加不少便利。而在中美各國，得此新交通孔道，其國際地位殆可增高多多，一舉三得，何樂不爲。胡佛(Hoover)於被選爲總統後，曾在正式就任前往中美各國遊歷，當時對該運河之建議即十分注意，親在尼加拉圭一帶詳細巡察，並與尼國總統蒙加達及前總統狄亞慈討論一切，及歸國就任總統後，卽正式委派一太平洋大西洋運河委員會調查此項計劃，並稱此運河若成功，其能輔助巴拿馬運河，以發展拉丁，美洲之商務殆無疑義，吾人但觀美國歷史，便可知交通及運輸孔道，但患其少，不厭其多。每一新孔道之開闢，其所收到利益，往往爲未開闢前之預算所萬萬意想不到者。故從此點言，尼加拉圭運河需費雖鉅，然其日後必能完全賺得其所費一切，蓋無疑也云云。

(四)美國新地道竣工

(十九年十一月一日國民新聞社華盛頓電)運貫密歇根(Michigan屬美國)與盎

第 七 圖 (己) Angora 政治區

第 七 圖 (庚) Angora 軍政部之模型

第 七 圖 (辛) Angora 陸軍醫院之模型

第 七 圖 (壬) Angora 參謀本部

第 七 圖 (癸) Angora 勞工部

多里亞（Ontario屬加拿大）兩州之大地道，業已竣工，由胡佛總統接電行開路禮。按此地道除紐約之荷蘭地道外，為美國最大要道，僅建築費耗去美金二千五百萬元云。總主教威廉斯氏為之定名曰「萬國友誼紀念路」。

（五）建築星加坡船塢

（路透社十九年十一月五日倫敦電）帝國會議各總代表已贊成新加坡軍港委員會之報告，主張依照1928年傑克遜公司之投標，造成新加坡船塢，其契約期間共為七年。至於其他工程，或須稍緩，大約留待下屆帝國會議再行研究。

（六）再建之列甯廟開廟

（世界新聞社莫斯科訊）1930年七月為蘇維埃聯邦第十三年革命紀念日，當日於赤色廣塲舉行觀兵式，同時去夏以來再建之列甯廟開廟。該廟由聯邦全國運來之花崗石斑甯等築成，其大為世界第一。

（七）1931年蘇俄築路計劃

蘇俄官廳正式發表，1931年內將建築新鐵路50線，共長8834公里，內32線專事發展工業，餘則用以開發農區。又西比利亞鐵路幹線亦將於諾夫斯比爾斯克至烏拉嶺間，鋪設雙軌。

（八）法國續完海港河路巨工

巴黎訊，道威斯計劃成立後，德國依約每年償給法國大批鋼鐵，木材及其他建築材料，作價為賠款之一部分，法國同時擬一偉大計劃，利用此種材料以為開發海港運河及電化各鐵路等等之需。去年楊格計劃由賠償委員會採取後，道威斯計劃自然廢棄，德國不再以鋼鐵木料供給，致法國預定計劃僅完成一部分，其未完工者，暫時停止進行，已近一年。茲經法政府決定，將籌撥鉅款以完成之，並定此後需用材料，一律均購國貨。該計劃最重要部分，為改良波爾多，哈佛爾，鄧柯克及馬賽四海港，現在該四埠均已築有新式浮碼頭，為歐洲各處之冠。又羅尼河，法屬萊因河及多度尼河之聯絡運河，亦將興工修濬，以利行舟，預料一二年內，即可全部工竣。至法國鐵道之電化，已近三分之二完工，大部分機器均係德貨。法國高山之各處有水流者，將一律裝設水力發電機，利用水力，以發展各項實業。此次工程所需大宗金錢，殆將取之於國庫，再待德國付款入國際銀行後，收取以轉償國庫云。

國外工程法規

(一)柏林市建築規則概要

柏林市自 1925 年十二月始有統一之建築規則，以代替以前各區分別施行之建築規則六種。因此項新規則對於土地利用之限制及分區之規定加嚴，不免引起若干地主之反對，然當局為促進市民居住上之衛生與道德起見，仍毅然執行之。惟柏林市區宏大，情形複雜，新訂之規則，自難顧慮週到，是以歷年有若干小點，曾經修改。茲所根據者為1929年九月間訂正之本

，其要點如下：

(一)建築分級制

柏林市之建築等級分為九種，其規定如附表及第一圖。

分散式之建築，以二層限，蓋孤立之較高房屋殊不美觀也。

利用係數為建築面積合基地面積之「十分數」與許可之層數相乘之積，換言之，即各層面積之總數合基地面積之「十分

附　　表

建築等級	I	II	IIa	III	IIIa	IV	IVa	V	Va
建築層數	2	2	2	3	3	4	4	5	5
建築方式	分散式	分散式	(註一)聯立式	聯立式	聯立式	聯立式	聯立式	聯立式	聯立式
建築面積與基地面積之比例	$\frac{1(註一)}{10}$	$\frac{2}{10}$	$\frac{3}{10}$	$\frac{3}{10}$	$\frac{4}{10}$	$\frac{4}{10}$	$\frac{5}{10}$	$\frac{5}{10}$	$\frac{6}{10}$
利用係數	2	4	6	9	12	16	20	25	30
其他規定	前面房屋連廂翼不得延展至距建築線 20 公尺以外，後面獨立之房屋（非居住用者）及附屬建築物不得在離建築線 50 公尺以外。					後面獨立房屋及附屬建築物不得延展至距離建築線50公尺以外，餘與上同。	後面房屋（非居住用者）無限制。廂翼之長度不得超過院落寬度之1.5倍。		

(註一)　每獨立之住宅一所至少須佔基地 500 平方公尺

(註二)　對於路角基地，另有建深以12公尺為限之規定。

數」也。如減小建築面積而加高建築層數，以期經濟與美觀，只須不超過規定之利用係數，亦在許可之列。

建築等級 I 係爲道路溝渠設備未週之郊外區域而定。故每獨立之住宅一所至少須佔基地 500 平方公尺，以便設立容留汙水等之設備。

屋前園庭距路線 6 公尺以內之部分，不得計入基地面積內，以計算建築面積。

爲限制洋臺等突出屋外之部分起見，規則內定有計入建築面積之辦法，且規定突出尺寸，至多以 1 公尺爲限。

(二)房屋之距離

柏林市之建築規則，對於取締露空之防火牆，甚爲嚴密，以期不礙觀瞻。故規定分散式建築之區域內，如某基地之毗鄰，已起有緊靠基地界線之房屋，須緊靠鄰屋起造，反之，在聯立式建築之區域內，如某基地之毗鄰已有分散式之房屋，則該基地上之房屋旁亦須留出空巷。此外復強制聯立式之房屋緊靠兩邊基地界線起造，又規定各房屋之防火牆大體上須互相掩蔽。

房屋廂翼之起造，以與鄰屋廂翼相掩蔽者爲限。沿基地之後面界線之四五層房屋祇准在一定條件之下起造。院落內次要建築物之防火牆，其有礙觀瞻者，亦在取締之列，故亦須距基地界線 2.5 公尺，或相靠起造。

院落(後院)須有 60 平方公尺以上之面積，與 5 公尺以上之長度與寬度，或與規定之空地面積（卽基地面積減去建築面積之餘數）相等，但不得小於 40 平方公尺之面積與 5 公尺之長度與寬度。與鄰地合設公共院落時，得將屬於鄰地之部分一併計算，以定房屋之高度。住宅之院落，四周均有房屋時，其面積至少須爲 120 平方公尺，長度與寬度至少須爲 10 公尺。

(三)建築高度

建築物之最大高度如下：

在規定二層建築之區域內	10公尺
在規定三層建築之區域內	12公尺
在規定四層建築之區域內	16公尺
在規定五層建築之區域內	20公尺

又沿道路之房屋，其高度不得大於建築線之距離。如由建築線退後起造，得許可增加高度。未規定建築線時，則以街道實際寬度代替建築線之距離。街道寬度不足 10 公尺時，則沿道路之房屋，其高度以 10 公尺爲限。

後面之建築物不得高於沿道路之房屋，其高度以所向院落之長度之 $1\frac{1}{4}$ 倍爲限。（在商業區域內可增至 $1\frac{1}{2}$ 倍）

(四)建築物之外觀

建築物之結構，形式，材料，顏色，

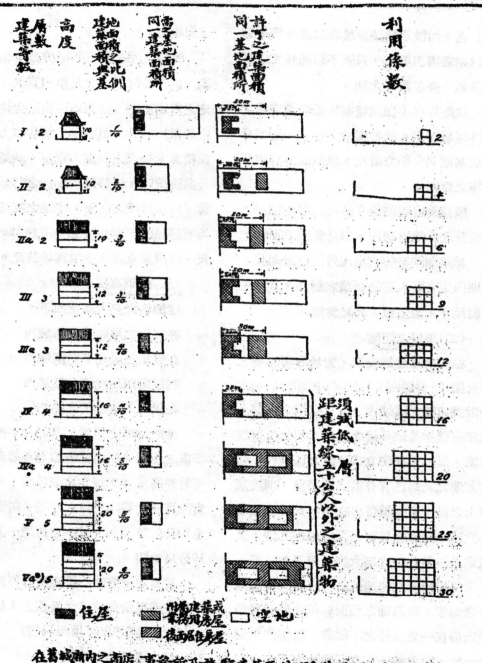

建築等級	層數	高度	建築面積與基地面積之比例	需之基地面積所同一建築面積	許可之建築面積同一基地面積所	利用係數
I	2		$\frac{1}{10}$			2
II	2		$\frac{2}{10}$			4
IIa	2		$\frac{3}{10}$			6
III	3		$\frac{3}{12}$			9
IIIa	3		$\frac{4}{12}$			12
IV	4		$\frac{4}{10}$			16
IVa	4		$\frac{5}{10}$			20
V	5		$\frac{5}{20}$			25
Va	5		$\frac{6}{20}$			30

距建築線五十公尺以外之建築物須減低一層

住屋　　商店建築或事務用房屋　　空地
後面居住房屋

在舊城廂內之商店，事務所及雜駁建築面積門連基地面積之七成

第一圖　柏林市之建築分級制

16178

須不妨礙市街之觀瞻。防火牆不得參差不
齊。圍籬，圍牆之材料，形式及高度，亦
須使所在街道，廣場之觀瞻整齊。

(五)用途分區制

除混合區域外，分為下列四種專用區
域：

(甲)住宅區　只許起造住宅及附屬建
　　築物，但小規模之商店及工場為
　　該區內居民所需要，且鄰近不致
　　受煤烟，臭氣，囂聲，震動，熱
　　力之損害或煩惱者，亦在許可之
　　列。住宅內之附屬建築物以居戶
　　所需要者為限。居民所用汽車之
　　庫房，如不發生囂聲與臭氣，亦
　　可准其起造。

(乙)保護區　即防止發生臭氣，煤烟
　　與囂聲之區域。凡發生臭氣，
　　濃烟，囂聲而妨礙鄰近或公衆之
　　事業，均不許在此種區域內經營
　　。

(丙)工業區　只准起造工廠與附屬建
　　築物，以及事務所與商店。但對
　　於事業主持人與監察人之住宅，
　　在所不禁。

(丁)商業區　只准起造事務所，商店
　　及旅館，但對於事業主持人與監
　　察人之住宅，在所不禁。

對於工商業區域內基地之利用，另有
較寬之限制方法，其要點如下：

(甲)工業區　(除規定工業區外，建築
　　大規模工廠之基地，經特別許可
　　時，亦適用之)　基地之利用，以
　　建築容積為標準。在規定之五層
　　建築區域內，每平方公尺之基地
　　，准起造 12 立方公尺（從地面
　　上起算）之房屋，在其他建築區
　　域內，每平方公尺之基地，准起
　　造 8 立方公尺之房屋。附屬建築
　　物之容積，僅按所佔面積之 $\frac{4}{5}$ 計
　　算。

(乙)商業區　每平方公尺之基地許可
　　之建築容積如下：

在二層建築區域內　　3.6立方公尺
在三層建築區域內　　6.4立方公尺
在四層建築區域內　　10.0立方公尺
在五層建築區域內　　14.4立方公尺
舊城廂內（建築面積可增至基地面積之 $\frac{7}{10}$）16.8立方公尺
附屬建築物之容積僅按所佔面積之 $\frac{4}{5}$ 計算。

此種較寬之限制，其目的在容許在相
當地點建築較高之房屋，而又不蹈美國若
干城市之覆轍。

(六)建築及用途區域之劃定

柏林市對於適用各種建築等級之區域

16179

及用途區域，均於建築規則內以附件規定之。此項附件就二十市區逐一指定某地段適用某級建築，某地段爲住宅區域，或保護區域，或工業區域。然對於商業區域並無明文指定，蓋此種區域內，旣不許建築一般市民所用之住宅，事實上甚難劃定相當地點也。

因用文字規定分區界線，殊難一目了然，故柏林市另製有二萬分一比例尺之建築等級分區圖與用途分區圖。

第二圖示柏林市建築等級分區圖。觀此可知市內之建築物，大致由市中心向四周逐漸減低，其有例外者，則爲遷就已成之局面故。此外尚有若干幹道旁之建築物，比四周建築物特高。茲擧全市建築基地與空地之面積如下：

全市面積　　　　　約88,000公頃合100%
建築基地　　　　　約53,000公頃合 60%
　　永久森林　　約 9,500公頃合 11%
　　園林等　　　約 6,500公頃合 8%
空地{道路，廣場　約13,500公頃合 15%
　　及小空地
　　河流　　　　約 5,500公頃合 6%
建築基地53,000公頃中，分配於各種建築等級者如下：

　Ⅰ 級　　　　18,500公頃合33.0%
　Ⅱ 級　　　　18,000公頃合31.5%
　Ⅲ 級　　　　 8,500公頃合17.0%

　Ⅳ 級　　　　 2,000公頃合 5.0%
　Ⅴ 級　　　　 6,000公頃合13.5%

由上數觀之，分散式之Ⅰ，Ⅱ兩級建築，幾居全市建築基地三分之二，而在聯立式之建築中，以三層者最佔優勢。

第三圖示柏林市用途分區圖之梗概。由此可知，該市之大部分爲住宅區及保護區。工業區則分布於市南與市北。此外爲混合區，對於居住與經營工商業皆不加限制。各種區域之總面積如下：

純粹住宅區約　　 12,300公頃合23%
保護區約　　　　 25,300公頃合48%
工業區約　　　　　4,000公頃合 7%
混合區約　　　　 11,400公頃合22%

(七)施行後之效果

(甲)施行新規則之結果，居住密度可比以前銳減。假定每住宅之面積平均爲80平方公尺，每宅各居四人，則依照柏林市新建築規則，每公頃內可容之平均人數如下：

　五層建築　　　　　　1200人
　四層建築　　　　　　 800人
　三層建築　　　　　　 450人
　二層建築　　　　　　 150人

(乙)以前准建多層而附以翼廂之住屋，其流弊滋多。新建築規則之用意，則在促進一二層住宅之建築，而以三層以上之

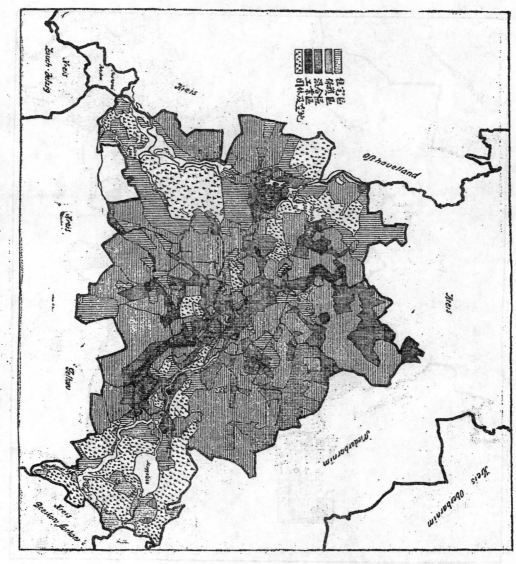

第 三 圖　柏 林 市 建 築 物 用 途 分 區 圖

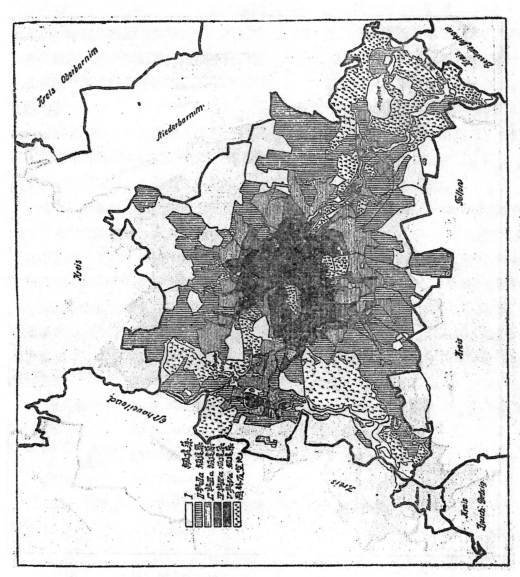

第三圖　林柏市建築等級分區圖

住宅爲例外。

（丙）爲市民在園林之中，河流之旁消夏起見，新建築規則准於相當時期內，以棚屋爲住所。

（二）德國遠地交通道路工程標準

德國交通部爲將全國重要汽車公路統一規劃起見，製有「德意志遠地交通道路圖」，比例尺1:800,000,各路線次第以號碼表之（自1至138）；又規定工程標準，爲此種道路必具之最低條件，其條文譯錄如下（原文載 Vekehrstechnik 1930, Heft 40）：

第一條　各聯邦政府得中央政府之同意，將附圖內所示之公路定爲「遠地交通道路」。修築此項道路時，須依照下列工程標準。

第二條（可利用之總寬度）　路樹，側石（Prellsteine）或其他保護設備之內邊，其間留出交通上可利用之總寬度，在平原及邱陵之地不得小於8公尺，在山嶺之地不得小於7公尺。

第三條（主要及附屬設備）

（一）遠地交通道路必須備有之部分如下：

（甲）車輛所用之鋪砌道，

（乙）建築材料之堆放地，

（丙）安全及排水之設備。

（丁）自新建築規則施行以來，凡社會學者及城市設計家之理想物，如附有後園之小住宅，附設內部公共園庭之聯立式或半分散式沿路房屋等，已見諸實現。

（二）附屬設備，如人行道及脚踏車道，設置與否，視當地情形定之。

第四條（主要及附屬設備之寬度）

（一）鋪砌之車道以6公尺爲標準寬度。

（二）如寬度較6公尺爲大，每加車輛一行，須加寬2.5公尺。

（三）如有附屬設備時，則人行道應寬1公尺，脚踏車道應寬1.50公尺。如脚踏車道按行車方向分列兩邊，則每條應各寬0.8公尺。

第五條　在他路通入之處或與他路交叉之處，應將鋪砌之車馬道在路角按圓弧放寬，使右轉（小轉灣）時不致侵及並行之車輛，且右轉與左轉（大轉灣）之車輛不致互相妨礙。

第六條　（橫坡度）

（一）鋪砌車道之橫剖面，以人字形（屋頂形）爲標準。如用他種剖面，應避免路邊之過於陡斜。

（二）橫坡度應視鋪砌面之清潔程度，在1.5—4%之範圍內選定之。

第七條（縱坡度）

（一）在平原地之縱坡度，不得大於2.5％，在邱陵地之縱坡度，不得大於5.5％．在山嶺地之縱坡度，得例外許可時，可加大至8％。

（二）在縱坡度變換之處，應用圓弧以調劑之；圓弧之半徑應從大，在可能範圍內，凹下之處至少應用2000公尺之半徑，凸起之處至少應用1200公尺之半徑。

（三）縱坡度在5.5％以上之路段，在半徑150公尺以下之曲線上，應將坡度減小。

第八條（已有路面縱坡度之變更）

在已築成之道路，將其一部分之縱坡度加以變更時，變更之縱坡度，普通不得大於以前該段內較長部分之最大縱坡度，雖比第七條第一項所規定者較小時亦然。

第九條（曲線半徑）

（一）改築之路所用之最小曲線半徑，在平原地以200公尺為標準，在邱陵地以100公尺為標準，在山嶺地以50公尺為標準。如用較小之半徑，必須將車道大加展寬。新闢之路所用曲線半徑，除有困難之處外，不應小於300公尺。

（二）築成曲線之改變，參照第八條之規定辦理。

第十條（曲線上之佈置）

（一）在半徑不及300公尺之曲線上，車道之鋪砌面應單向內面（即向曲線中心之一面）傾斜，在半徑不及150公尺之曲線上，如車道寬度不過6公尺，並應向內面放寬。

（二）在混合交通之道路上，向一面傾斜之坡度不得大於6％

（三）在整個彎道內，對於曲線半徑之變更，應儘量避免。

（四）同向之曲線間不得加入短直線。

（五）S形（背向）之曲線間應盡量加入長直線。

（六）為留出視線起見，路坎內邊之斜坡，應於必要時劃成與視線等高之平臺。（Bermen）。

第十一條（樹木）

（一）路邊如種植樹木固佳，但此種樹木不得妨礙視線與路面之晒乾。

（二）樹木在鋪砌車道邊留出之淨空高度，務求在3.50公尺以上。

第十二條（橋梁涵洞之寬度）

（一）橋梁涵洞之護臺或人行道間，應具有鋪砌車道之全寬。

（二）通行兩行車輛之橋梁，其寬度適用DIN（德國工程標準章則）1071標準Va，Vla

第十三條（橋梁涵洞之載重）　關於橋

梁涵洞載重之計算，所用之活重，應依照 DIN 1072 對於一等橋梁所規定之標準。

第十四條（跨越道路之橋梁應有橋洞寬度與淨高）

（一）跨越道路之橋梁應有橋洞寬度適用第十二條之規定。

（二）道路通過之橋洞，或路面上之突出物，普通至少須距路面有4.50公尺之淨高。

（三）如道路通過拱橋之下面，則橋底4.50公尺之淨高，可以在車道5公尺範圍內爲限。

（四）他路通入之處，暨與他路交叉之處，以及曲線部分，不得緊靠所經之橋洞設立。通過橋洞之一段，務求爲延長之直線，以便從遠望見該洞。

第十五條（過低橋洞之佈置）

如須經過之橋洞，其淨高小於第十四條規定之尺寸，應於橋之兩邊各在路中線上釘紅邊白色長方形號誌牌，用黑字標明淨高尺寸。

第十六條（交通淨空之保持）

（一）凡新築之長途鐵路，不得妨害遠地交通道路之交通淨空。新築鐵路與道路之平叉，應根本避免。

（二）道路交通之輔助設備，如加油站，電話處，飼水塲(Tränken) 等，其設立之地位，不得侵佔道路之交通淨空，亦不得使停留之車輛侵佔道路之交通淨空。

第十七條（交通號誌）　遠地交通道路，須嚴密設置全部交通號誌。

第十八條（通過村鎮之路段）　以上各條對於通過村鎮之路段，應適用至何種程度，臨時規定之。在此種路段內，如有交通危險之處所，應設法除去。

西班牙京徵求建設計劃揭曉

西班牙京 Madrid 前懸賞徵求建設計劃現已揭曉。德國 Hermann Jansen 教授與其助手得第一等獎云(Verkehrstechnik, 1930, Heft 47)。

英國以公共汽車替代火車

英國鐵路自1930年冬季開始，將車站 90 處停止旅客運輸。此項封鎖旅客交通之車站，連以前所有者並計，共爲176所(大率在英國中部與北部)，以後或續有增加，然多數仍開放貨運交通。同時設置公共汽車路線，以代車站之旅客運輸。鐵路方面於投資上佔有優勢云(Verkehrstechnik, 1940, Heft 50)。

附　　錄

關於發展中國經濟之條陳

（續第一卷第二期）

華特爾博士(Dr. J. A. Waddel)原著

鄧 永 年 譯

（三）藉外資以開發中國之特種事業

以中國目前財力之支絀，與夫各種建設事業需款之浩繁，欲不藉外資而圖發展，則進步必甚遲緩，是故國民政府苟欲稍稍實行其偉大事業之計劃，必須仰於外資無疑。然則中國將誰求歟？不見乎太平洋之彼岸，有中國之老友美利堅合衆國乎？彼邦執世界目前財政之樞紐，近十年來，除盡量發展其本國之事業外，作大規模之投資，是以能爲中國實力上之臂助者當首推美國。然則彼將何所待而尚不貸資與中國耶？關於此問之答語，余將有詳確之陳述。最近余在芝加哥晤見當事者，曾詢彼對於中國爲特種事業而發行之債券願否投資，彼等即毫不遲疑而答曰「在中國尚未明定一種令人滿意償還債務辦法以前，我等或任何美國資本家恐無一願投資於中國者」。余當爲之解釋曰：「將來中國對其政府所訂立之合法債款，終必有清償之一日。蓋中國商人交易往來，素重信用，其視到期不償過期不贖等行爲，每引爲莫大之恥辱，此非余之袒詞，實亦舉世所公認者也」。吾友聆此，復作非難之辭曰「君言誠是，惟在歐洲大戰以前，則此言良足置信，至於今日，則中國之信用已完全喪失，苟非先於國內樹立永固之政府，並將一切事業加以整頓，決不能有向他國貸得鉅額資金之望也」。至此，余復告余友曰：「以余個人目光測之，中國在國民政府之下，確有甚大之希望，因余與當局諸公曾多素稔，猶憶一九二一年冬，余在廣州時與若輩嘗相過從，見其愛國之熱烈，任事之幹棟，與夫態度之誠懇，在在使余腦際留有深刻之印象。此次應聘赴華，以顧問地位，對於各項工程建設之計劃，自必有所建白於政府，而此項計劃之實現，又必有賴於外資，假令斯時之情形，已不復如曩昔之不良，余當設法喚起彼等之注意，以冀矯正從

前之錯誤」。余友均爲首肯，於此可以概見美國資本家對於投資於中國問題之情形矣。

在美國金融界，如紐約，波士頓，芝加哥及費城等處，往往大銀團中任何一家，聞得有某項重大計劃之進行，其餘可不旋踵而一一周知，且若輩所取方針，亦必一致，幾爲不變之成例。故下述吾友之所言，及其關於美國資本家之不願投資於中國，更可徵信。

誠如以上所言，在目前中國必須仰給外資以開發各種事業之時，自非從速恢復國際間之經濟信用不可；其法維何，請申述如次：一一爲今之計，中國政府亟應從速將其歷來所借之款彙列一表，逐項加以審查，凡屬不正當者，如過去時期中之軍閥爲私人目的而舉借之債款等，可不負清償之責，至若購買材料因而積欠之款，不論債權之屬於中外，槪須清償，一面確立還債基金，卽以最近增收之關稅爲擔保，逐年償還債額之本利，或由政府特發一種公債，亦卽以此項關稅爲擔保，俾將舊債一次償淸。二者之中，當以發行公債一次償還舊債之辦法，對於建立中國在國外之經濟信用爲更有效。至上項公債，尤以全數或大部分銷售於國內爲佳。蓋目前欲將中國公債暢銷於海外，殊非易事，縱謂今日之事，用途正當，迥非昔比，但若輩印

像已深，一時終難變易其觀念，是以上項公債如果發行，必須勸中國銀行界盡量認購，方克有濟。其尤要者，對於公債用途，必須嚴密規定，不得任意移動，否則將使信用破壞無餘，而無可曲恕，寗不啻自殺政策矣。

當各國與中國成立借款時，必先明保障之法，幷由債權者嚴密監督，藉以保證此項借款之正當用途，卽日後事業完成後所獲之進益，用途若何，亦當一本合同爲依歸。又如所發之債券，將來大部分銷售與何國，亦宜於事前先行決定，然後按照該國國幣制發行之。蓋承買債券者決不願債券所用之幣制有隨市面漲落之情形也。反之，中國方面之承買債券者，自必樂於購得債券所用之幣制爲彼等所習用者，但亦不可因債券用美國金洋或英國金鎊爲單位而不卽認購。

關於中國目前待款舉辦之重要事業，如在長江與漢河之上建築橋梁以聯絡漢口，漢陽，武昌三鎮，卽其一例。此項計劃，余曾於一九二一年十月二十六日及一九二九年二月十四日先後建議於北京政府及南京國民政府。估計造價整數，約爲華幣二千萬元。茲更將余建議於孫部長之籌款方法撮要略述如次：

余之建議，係將此項橋梁作爲抽稅橋

，除行人外，不論何種車輛經過，一
律須照下表納捐：

人力車及一人手車	應納捐銀　一　角
每加車夫一人	應納捐銀　五　分
載客馬車	應納捐銀二角五分
載貨馬車（兩馬以下）	應納捐銀三角五分
每加馬一匹	應納捐銀　一　角
載客汽車	應納捐銀　四　角
五噸以下之運貨汽車	應納捐銀　五　角
每加重一噸	應納捐銀　一　角

　　上列辦法，凡車輛經過兩橋或長
江大橋者均適用之，如僅過漢河一橋
者，則減半收取之。

　　關於此項工程之用費，余意應由
三鎮及國民政府鐵道部平均擔負，計
各任華幣一千萬元。所有三鎮應行擔
負之數，可先籌集現款五百萬元，存
入銀行生息，其餘五百萬元可以最低
之利率發行債票，向國外募集之，卽
以所收之車捐擔保，惟須聲明：如果
此項車捐不足抵付此五百萬元之利息
時，當逐年設法補足之。再，在此項
債款之本利未曾清償以前，所有車捐
應歸債權人征收之。至於政府方面之
一千萬元，則可發行公債向國外募集
，卽以北平廣州間鐵路聯運收入為擔
保。因聯運後收入必可大增，幷可以

其一部分收入用之於建造北平廣州間
直達鐵路，以便利漢口，漢陽，武昌
三鎮間之交通。

　　在余留華期內，其餘類如上述之
計劃，必須藉外資以興辦者，或將一
一提出，以供當局之採擇。

（四）中國建設事業之適當程序

　　余於前文所述各種應行興辦之之建設
事業，或就現狀加以改良，或就需要方面
加以擴展，而於緩急先後之次序尚未有詳
盡之討論，爰於纞續著作論文以前，先將
此項問題申述一二：凡事之含有重要性質
而較諸其他各項事業更為迫切者，自應儘
先設法舉辦，況目前中國財力未充，倘以
有限之金錢同時舉辦多數事業，則其結果
必致顧此失彼，有始無終，甚至一事無成
而後已。故各種事業用費之應否劃分清楚
，確有鄭重研究之必要，因現在政府所屬
各部，各有其應行建設之計劃，而主其事
者無一不振振有詞，視為當務之急，故在
應用大宗款項興辦事業之前，必須開全體
國務會議以解決各種用途之支配方法，而
列席會議之人員，尤宜有遠大之目光，並
化除成見，俾需要迫切者，得以儘先舉辦
。如國務會議為調解爭執起見，將所有款

項各方均加點綴，是不啻自殺政策，影響
國家前途之進展莫此為甚。蓋不僅各項建
設事業將如以上所述，有停頓之虞，抑且
國府對外信用亦將大受打擊，甚至已成之
借款，亦有停止之可能。關於此層，余敢
自信余所言之不謬，蓋余與美國財政家過
從甚密，而中國目前舉辦外債亦以美國為
多也。茲就管見所及，擬定最適當之建設
程序如次：

(一)鐵道

(二)公路

(三)疏浚河道及防災工事

(四)建設商港

(五)改良市政及衛生事項

當上述建設事業進行之際，各項工業
原可由私人集資開發，無須政府為之輔助
，但在人民已能大規模從事於振興工業，
開發鑛產，增加國內外貿易之前，對於
交通運輸方面，勢不得不有相當準備，因
此，按照余在本文第二節內所述之辦法建
築鐵路及公路，實屬急不容緩。蓋中國處
目前情形之下，建築鐵路公路，較諸上列
三，四，五各項尤為迫切急要也。惟在建
築新路之前，應先將現有各路之損壞不堪
，行資已多危險者加以改造，不過關於新
路之測量，估價，繪圖等等，不妨同時舉
辦，以利進行。

整頓平漢鐵路，俾可通行高速度之車
輛，當屬中國目前急切需要之工程，蓋此
路實為中國鐵路之主要幹線。當一九二一
年終發生內戰以前，運輸發達，收入已鉅
，故如能從速設法改善，則全路收入之盈
餘，當可予政府建設方面莫大之助力。至
建築該路跨越黃河新橋，亦屬重要工程之
一，良以舊橋上部結構，過於薄弱，而基
礎亦已鬆陷不復可恃。現余急須準備各處
橋梁之圖樣及說明，并擬將全線情形及改
善工程費用詳細報告於政府。再為準備重
建及更換各處舊橋起見，宜於漢口創設每
年能出貨一萬噸之橋梁工廠，將來凡屬建
築新橋，其上部結構，均可由該廠製造，
所有造價，自較購自外洋者為低廉也。

繼乎上項工程之後，當以在鐵路兩旁
建築公路為急務，此項公路，一俟籌有經
費，應即着手進行，須知在中國建築公路
費省而效宏。因所需一切材料，除橋梁外
，均可於國內取給，不若建築鐵路之動輒
須仰給舶來品也。其次為完成粵漢鐵路工
程，按該路尚未建築部份，現已開始測勘
。其已經測勘完竣者，並已着手路基工作
，將來全路完成時，亦當於兩旁多築公路
，俾於交通方面得收指臂相使之效。

跨越漢河及長江以聯絡漢口，漢陽，
武昌三鎮之鐵路與公路兩用橋梁，應於圖

16189

樣施工細則及詳細估價準備就緒幷確定籌款方法後，卽行開工興築，然後於一個月內再實行籌款工作。一面候過夏季至水位低落時，卽行安放兩橋橋墩基礎材料，或定基於石屑之上。

此項工程完成後，則由廣東而北平西比利亞以至歐洲各國之鐵道線得以直達無阻。至於其他各路，現經政府從事測勘者

，計有二線：每線約有一千英里之長，二者之中，不久當有一線可望見諸實現。

荀政府爲適應交通需要起見，有辦理航空以載郵件及旅客之計議，則此時應從速進行，不可更有一日之延遲，因在鐵路公路均建築完成以後，此項航空運輸，將成爲奢侈品而非必需品故也。（待續）

美國道路建築師年會

美國道路建築師協會，定於1931年一月十二日至十六日，舉行第二十八次年會，同時幷舉行道路展覽大會，地址在密蘇士州之聖路易。出席者爲全美道路工程師建築師，路政行政長官，承築營造家，機械製造家及出版界，汽車事業界等；他國派代表參加者有三十餘國。所有佈置，均由專門家主持。茲將該會籌備各點摘要於後。

（一）展覽品物　包括造路養路各種機械及材料附屬各物，如汽車，車身，貨車，碎石機，壓路機，起重機，涵洞，切機，掘機，噴水機，撈泥機，排水渠，浚泥機，升降機，發動機，開鑿平路機，燒油鍋，燬器機，車料機，打號機，鋪路機，接合處，汽管，刨機，竿，刀，棃，刨，抽水機，放熱器，軌道

，鐵線網，碾機，括削器，繩，帶，鑿，刀，鋤，鏟，錘，鋸，秤，尺各工具，屏障具，標記，撒雪機，分配機，傳播器，灑水機，箱，撈火炬，軌路，洩引機，運輸機件，濠溝，卸貨機，鎔接機，車輪，絞盤，鐵線，纍赫鉗等。

（二）會議問題　爲美國道路建築師協會會長樊道愛氏所擬訂公佈，由各委員研究操作答題，發表於聖路易報章。問題爲（一）道路之財政（二）道路本域，（三）路基與路面之建築，（四）建造廉價道路及橋梁與其保護法，（五）路底及鋪築機，（六）運輸管理及信號，（七）道路防衛欄及適當路域。

在大會中討論之最要問題爲計劃次等道路，及財務管理法，翻修路面及放寬路幅，護養都市街道等類云。

道路月刊

第三十二卷 第三號

民國二十年一月十五日 出版

本期要目

本期尚有市政調查路政消息車務特載國貨

新聞法規會務雜俎附錄等欄內容刷新材料

豐富因子目繁多未及備錄每月一册實價貳

角全年兩元郵費在內國外另加四角

總發行所 上海 勞神父路 六〇八號 道路月刊社

上海特別市社會局叢書

本叢書分類編輯計有農業工業商業勞工四類著作譯述兼而有之其已出版者有下列五種由上海河南路商務印書館發行

16192

工程譯報

第二卷 第二期

中華民國二十年四月

上海市工務局新屋

中華郵政局特准掛號認為新聞紙類

啓　　事

　　本報以介紹各國工程名著及新聞爲宗旨，對於我國目前市政建設上之疑難問題，尤竭力探討，盡量在本報披露，以資研究。惟同人因職務關係，時間與精力俱甚有限，深冀國內外同志樂于贊助。倘蒙投寄譯稿，以光篇幅，曷勝歡迎。

投稿簡章

（一）　本報以每期出版前一月爲集稿期。

（一）　投寄之稿以譯著爲限，或全譯，或摘要介紹而附加意見，文體文言白話均可，內容以關於市政工程・土木・建築等項，及於吾國今日各種建設尤切要者最爲歡迎。

（一）　若係自撰之稿，經編輯部認爲確有價值者，亦得附刊。

（一）　投寄之稿，須繕寫清楚，并：標點符號。能依本報稿紙格式（縱三十行，橫兩欄各十五字）者尤佳，如投稿人先將擬譯之原文寄閱，經本報編輯部認可後，當將本報稿紙寄奉，以便謄寫。

（一）　本報編輯部對於投寄稿件有修改文字之權，但以不變更原文內容爲限，其不願修改者應先聲明。

（一）　譯報刊載後當酌贈本報，其有長篇譯著，經本報編輯部認爲確有價值者，得酌贈酬金，多寡由編輯部臨時定之。

（一）　投寄之稿件，無論登載與否，概不寄還，如需寄還者，請先聲明，并附寄郵票。

（一）　稿件投函須寫明「上海南市毛家弄工務局工程譯報編輯部收」。

工 程 譯 報

第 二 卷 第 二 期 目 錄

（中華民國二十年四月）

編 輯 者 言

本期和以前各期不同的地方，是取消「國外工程新聞」欄，用「雜組」欄來代替。爲什麼要這樣呢？因爲國外工程新聞實在太多，自然不能逐件介紹，亦不是件件有介紹的價值。所以本報所懸的目標，是祇將設計新穎，或性質上特別重要的國外工程紀載，刪繁就簡，翻譯出來，藉供讀者的參改，純爲求本報篇幅的經濟，省讀者之惱力起見。旣然爲此，若還拿國外工程新聞六字來做標題，豈不要「貼掛一漏萬之譏」麼？現在改設「雜組」一欄，不但可將預備介紹的「工程新聞」列入，便是次要性質的論著亦可歸倂在裏面，可說是一舉兩得了。

本期的國外工程法規欄裏，有德國最近修正鋼筋混凝土建築規則(Bestimmungen für Ausführung von Bauwerken au Eisenbeton) 草案的譯文，可供我們的參攷。這草案是德國鋼筋混凝土委員會(Der Deutsche Ausschuss für Eisenbeton)所擬的。我們把軸拿來和該國從1925年以來施行的舊規則比較，不但內容稍有變更，條文編排的次序亦更醒目。此項草案現正在公開徵求批評之中（到本年三月三十一日爲止），大約不久便可由德國政府公布施行了。

照上期本報所說，打算從本期起，試關「市政工程問答」一欄，不過截至本期付印時爲止，並未收到讀者問難的題目，同人又不便自問自答，祇好暫付闕如了。

鋼架建築計算設計概論

（原文載 "Stahlbau"-1930, Heft 17）

Prof. Dr-Ing Brunner 著

胡 樹 楫 譯

本篇為著者於1930年在德國 Leipzig 市展覽會之演講稿。對於鋼架建築之計算及設計，以及發展之趨勢，有簡明之述敍，茲為介紹於此。

　　　　　　　　——譯者附誌

○……○
　導言
○……○
　鉅今約50年前，美國 Chi-cago 市始有十層高屋之建築，其骨架全用鋼鐵構造，於1883年告成。是為鋼架高屋建築之最初紀錄，亦卽美國高屋風起雲踴之先聲。就今日而言，美國共有十層至六十層之高屋約4800所，其中在紐約者2480所（在三十一層以上者188所）。更就所用鋼鐵而論，約計14兆（百萬）公噸，其建築費用之鉅，可以想見。

至美國人所以首創「鋼架建築」（Stahl-skelettbau）之故，首由美國人「善於經算」：當日 Chicago 發展甚速，地價激漲，故建築高屋以求經濟。次則美國人喜創新格，亦為動機之一。然其實現實由各種機軋鋼條之出世，否則雖有理想，難達目的也。上述十層房屋，若用磚石等材料建築，則牆身與基礎等勢必異常宏大，故當日建築者為求經濟起見，不得不選用鋼鐵，同時鋼架建築之原則亦因以確定。其原則維何？曰：以鋼架承受重量及風力，而以牆垣專供遮蔽風雨，區分房間，防禦寒暑之用途。

若就德國而論，則已築成之八層以上高屋共計100—150所，其中大部分係於多年前用鋼筋混凝土建築，最近鋼架建築乃佔優勢，卽鋼鐵運費較昂之南方各城市，如Frankfurt am Main, Mannheim, Stutt-gart, München 等處，亦均有著名鋼鐵建築物之產生。漢堡人素講經濟，故近年新建之偉大商業建築物亦均用鋼鐵構造，又有「德國國民黨店員聯合會」之十五層辦公房屋，用3000噸之鋼料築成。舉凡此種房屋，建造之先，均經將鋼鐵建築法與鋼筋混凝土建築法，就經濟上與技術上之利弊，詳加研究，然後決定。鋼鐵建築法優點之一，為柱小而佔地少，房屋愈高則此項優點愈著。在十層或十二層之房屋，鋼柱剖面可比鋼筋混凝土柱減小至一成之

多。節省之地位可使租金增加，即造價稍昂，亦可藉以彌補而有餘。現今鋼鐵建築法在德國推行之一大阻力，爲工程界——尤其建築界——懷有一種因襲舊時建築式樣之成見，雖持之有故，終必無法與潮流對抗。

Le Corbusier 氏（法人）爲最新派新進建築師且負有國際聲望者之一，其所著「將來之建築術」一書中有名言曰：「工程師實造成建築藝術，以其熟習與自然定律相符之計算方法也。工程師之作品，令吾人感到調和美（Harmonie）」。鋼鐵建築術爲數理研討上之一種正確結果，故以前習慣上所謂「建築藝術」（Architectur）與「建築式樣」（Baustil）應居次要地位。

鋼架建築之要旨簡述如下：以輕巧之鋼架承受全部本身重量與活儎，同時藉其「穩定性」（Stand Sicherheit, 即不傾不欹之謂。）與「堅強性」（Steifigkeit, 即彎不撓之謂。）以對抗風力，基地沉陷等。其鋼架間之牆垣並不作載重之用，與「實體建築」（Massivbau, 即磚石，混凝土等建築）異，僅藉以屏蔽與分隔，而防風雨寒暑之侵入，故厚度可從小，材料可從輕簡。

上項原則不但適用於商業事務所，辦公房屋，旅館等高屋，對於較低之房屋亦然。

美國之鋼架住宅建築亦甚發達。1928年美國在建築上所用鋼料約 2.5 兆公噸，其中用於住宅建築者約70%，即1.75兆公噸。

　○……○　實體建築物之基礎（底脚），
　：基礎：
　○……○　因全部垂直力沿外牆及重要中間牆垣之全長分佈，故基礎亦須沿全長連續不斷。其在鋼架房屋，則全部垂直力大率藉上下連續之柱集中於少數地點，故可藉零星之「柱基」（柱脚）承受之。例如佔地300平方公尺之住宅，如爲實體建築，約需基牆長度 100 公尺，若爲鋼架建築，則其鋼柱約18處僅需零星之基礎18處。柱基之築法，視泥土之勝載力而異。如柱之載重甚大，泥土之勝載力又小，則柱基必用木椿或混凝土椿支承，尋常則用普通基礎已足。有時或須採用長條式基礎，或鋼筋混凝土基板。在特別情形之下，亦有用工字鋼交錯排列以爲基礎者。若土質特鬆，或地下水位時有漲落等情形，亦有用其他通行之基礎建築法者，例如用井圈埋入地下等。如房屋高而佔地小，則以用整塊鋼筋混凝土「基板」或鋼筋混凝土「框架」爲最適宜，例如 Köln 某高屋，高77公尺，佔地僅 100 平方公尺，即用此種基礎。

鋼架房屋內如設地窖層，可僅築薄牆

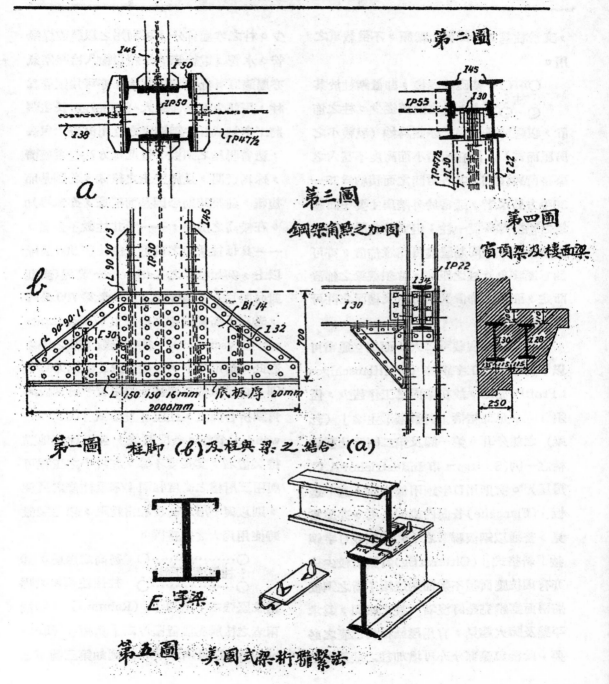

第二圖

第三圖
鋼架角點之加固

第四圖
窗頭架及樓面梁

第一圖　柱腳 (b) 及柱與梁之結合 (a)

E 字梁

第五圖　美國式梁桁聯繫法

，支於柱基，專防泥土鬆頹，不供載重之用。

○⋯⋯○
⋮柱⋮　基礎築成後，即置鋼柱於其
○⋯⋯○　上，柱之數須從少。柱之佈
置，以適於各房間之分割為妙（就較小之房屋而言），故在面積小而高度不甚大之事務所與住宅，其各房間之面積約為25—30平方公尺者，通常於外牆與主要中間牆垣之聯接處各設一柱；但對於此層亦不必過於拘泥，中間牆壁儘可隨意佈置，亦可隨意遷移也。柱之距離，首須視梁之佈置而定，而梁之佈置又隨載重及樓面之許可厚度而異。

柱之構造視載重之大小而定。通常可以「闊邊式」工字鋼條（breitflanschiges I Profil）充之，故在廠內之工作甚少，僅須釘立「足部結構」與聯繫「主梁」（托梁）之部分耳。第一圖及第二圖示此種結構之一例（Stuttgart 市 Industriehof A.G. 房屋）。次則用U字鋼兩條拼成，其「邊板」（Flansche）各向內或向外者，亦屬常見，普通以鋼板聯繫之，用角鋼或U字鋼按「斜格式」（Gitterartig）釘繫者較少；亦有因抗壓面積不敷而用連續不斷之鋼板將兩面空縫完全釘沒者。柱之四周，為求平整及防火起見，有用建築材料包裹之必要；此種包裹部分亦可增加柱之載重力不

少。柱之空虛部分，可利用之以裝設煤氣管，水管，電線等，又藉以輸入冷熱空氣亦屬適宜。如載重不甚大，亦可用鋼管為柱，用料少而惰性率大•Emperger氏主張將工字鋼或U字鋼構成之柱用混凝土包裹，藉省聯結之鋼板，惟此種方法是否經濟，殊為疑問，且施工上之組織，恐因是而複雜，建築時期恐因是而延長，亦未可知。在較高之房屋，——尤其柱數不多者，——其每柱承載之重量，往往在 500 公噸以上，例如柏林之 Kathreiner 高屋（參觀封面照片），其各柱之載重量為 700 公噸，若在「高插雲霄之房屋」（Wolkenkratzer; Skyscraper），往往達數千噸之多，在此種情形之下，僅用少數工字鋼與U字鋼，自不敷載重遠甚，須用若干層鋼板與角鋼拼合而成，且以「雙壁式」（doppelwandig）為佳。各段柱條，運至建築地點待裝置者，其長度不等，在較小之工程可與兩三層樓之高度相同；笨重柱條之長度，則以與一層之高度相當為限，以免裝置時使用過大之起重機。

○⋯⋯⋯⋯⋯○
⋮柱與梁之聯結⋮　甚高之房屋，其
○⋯⋯⋯⋯⋯○　柱往往須與梁聯
結成堅強之「框架」（Rahmen），即於兩者之接觸處設置堅厚之「角板」（Eckblech），以角鋼釘繫之，例如第三圖所示

者是。較低之房屋則藉角鋼照尋常方法將梁釘繫於柱已足。最好將一方向之梁穿過「雙壁式」之柱，則裝配工作可較簡單，且穿過之梁有「連續性」(Kontinuität) 之作用，而用料可較節省。又兩段梁桁在柱頂或柱內對接時，如將上面「邊板」（受拉力部分）用鋼板聯繫，並於下面「邊板」（受壓力部分）間置「楔子」(Keile)，亦可照「連續梁」計算。如於梁與柱之間設「角板」，以期收「框架作用」之功效，則重要之帽釘，應勿使受拉力（美國鋼架建築物對於此點每未辦到），須以強大可靠之螺栓代之。

○…○　　直接支承樓板之「支梁」(
┊梁┊
○…○　　Deckenträger)，普通用輾成之「形鋼」已足（如第四圖），但跨度甚大者以及支承「支梁」之「托梁」(Unerzüge)往往須用釘成之「板桁」(Blechträger)。美國「插雲房屋」內之鈑桁式主梁，往往高至 2 公尺以上，然以在大廳內而上面承有柱條者爲限。

○……○　　梁與柱如用優良之鋼料構
┊鋼料┊
○……○　　成，則其尺寸大可減少。德國最通用者爲37號鋼（譯者按：謂堅度在 3700公斤／平方公分以上之鋼料，以下仿此）。其在較高之房房，則以用48號鋼或新出之52號鋼較爲經濟，以此兩種鋼料

之許可應力可比37號鋼加至30%與50%之多，而價值則不過較昂 10—25% 也。美國較小之房屋每用薄鋼板壓成「高腰式」(hochstegig) 之U字鋼條，以代普通輾成之品，尺寸不一，用料省而抗彎性大，用爲直接支承樓面之支梁尤爲適宜。

○……………○　　以前及現在鋼鐵建
┊釘結與鍛合┊
○……………○　　築物通用之結合材料爲螺栓(Schrauben) 與帽釘(Niete)。普通習慣，凡鋼鐵部分在廠內結合者皆用帽釘，其在建築場所就地結合者，則盡量使用螺栓——至少對於簡單形鋼如是——。其在較大之工程，其各部分爲拼合而成者，則在建築地使用帽釘勢不可免。

美國每用薄鋼板壓成之「括鐵」(Klammer) 與「包鐵」(Hülsen) 爲結合之具（第五圖），頗稱便利省費。此種「括鐵」祇能用於「不甚吃力」之結合，自不待言；例如於支梁置於主梁上時，可暫用此法聯繫，隨後再用混凝土包裹之。此外對於梁桁之待鍛結者，暫用此種括鐵以確定其相互間之位置，亦屬適宜，而鑽孔加釘等工作可完全避免。

近者千年來，建築界對於用電力鍛合鋼鐵以代釘結之傾向，甚爲熱烈。此種運動亦起源於美國。現今電弧光鍛合法之已著成效，爲不容否認之事實。鍛合法之優

點，在省去鋼鐵工程之工作與費用之大部分，如關於校準長度，鍛孔，釘接等是。此外尚有節省材料之可能性，因釘接之鋼鐵部分，如用以承受拉力，則計算剖面面積時，須將釘孔面積除外，鍛合之鋼鐵部分則全部剖面皆可利用也。

　　舉例而言，Westinghouse 公司辦事房屋，其885公噸之鋼鐵結構，即完全由鍛合而成，計節費鋼料約100公噸（10%

以上）之多。American Bridge Co.之五層鋼架房屋，亦完全用鍛合法構成。Ohio 於1925年建造之多層汽車庫，亦復如是，所節省之費用不在23%之下，當時在建築地點常川工作之鍛工不過2人，各於120小時完成鍛縫長度109公尺。Hot-Springs (Virginia) 地方之 Homestead Hotel, 擴築佔地18.3×23公尺，高55公尺之房屋時（用鋼料560公噸）為免使帽釘工作之囂聲

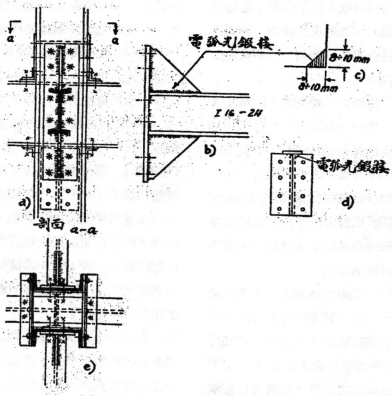

第六圖　Praha 某屋之梁柱結合方式

煩撓旅客起見，亦應用鍛合法；常川雇用鍛工2人已足。1928年 Praha（捷克斯拉扶京）建築某八層樓之鋼架房屋時，對於鍛合法之零星各點曾有縝密之研究，並證明矽質鋼，即52號鋼，最為合用。該屋之骨架係框架式，角點之抗彎「角板」在廠內與樓梁鍛合，而梁柱之結合則在建築地址用螺栓從事（第六圖a—e）。

美國建築界恆於鍛合鋼鐵結構施工以前，先就鍛合法作縝密試驗。據種種報告，凡使用電弧光鍛合者，試驗結果幾皆稱良好。計每公分（長度）鍛縫之堅度約在1600與2200公斤之間。最近發明之「用Röntgen光線（X光線）檢驗鍛縫法」，僅能在工廠內適用，故就建築地址鍛合之鋼鐵結構，其弱點與鋼筋混凝土工程同，即監工須嚴，檢驗不易是。鍛合法尚有一弱點，即鍛合處之「延展率」（Dehnung）比鋼料本身較小多多，故鍛合部分之設計，不但需要富豐之經驗，亦須特別審慎從事。雖然，鍛合法在建築上既有非常之優點，則將來推行之廣，可無疑義。據 Atlantic（屬美國紐約州）某旅館擴充時所作鍛合試驗之報告，鍛合縫之許可應力如下：

對鍛縫（Stumpfnähte）之許可應拉力

980公斤/公分（長度）

對鍛縫之許可應壓力

1260公斤/公分（長度）

旁鍛縫（Kehlnähte）之許可應剪力

790公斤/公分（長度）

德國專家亦已着手研究鍛合問題，就中最努力者為「德國工程師會」之鍛工專門委員會，並由「德國鋼鐵建築業聯合會」與各官廳及專家協助進行。

◯┈┈┈┈┈◯
┊垂直力與風力┊
◯┈┈┈┈┈◯

鋼架建築物所受之力有二種：(1)垂直力，由建築物之本身重量與各層樓面之載重而來；(2)水平力，以風力為主要。樓面之載重（活儀），普通自下而上逐漸減小，其數目隨用途而大有差異，例如在倉庫等可達1000公斤/平方公尺以上。美國商務局建築科定有有趣味之條文，即計算柱之尺寸時，不必假定其所支承之各層樓面皆承受全部活儀，而可視層數之多寡將活儀總額遞減，例如樓面在7層以上時，可減少50%，其在住宅，事務所等容人之房屋，可再減少一半之多。德國普魯士邦之法規亦有類似之規定。風力對於高而狹之房屋，在鋼架角點聯結之設計上，甚有關係。美國習慣，僅於房屋高度達寬度（在風向內量計者）3倍以上時計及風力之作用，對於其他房屋，恆將梁與柱用普通簡單方法聯接，並構成堅強之樓面，而認此種佈置已足使全屋具有充分之穩定性。

惟在此種情形之下，各柱段之對接處，不得設於樓面上之水平面內，否則接合處必須具有充分之抗彎性。上述之原則頗爲寬大，然沿用至今，並未發生流弊。1927年初，美國 Florida 半島之大風，每小時之速度達 190 公里，磚石房屋之被毀者在1000所以上，而在25所之鋼架房屋中，僅有一所，卽Mayer-Kiser-Building，受有損害。該屋高14層，而其一邊僅寬14公尺；

出事時，因柱身彎曲，屋面約移動60公分，然鋼架仍完全無恙，僅包裹之薄牆與內部牆垣之一部分被毀。該屋設計時，僅按100公斤/平方公尺之風力計算，而大風時該地測候所測得之最大風力則爲320公斤/平方公尺，此爲該屋出事之最大原因；次則該屋鋼架上各角點之結合，自吾人眼光觀之，殊多不合，例如以帽釘承受拉力等，此爲該屋出事之又一原因；若就高寬之

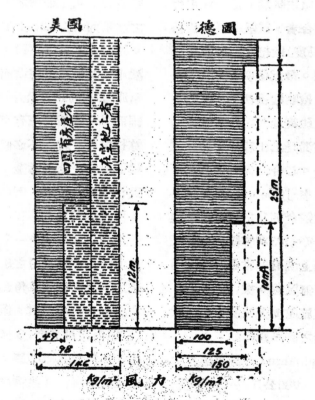

第七圖　德美兩國關於風力之規定

比例而論，則依據 Grüning, Maier-Leib-
nitz 等近年用理論證明之「鋼料狡獪性」
(Schlauheit des Stahlmaterials)學說，可
稱無礙。此外更由該屋得一教訓，即吾人
對於風力之往復(謂時止時起)衝擊作用亦
不可忽視，緣全部建築內不免因此發生「
扭轉力」(Torsionskräfte) 而在載重結
構內又必發生「共震現象」(Resonanz-

erscheinung)無疑，其危險性每較風力本
身之作用尤互也。

美國對於風力之普通規定如下（各大
城市互有差異）：

高度在 { 12公尺以下時　　49公斤/平方公尺
　　　 { 12公尺以上時　　98　　　″

孤立無遮蔽時（一律）　146　　　″

德國普魯士邦1925年規定之數，較上

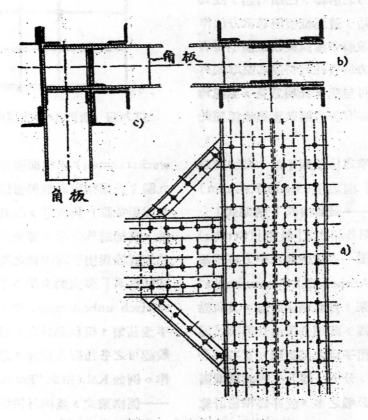

第八圖　Aachen 某屋鋼架角點結合法

略大，即

高度	在10公尺以下時	100公斤/平方公尺
	爲10—25公尺時	125　　"
	在25公尺以上時	150　　"

但在受遮蔽之地位時可減至　75　　"
（參閱第七圖）。

○┈┈┈┈┈┈○　高屋之抗風設備

不甚高而具有相當寬度之房屋，不甚受風力之影響，已如前述，故其中梁與柱之聯結，普通祇須照尋常方法作合式之佈置，並將各樓面築成堅強不彎者，使能傳播風力於各柱或特設之堅厚的外牆與內牆，即可無患。此項意見，到處均已接受，德國亦有著名鋼架建築物係照此說構造者。

至於高而窄之房屋則不然，必須將鋼架構成強固之「框架」(Steife Rahmen) 與堅強之角點——因如構成「構架式」(Fachwerk)，則各格內之「斜帶」(Strebe) 妨礙門窗之裝置——以便將水平力移歸基礎承受。德國Aachen 地方"Grenzwacht" 房屋之框式鋼架，曾經精密計算，其角點之佈置見第八圖，此種佈置法在美國已屬習見。柏林西門子廠之某高屋（寬17.4公尺，高45公尺，分十一層），因其鋼架需用鋼料至3685公噸之多，故亦經精密計算，其佈置爲並立之「多層式框架」(Stock-

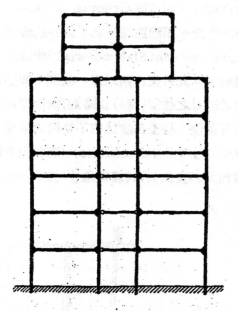

第九圖　西門子廠某屋鋼架之佈置

werksrahmen）兩組而聯合作用者，如第九圖；又因精密計算與審慎設計之結果，角點得免設「角板」，而具有充分之抗彎性，其構造殊簡單，即使梁身通過柱內，並以螺栓與楔子爲固結之用（第十圖）。此種結構爲「多次的力學上不定」(vielfach statisch unbestimmt) 式，如精密計算，手續甚繁，但在熟練之設計者，恆可藉一般認可之各種假定條件，以減省計算之工作。例如 Köln 市之 "Pressa" 高屋之鋼架——係構架式，爲例外情形——即因佈置巧妙，得將「力學上不定之數值」(statisch

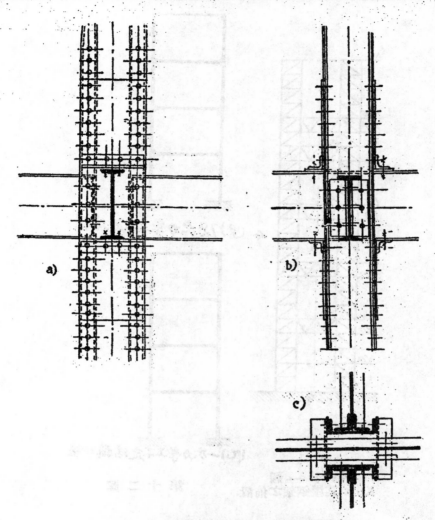

第十圖　西門子廠某屋之梁柱結合法

unbestimmte Grössen，即第十一圖中之
Xa，Xb……Xe)減至 5 個，無而礙於計算
上之準確程度。但力學上之假定條件自須
與實地構造相適應，故有爲簡便起見，將

「多層式框架」按層致分成若干「門框式
框架」(Portalrahman)，而於其「足點」
以可轉動之關節與下層相連接，換言之，
即將多次的力學上不定結構一組劃分爲一

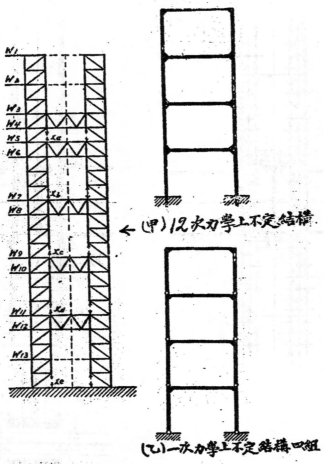

第 十 一 圖
Köln 某屋鋼架之佈置

(甲) 12次力學上不定結構

(乙) 一次力學上不定結構四組

第 十 二 圖

次力學上不定結構若干組也（第十二圖）。
惟高屋之各層載重甚大時，則以應用多層
式框架或較合算；其強固之角點可使柱與
樑之剖面面積減省。計算時假定彎冪零點
在各層高度之一半處，可節省計算手續不
少，亦不致發生甚大誤謬。又對於「多次

力學上不定結構」之設計，現有絕妙之輔
助方法，卽 Beggs, Gottschalk, Rickhof
等之模型試驗法是；其原則在就鋼料或假
象牙或厚紙等製成之小模型察驗其「變態」
（Formänderung）以及各部分之「彎冪零
點」等，因此各部分之彎冪與剪力等，可

用簡單方法算出。其所根據之原理為「變態工作」(Formänderungsarbeit)之定律——尤其 Maxwell 氏之定律。此種方法既可免除繁難之計算，而求得力學上不能直接算出之數值，將來——至少在房屋建築方面——必日見推行無疑。據 Beggs 氏證明，用該氏之方法求得之數值，與用精密計算方法所得者比較，僅相差 1%。縱在最近之將來，此種模型試驗法尚不能視為圓滿可靠，至少可用以覆驗計算之謬誤與否。

○·········○
：施工之程序：
○·········○

鋼鐵建築之特色，在可預定各種工作之詳確步驟，自製圖，購料，廠內裝配起，至運送裝配完竣之件至建築地點與就地裝配以及全部完工止，莫不皆然。就地裝配之法，先從安置最下層之柱條於柱基上着手，必要時可暫行設法支承，再築柱基，次裝置第一層樓面之主梁與支梁，復次裝置第二層之柱條，如是類推，至屋頂為止。如鋼架於建造完竣後，各角點無固結之必要，則於搭建時，亦須於外牆之若干格內加入臨時之角鋼斜帶或圓鋼斜帶之附「鬆緊器」(Spannschlösser)者，以維持搭就部分之穩定，並以校準各部分之地位，否則突遇大風時危險實甚，切不可圖省小費。需用之器具為「裝卸起重機」一具

，其起重力視最重鋼鐵零件之重量而定，以及「工作用起重機」一具或多具，視工作之徐疾而定。如建築物之平面為狹長之長方形，則採用跨架全屋之活動「門式起重機」(Laufportalkran)尤使工作便利而迅捷，例如柏林西門子廠某屋，長 147.7 公尺，寬17.4公尺，使用此種起重機一架，未及六個月，即將總重3700公噸之鋼鐵結構建造完竣。如在四面空曠之處，則以用 Derrick 式或活動高架式起重機(Lauf-turmkran) (例如 Wolff 式)為最適宜。若屋高而基地狹小，最好用「立樹」（？Standbäume)之附有轉臂而能伸展甚遠者，隨鋼架之裝配，逐層或每隔兩層提高，而使用之。

房屋完工愈速，則經濟上之利益愈大，蓋建築基金在建築時期內不能生利也。自此點規之，鋼架建築法在各種新式建築法中，當首屈一指，而可收驚人之效果。茲僅舉數例以資參證：Los Angeles 之 Bullok 百貨商店，高 11 層，鋼鐵結構重 1172噸，自1928年五月一日興工裝配鋼架，是月十九日即告竣，計除去兩星期日外，僅費時16日；四星期後，樓面，屋頂以及牆壁等全部粗工告成，七月六日，下面三層已可開始營業，計自裝配鋼架至此，僅閱時 9 星期耳。Chicago 之 Lawyers

Building，高25層，計88.5公尺，其重1960公噸之鋼鐵結構在36日內即裝配完竣，此爲美國方面前此比較最速之建築工作。德國方面，亦有類似之成績，例如Dortmund 市 Gerstein 廠之4000公噸鋼鐵結構，於6星期內即裝配完竣是。

鋼架建築之另一優點，即其施工程序在相當範圍內可自上向下進行，與實體建築異。蓋經過若干星期，於鋼架裝配完竣後，即可舖蓋屋面，其他工程如樓面與內部牆垣等之建築，因此可在不受雨雪阻撓之下，無論自上而下，或由下而上，次第進行。外面牆垣可與鋼架之裝配同時進行，其利益尤不言而喻，例如 Chicago 之 Bullok 百貨商店是。

砌築外牆時，每需搭設「工作柱架」（Einrüstung），普通用「吊架」（Hängegerüste），就中以 Torkret 公司之吊架尤爲合用。

〇……………………〇　吾人對於鋼架
：鋼架建築之估價：　建築物之造價
〇……………………〇
，現已有富豐之經驗，故由某建築物之尺寸，載重等，可約略估計需用鋼料之噸數，爲事先之參攷。大抵4層以下之鋼架房屋，每立方公尺約需鋼料 12—15 公斤，5—10層約遞增至每立方公尺25公斤，其在甚高大之房屋可增至每立方公尺50公斤。

〇……………………〇　普 通 所 謂
：小住宅之建築方式：　「 鋼 屋 」
〇……………………〇
（Stahlhäuser）之一二層住宅，所需鋼料，自比上列各數銳減，其多寡視所用之建築法而異。在英國所用之建築方法凡四種，照此築成之小住宅各以千計；美國築成之各式鋼架小住宅亦復不少；德國於歐戰後不久，因感住宅缺乏，鋼架房屋建築術亦顏形發達。各種建築方法可歸納爲數類，茲僅述其性質上與鋼架建築最相近之一類，即以鋼鐵柱梁爲骨架，而以磚料與混凝土等爲牆壁者。此類建築法中在德國有Phönix, Holzmann, Urban, Richter und Schädel 等式。Urban 式係以輕質「Mannesmann鋼管」（輾成鋼管）代工字鋼，U字鋼，角鋼等，大率在建築地點就地鍛結。又有一種方式係用現成之鋼鐵框架，就地用螺栓釘結，使成外牆之骨架，故其裝配於數小時內即可完畢。因一般通用之工字及U字鋼條用於此種小住宅之建築殊不經濟，現有製成尺寸較小而輕巧之品者，各有標準四種：其高度分別爲100，105，120 公釐。因此鋼屋建築更形經濟。

〇……………………〇　鋼架建築物之
：外牆之建築材料：　外牆，應如何
〇……………………〇
構造，使工作迅捷，造價低廉，且可乾砌（使鋼料不致受濕而銹）而不易傳熱傳音，

實爲最要之問題。此問題之範圍甚廣，茲僅述多年以來使用輕質材料以填鋼架空格之趨勢。凡此各種材料均以於牆身內設「絕緣層」(Isolierschicht)——尤其空氣層——爲原則。

用「浮石混凝土」(Bimsbeton) 製成之空心磚，甚屬合用。又有所謂「Gas 混凝土」者，常用以製成約20公分厚，0.3——0.9 公斤重之空心磚，近年在瑞典應用尤廣。此種空心磚塊，尺寸愈大，則砌築愈迅捷，而其重量又必須爲工人兩名所易舉者。又有一種方法，係採用兩種材料，借助木質或鋼鐵「墊條」(Futter) 構成中空6——8公分之牆垣。小房屋所用之「鋼皮 (Stahlhaut)牆」，係於外面鋼皮上，用螺釘釘立約 8 公分厚之木條，然後從屋內釘立 "Teckton" 或 "Herakrit" 板塊於其上。此外尙有所謂 "Torfoleum" 板，"Lignit"，"Celotex" 等，其用法仿此。此種材料與建築方法爲數甚多，極待擇優去劣，確定標準，而以合下列條件爲最要：對於聲與熱之「絕緣性」，質輕，尺寸大，適於乾砌而毋需粉刷。

◯……………………………◯
⋮鋼架建築之經濟⋮
◯……………………………◯

鋼架建築完工之迅捷已如前述。此外尙有一大優點，卽其總重量較實體建築減小，亦卽基礎工程減少是。例如柏林 Agricolastrasse 之鋼架住宅132所，建築時期比實體建築縮短四個月之多，全部重量僅 12000 公噸，包括基礎在內，若用磚料建築，則僅磚料一項已須重至20000 公噸，因此每宅之造價，僅基礎工程一項，已節省1000馬克之多。又該屋因用不傳熱材料爲牆壁，每年可省取暖費20%。

◯……………………………◯
⋮鋼架建築之防火方法⋮
◯……………………………◯

鋼鐵在高熱之下（自 450°C 起）其強度恆減退；在 500°C 之下，僅約具原有強度之一半。但若將鋼鐵部分用混凝土包裹約 4 公分厚，則其抗火性至少與鋼筋混凝土建築相等。如照美國習慣，用類似石棉之材料包裹，亦足稱穩妥。此外尙有防火上應注意之點：一曰高屋內應避免高矗之井形部分，如扶梯間與升降機井等，以其作用如烟囱也。將升降機井用防火材料包裹，爲美國常用之方法，現已一般採用。二曰高屋之各部宜用防火牆分隔，並將屋頂及樓面用防火材料橋造，則鋼架建築之火患，較任何他種建築爲小。

◯……………………………◯
⋮鋼架建築對抗地震之功効⋮
◯……………………………◯

鋼鐵之性質，堅硬而富彈性，故鋼架建築在有地層沉陷及地震危險之處尤稱適宜。凡鋼架因下沉不均而發生之應力，可隨時加以察驗

，並用「扶正」方法消除之。至於鋼架建築在地震區域（例如 Costa-Rica）內之功效卓著，毋待贅述。

⋯⋯鋼架建築適用於改造與擴充⋯ 據 Dahl 氏詳密調查，在350所之旅館高屋中，經過若干年後，須加改造與擴充者，在半數以上。又有若干高屋造成不久，因用途改變而有改造之必要。例如欲將小房改成大廳，則必將屋柱撤去若干，而將梁身加大；此層在鋼架建築不難辦到。又如將房屋層數加多，則原有支柱每不敷載重之用。美國現用之方法甚爲簡單，即將柱基加寬後，遂於舊柱旁加置新柱，穿過各層舊有樓面，使其支承各層新樓面是；此法亦僅在鋼架建築易於辦到。

⋯⋯鋼架建築之防銹方法⋯ 銹爲鋼鐵之仇敵，人皆知之。然吾人有種種方法以對抗之：或將包裹之牆用「乾砌法」築成，或塗以相當油漆，或用物料完全包裹，或於鋼料內加入少許銅質等等。美國舊有許多建築物，因故改造，雖其構造爲舊式而多不合之點，且已經過三四十年之久，然拆卸之鋼鐵部分，仍不甚銹蝕，故發銹之弊，對於鋼鐵建築可謂不成問題。據美國專家估計，鋼鐵建築之壽命，就生銹一點而論，至少可達100年，則與短促之人生比較，可稱充分無疑。

⋯⋯鋼架建築對於音響之作用⋯ 鋼鐵骨架幾可稱絕不傳遞音浪於牆壁及樓板，故旅館與醫院等採用鋼架建築尤爲適宜。

⋯⋯鋼架建築施工不受時季之拘束⋯ 鋼鐵建築無論天氣晴雨寒煖，均可施工，故不受時季之拘束，非若他種建築，僅在每年內一定時期施工，始稱適宜也。

國 外 工 程 雜 訊 之 一

芝加哥玻璃大廈落成

芝加哥工程師勒汗脫氏所設計之33層玻璃大廈已告落成，此屋全用玻璃造成，四面透光，但街下行人仍不能洞窺，勒氏即前建造東京皇家大旅舍之工程師。

西比利亞敷設併行綫

莫斯科訊，蘇俄擬建築西比利亞鐵路之併行綫。該綫起點爲列甯格勒特，本年度建築費預定一萬五千萬盧布，兩年內即可告成，此係蘇俄五年計劃之一重要計劃。

溝渠費用之籌措方法

（原文載 Engineering News Record, Vol. 105, No. 19）

Harrison P. Eddy 原著

蕭　慶　雲　譯

按 Eddy 氏在美國溝渠工程專家中當首屈一指，其與 Metcalf 所出之 Sewerage and Sewage Disposal 及 American Sewerage Practice 諸書，風行全美，凡習衛生工程者無不知之。Metcalf 卒於1924年，Eddy現仍健在，與新進衛生工程專家數人主持 Metcalf and Eddy, Engineers, Boston, Mass 之業務。　　　　　　譯者附誌

工程師對於工程上之籌款問題，每有作不正確或不能實行之提議者。故著者將籌款之原則約略述錄，以供參攷。此篇雖專論溝渠之籌款方法，然其原則至為普通，如就法律上之適用性而論，直可應用於任何一種工程之籌款。

關於溝渠之建築及運用，市政府籌款之法凡四：即發行公債，普通課稅，特別徵稅及使用徵費。此外又有在一定範圍內由私人投資之一法，然讀者不可誤會，與私人公司建造與運用之溝渠并作一談。此種公司不在本篇討論範圍之內。

公債

建築大宗溝渠之費用，往往非一年中之普通課稅或其他市政府進款所能應付，故須借款以籌措之。公債者即指定於一定時期付還一定數目與利息（普通半年一付息）之一種借款契約也。發行公債之制度有三種：(1)不載明償還辦法者，大抵隱含將發行一種新公債，用以償還現發公債之意，(2)指定一種減債基金，逐漸積存，於公債到期時，用以償還之（積金還本制），(3)分期還款，每年償還一部分公債，直至全部公債償清為止（分期還本制）。所謂減債基金，通常以每年積存之款及其複利充之。設 S 為全部債額，I 為按年積存之減債基金，r 為利率（以小數式書之）n 為還本之年數，每年複利一次，

則

$$I = \frac{Sr}{(1+r)^n - 1}。$$

關於償清公債之年限，美國有若干州用法律以規定之。無論如何，不應超過關係工程在使用上之壽命。雖有時某種工程或能耐用至數百年之久，然從良好之公家

政策着想，償還公債之年限不應逾40年。

倘若同一利率適用於各種公債，而減償基金亦能得同樣利息，則就經濟上比較，以上各種公債之發行方式，並無優劣可言，年限之長短亦無甚關係。即一次付清全部本息之辦法與分期付息而永遠拖欠本金之辦法亦復如是。然減償基金所得之利息往往較公債之利息爲小，此則又當別論者。

蓋就理論上而言，如欲比較各種公債制度之優劣，應以付出之數目折合現在之價值爲正確根據，例如利率恆爲 4%，則或一次用現金付清欠款 1,000 元，或每年付40元以至無窮，在經濟上比較，幷無利害可言。或主張就付出本利之總數比較，例如有公債100,000，利率爲4%，則在10年分期付清之總數爲 122,000元，在20年分期付清之總數爲142,000元，在50年分期付清之總數爲202,000元，同額公債，如用減償基金償還（基金之利率爲3½%），則在10，20，50年後應付出之總數分別爲125241，150772及207309元。此種比較方法未將將來付出之款折合現今應有之價值，故在經濟上未爲合理。〔在 n 年後付出之款 A，折合現在之價值 P，按每年複利率 r 計算，應爲 $P = \dfrac{A}{(1+r)^n}$〕

更從經驗上而論，則上述三種公債制度，各有利弊。減償基金有時因公務人員之無能或不盡職，以致處置不當或移作他用，是爲第二種公債之缺點，故美國 Massachusetts 州禁止發行。然此種公債亦自有其優點，即每年應備還償之款，恆爲一律是。分期還本公債則異是，普通初期償付之款甚多，以後則逐漸減少，實加公家以不均勻之負擔，因市政府還債之能力恰與還債之規程相反也。又還本期限過長與付息期限過久均爲公家政策所不取，故各種公債之利害固應考慮，亦應顧及法律之規定。

另有一點，爲工程師所不甚注意者，即投資之民衆對於公債發行之形式及票面數目以及還本年限，其歡迎之態度頗有差異也。例如公債票面在1000元以下者，不如票面爲1000元者之易於售出，故前者不爲商人所喜。又公債還本年限較長者，比短期者較易引起投資者之注意。

普通課稅

較小之溝渠工程費固可由普通稅收內籌措，大宗溝渠之建築費，則難於一年度內由普通稅收籌足，勢須發行公債，已如上述。公債之利息及減償基金或陸續償付公債之本金，普通應一部分或完全出自普通課稅。有時陸續收入之特別徵稅，亦可

作此項用途。至於溝渠之維持費及運用費則以從普通課稅內籌措為通例。

　　每年償付公債本息之費用，在特別徵稅或使用徵費至少有一部分之可靠收入以前，必須完全由普通稅收內支付。美國各州法律上每規定：如無其他款項來源，以供發給公債利息，提存減債基金及償還到期公債之用時，必須將此種費用列入普通課稅預算中。

特別徵稅

　　溝渠建築費之一部或全部，大都用特別徵稅方法由特別受益者籌集，而以地價增漲或被徵者享受其他利益高於一般市民所享受者時為限，且稅額不應超過受益之價值。

　　建築支溝時，即建築費用之 $\frac{5}{8}$ 至 $\frac{7}{8}$，每由接近之產業業主徵收，其餘由全市負擔。有時亦加徵建造幹溝及汙水處理廠建築費用之一小部分，因支溝如無幹溝及汙水處理廠將汙水送出，亦難得實用也。特別徵稅平常皆分期繳付，在3年或5年內付清，其徵收法通常一如徵收普通課稅。

　　計算稅額之法，通用者有數種，最普通者為根據土地之前面寬度，面積，或前面寬度與面積合併用之。根據地產之前面寬度以定稅額，實為最簡便之辦法，然若

土地之形狀及大小不同，則稅額必不公平。（設某地產之前面寬度甚小，而後面面積甚大，可建宏大之房屋，如按前面寬度徵稅，則稅額必較寬而淺之地產為小。）又路角之地產雖祇需用一街道上之溝渠，然依前面寬度計算，必至按用兩街道之溝渠徵稅。為免此弊起見，有將沿第二街道上之寬度，約20至30公尺除去不計者。

　　如依面積徵稅，則遇土地形狀參差時，亦或不公。無論如何，離道路30或40公尺之土地，所受溝渠之益必甚少，如離道路更遠，則普通免予徵稅。

　　如氣按土地之前面寬度與面積計算稅額，可將徵收之總額分為二部，例如 $\frac{3}{5}$（甲數）按土地之前面寬度徵收，$\frac{2}{5}$（乙數）則按面積徵收，以土地前面寬度（除免徵者外）之總數（以公尺計）除（甲）數，即得每公尺寬度之稅率；以全部面積（以平方公尺計）除（乙）數，即得每平方公尺面積之稅率。按各戶土地前面長度與面積算得應徵額相加之和，即該戶土地應納之總稅額。

　　將特別徵稅公平分配之問題有時甚為複雜。如某區正在發展之中，尚有多數耕地尚未分割，則可將各耕地因建築溝渠將來可享之受益額折合現應在有之價值，向各業主徵收特別稅（參閱"County Sewer District Work in Ohio and Assessments of Cost According to Benifits" by E. G. Bradbury: Proc. Am. Soc. C. E; September, 1928)。

使用徵費 (Charges for Service)

徵收溝渠使用費之辦法，以前不甚通行，近今則頗有推廣之趨勢。按年徵收溝渠使用費，藉以籌得至少與溝渠維持及運用(包括汙水處理在內)費用，實屬正當辦法。可分爲兩項，一爲準備費("readiness to serve")，其數額可以盥廁裝置之種類及數目爲標準，二爲使用費，其數額照放出汙水之量(其估計以愈準碻愈妙)計算之。放出汙水之量，普通可視爲等於用水之量。

強制溝渠使用費之繳納，不可以割斷溝渠之聯絡爲手段，蓋此種行爲不但違反公共衞生之主義，有時亦與法律抵觸。故市政府須以法規或契約爲徵收溝渠使用費之後盾。如經法律特許，亦可依課稅法徵收之。如無法律與契約爲後盾，可與自來水費同時徵收，以便於必要時斷絕自來水之供給，爲強制付款之手段。

私人投資

有時市政府不願在新發展區域內建築溝渠，則地主可出資建築。此種溝渠有時於完成後，立由地主移歸市政府掌管，以代特別徵稅之繳納，有時暫爲地主私有，以待市政府收買，或於收用所在道路爲公有時收用之。如私人出資建築之溝渠接通公共溝渠，而可成爲全市系統之一部分，則建築工程必須經市政府核准，或由市政府代辦，其建築方式亦須與市政府所建造之溝渠相同。

國外工程雜訊之二

新加坡建築軍港

三月三日英國下院詢問新加坡軍港之費用，海軍大臣亞歷山大利亞答稱，截至日前止，共用去2，772，000鎊，連浮船塢經費在內，依照工程合同，主要工程完畢之期爲1935年九月云。

舊金山建築13公里長橋

華盛頓訊，胡佛總統已簽署一議案，准築造橫斷舊金山灣之世界最長之橋，建築費二千五百萬金元。該橋聯絡舊金山與沃克蘭，中間經過半島，目下沿舊金山之各地，爲沃克蘭，般克蘭及阿拉美大，均藉渡船與金門市聯絡，橋造成後可以便利多多。該橋兩端相距至少長13公里云。

基椿勝載力之研究

(原文載 Bautechnik 1930, Heft 31 u. 34)

維也納工業大學教授 Dr.-Ing. Karl V. Terzaghi 著
胡樹楫 譯

著者是當今研究「泥土力學」(Bodenmechanik) 最努力者之一。他的 "Erdbaumechanik" 一書很膾炙人口。這篇是先將從泥土力學得來關於基椿的結論拿來和實地經驗相參證，然後提出更進一步的研究方法，內容很有價值。　譯者附誌

直到前若干年爲止，計算椿基的方法，大都是根據假定：「椿的勝載力可用一定公式，從錘打入土的情形察出，」與前提：「單椿(Einzelpfahl)的勝載力，可作全部椿基(Pfahlgründung)勝載力的充分根據。」因爲不明瞭椿基的作用，所以實際上並非需要而枉打的椿不知若干萬條。一般人的見解：「證明單椿的勝載力，便可保證全部椿基的穩固」亦是很有流弊。因此新的「泥土力學」(Bodenmechanik)以研究椿的作用爲重要目的之一。

單椿的勝載力

研究單椿的作用，結果得下面所說的幾點：

(1)要根據錘打時的情形，來定出可靠的公式，以便計算單椿的勝載力，必須椿的「靜的抵抗力」(Statischer Pfahlwiderstand)和「動的抵抗力」(dynamischer Pfahlwiderstand)約略相同。在透水的地層，這種情形至少在理論上是可能的，但在不甚透水的地層(如泥，粘土等)決不如此。在後一種的地層內，如土質十分均勻，椿的兩種抵抗力(動的和靜的)的比率在同一「入土深度」，至多約成常數，但這常數卻隨各種泥土質大有差別，所以無從規定通用的「打椿公式」(Rammformeln)。如果經過若干時間後再錘打的椿，比一氣打下的椿抵抗力或大或小，便可斷定各種「打椿公式」或全不適用，或祇在一定範圍內適用。

(2)由泥土內部的摩擦阻力(Reibung)和黏結力(Kohäsion)，計算椿的勝載力是靠不住的，因爲這種計算方法是假定椿的四周所受的壓力，和「泥土壓力論」(Erddrucktheorie)裏的「臨界壓力」(Grenzdruck)相當，但是這種假定，還

16217

沒有確證，並且「泥土壓力論」的根本條件，和許多事實有互相牴觸之處。

（3）椿的形狀（棒形或錐形）——尤其剖面（如方形或圓形）——對於載重力的關係，在各種泥土內，大有差別。據事實證明，在上海之泥質（Schlamm）與粘土（Ton）裏，方椿四周之摩擦阻力，小於圓椿四周的摩擦阻力很多，但在美國 New Orleans 的 Schluff 質（譯著一）土內，椿的剖面式樣與摩擦阻力却似乎全無關係。

（4）椿的四周的摩擦阻力，比尖端的抵抗力愈大，指示「靜載力」誘致的「沉陷尺寸」的曲線愈陡，純受摩擦阻力的椿，「沉陷線」是由一段彎度很小的曲綫和一段幾乎垂直的直線組合而成的。由此便知打下時具同一「侵入性」的椿，所有的安全程度隨泥土的性質大有差別。

（5）椿對於泥士之壓密作用隨泥士的性質大有差別，可從零（不易透水之粘土層）到鉅大數值（鬆散透水之地層）。

以上「泥土力學」上所得的結果，已經由經驗完全證明，毫無疑問。關於簡明材料，著者在不久以前，曾替 "American Society of civil Engineers 的 Subcommittee on pile driving formulas and tests" 寫有報告。幷且單椿的勝載力不成重要問題，因為每遇着有疑難的時候，可費不多的代價，作載重試驗來解決。

基椿的勝載力

多數基椿（其中從各個看來，都有充分的勝載力）的作用，比單椿更難明瞭，而且更形重要。下面先說由「泥土力學」得來的要點，再講就已成建築物觀察的結果。

基椿可按泥土性質分為四種：（甲）浮懸在深厚的軟泥或軟粘土裏的基椿，（乙）在深厚的鬆沙或鬆 Schluff（譯註一）裏的基椿，（丙）傳遞建築物重量，經過較軟地層，到較硬地層裏的基椿，（丁）透水的，較深處有質軟而具有可型性（plastisch）的泥或粘土屪入的冲積土（Sediment）裏的基椿。

（甲）浮懸在深厚的軟泥或軟粘土裏的基椿

在這種地層上的重建築物可單用板塊，或兼用椿作基礎。

用板塊和椿作基礎時，椿的作用是：（1）從地面傳遞建築物的重量到椿尖所在的地層，（2）使椿尖的全部壓力，可從建築物的載重，減少全部基椿四周的摩擦阻力，（3）可減少貼近基板下面的泥土因壓緊而發生的沉陷作用。所以基椿的實際價值，要看牠們減少沉陷的功效若何。要知道種功效的大小，首先要看 $\dfrac{\text{建築面積的密度}}{\text{椿的長度}}$

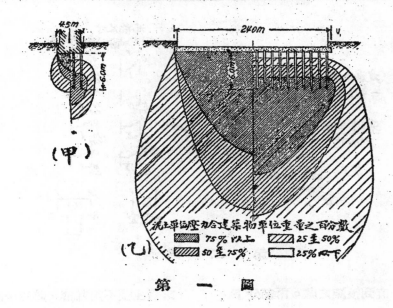

泥土單位壓力佔建築物單位重量之百分數

▨ 75%以上	▨ 25至50%
▨ 50至75%	☐ 25%以下

第　一　圖

的數值；這項比率愈大，基樁對於下面泥土應力的分佈影響愈小，亦即減少沉陷的功效愈小，看第一圖便知。倘若 $\frac{建築寬度}{樁長}$ 的比率很大（第一圖乙），全部基樁四周的摩擦阻力，小於建築物重力的20%，此時基樁的效用不過減少貼近基板下面的泥土因壓緊而發生的沉陷而已。但接近地面的泥土層因為沒有基樁被壓緊而發生的沉陷，從許多實例看來，似乎非常之小；大部分的沉陷大都由粘土或泥被壓（所含水分幾乎全無變動）向旁邊移動而來的。至於移動的地位，依據力學上的理由，至少在建築寬度一半的深度，所以對於寬大的建築面積，遠在樁尖以下。這種理想似乎可拿

下面所舉的實例來證明：

（例一）機器間，20×25公尺，鋼筋混凝土基板支承在7.50公尺長鋼筋混凝土樁500根的上面（第二圖）。下面地層是軟性黑泥。據試驗的結果，單樁在4公噸載重之下，不見下沉。算得每樁的載重只有2公噸，但完工一年之後，這座建築物下沉的尺寸，和單支在鋼筋混凝土板上（沒有基樁）的鄰屋大略相同。

（例二）上海永安公司的房屋分作兩部分築成，一部分單用基板承載，一部分兼用基板和基樁承載。下面的土質大部分是「揚子江 Schluff」和「揚

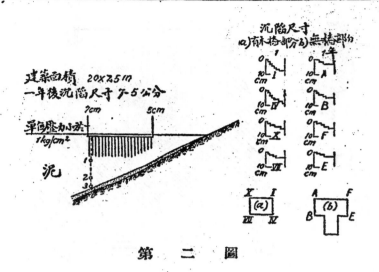

第 二 圖

子江泥」，直到很深之處。兩部分下沉的尺寸相同，分界處天花板粉刷未發現絲毫裂紋（見 Whanpo Conservancy Board General Series No. 13, p. 30）。

（例三）著者亦曾經把上面所說的理想和經驗實地應用：美國 Texas 州某城市的地質是黃色和紅色的硬粘土，初次建造32層高屋，旁邊附築5層樓房，總面積是 46×45 公尺，32層高屋的面積是34×32公尺，屋基在地面下7.3公尺，32層高屋下面的泥土載重是2.65公斤/平方公尺（風力不在內），其中2.25公斤是從房屋本身重量來的。照當地習慣，本打算在基板下面打6公尺長鋼筋混凝土椿1600根，但

著者主張不用基椿，將32層高屋建在整塊的鋼筋混凝土基板上，5層樓房的柱子各建在分立的基礎上。完工後半年最大的沉陷尺寸是3.6公分，最小的沉陷尺寸是2.3公分，這種結果和當地有基椿的房屋相仿佛。

照上面三個例證看來，發生沉陷的處所大都遠在建築物底脚以下，所以（例一）的基板（1公尺厚）雖然受笨重機器的偏壓力，却全部沉陷，彎曲很小；（例二）發生沉陷的地位亦必遠在椿尖以下，否則樓板粉刷難免發生裂紋；（例三）的32層高屋和5層樓房的沉陷尺寸沒有分別，因為建築物的重力分佈在很深地層裏的廣大面積上，不祇是建築物的地盤沉陷，四周一帶亦聯帶沉陷。

這種事實告訴我們，有許多建築物應用昂貴的基椿，實際上所收的效果却等於零。爲免除浪費起見，我們應當將此中奧妙盡量探討。理論和實驗室裏的工作不過給我們以初步的概念，切實的研究，還要從觀察已成的適當建築物着手。

關於建築物沉陷的情形，每次觀察的時候，首先應當辨明，沉陷的那一部分是因爲泥土被壓實而來的，那一部分是因爲下面地層的變態——便是向旁邊移動——而來的。倘若建築物的沉陷是由泥土壓實而來，沉陷的部分不單是在建築面積內，四周廣闊的地面亦要跟着沉陷。這種情形可以由測量地面的水平來決定。倘若建築物的沉陷是由下面地層的變態——向旁邊移動——而來，建築物四圍的地面勢必稍稍凸起。在美國若干城市觀察的結果，每高大房屋拆去之後，鄰近房屋反沉下去，可做證明。

上面（例一）所說的機器間，四圍50公尺內的地面，都跟着沉陷，所以沉陷的原因是由地下軟泥從下到上逐漸壓實。壓出的水分，由下面的粗沙層吸收去了。

（例二）所說的房屋，大概係因下面軟泥和軟 Schluff 向旁邊移動而沉陷，有兩說爲證：（1）上海有些百貨商店，本身的重量小，裝載的重量大，據觀察，沉陷的

尺寸隨裝載之重量的大小很有增減。但泥土壓實之後，可說是絕不會還原的。那些百貨商店如果因爲泥土壓實而沉陷，決不會因爲減去重量而再提起很多。（2）如果是因爲泥土壓實而沉陷，照上海的地質而論，緊壓的程度應當從地面起，向深處漸漸減小，那麼沒有基椿的部分應該比有基椿的部分沉陷更多，但實際上並不如此。

（例三）所說的地質，透水性很小，所以建築物沉陷的原因，亦是因爲下面泥土向旁邊移動，不然，32層高屋和5層樓房，沉陷的尺寸沒有顯著的差別，在道理上是不可解的。

（乙）在深厚的鬆沙或鬆 Schluff 裏的基椿

對於這種地質，我們可以根據泥土力學的智識來揣測：地層的壓實程度，從地面起，在3—5公尺內遞減很快，在比此更深之處却沒有多大差別，所以祇須用短椿便可使沉陷的尺寸大減。對於此層還沒有實地的證明，現在且舉一例：

美國舊金山建有22層高屋一所，建築面積67×46公尺，下面50公尺深的地層是由純粹的細沙到和粘土質的細沙，基礎深度2.4公尺，泥土載重每平方公分2.4公斤。據載重試驗的結果，沉陷尺寸是0.1—0.4公分，平均

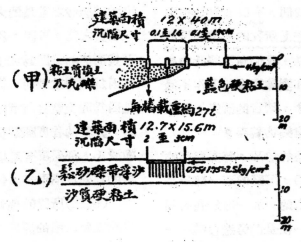

第　三　圖

0.25公分。本屋沉陷的尺寸是5公分
。用Boussinesq氏公式(譯註二)容易
證明：若非土質緊壓的程度隨深度遞
減很速，上說房屋的沉陷必有此數的
若干倍。

(丙)傳遞建築物重量經過較軟地層到
　　　較硬地層的基樁

(一)倘若上面的地層因打樁而有顯著
的壓緊，譬如很鬆的沙，瓦礫(Bauschutt)
等，照理論上看來，各基樁可以不必打到
下面堅固的地層上去，祇須使上面地層壓
緊為度，可舉實例來證明：

(例一)維也納某房屋(第三圖甲)，一
部分建在含瓦礫的填土上，一部分建
在藍色硬"Letten"(粘土之一種)上，

前者用 Konrad 式基樁承載，樁尖並
未達到"Letten"上面，後者用尋常牆
基，兩部分沉陷尺寸差不多相等。

(例二)某穀倉(第三圖乙)建築在7公
尺深的含浮沙的鬆沙礫上，所用的
Konrad 式基樁，樁尖並沒有達到下
面堅實的 "Tegel"(沙質粘土)地層上
面，最大的沉陷不過3公分(下略)。

(二)倘若上面的地層不能因打樁而壓
緊，或雖壓緊而極有限(如泥，軟Schluff
等)，至少就理論上看來，這種地層在基
樁的下段，因建築物重量的靜力的作用可
以壓緊，並且基樁因此下沉。至於打樁的
時候，並沒有壓緊的作用，可從泥土在各
樁間向上面壅起，並且壅起的泥土的體積

和全部基樁的體積約略相等。等到基樁間
的泥土，發生相當的摩擦阻力之後，和穀
類填實在窖井內一般，那麼基樁或者不必
打入堅實的地層裏，或者只須打入很少。
不過關於這一說，現在還沒有可靠的實地
觀察來證實或推翻。

（丁）透水的，深處有質軟而具可型性
　　的泥或粘土屬入的冲積土（Sedi-
　　ment）裏的基樁

基樁的尖端下面，若有質軟而具可型
性的，不甚透水的土質，爲透水的土質所
包圍，此時基樁的作用最難判斷。此時基
樁的沉陷有兩種原因：

（1）被包圍的，質軟而具可型性且不

甚透水的泥土，從外向裏逐漸收縮。

（2）這種被包圍的泥土全部變態（向旁
移動）（彈性的和可型性的變態）。

在上述情形之下，發生沉陷的地位，
可在等於建築寬度 1—1½ 倍的深度。所以
有疑問時，必須鑽驗到這種深度。

如果粘土層或泥層的厚度小於建築寬
度約三分之一，上面所說的第（2）種沉陷
和第（1）種比較，甚爲微小，如籍「泥土
常數」（Bodenkonstante）（譯註三）用
Boussinesq 氏公式計算各點的沉陷尺寸，
所得的數值和實際情形頗相近。

現且舉例來說明：

（例一）某圓形房屋，用基板和 9 公尺

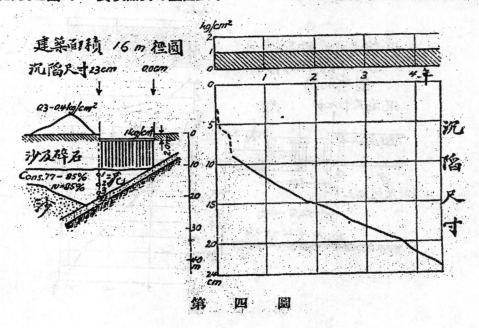

第　四　圖

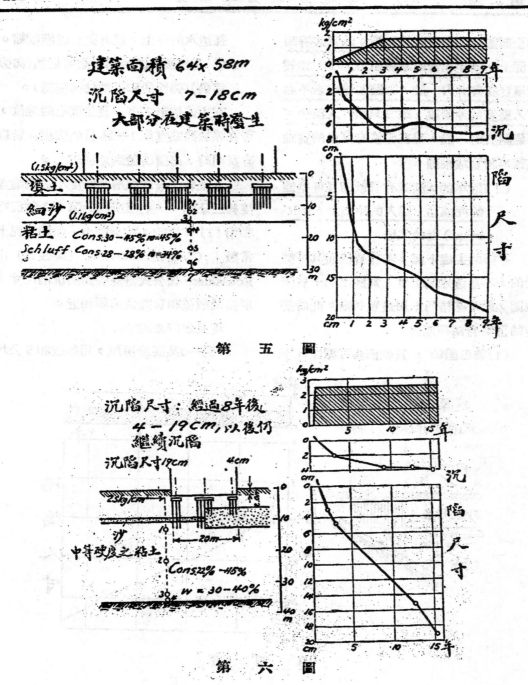

建築面積 64x58m

沉陷尺寸 7—18cm

大部分在建築時發生

(1.5kg/cm²)

填土

細沙 (1.1kg/cm²)

粘土 Cons.30—45% w=45%

Schluff Cons.28—28% w=34%

沉陷尺寸

第 五 圖

沉陷尺寸：經過8年後 4—19cm，以後仍 繼續沉陷

沉陷尺寸19cm　4cm

2.5kg/cm²

沙

中等硬度之粘土 Cons.22%—45%

w = 30—40%

20m

沉陷尺寸

第 六 圖

16224

長的基樁支承（第四圖）。地下的泥所含有機質成分很多，所含水分和「流動界」（Fliessgrenze）相近。

（例二）某動力廠廠屋的基礎分作數部，各用基樁支承（第五圖）。地下可壓實的地層是靱性粘土（? Bänderton）約在樁尖下四公尺之處，往下漸漸變換爲石英質 Schluff。

（例三）某紀念建築物的下面是細沙質地層，厚度不等，再下面是中等硬度（mittelsteif）的粘土層，基樁在沙層很厚之處，只打入沙裏，在沙層很薄之處却打入粘土裏（第六圖）。各樁的佈置計劃，是每一樁在載重之下沉陷的尺寸，不得超過0.15公尺，但整個建築物的各部分沉陷尺寸從4公分至19公分不等，直至現在完工已經15年，還在繼續沉陷之中。

（例四）某廠屋用樁做基礎（第七圖），下面的粘土層，和（例三）相彷彿，不過所含的水分，將近「流動界」。

（例五）某組動力廠，廠屋樁基分作數部，共用15—20公尺長木樁5000根。地面30公尺以下的地層是硬粘土，厚約10公尺（第八圖）。

我們從上面五個實例，可知質軟而具可型性的「羼入地層」發生的沉陷作用：

第一步便是發生沉陷的地位，可在離地面很深的處所，和我們在理論上所想像的相符合。建築面積不大時，軟質泥土之羼入層約在和建築寬度相等之深度內，可發生沉陷，對於寬展的建築面積，這種泥土在1½倍的深度內，亦可發生沉陷影響。

其次，我們知道的事實，便是建築物在初期內沉陷（各圖裏曲綫的陡峻部分）之後，往往按不變的速度繼續沉陷到多年之久（例一自四年以來，每年約沉下3公分；例二自八年以來每年約沉下1公分；例三自十二年以來，每年約沉下1公分）。

說到沉陷的原因，（例一）和（例三）可斷定是軟地層緩緩流動的結果，因爲「沉陷曲綫」（Setzungskurve）的形狀和關於逐漸壓實的「沉陷曲綫」不甚相符。但（例五）却是軟泥擠出賸餘水分而收縮的沉陷，理由如下：我們假設（例五）沒有基樁，用Boussinesq氏公式計算粘土上面各點因建築物重力發生的壓力，求出沉陷尺寸的數值，然後將沉陷相等的各點聯成曲綫（第九圖甲），拿來和實測的「等沉陷綫」（第九圖乙）比較，便知兩組曲綫的形狀完全相同，不過在地位上略有移動。至於地位不同的原因，不外建築物不是一氣造成，所以觀察的時候，各部分的沉陷，在不同的情形之中啦！

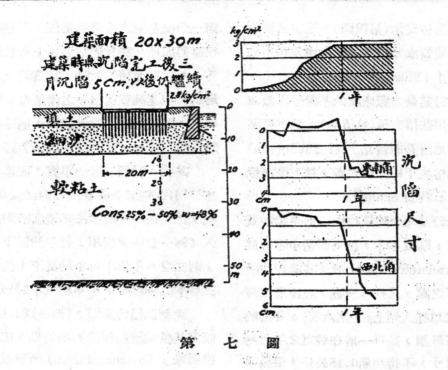

第 七 圖

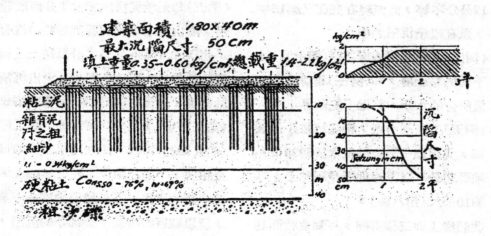

第 八 圖

16226

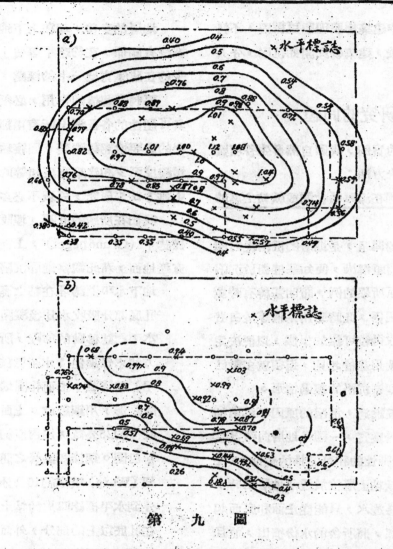

第 九 圖

現在還不明瞭之點，是（例四）和（例
五）在建築物的重量大部分發生作用後，
纔開始沉陷。（例五）的沉陷延綏，是由於
水分遲遲擠出。（例四）的沉陷延綏情形，
更為顯著；還有一層更是有趣：離建築物
的一角不到10公尺之處，有約10公尺深的
寬溝一條，裏面容有海水。建築時，軟粘
土層很有因岸邊建築物的壓力，從溝底突
起，使建築物沉陷的可能，但事實上建築
物毫不沉陷；等到完工以後，用挖出的泥

士填溝，此時建築物照理應更穩固，不料
溝剛填塞完竣，建築物反開始沉陷，令人
稱奇。

待研究的問題

由上面的實例，我們自然發生各項疑
問和想出解決方法：

(甲)浮懸在深厚的軟泥或軟粘土裏的
基樁

最緊要的問題，是地層的沉陷從何深
度起始；這問題解決，便知基樁對於沉陷
的影響。上面所舉的例，證明基樁有時對
於沉陷毫無關係，此時應用基樁等於白費
金錢。但爲取得較可靠的根據，以便決定
單用基板或兼用基樁起見，還須就多數已
成的建築物觀察沉陷的經過情形。

前面已經說過，沉陷的原因不外兩種
，一種是地層壓實，一種是地層向旁邊移
動(被壓地層彈性的和可型性的變態)。深
厚的泥層或軟粘土層位於透水地層上時，
因爲本身不易透水，只能從上面和底面起
，逐漸到內部，將所含的水份擠出，並且
進行很緩，往往經過多年，還是限於表面
和底面的附近。如果這種地層的下面，還
是不透水的地層，緊壓的起點便只限於表
面一處。所以此種地層發生壓緊作用的地
位，可從地質剖面圖直接看出。

地層的旁移，却和上下地層的地質變
換沒有關係，在約略「等質」之地層，似
乎約在建築寬度一半的深處，移動最大。

要判斷基樁的作用，必須先將質軟和
具可型性的各種泥土所有兩種沉陷作用相
對的重要性認識清楚。因察驗地質時已須
鑽深度至少和建築寬度相等的孔，所以用
下述方法來研究，可以不必多費金錢：

我們在所鑽的孔裏，埋設「地下水平
標誌」(Grundpegel)，上面釘立鋼條，
直達地面，藉此觀察地層沉陷情形。

地下水平標誌埋在粘土裏，因孔壁和
孔底部分吸收水分後漲開，不免有使
水平標誌移動的危險，所以用下面的
方法來保護他：水平標誌 K(第十圖
甲)的構造，上面作圓墻形，下面作
圓錐形，用鋼製成。上面的圓鋼條，
直徑約25公釐，用內徑約40公釐的鐵
管包圍。鋼條和鐵管之間，用油浸麻
絮(Werg)填塞約10公分高，以防水
分到水平標誌四周的粘土上去。鐵管
在孔底以上的部分，外面用瀝青塗光
，并用油浸麻絮包裹，因此鑽孔時所
用的擋土管拔出後，孔壁的泥土雖然
頹散或漲開到孔裏去，但泥土和鐵管
之間無甚摩擦阻力發生。

地下水平標誌的埋設方法如下：在鑽

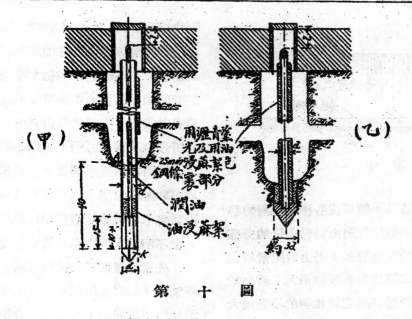

（甲）　　　　　　　　　　　（乙）

用瀝青塗
光及用油
25mm浸蔴絮包
鋼條裹部分
潤油
油浸蔴絮

第　十　圖

孔以後，擋土管還沒拔起以前，將水平標誌和相連的鋼條以及包圍的鐵管放入孔裏，在鋼條上端放一護套，然後用重鎚盡量打下。打至緊實後，方將擋土管拔起。在做混凝土基板以前，將鋼條上端裝一尖頭，尖端離基板上面約10—30公分，可估計將來沉陷的尺寸加以斟酌。次將包圍的鐵管拔起10公分，此時須測驗，水平標誌是否被聯帶提起；如被聯帶提起，須將鋼條鎚打剝正。隨後再在混凝土基板裏埋一短管，上面設蓋。水平標誌因地層沉陷而發生的相對的移動，量取鋼條尖端和短管上邊的距離便知。

包圍鋼條的鐵管，除在水平標誌上面填塞油浸蔴絮外，又灌入重質潤油，鐵管拔起10公分時，潤油便透過蔴絮到空縫裏去，所以水平標誌四圍的泥土，不能吸收水質而發生變動。鐵管亦因四面塗有瀝青和用油浸蔴絮包裹，故孔內漸漸積存的泥土也不能使他下沉，即使下沉至多回到未拔起以前的原位，水平標誌受不到影響。

用地下水平標誌測驗沉陷情形的方法，現在用第十一圖來說明：質軟和具可型性粘土層，只能從aa和bb兩面向中間漸漸壓緊；若向旁邊移動，移動最多，大約在深度一半之處。若於1，2，3，4等點埋

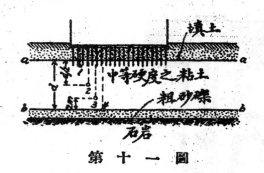

第　十　一　圖

設地下水平標誌，便可從各標誌相對的移動，斷定建築物的沉陷由於粘土層的旁移居多，或由於緊壓居多。若由於壓緊居多，標誌1和3之間相對的移動最大；若由於旁移居多，標誌3和4之間相對的移動最大，只須用尺量計鋼條尖端離短管上邊的距離便知。還有補充的工作，是根據地面水平標誌，就建築物附近和四周的地面作水平測量。

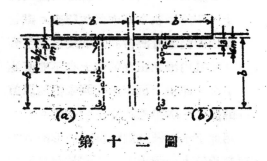

第　十　二　圖

同樣方法可應用於有基板無基椿的建築物，如第十二圖(a)。從地下水平標誌1，2，3可測驗沉陷的原因是由於地層逐漸收縮居多（從標誌1的移動看出），還是由於地層旁移居多（從標誌1至3的水平差別看出）。從標誌1和2的水平差別和標誌2和3的水平差別的比例可知地層在什麼深度移動最大。因爲地層由外向裏收縮很慢，所以測驗兩種原因可說絕不致誤認。

還有一個重要問題，便是根據已知的地質和基礎情形來估計沉陷尺寸的方法。因爲我們對於載重面積和沉陷尺寸的關係，還不明瞭，所以亦只有由實地經驗來研究；先就各種基礎深度和各頭寬度的已成建築物，觀察沉陷情形，再鑽取下面在天然狀態下的泥土，用「泥土力學」的方法察驗泥土的性質（泥土的質料和硬度 Konsistenz），然後把預備起造的建築物下面的泥土和已成的類似（關於建築面積和基礎等等）建築物下面的泥土實比較。同時只有基板，沒有基椿的建築物亦可拿來做參考，以便決定基椿是否需要。

（乙）在深厚的鬆散（或半緊）的沙或 Schluff 裏的基椿

最重要的問題，是這種地層究竟單是頂上面的部分沉陷，還是較深之處亦有相當沉陷。這問題最好觀察有基板，沒基椿的建築物來解決。地下水平標誌1—3應照第十二圖(b)佈置。大抵水平標誌3的相對的移動尺寸和建築物的沉陷尺寸約略相

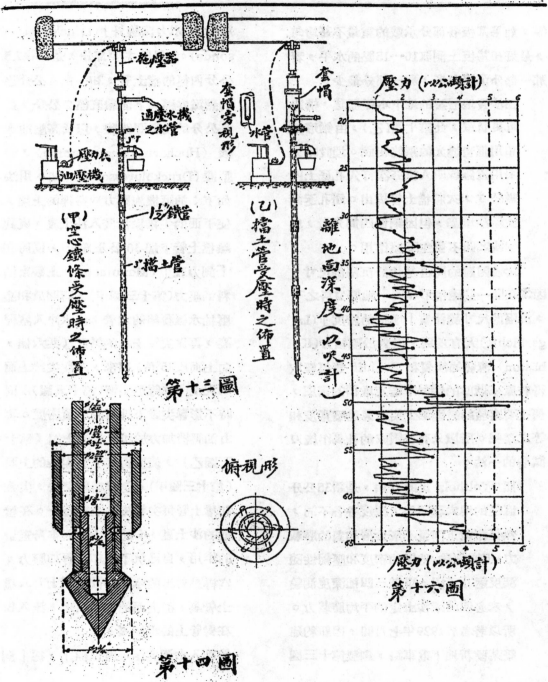

第十三圖

第十四圖

第十六圖

等。如果基板各部分承載的重量不甚均勻，最好在基板上測取10—15點的水平，看那一部分沉陷最多，那一部分最少。

在沙質地層裏的地下水平標誌，構造可更簡單，如第十圖（乙），由錐形塊和用瀝青塗光的鋼條組成。埋設時只須用重錘或四人搗夯器打入孔底土內數公寸，次將擋土管拔出。鑽孔逐漸被鬆沙填塞，但因鋼條四周光滑，與鬆沙之間不發生摩擦作用。

比較困難的問題是估計沉陷的尺寸，因為在同一基礎情形和同一地層資料之下，沉陷的尺寸隨沙質「堆積的密度」（Lagerdichte）大有差別，但對於團結力（Kohäsion）薄弱的沙質和 Schluff 質很難取得在原來狀態的樣品來鑑定堆積的密度，何況要察驗的範圍至少要達與建築寬度相等之深呢。所以只有在鑽成的孔裏作施力試驗的一法。

照 Wolfholz 氏的方法，是鑽35公分直徑的地穴三四個，深度各各不同，然後藉載重測量孔底地層相對的勝載力。但據經驗，地層的密度和壓縮性隨深度逐寸不同，單就三四種深度測驗，未必便能斷沙土定的平均勝載力。所以著者於1929年七月間，因紐約建築某段新地下電車路，創製第十三圖

所示的「水力探驗針」（Druckwassersonde）。此針的主要部分，是一根7.5公分內徑的擋土管，和一根 4 公分徑的熟鐵空桿，下面帶直徑 7 公分，長 5 公分的金屬圓錐體，以及高壓抽水機（Hochdruckwasserpumpe），油壓機（Drucköolpresse）各一架。用法如下：油壓機施壓力於空桿的上端，使下面的尖錐徐徐侵入沙土裏，直到離擋土管下端 30 公分為止，同時在「測力表」（Manometer）上觀察油料的壓力（第十三圖甲），再開放和高壓抽水機聯絡的水管，使水冲入空桿裏，再從尖錐上端的斜孔（共六個，向上面成45°角）出來，冲散尖錐上面的泥土，成錐形空洞（第十五圖），同時不影響尖錐下地層的堆積密度。再由油壓機加力於擋土管的上端（第十三圖乙），使他再落下到尖錐的上面（第十三圖甲）。這樣繼續下去，尖錐和擋土管每次輪流入土25公分。在鬆散的沙土裏，有時擋土管因本身重量的作用，自己沉下，不必再加壓力。空桿裏射出的水和冲散的泥土升入擋土管裏，從上面的彎管出來，流入掛在彎管上的水桶裏。

倘把入土深度作「縱位標」，從「測

第　十　五　圖

力表」量得空桿所受的壓力作「橫位標」，畫成曲線（第十六圖），便知道泥土抵抗力隨深度變化的情形。曲線上凸出之各點，是表明錐尖入土，離開擋土管下端約30公分時所需的壓力。隨後因錐尖上面的泥土被冲散，錐尖再往下侵入時所需的壓力減小，所以畫出的曲線成鋸齒形。突出各點的「橫位標」可當作地層對於侵入的抵抗力，藉此估定地層因建築物重力而發生的影響（下略）。

又 Prof. Dr. Kögler 氏現正試用曲尺桿（Kniehebel）和板塊加壓力於鑽成孔穴的邊壁，來測驗地層的抵抗力。總而言之，現在所用的測驗外法，還沒有一種可說十分完善，還待設法改良。

（丙）傳遞建築物的重量穿過較軟地層到較硬地層的基樁

關於這節，只有一個問題，便是在打樁時不能壓實的上面地層（泥或軟 Schluff），基樁周面的摩擦阻力，可以算在基樁勝載力裏面，還是要除去不算。這個問題可就打在軟地層裏基樁來解決，便是在樁

的平面上，和深度 $\frac{1}{3}l$，$\frac{2}{3}l$（l＝椿的長度）之處，各埋設地下水平標誌，然後觀察沉陷的情形。

如果下面是不透水的地層，測驗的結果大概是：只須椿尖達到靠近兩種地層分界之處，大部分的摩擦阻力可發生效用。

如果下面是很透水的軟硬地層（例如沙層）並且椿尖打入這地層裏不深，那麼，基椿下段四圍的軟地層，或許有相當的收縮，此時基椿周面的摩擦阻力不能完全發生效用，幷且就單椿施行壓力試驗得來的結果，不能適用於多數基椿。

(丁)透水的，在較深處雜有質軟，具有可型性的泥或粘土屢入的冲積土裏的基椿

第一個問題是地層的旁移（彈性的或可型性的變態）所致的沉陷，和地層收縮（密度變化）所致的沉陷，那一方面更大。解決的方法是照第四至第七圖就地下水平標誌 1，2，3，4 等來測驗。經過多數處所的測驗，纔能由地質變換圖來斷定地層的勝載力和對於建築物的影響。

第二個問題是估計沉陷的尺寸。這個問題解決後，纔能根本的斷定，應該用基椿，還是用「基井」(Brunnengründung)，還是借助「壓氣」來建築基礎 (Druckluftgründung)。譬如第五圖之新建部分，

即係改用壓氣沉櫃將基礎築於地下石層上者，照第八圖之情形，應該將建築地址改移等等。解決的方法，和(甲)(乙)兩項所說的相同。具有可型性的粘土和泥的天然樣品容易得到，經實驗室試驗後，便可拿來和已知的情形來比較。但這種地層常雜在少團結性的地層裏面，後者的天然樣品不能得到，並且硬度隨着所在的深度很有差別，所以最好還是用測驗針來察驗硬度。

還有一點，便是第七，八兩圖所示基椿沉陷延緩的原因，須待研究明白。

結論

用「泥士力學」來研究基椿問題，所得的結論，和實地經驗相符：斷定基椿的勝載力時，不但要知道單椿的勝載力，亦要知道至少和建築寬度相等深度的地層性質，然後斷定的結果約略可靠。要作經濟的設計，頭一步必須實地攷察現成建築物的沉陷現象。攷察的方法，需費並不很多，便是在鑽驗地質的孔穴裏埋設「地下水平標誌」，然後隨時觀察。將觀察的結果，應用在別處時，必須探驗當地地質的情形。因爲探驗所及的深度很大，所以祗有用在孔穴裏作施力試驗的一法，尤其鬆散的地層必須如此。試驗室裏的工作不過是

補充性質而已。

　　因爲地層的密度或硬度，往往逐段不同，所以最好用探驗針來測驗，畫成連續不斷的硬度曲綫。要將新建築物的地基和已知的舊建築地基來比較，最好先用探驗針察明各層泥土的硬度或密度，然後再在實驗室將鑽出的重要土質來鑑定。

　　在一般實行上面所說的方法以前，基椿勝載力的研究，必難望顯著的進步。深奧的理論和實驗室裏小規模的試驗，將來所得的結果，未必能比以前所得的智識增進很多啦！

譯註(一)Schluff:指沙質(?)之粒徑小至0.02—0.002公釐者而言，見 Terzaghi, Erdbaumechanik, S. 8 及 S. 40

　　(二)依照 Boussinesq, Application des potentiels (Paris 1885)，在無窮大，同質的(homogen)的「物質」(Masse)裏的任一點A，因在物質無窮大的，水平的

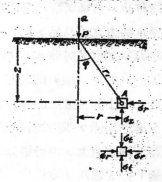

表面上作用的集中力 Q 而發生的應力如下(參閱附圖)：

垂直方向的應力

$$\sigma'_z = -\frac{3\,Q\,z^3}{2\,\pi\,r_1^5}$$

水平方向的應力，作用於該點對集中力綫的直徑方向(radial)者

$$\sigma'_r = -\frac{Q}{2\pi}\left(\frac{3zr^2}{r_1^3} + \frac{1-2m}{r_1(r_1+z)}\right)$$

水平方向的應力，作用於該點對集中力綫的切綫方向 (tangential) 者

$$\sigma'_t = \frac{Q}{2\pi}(1-2m)\left(\frac{z}{r_1^3} - \frac{1}{r_1(r_1+z)}\right)$$

與 σ'_z 和 σ'_r 聯合作用的應剪力：

$$\tau = -\frac{3\,Q\,r\,z^2}{2\,\pi\,r_1^5}$$

內 r_1 爲 A 點與 Q 的施力點 P 的聯結綫的長度，

　　r 爲上項長度在水平方向的投影 (Projektion)

　　z 爲 A 點對物質表面的垂直距離，

　　1 : m 爲物質的「Poisson數」(橫向伸展率(Dehnung)與縱向伸展率的比率)參閱 Terzaghi, Erdbaumechnik, S.223。

　　(三)「泥土常數」(Bodenkonstante)似卽「地床係數」(Bettungsziffer)，卽泥土之單土載重(以公斤/平方公分計)與沉陷尺寸(以公分計)之比率。

記國際建築博覽會及國際建築師會議

（原文載 "The Architect and Building News" Sept. 26, 1930, No. 3223）

F. R. Yerbury 原著
倪慶穰節譯（投稿）

本文以建築師之目光，評論各國建築藝術之現狀，殊有一讀之價值。　　　　譯者附誌

國際建築師會議 今年在匈牙利京城 Budapest 舉行年會，各國建築師參加者達三百餘人，極稱一時之盛。會務籌備由該會永久理事委員會，匈牙利建築師工程師協會，以及當地建築師合力担任，故部署極為週詳。各國與會代表莫不興高采烈，各盡其樂。會議程序有條不紊，進行頗為順利。收到論文，分組宣讀，加以演講會，討論會等為數之夥，竟使會衆應接不暇，未能全部參加，所幸日後將有專册刊行，庶可得覩全豹，而資探討。演講討論諸題中，對於今日建築師事業有密切關係者，為「建築教育之改良」，「建築師作品所有權之國際保障」，「實業建設中建築師之責任」等。此外「建築物之聲浪研究」一題，亦頗引人注意。英國 Sutherland 教授為聲浪組之主席，Hope Bagend 君發表關於聲浪之重要論文。德國 Fritz Höger 教授演講德國之新建築藝術。雅典

N. M. Balanos 教授演講希臘之古建築。

凡吾人曾赴國際大會者，當猶能憶及此類機遇之最有興趣而可寶貴者，厥在會務之餘，歡宴豪遊之際，各國人士得作非正式之交接，暢談縱論，各紓已見，相互琢磨，融樂奚似。就中談論所及，有一問題，似為各國建築師所咸感困難者，即世間多不合資格之人而自名為建築師，攫奪大好工程而不善為之，深堪痛惜也。更有一問題亦為多數國建築師所感覺困難者，即各該國之國家機關多自立建築部，而復伸其權勢以摧殘私人建築師之事業也。

與會議相關，而性質重要者，則國際築建博覽會也。會場廣闊，分館陳列，集各方面最近努力之結晶品，會萃一地，以飽吾人眼福，其樂又何如。陳列館類多佈置精美，引人入勝。惟英國之部，則殊不足以言此。噫！其佈置之混雜，實不堪入目也。又有若干國，雖建築程度遠不如者，反能藉陳列之整潔，博得觀衆之贊賞。例如意國「捧喝黨建築師協會」之陳列品

，爲多數照片，大小均同，鑲以銀色珠練邊之鏡框，懸於一綠，黑，橘黄三色條子之屏羃上，襯托極佳，則雖照片中所示之建築物本身不佳，亦備覺華麗矣。其他類此者正多。歐陸建築藝術之最無進步者——參觀者苟稍具判斷能力當有同感——恐推比國，其所陳列者，殆有意想不到之幼稚。西班牙所陳列者雖甚精緻，乃皆屬房屋建築，且多犯過分裝飾之病。僅 Madrid 新式飛機場之計劃一幅，似差可人意，然正因設計拙劣者太多，方顯其稍佳耳。

荷蘭作品則可稱造峯登堊，昂然表示其在列國之中自成一派之建築藝術。瑞士陳列館又復保持其每屆之常度，作品皆稱高尚完美，其標準之高，審美之佳，固無怪瑞士建築師之能享有盛名也。德國館滿列巨大照片，黑白明晰，按類分門，其建築固多見諸各國雜誌者，毋庸贅述，惟吾人如近年未至德國者，觀此項巍大之表現，當可得一印象，而知德國建築師固富有生氣及試驗之勇敢，惜此項試驗未必皆能成功耳。奧國似無甚可陳列，蓋自歐戰而後，民間之大規模建築甚少，故大部分作品，多屬於維也納住宅區大計劃以及他項公家建設事業，然就陳列品觀之，其中頗多眞美術之表現，爲德人作品中所無者。

將來奧國苟着手認眞建設，維也納殆將成全歐建築美術之中心。丹麥陳列館似不足代表丹麥，佈置零落一如英國。芬蘭所陳列者甚佳，惟於其中可見新芬蘭之建築師蓋受瑞士之影響焉。捷克出品，除少數外，無甚精采，於此亦顯示其國之特性，凡遺傳色彩删削淨盡，而又無新藝術以代之，可爲一嘆。匈牙利陳列館頗饒興味，分爲二部，其一代表建築師之被認爲有遺傳思想者，其他爲「新派」，然不論新派舊派，近年皆無甚工作，故新派之陳列品多爲理想中之設計及圖案而已。然苟一旦得以實現，確爲有興趣之新建築術也。希臘陳列館亦無甚特色。法國出品則尤使人失望，除 Perret 氏兄弟一二作品外，皆無可觀。

總觀全會備極五光十色之致，苟所陳列者確能代表各國近年建設現狀，則吾人願覺除德，瑞，荷，英四國而外，實甚少重要之新建築。此外更有所感者，即「新派」（Modernists）在多數國中所佔之勢力，實未如一般意料之大。而此種新派又多受德人之影響，固極明顯。此殆德國建築師在各雜誌上宣傳之效力歟。然彼輩之設計，實無堅定之目的，不過爲好新奇而製造新奇耳。（譯者按：以上種種評判，固爲著者個人之主觀，實則新舊派之逐鹿

正方與未艾也。）美國亦有一陳列館，佈置極佳，惟全部與趣，皆集中於高甌大樓，如最近芝加哥新聞報館大樓等等，此類高大巨廈，是亦建築術中之別開生面者。至於其他建築如致堂房屋等，則吾人殊覺不如歐洲之佳也。

國 外 工 程 雜 訊 之 三

日本大隧道將竣工

堪跨東洋第一之清水大隧道（長九千七百餘公尺）之磚瓦工程，已於本年三月十四日完成，此後將着手於線路之敷設，架空線之架設等，最後的工程本年六月間完工，九月一日開通。自1922年八月十六日開工以來，至今適爲十年，工程費計一千二百萬元，使用工人約三百五十萬人。

國際道路會議

三月十六日國際道路會議在日內瓦開議統一道路規則事宜，歐洲重要國家及各汽車旅行團體皆有代表列席，凡關於國內及國際道路運輸車宜，皆在討論範圍之內。

蘇俄設計社會主義城市

莫斯科近召集大會，討論合於社會主義城鎮之設計，近受蘇維埃當局任命襄辦建設事宜之德國名建築師梅恩納氏，對於烏拉爾麥尼託哥斯克建設新計劃，有所報告，蓋麥城係遵照建築新原理而設計之第一城也

英國鐵路電化之大計劃

路透社四月十七日倫敦電，英國鐵路電力裝置之報告書，聞載有任何國實業史所未前有之大計畫，據報稱，此項計畫，擬將英國八萬二千公里全部鐵路配以電力裝置，其代價約英金四萬萬鎊，估計此計畫戎功後，每年可節省一千二百五十萬鎊，各鐵路公司皆贊成此議，且已製出車行時間表，此項大工程須用六萬人，二十年方可竣事，甚望政府助成之云。

美政府簽定柯洛拉杜河築壩工程合同

路透社四月二十一日華盛頓電，美內務部長昨日簽定四千八百萬元柯洛拉杜河築壩工程之合同，此壩告成，期以十年，爲世界最大工程之一，目前荒地千萬畝，將來可變成良好菓園與田園。

鋼筋混凝土梁內箍鐵計算捷法

（原文載 Engineering News Record, Angust 28, 1930）

A. R. Jessup 原著

潘軼青譯（投稿）

計算普通鋼筋混凝土梁內箍鐵（Stirrups）距離之公式爲：

$$S = \frac{Asfsjd}{V'}$$

v' 爲在假定斷面處，箍鐵所受之剪力；其餘符號各合尋常通用之意義（按As爲箍鐵之剖面面積，fs爲鋼鐵之許可應拉力，d 爲梁之厚度，自上面量至鋼筋剖面之中心爲止，j 爲常數，通常可定爲0.875，jd即壓力中心與拉力中心之距離）。

假定斷面內之應剪力爲

$$v' = \frac{V'}{bjd}, \text{或} V' = v'jbd；$$

（內 b 爲梁之寬度）

代入公式得：$S = \frac{Asfsjd}{v'jbd} = \frac{Asfs}{v'b_0}$

如梁之寬度（b）及箍鐵之粗細（換言之，即剖面面積）已選定，則 $\frac{Asfs}{b}$ 變爲常數，即

$$S = \frac{常數}{v'}$$

關于鋼料通用現貨之尺寸，平常工程人員，槪能記憶；則決定該梁之常數，祇用計算尺，已易算出。至於該梁支端之單位剪力，在設計時早已算出，祇須由該數中減去混凝土之許可應剪力，以除常數，

即得第一「間距」之尺寸。其他間距（S）如已假定適當之數，則各個 $v' = \frac{常數}{S}$ 之數值，極易決定，用計算尺一算即得。如照普通假定，剪力之變化爲直線，自支端至 v' 變數間之各點距離可以算出，而每種間距之段數亦能決定矣。

今舉例如下，以明上式之用法。設有下列鋼筋混凝土梁：

跨度＝6.1公尺

梁寬（b）＝25公分

梁厚（自上面量至鋼筋中線）（d）＝50公分

淨載重＝750公斤/公尺長距

活載重＝2200公斤/公尺長距

混凝土之許可應剪力＝2.8公斤/平方公分

箍鐵之許可應拉力（fs）＝1100公斤/平方公分

則梁端之極大剪力＝（750＋2200）× $\frac{6.1}{2}$ ＝9000公斤

梁端之應剪力＝$\frac{9000}{25 \times 0.875 \times 50}$

　　=8.23公斤/平方公分

　　梁中央之最大剪力發生於梁身之一半

負載活儎時，其數值為2200×3.

05×$\frac{1}{4}$=1680公斤

　　梁中央之應剪力=$\frac{1680}{25×0.875×50}$

=1.54公斤/平方公分

　　故自支點起，至中梁央止，每隔1公

尺，應剪力之遞減數為：

　　$\frac{8.23-1.54}{3.05}$=2.19公斤/平方公分

　　須設箍鐵梁段之長度為

　　$\frac{v'}{2.19}$=$\frac{8.23-2.8}{2.19}$=$\frac{5.43}{2.19}$=2.48公尺

如擇定箍鐵之直徑為10公釐，則常數

$\frac{Asfs}{b}$=$\frac{2×0.785×1100}{25}$=69.1

箍鐵在支端處之間距=$\frac{69.1}{5.43}$=12.7公分

　　茲擇箍鐵之間距為10，15，20及30公

分四種。與間距15公分相當之應剪力為v'

=$\frac{69.1}{15}$=4.61，故應自離支端$\frac{5.43-4.61}{2.19}$

=0.375公尺之處起選用15公分之間距。

與間距20公分相當之應剪力為v'=$\frac{69.1}{20}$=

3.46，故應自距支點$\frac{5.43-3.46}{2.19}$=0.90公

尺處選用20公分之間距。與間距30公分相

當之應剪力為v'=$\frac{69.1}{30}$=2.31，故應自距

支點$\frac{5.43-2.31}{2.19}$=1.425公尺處起選用30

公分之間距。因此，箍鐵間距可定為10公

分者4段，15公分者4段，20公分者3段

，30公分者3段。

　　此項說明較實際手續為繁，蓋大部分

算式可以心算解之，僅須記出結果耳。

　　大多數設計者假定梁中央之最大剪力

為梁端最大剪力之四分之一，則計算手續

又可省去一部分矣。

雜　俎

▲Rotterdam 試用之新式交通號誌燈

路口交通之管理，最簡單方法為設警察於該處，以手勢為號，分別開放與阻止各方向之交通，然各個警察所作之手勢，每互有異同，故不甚可靠，尤以交通繁劇之路口，不能適用。

因此各種號誌之設備（臂式號誌Arm-signale, 或發光與發聲號誌optische und akustische Signale）應運而生。然現在各處應用之各種號誌，大率有下列各種缺點：(1)一部分本可同時開放之交通，乃被阻止，(2)對於左轉之交通（平時靠右邊行者）絕少顧及，(3)對於電車交通幾完全忽視。

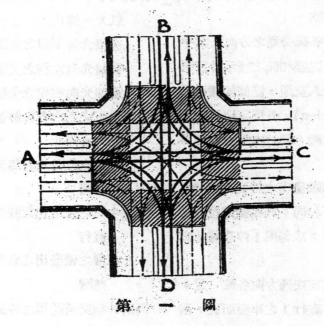

第　一　圖

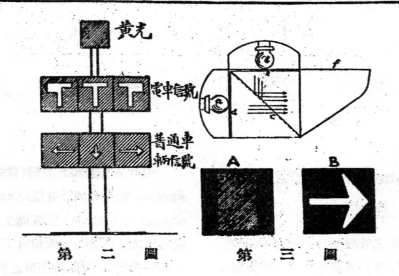

第　二　圖　　　　　　　第　三　圖

下述之號誌燈爲現在荷蘭之 Rotter-dam市所試用者，其目的在使各種交通皆稱便利，且對於電車，普通車輛(汽車)與行人方面皆顧慮週到。

第一圖示路口各種交通之方向，其中粗綫示電車交通，點綫相間之綫示普通車輛交通，虛綫示行人交通，雙條細綫示「停車線」(Stopplinien)，各種車輛見前面號誌發出「停」號時，須於未越過此項界綫以前停止。

第二圖示號誌燈發出之符號，對於電車與普通車輛各不相同。此種號誌燈以柱釘豎於路口之中央，或每處「停車線」之旁。

號誌內對於每種交通方向各設一燈，中央之燈爲「向前直行」之車輛而設，兩邊之燈則分別爲右轉與左轉之車輛而設。

對於普通車輛(包括汽車在內)交通之各種符號如下：

紅光＝停止

發綠光向下指之矢號＝可向前直行

發綠光向左指之矢號＝可向左轉灣

發綠光向右指之矢號＝可向右轉灣

對於電車交通之各種符號如下：

無光＝停止

左邊之燈發出之綠光T字號＝可向左轉灣

中間之燈發出之綠光T字號＝可向前直行

右邊之燈發出之綠光T字號＝可向右轉灣

對於各種交通通用之符號如下：

黄光 = $\begin{cases} \text{在停車綫前面停止} \\ \text{讓出停車綫後面地位} \end{cases}$

普通車輛交通之號誌燈，其構造如第三圖，每燈內各設兩燈泡a與b，以成45°之斜鏡c分隔之；鏡面所塗水銀留空若干格條，使a燈泡之光穿射而過。a燈泡之前又設紅色之假象牙（賽琉璃）薄片d，將其一部分加以掩蔽，而使留空之部分成長方形。故a燈泡發光時，燈上現紅色之長方形（A），即阻止交通之信號。b燈泡前亦設假象牙薄片e，片上除留空矢號外，餘均塗黑，故此燈泡發光時，光綫由折光鏡折射而出，而燈面現出綠色矢號（B），示車輛以許可行駛之方向。燈前之蓋f用以防止日光射於折光鏡面，以免燈面之符號模糊不清。

電車交通之號誌燈則為尋常之燈，其燈面現對稱與不對稱之T字號，分別指示

電車可以直行或左右轉。

開放交通之最要條件，可就第四圖說明之。例如由A往B，C，D各方面之電車必須可同時魚貫開行，以免互相阻礙，譬如往C，D兩向之電車不致因往B向者被阻而受牽制等等。開放 AB，AC，AD 三向之電車交通時，同時開放 BA，CB，DC 三向之電車交通以及AD，BA，CB，DC 四向之普通車輛交通均屬無礙（參閱第四圖）。

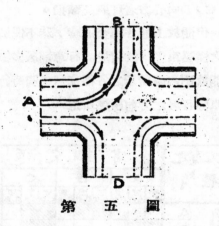

第　五　圖

對於普通交通亦可應用上述開放電車交通之原則，以管理之（第五圖）。此着雖非屬必要，然為迅速減除交通之擁擠起見，有時甚為適宜。在同時開放AB，AC，AD 之普通交通時，亦可開放 AB，CB，DC 三向之普通交通與AB，BA 兩向之電車交通。

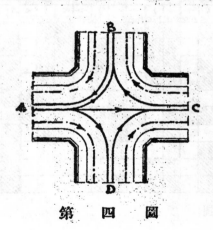

第　四　圖

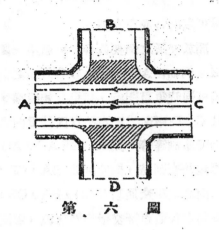

第　六　圖

以上係就由A向各方之交通而言，由B，C，D向各方者可照此類推。

但開放上述各種交通時，殊不便於行人之橫越車道，故須於直行車輛居多數時，開放第六圖所示之各種交通，同時行人循車輛行駛之方向橫越車道。

如上所述，交通之種類可分爲三大組，卽

$$(1)\text{電車交通}\begin{cases} AB-AC-AD \\ BC-BD-BA \\ CD-CA-CB \\ DA-DB-DC \end{cases}$$

(2)普通車輛交通　同上

$$(3)\text{直行交通及行人交通}\begin{cases} AC及CA \\ BD及DB \end{cases}$$

開放上述各種交通時，號誌發出之信號，如第七圖。圖中畫斜綫者，爲停止之信號，空白者爲自由行駛之信號。

各號誌燈須藉聯合開關器（Schaltwalze）運用之。此項開關器設於路口附近，其上面之板載明各重要交通方向之名稱

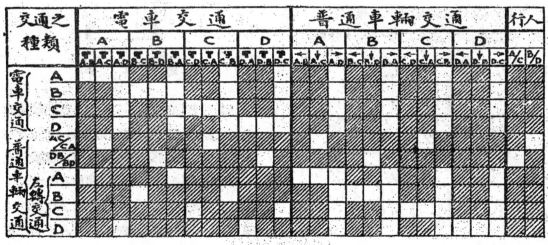

第　七　圖

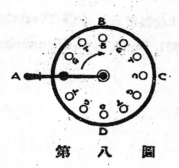

第　八　圖

（如 AC，BD 等），如第八圖，「轉柄」
(Schaltkurbel) 指示此種方向時，則各號
誌燈開放直行之交通（第3組交通），在兩
種方向之間時，則各燈分別開放普通車輛
（轉柄在"G"字上時）與電車（轉柄在"T"
字上時）同時直行與轉灣之交通（第1，2兩
組之交通）。轉柄於開始移動以前，先將
下面之「鈕」(Knopf，第八圖中之圓圈)
壓下，黃光燈因之燃着，俾各種交通在過
渡期間「靜候下文」之指示。轉柄轉至一
定位置時，黃光燈即自行熄滅。

　　第八圖所示聯合開關器之構造，以輪
流開放下列各種交通爲目的：

(1) A處電車之交通（及其他不相抵觸之普
　　通車輛交通，以下同）

(2) A與C處各種車輛（電車與普通車輛）之
　　直行交通及D，B兩處行人之交通（循A
　　C或CA之方向橫越兩端路口車道者，
　　以下仿此）

(3) A處普通車輛之交通

(4) B處電車之交通

(5) C與D處各種車輛之直行交通及B，D
　　兩處行人之交通

(6) B處普通車輛之交通

(7) C處電車之交通

(8) C與A處各種車輛之直行交通及B，D
　　兩處行人之交通

(9) C處之普通車輛交通

(10) D處電車之交通

(11) D與B處各種車輛之直行交通及C，A
　　兩處行人之交通

(12) D處普通車輛之交通

　　如某種交通佔優勢，可將轉柄留置於
關係該項交通之位置較久。又上列(3)，
(6)，(9)，(12)各種交通之開放，以容許
普通車輛之左轉（大轉灣）爲主旨（參閱第
五圖），其他直行及右轉（小轉灣）之交通
，則開放之機會較多。又若某種交通毋需
顧及，亦可將轉柄滑過關係之地位，逕置
於所需之地位。故上述之號誌儘有隨意變
通之餘地。設如第九圖僅於 AC，CA，C
B，BA四種方向有電車交通，則號誌之設
計可如第十圖所示，而聯合開關器則如第
十一圖所示，其他變通方法仿此。如在一
處相交叉之道路在兩條以上，亦可應付。

　　Rotterdam 現試設 此種號誌之處 爲
Coolsingel·Van Oldenbarne·Veltstraat,

其佈置與以上所述者略異，即不設黃光燈，而於號誌變換之過渡期間，對於各種方向之交通，均顯「停止」之信號，然在原則上可謂無重大差別。至於試驗之結果如

何，現尚未能報告云。（譯自 Verkehrs-technik 1931, Heft1, J. G. Nieuwenhuis 原著）

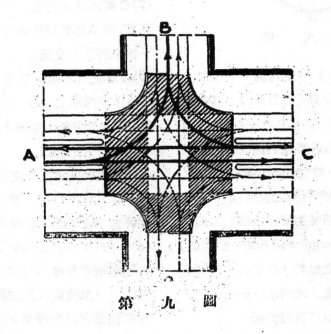

第　九　圖

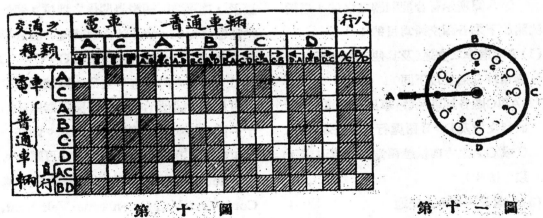

第　十　圖　　　　　　　　　第　十　一　圖

▲澳洲 Canberra 市之建設

成立之經過　澳洲各州（States）組織

之聯邦（the Commonwealth of Australia），其憲法（自1901年施行）中規定設立聯邦政府與獨立之城市，一如北美合衆國與華

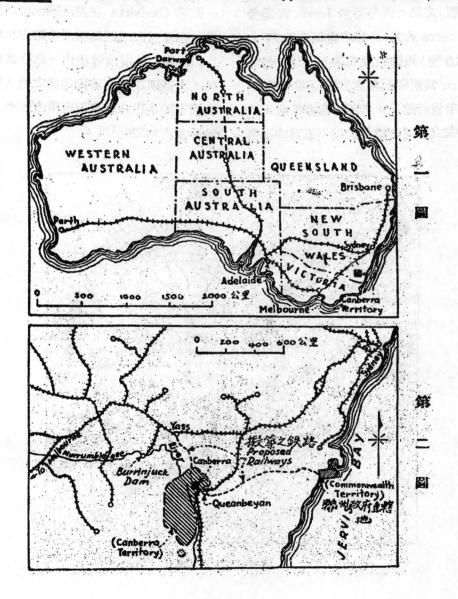

第一圖

第二圖

盛頓市然。設置此項獨立城市之地點，至1909年始行擇定，即 Canberra（在 New South Wales 邦內）附近約2330平方公里（900方哩）之地。此外另於 Jervis 海灣旁距 Canberra 約320公里之處割地約5平方公里（2方哩）以備建設商港。1911年始定 Canberra 為澳洲聯邦之首城，自1921年起，着手實行建設。1927年聯邦政府正式在該市成立，同時議會於是年五月間開幕

。Canberra 市區內現有居民在市區內者約6000人，在 Jervis 海灣旁轄地內者約400人，在兩地全境內者共約8500人。（第一圖示 Canberra 在澳洲聯邦中之位置，第二圖示該市附近地帶及鐵路之聯絡）

地勢　該市所轄境內一部分為山嶺之區，市區則在微有坡陀起伏之地，四周有山嶺環繞，以遮蔽自西南兩方而來之風。地面拔海約580公尺。

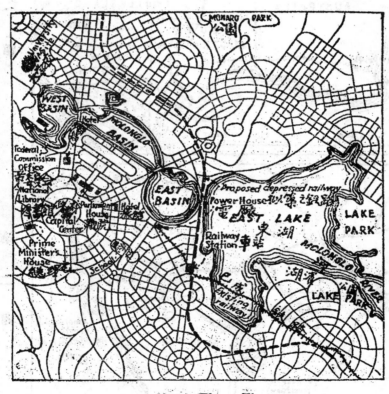

第　三　圖

設計圖案　該市之設計圖案於1911年公開徵求，1912年揭曉，美國人 Walter B. Griffin 氏之作品當選（原計劃見 Eng. News Record, July 4, 1912）。因政治關係及局外人之妬忌，該項計劃迭被阻撓，幾戎盡餅。後經 Griffin 氏於1913年親往澳洲與當局商洽結果，乃將原計劃稍加修正，仍予實現，然氏固不以修改爲然也。後該氏體續担任該項計劃之顧問事宜，至1920年爲止。

計劃之概略，如第三圖。於市內設若干中心，附以圓形及對徑式之道路，且劃分政治，住宅等區域。橫貫市內之Molonglo 河則開拓爲點綴風景之水道，並自政府房屋（Capitol）起至水濱止，利用逐漸降低之地勢，設層級式之公園。現有之鐵路後爲支線，將加以擴充，設於地坎內，而穿過市內，與其他幹綫聯絡（參閱第四圖），並於市內設若干車站。

建築物　原計劃內本列有若干永久紀念性質之大規模建築物，因歐戰後經濟困難，不得已改建較簡單之房屋，以足供目前若干年之應用爲度。政府房屋之屋基本已築成，惟上部結構因財力關係延未興築。現在已築成之臨時建築物中計有：

(1)議院（the parliament house），佔地約1.4公頃，除會議之房廳外，附有圖書室，餐室，與辦公室等。此外設內外花園，以便運動與憩息。

(2)房屋兩所，以便容納各政府機關以及郵政總局，國立圖書館及自動電話局等。

(3)總督（? Viceroy）之臨時邸第，在距市約6.4公里之 Yarralumla 地方。

(4)首相（總理 prime minister）之邸第。

已完成之公共建築有市委員會，印鑄局，天文台，林業學校，大會場（又名Albert Hall, 現時兼充市政廳之用）。正在建築中之房屋有天文學院，科學及工商學院。已有之商業建築物共計約130所，內有學校，銀行，貨棧，事務所，戲院，旅館，造冰廠等。已成之住宅約920所，內750所爲市委員會所建，其餘爲私人興築者。

道路　計劃之道路中，屬公路（highways）性質者約315公里，屬市街道路（city streets）性質者約127公里。在市街道路之中，林蔭大道（main avenues）之寬度爲61公尺（200呎），劃分爲9.15公尺寬車道兩條，及 6.1 公尺寬之兩邊人行道及草地，以及30.5公尺寬之中央散步道。

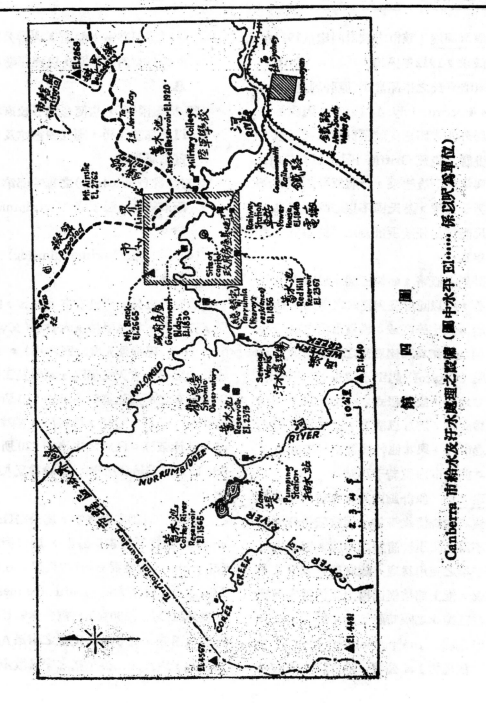

第　四　圖

Canberra 市給水及汚水處理之設備（圖中水平 El.……係以呎為單位）

商業道路之寬度分爲30.5公尺（100呎）及
18.3公尺（60呎）兩種，其車道，人行道，
散步道之寬度分別爲 9.15，6.10，15.25
及6.1，3.65，8.55 公尺。車道之鋪砌方
式分爲四種：(1)用柏油與瀝青蓋面之碎
石路，(2)瀝青結合之碎石路(熱混與熱灌
兩法幷用)，(3)混凝士路，(4)沙礫路。
人行道分混凝士，砂礫，柏油混凝士三種
。

市內無電車道，而以公共汽車爲公衆
交通之工具，現有汽車總數約1200輛。公
園及公地之已種植樹木者約80公頃。

給水　於Cotter河上築有18.3公尺長
之混凝士堤，藉以儲水(參閱第四圖)，其
容量現約爲1,440,000公升，將來如將堤
身加高至30公尺，則積蓄之水量亦可增至
5,300,000公升。儲蓄之水用45公分(18吋)
總管穿過Murrumbidgee河底至抽水站，

用「離心抽水機」多架，將水壓送至Mount
Stromlo 山上之蓄水池，其壓送之總高度
達 256 公尺，再藉重力分流至水池兩處。
總管長度約72公里，市內給水管之總長度
約 175 公里。

汙水及垃圾之排除　現有溝渠總管之
長度約爲16公里，支管長度約爲72公里。
汙水處理場在 Western Creek 旁距市中
心約 6.5 公里之處(參閱第四圖)，場中設
有沉澱池 (sedimention tanks)，促進汙
泥池 (activated-sludge tanks)，汙泥乾
燥場 (sludge drying beds)，淋濾池(sp-
rinkling filters)，以及導入 Molonglo 河
之溝渠(參閱第五圖)。

屋內之垃圾及廢物之運除，係招商承
辦，並設有新式牧豬場 (hog farm) 租予
認商使用。道路上之垃圾由市委員會派工
收集，於住宅區域之外焚除之。

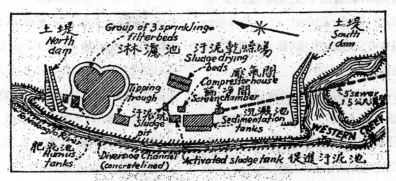

第五圖　汙水處理場

電與煤氣之供給　自1929年九月間起，商同 New South Wales 州政府，由該州 Burrinjuck 地方之水力發電廠給電。自上述電廠至市內電廠之 66,000 Volt 高壓綫，長凡123公里。電流至市內電廠後，變壓爲 5500 Volt。以前市內所用之電係由汽力發電廠供給，其量爲3000 Kilowatt。此項電廠現仍保留，備意外時之使用。煤氣廠亦已籌劃設置。

建築材料　因該市距各種建築材料之出產地殊遠，故由市委員會設有製磚廠，混凝土管等製造廠及碎石廠各一處。木工廠及機械廠亦在籌設之中。（摘譯 Eng. News Record, Dec. 4, 1930）

▲推進式發動車果合實用乎？

德國「交通技術公司」所造推進式發動車之構造及試驗情形，上期本報內曾予介紹，茲再由 Zentralblatt der Bauverwaltung, 1930 Heft 50, 就其關於實用問題者摘譯如次：

(1)推進車與四周空氣之關係

試於推進車制動後，推進器轉動時，立於車旁月臺上，雖在推進器所在之平面內，幾完全不覺有風，如立於車前或車後之軌道上，則吾人所感受之風約與鐵路快車駛行時，伸出窗外所感受者相等。又車行入站時，在月臺上，於車已過一定距離之後，亦復如是。故推進車所鼓動之風要在吾人所能耐受之範圍以內，即不然，亦可於車將入站時改用車中另備之電動機發動，以避免推進器搧風之作用。至於車行甚速時，則雖緊靠軌道之旁，所感受之空氣流動亦比鐵路快車駛過時爲小。其原因在車身之形式利於四周空氣之避讓，於車過後卽返流至車身以後，而不發生旋渦。且推進器於車行時雖以高速傳播於車後之空氣，然空氣與車身「相對的流速」雖大，與地面「相對的流速」則頗小也。

(2)推進車之特色

此種車輛之特色，並不在用推進器發動之一點，故推進式發動車之名稱未稱允當，實則此種車輛之特色在：

(甲)駛行時阻力之減小，

(乙)重量之減小。

試將此次試驗之發動車與1903年在德國 Marienfelde 與 Zossen 間試驗之電動車比較，則知兩者之性質恰屬相反。後者試驗之速度達 210公里/小時，其容量亦約與前者相等，然其電動機之馬力總數爲3000，前者則僅爲500，後者之重量爲93公頓，前者則僅爲19公頓，此則爲重大之差別。推進車駛行時之阻力旣小，故所耗

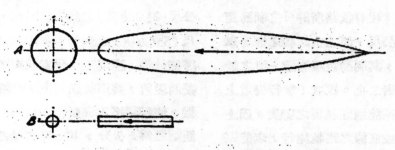

空氣阻力相等之兩種物體

之「能力」（Energie）亦小，車身旣輕，故「質量」（Masse）亦小，而速度改變時所需之時間較少，因之停車以及上坡，轉灣時，由疾而徐，或由徐而疾，皆毋需經過較長之時間。又重量減小亦可使阻力減小，然在高速行駛之下，尙無重大關係，因車行時之阻力大致分爲車輪轉動之阻力及空氣之阻力兩種，車輛緩行時，前者之影響較大，速行時，則後者之影響較大（空氣之阻力恆與速度之平方成正比例），而重量之減小僅足以減低車輪轉動之阻力也。與空氣之阻力最有關係者爲車身之形狀。如上圖，A物之最大橫剖面約爲B物橫剖面之18倍，然兩者前進時所受之空氣阻力則相等，故前面平正之車輛所受之空氣阻力必較前後尖細之車輛所受者較大多多，以後者之形狀與空氣之流動相適應，因此空氣不起旋渦故也。

(3)推進車與飛機之比較

飛機進行時所受空氣之阻力，大部分由其翼部而來，若將其翼部拆去，而附以輪，運行於鉄軌之上，則空氣之阻力大減，而車輪轉動之阻力發生，然後者在高速之下，爲量甚小，故兩者之總額亦必較飛行時之空氣阻力爲小。故形狀適宜而重量與速度與飛機相同之推進式發動車，所需之發動力可望比飛機減小。

(4)實用問題

自上述各點與上次試驗之成績觀之，則設計者造成類似車輛運行於懸軌上之建議，在技術上當非不可能之事，惟懸軌之設備費甚大，恐難以一般採用。

至於就現有一般鉄路（臥軌）採用此種車輛，亦尙待詳密研究與陸續試驗。蓋上次試驗之推進車不過爲一種試驗品，在一般採用以前，須待改良之處甚多。例如在實用上，車輛不特須能前進，亦須能開足速力而倒退，此有待改良之處一也。次則

關於制動問題，現有鐵路所許可之制動距離至多為 700 公尺，而上次試驗之推進車，在高速之下，其制動距離遠逾上述之數，此有待改良者二也。復次，駛行彎道上時，車軸是否確能適應軌道之彎度，因上次試驗係就幾成直綫之路軌施行，未能察出，亦尚待重行試驗以證明之。復次，應改用重油（柴油）以代汽油，以期行車安全而省費用。此外尚有其他種種改進問題，不勝枚舉。

▲雙層式混凝土道路

紐約 "Sheet Concrete Pavement corp. of America" 發行之 "Sheet Concrete" 刊物中，有關於雙層式混凝土道路之報告。此種道路之特色與新奇之點，為將混凝土道路分兩層築成，而於兩層之間以鋼絲網分隔之。蓋世間決無永久不壞之道路，即混凝土道路亦必從表面起逐漸損蝕，故表面易壞之部分宜可隨時翻起重築，而下層務應保留不動。為達到此項目的起見，故於上層與下層之間設鋼絲網，而將下層之混凝土用較大之碎石。其詳細築法如下：

下層之混凝土須於經過 28 日後約具 160 公斤／平方公分之抗壓堅度。混合之比例為每水泥一袋（42.7公斤）和以0.07立方公尺（2½立方呎）之細石（沙）與0.15立方公尺（5立方呎）之粗石，加水22.5公升。該層舖放後，應刮平，輾實或搗實，並於未凝固以前，將鋼絲網舖上，輕輕搗擊或滾輾，使稍稍陷入混凝土。鋼絲網離路邊之距離應為 5 公分，其各塊之邊部不必相互聯結或搭接且可相距 2 公分。

上層之混凝土厚 5 公分，其混合之比例為每袋水泥（42.7公斤）與0.04立方公尺（1½立方呎）之細石（沙）及 0.08 立方公尺（3立方呎）之粗石相和。細石（沙）之粒徑不得過 6 公釐，粗石之粒徑不得過15公釐。每袋水泥加水之量不得過20公升。舖放後用15公分厚之木板，至少重 22公斤／公尺者刮平之，以刮至光滑為度，或用帆布摩擦，再用帚掃平。

此種路面最好分條築成，每條寬3—4公尺。開放交通須待混凝土堅度達35公斤／平方公分以後，普通（不使用早堅之水泥料時）約須經過10日，但混凝土面若舖氯化鈣，用 Rupfen（?）掩蓋，並使其常濕，則在溫度不降至攝氏表17度以下時，可縮短至 5 日。

該公司於1927及1928兩年承築此種道路之面積計800,000平方公尺，此外尚有50,000平方公尺之橋面。據云：此法用於橋面尤為適宜。為減小重量起見，上層之

厚度可減至2.5公分云。（Bautechnik 19
30, Heft 24）

▲Stockholm 之水面浴所

　　設計之原則如附圖。浮於水中之浴池
a 係用鋼筋混凝土築成，其四邊及底部留
有空虛部分 b，其中所容之空氣，使池身
浮起，並充池水與河水（或海水）間之絕緣
層，以免池水之熱度爲河水所影響。空虛
部分 b 之沿外邊者完全封閉，其在內者則
於上面開有孔洞，以便出入。另有濾水之
設備使池水澄清，爲濾水缸 c，抽水機 d
及導水管 e 與 f 所組成。其間可加入另何
一種熱水爐 g，以供給池中溫水。空虛部

分之內面，及池壁與池底，必要時可以水
料，軟木等材料保護之。池上設頂蓋 h 及
暖爐 k，以便冬日沐浴。

　　Stockholm 之浮浴所成平底船式，於
1929年秋間開工，1930年五月告成。船身
長28.5公尺，寬10.5公尺，高4.05公尺。
其中之浴池分深淺兩部，總長16.7公尺，
寬 6 公尺，其水深分別爲2.8及1—1.4公
尺，長度10及 6.7公尺。船身係用密佈鋼
筋之 1 : 1½ : 1½ 混凝土築成，故能密不透
水，除外面用瀝青粉刷以防混凝土被水冲
刷外，其餘混凝土面皆不加任何粉刷。船
上築圍壁及頂蓋，成房屋形，計長28公尺
，寬10公尺，其中除浴室外，另有售票，

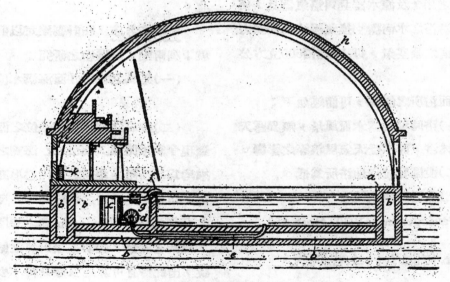

浮 浴 所 構 造 略 圖

汽浴等室。圍壁係木質結構，藉埋入混凝土內之螺栓固定於船身之上，外面用企口板釘滿，上承鐵質屋頂架及厚紙屋面，屋頂下面及圍壁內面均用水泥膠泥粉刷。此種造法比用磚料，混凝土等較爲經濟，且較適於維持屋內之溫度。西南兩方之圍壁設大玻璃窗，以便浴客同時眺望室外水中之風景，且於夏日張開，放入日光與空氣。窗外沿縱向全長設 2 公尺寬之走道，以便浴客在良好天氣之下，在此臥息與晒日光。汽浴室與浴池之間，僅以玻璃牆分隔，亦便於眺望室外水景。更衣室之設備，足敷75浴客之用。汽浴室下爲機器間，內設汽鍋三具，面積75平方公尺，爲取暖及熱水之用，及濾水器具與氯氣器具，使池水及淋浴之水清潔。換氣辦法爲用壓力輸送濾淸之暖空氣，每小時計3600立方公尺。

水面浴所之優點，可簡述如下：

（一）浴時可眺望水面風景，無異露天沐浴，而不受天氣風浪等之影響。

（二）設備費較陸地浴所爲低。

（三）毋需購用土地。

(Der Bauingenieur, 1930, Heft 45)

▲荷蘭水利工程概況

荷蘭自多年以來，即爲恢復北海（Nordsee）冲蝕之土地，即今之 Zuider 海灣——而奮鬥。其計劃係於 Zuider 海灣與北海之間築40公里之長堤，自荷蘭北部起，過 Wieringen 島，再由島之東角向東北聯接 Friesland 之海岸（參閱第一圖）。此種封鎖之堤，不但須足以抵抗普通海潮，並須防禦最大風浪與高潮。堤內之海海面積約計360,000公頃，其中除留 ，約120,000公頃，爲 Ijssel「海」外，其餘240000公頃用堤分隔爲四「灘區」(Polder)，將水抽乾，而成耕地。此計劃成功後，荷蘭之土地面積約可增加十分之一。至於留出 Ijssel「海」，則係爲容納排除之水起見，且因該部分之水底地質，不甚良好也。

前事之考慮　在計劃確定以前，曾經就下列兩點，作嚴密之研究：

（一）築成之堤與外面海潮水位之關係，

（二）築成之堤與內面水位之關係。蓋現今潮汐時漲入 Zuider 海灣之水，將來均爲堤所阻，堤前之水位必增高，據計算之結果，其增高之額約爲 1 公尺。1926年荷蘭北部至 Wieringen 島之堤段完工後，經精密測量，證明上項計算之結果爲不誤，因此得有可靠之根據資料不少。關於築堤時水口逐漸縮狹對於海流之影響，及

第　一　圖

如何防禦水力衝擊之方法，亦經精密研究，而斷定堤口在縮狹至12公里以前，海流之衝擊力不致激增，蓋海沙時漲退之水，由狹而深之處出入海灣者佔總量之80％，由寬而淺之處出入海灣者僅佔20％，故堤工如由水淺之處築至水深之處為止，對於海潮，大致無甚影響。又經察明，卽在水深之處先築堤身一部分（約至低潮水面4公尺下之處）亦不致使潮流速度激增，迨淺處之堤均已築成，深處之堤亦已築成一部分，僅留有6公里寬之堤口，且該處水面下之堤已築成時，潮流之速度乃大增，據計算之結果為6公尺/秒，此時所築之堤及海底毗連之地面則須勝防潮流之冲刷，各種計算結果均經 Karlsruhe 及 Delft 兩地之河海工程試驗所用模型試驗複核之。

　　施工　堤工之完成者愈長，則海潮流入 Zuider 海灣之流速愈大，同時已成之部分所受之衝擊力亦加增，故堤工之進行愈速愈妙。因此堤工不但同時就海岸附近及淺處進行，並在深水處同時興築。

　　因堤身「合龍」後，海水面將提高，

16257

故荷蘭海邊一帶低地之堤防亦須加高與加固，此項工程將與海堤合龍同時完竣。

堤內設水閘兩組，以利航行與排水。一組在 Wieringen 島之東，他一組在 Friesland 海岸附近（參閱第一圖）。每組各設船閘一二所及排水閘多所。排水閘之淨寬總計 300 公尺，可使 Ijssel「海」內之水位至多有 20 公分之漲落。

淺處（2—5公尺）之堤，築時先就向外之一面，填重而密之 "Kaileem"（粘土與沙礫之混合質），至高出水面爲止，同時於 Kaileem 未填至水面上以前，在向內一面填沙。然後填放護坡材料（第二圖）。

深處（有達13公尺者）之堤分兩步建築。第一步築至低水面下4公尺爲止，第二步再築上部，完成全堤，因合龍時潮流

之速度甚大，故須採用特別保護方法，大致如下（參閱第三圖）：先填 Kaileem 約50公尺寬，至水面下4公尺之處，並於兩邊水底各鋪「沉塊」（Sinkstücke），即用石料鎮壓，而由柴束編成之蓆形整塊）約30公尺寬，以防泥土冲刷。如前所述，此時潮流速度尚未大增，故所填之土爲水冲去者不多。次將築成之水下堤面，用挖泥機（Griefer）爬平，然後鋪「沉塊」於其上。所用柴束（Faschinen）編成之沉塊，其尺寸有大至 100×40 公尺者，用拖船運至工作地點，照尋常方法用石料壓鋪而沉放之，並於事先在其上面縛柴束條，分成方格，以免鎮壓之石塊被潮冲去。

與築第二步工程（參閱第三圖）時，因海潮流速甚大，所填之土被冲必多，故事

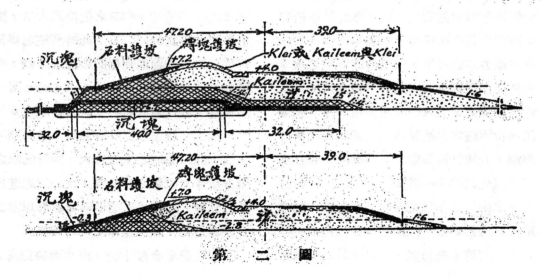

第　二　圖

先必作種種準備，庶完工迅速而少損失。

截至1929年底止工程之進行情形　上述 Zuider 海灣口之堤，於1922年興工。至1928年夏間大致已完成，僅留有6公里長之部分係水面下堤。1929年底以前，Wieringen 東面之水閘將次完工，並完成堤工1公里，Friesland 與 Wieringen 之間亦完成堤工1公里，Friesland 海岸旁亦完成堤工6公里，該處之水閘亦在建築中，預計1933年當可全部完工。

至於海口內各灘區間之堤工，已完成者為「西北灘區」（N. W. Polder）東面之堤，計長18公里，因海口堤尚未完成，故亦須築成能防潮浪者。該灘區抽水工程亦已開始，設抽水站兩處，其6機並用時之抽水能力為每秒鐘抽取60立方公尺，至9公尺之高。

全部工程（包括海口築堤，各灘區築堤，抽水等在內）所需費用以前估計約合華幣 900,000,000元（照現在匯價折算），照現在情形，約須增加50%。

▲工字鋼橋樁

美國 California 州之 Monterey 地方，最近所造公路橋梁二座，係用鋼梁作橋樁。該橋用四樁為橋架，架距12.2

公尺（40呎），以担負承受21.5公分（8½寸）厚混凝土橋面之鋼梁。此種建築方式係以經濟及適宜為原則。

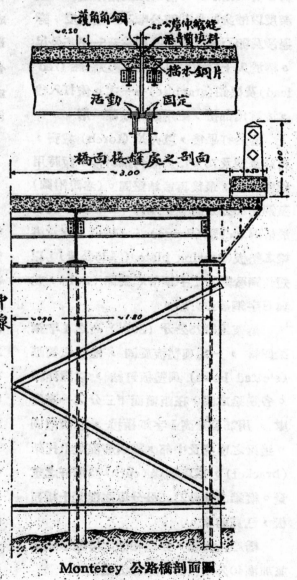

橋面接縫處之剖面

Monterey 公路橋剖面圖

用作橋樁之工字鋼條為高20公分（8吋）者，鋼條內含銅質2—2.3％。打樁時用約2公噸重之錘，樁頂用鋼帽保護，入土深度以樁身能負載27公噸之重量為度，穿過沙及卵石層之平均厚度為5.5—6.5公尺。樁於入土之前二日，先塗以紅鉛（red lead）及黑鉛（graphite）各一次。俟打入後，於露出部份，更用黑鉛塗漆一層。

樁於打畢後，以火焰（torch）截齊，再釘蓋鋼及75×75公釐角鋼斜撐，暫時用螺栓旋牢，最後再鍛結堅固。（參說附圖）蓋鋼用20公分高U字鋼條（channel）旋着於樁頂之凸緣（flange）上。樁頂上支承縱梁之墊板（bearing plate）（厚25公釐），以短角鋼聯繫於工字鋼樁之腰部（web），並與U字鋼樁蓋釘結。

樁架上設75公分（30吋）高之I字鋼梁四排，一端與墊板旋固，他端以筍眼（slotted holes）與墊板釘結，以備伸縮。各鋼梁之間，在距頂面下三分之一高度處，用25公分高I字鋼橫撐，以防傾側。邊梁之兩端及中部，設鋼筋混凝土托架（bracket），以負橋綠（curb）及欄杆之重量。縱梁上鋪設21.5公分厚之混凝土橋面板，已見前文。

橋座及翼牆，亦以相似之樁架做成，並加澆40公分（16吋）厚之混凝土。

又 Sacramento 地方在「美國河」（American River）上之某橋，其活動橋孔之旋轉橋墩（pivot pier）原擬用木樁構成，後因木樁打下時未達預定之深度卽被擊毀，亦改用20公分高I字鋼條，工料費合計較用木樁約減省半數云。（節譯 Engineering News Record, Nov. 13, 1930 潘軼青君投稿）

▲美國之兩高架汽車道

Detroit 與 Pontiac 間之高架汽車道

Detroit 與 Pontiac 兩城間，四綫並行之鐵路，已着手電化，同時將於電綫架從堅橋造，鋪設高架汽車道於其上。此項汽車道之淨寬計12公尺，總長42公里，普通高出軌面12公尺，在與他路相交之處則高出軌面6.55公尺，以便築成與橫路相通之斜坡。路面之下，每隔若干公尺，設三柱及一橫梁，以支承之。汽車自此端駛至彼端所需之時間預計為30分鐘，較電動列車減少10分鐘。此路之使用費將分段徵收。路綫經過 Detroit 市內熱鬧區域，故其他道路之交通擁擠情形將來可望大減，而暫時無放寬之需要云（Electric Traction, Oct. 1930）。

紐約 Manhatten 與 Riverside-Drive 間之高架汽車道

上述紐約之兩市區間，汽車交通擁擠異常，現有之道路不敷宣洩之需，近於其間建築約7公里長，18公尺寬之高架汽車道，以資宣洩，其支承之結構完全用鋼鐵造成（參閱附圖）。(Verkehrstechnik, 1931, Heft 3)

紐約之高架汽車道

16261

國　外　工　程　法　規

德國最近修正鋼筋混凝土建築規則（草案）

（原文載 Beton u. Eisen 1931, Heft 1）

第一編　緒言

　　從事鋼筋混凝土之設計與施工，必須根本了解此種建築方法。故業主只可對於具有此項智識及確能審慎施工之包工人加以信任。包工人只可用根本了解此種建築方法者為負責監工人與曾經受過學校教育之工頭或可靠之工目並著有成績者為督察工作者。

第二編　適用範圍及普通規定

第一章　適用之範圍

　　凡建築物之用混凝土與輾成之鋼鐵條使聯合作用以承受外力者，皆適用本規則之規定。此外對於鋼筋混凝土橋梁與烟囱並應分別依照標準規定 DIN 1075（橋梁）與 DIN 1056 及1058（烟囱）辦理。

　　廠家製成之鋼筋混凝土建築部分，以及鋼筋混凝土板之砌入實磚或空心磚及他種填塞材料而不視為受力部分者亦適用本規則之規定。關於鋼筋磚砌樓板（Stein-eisendecken），除「磚砌樓板建築規則」另有規定者外，亦適用本規則。

　　形鋼與鈑桁之埋入混凝土內而其高度居梁高之大部分者不得按鋼筋混凝土計算，須將混凝土視為不受力之部分。

第二章　圖件

　　（一）凡請照建造完全或一部分用鋼筋混凝土構成之建築物時，所有繳送建築警察局之圖案與計算書，以及於必要時附繳之說明書，對於下列各點必須載明：全部佈置；假定之載重；各部分之剖面；鋼筋及伸縮縫等之形狀及地位；混凝土材料之種類，來源，性質與混合比例（參閱第八章）；混凝土立方體經過28日後可保證之堅度（參閱第二十九章第一項）。如經指定附繳料樣，須遵照辦理。

　　（二）計算書須照本規則之規定編製，其形式須明白醒目，便於審核。除必要之

16262

一覽圖及載重草圖外，尚須附重要之梁，托梁，框架與支柱之剖面圖，凡鋼筋之尺寸均須載明。如經建築警察局指定，應繳送鋼筋詳圖時，須於開工前遵照辦理。

（三）業主及設計者均須簽名於圖件，包工人亦須於開工前同樣辦理。如包工人有更易時，須立即呈報建築警察局。

（四）凡欲應用未經試用之建築方法，尤其應用現成之鋼筋混凝土零件者，如不能在計算上切實證明其堅固程度時，得用破壞的載重試驗，以核定之。

請求認可書應向各邦主管機關遞送。樣品之製成及載重試驗之執行，得由上項機關會同邦立試驗所辦理。載重試驗須至試驗物破壞為止。

許可之載重P應依下式由破壞載重B計算之：

$$P = \frac{B-G(\gamma-1)}{\gamma} \cdots\cdots(1)$$

內P為載重＝死儎（本身重量G除外）＋活儎，G為本身重量，γ 為安全率。

安全率 γ 至少應等於4。

如試驗結果，證明新建築法充分合用與可靠，應由主管機關給予試驗證明書並規定各地建築警察局許可此種建築方法及發給建築執照之條件。上項機關得在許可之條件內列入「在一定時間後及在一定前提之下重行載重試驗」等項。

第三章　應報告建築警察局之事項

（一）負責監工人及其代表之姓名，須於開工時呈報建築警察局，如有更易時，應立即呈報。

（二）對於須請照之建築物，須向建築警察局用書面報告下列各點：

（甲）擬開始混凝土工作之日期，如為房屋建築，對於每層皆然。

（乙）拆卸模殼及撐柱之日期。

（丙）經過較長寒冷期間後，繼續着手混凝土工作之日期。

除建築警察局另有規定外，上列各項報告至遲應於距開始各項工作48小時前向建築警察局遞送。

第四章　監工

施工時負責監工人或其代表應常川在場監視。

對於工作之進行應備日記簿，載明各種工作（例如第十三章所列者）之時期，以便隨時稽考。天寒之日期，溫度及觀察之時間，須特別記明。

如查勘之公務員索閱日記簿應出以示之。

第五章　材料及混凝土質料之證明

（一）初步的堅度證明　如經建築警察局指定，包工人應於開工前證明擬用之混凝土確具有所保證之堅度（參閱第二十九章）。

（二）對於所用材料之性質　如經建築警察局要求，須呈驗證明文件。如有爭執之處，由邦立試驗所斷定之。

（三）包工人方面對於混凝土質料之監察　負責監工人應負責用相當方法於施工時就地察驗混凝土之質料（參閱第七章第一，二，四項及第八章第三，五項）。察驗之情形如有變更，須再三察驗之。察驗時最好依照 "Leitsätze für Baukontrolle im Eisenbetonbau des Deutschen Betonvereins" 辦理。

（四）建築警察方面對於混凝土質料之察驗　建築警察局得於施工時指定製成樣品（立方體或梁條）而試驗之。樣品應由包工人在施工處就地製成，如經建築警察局指定，並須由公務員在場監視。

立方體樣品須依照 "Bestimmungen für Steifeversuche und für Druckversche an Würfeln bei Ausführung von Bauwerken aus Beton und Eisenbeton" 之規定製成及試驗之。

梁條樣品須依照 "Leitsätze für die Baukontrolle im Eisenbetonbau" 製成及試驗之。

立方體樣品得在建築地或其他處所用邦立試驗所檢定之「施壓器」（Druckpresse）試驗之，或送由邦立試驗所試驗之。梁條樣品之試驗普通在建築地執行。

第六章　載重試驗

（一）載重試驗之執行，應以必要時為限。對於房屋建築，至少應在混凝土經過45日之凝結後舉行；在特別情形之下，且對於全部建築物無損害時，始得施儀至試驗部分破壞為止。

如用高價水泥時，可於經過21日至28日後舉行載重試驗，視試驗部分之跨度而定。

（二）樓板與梁之載重試驗，應照下列之規定辦理：

施儀之物料須為活動，而可隨樓板與梁彎曲者。

如某檔之預定勻佈活儀為 p，則試驗時之載重不得超過 1.5p。預定活儀超過 1000公斤／平方公尺者，試驗時之載重可減至與此項活儀相等。

（三）對於橋梁及其他建築物之須避免

發生裂紋者，作載重試驗時，所用之載重，至多與計算時假定之活儀相等。無論如何，不得在模殼拆卸後，卽照計算時假定載重之全部施儀。

（四）如「死儀」尚未全部存在，須將試驗之載重相當加大。

（五）試驗之載重，至少須擱置 6 小時，然後量取最大「彎垂度」（Durchbiegung）。永久「彎垂度」（b'eibcnde Durchbiegung）至早須於撤去載重經過12小時後量計之。

活支於兩點之梁（單梁）所有永久彎垂度，除去因支點沉陷所致之部分外，不得超過量得總彎移率之¼。

第三編　材料及施工

第七章　材料

（一）水泥　所用之水泥以凝結合式而與交通部長核定之標準相符者爲限。

性質證明書內須載明「容積固定性」（Raumbeständigkeit），開始凝結時間及抗拉與抗壓之堅度。

因水泥之開始凝結時間可以變易，負責監工人須在工場施行凝結試驗以察明所用水泥皆爲凝結合式者。

負責監工人又須常用「容積固定性初步試驗方法」（烹煑法 Kochversuch）以察驗水泥之容積固定性。最好同時舉行「正確容積固定性試驗」（參閱 "Zement-norms"）。

礬土水泥（Tonerdezemente）須凝結合式，且具有容積固定性與至少與高價水泥標準相等之堅度者，方准使用。

水泥須原包運至應用地點。

（二）混凝土之加入材料（Beton-zuschläge）。沙，礫及其他「加入材料」（Zulchläge）：

（甲）本規則對於各種加入材料等之定名如下表：

天　然　材　料			打　碎　材　料		
不能通過篩孔之對徑(公釐)	通過篩孔之對徑(公釐)	名　稱	不能通過篩孔之對徑(公釐)	通過篩孔之對徑(公釐)	名　　稱
——	1	細沙 }沙	——	1	細沙 }石沙 (Beton-
1	7	粗沙	1	7	粗沙 }brechsand)
7	30	細礫 }礫	7	30	石子(Betonsplitt)
30	70	粗礫	30	70	碎石(Betonstein schlag)

「沙礫」（Sandkies）指沙與礫之混合品而言。

本規則所謂「混凝土之加入材料」，亦適用於煉鐵爐渣 (Hoch-ofenschlacke) 之混合適宜者以及打碎之火山石渣 (Lavaschlacke) ，浮石沙 (Bimssand) 與浮石礫 (Bimskies) 等。

（乙）加入材料之粗細混合成分與混凝土質料之良否大有關係。

加入材料之粗細混合成分應加以篩驗。粗細沙料之混合成分須在

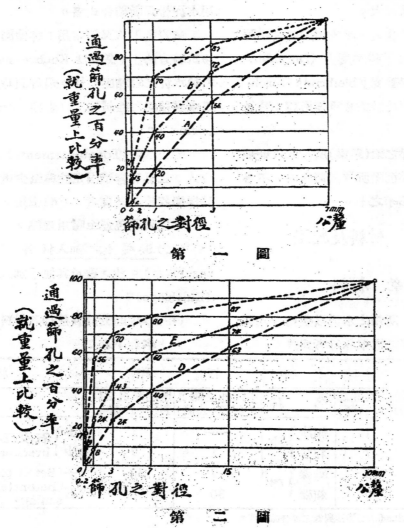

第　一　圖

第　二　圖

第一圖中Ａ，Ｃ兩線所示百分率之間，沙與礫或石沙與石子，碎石之粗細混合比例須在第二圖中Ｄ，Ｆ兩線所示百分率之間。普通僅須察驗細沙與粗沙之成分。沙料中所含細沙至少須爲20％，至多不過70％（第一圖）。沙與礫或石子及碎石之混合料中所含沙料至少應爲40％，至多不過80％（第二圖）。

特別良好之混合方式爲各種成分在Ａ，Ｂ兩線（第一圖）或Ｄ，Ｅ兩線（第二圖）所示百分率之間者。對於重要之建築物，尤其應用「流質混凝土」（flüssiger Beton）即「灌注混凝土」（Gussbeton）（參閱第八章第五項及第九章第五項）者，須於開工前用試驗方法選定加入材料之合式混合方法。施工時應再三用篩驗法考核所用之加入材料是否（在相當範圍內）依照選定之方式混合。

如混合比例不免有重大變動時，對於所保證之混凝土性質（參閱第二章第一項及第二十九章第一項）須重新證明。

（丙）加入材料內不得含有妨礙混凝土凝結或減少混凝土堅度或侵害鋼筋之物料。如有疑問時，須用試驗方法察驗所含物料之影響。

下列各種物料爲有害者：

（子）粘土（Lehm, Ton）及類似之物料之混入沙，礫或石料內者。此種物料如粘着於加入材料，尤爲有害。如祇有少許（約在3％以下）勻佈於沙料內，普通尚無妨礙。搀汙之「加入材料」大率可用水洗淨至相當程度。

（丑）有機的肥土類（humusartig）物料。

（寅）煤質，尤其紅煤質（? Braun-kohlenteile）。

（卯）煉鐵爐渣內之玻璃質及易分解之成分。此種成分至多祇可達 5％。

（辰）硫質化合物，如爐鍋及機關車之煤渣，垃圾焚化之餘燼中所含者，遇水則其中之硫酸鹽與水泥之成分化合，對於混凝土大有妨礙。此種煤渣中所含硫質化合物至多祇可達 1％。

　　上述各種煤渣中，又往往含

有熱石灰塊，受濕則分解而
發脹，因此對於混凝土發生
妨害。煤渣內之塵質（灰），
如爲量過多，亦可減小混凝
土之堅度（參閱子項）。

(丁)加入材料須有充分堅度與不受天
氣影響。

建築部分之受高熱者、例如烟囱
之烟道）須用熱脹率（Wärme-
dehnung）與傳熱性特小之「加
入材料」。

(三)水　凡天然積儲之水，不甚汙濁
者，皆可用以調製混凝土。

(四)鋼料

(甲)市售鋼料(Handelseisen)　至少
須有 3700公斤/平方公分 之抗拉
堅度（參閱 DIN 1000）。

(乙)St52鋼料　St52鋼料指高價鋼料
(hochwertiger Stahl)，其抗拉
堅度普通在 5200與 6200公斤/平
方公分 之間者而言。圓鋼及較小
形鋼(厚度在 7 公釐以下者)須能
勝受5000公斤/平方公分之拉力，
厚逾18公釐者其最大抗拉堅度爲
6400公斤/平方公分。「破壞延
展率」(Bruchdehnung)至少須
爲20%，近「激展界」(Streck-

grenze）之應力至少須爲3600公
斤/平方公分，厚度逾18公釐者
至少3500公斤/平方公分。

鋼料須合「鋼鐵建築物用料標準條件
（DIN 1000）」之最低要求，檢驗前不得
鑢光，鎚打或輾壓，必須確如供給時之厚
度。

「冷彎」試驗例應在每工作場所執行
。彎節之內徑須等於 $\left(\begin{array}{c}圓鋼\\扁鋼\end{array}\right)$ 條 $\left(\begin{array}{c}對徑\\厚度\end{array}\right)$ 之 2
倍。受拉力之一邊須不發生裂紋。

建築部分之載重難以確計者，建築警
察局得要求作拉力試驗。試驗之次數依照
DIN 1000。

第八章　混凝土之拌製

(一)混合之比例　水泥以重量計（註）
，加入材料普通以容量計。最好於選定混
合比例時，即將水泥之成分按重量（公斤）
記明。

(註)如以容量計，折算時應假定水泥之單位重量
爲 1.2 或就地用秤量方法測定之。

(二)水泥之成分　混凝土內所含之水
泥，沙，礫，或「沙礫」，石子或碎石之
量，以製成稠密之品，而使鋼筋得受嚴密
包圍而免鏽蝕爲度。

使用後之混凝土，普通每立方公尺內
，至少須含有水泥300公斤。其在房屋內

不受潮濕與天氣影響之部分，混凝土所含之水泥得減至270公斤/立方公尺。

如混凝土之加入材料所含各種成分其百分率在第一圖中A，B兩線及第二圖中D，E兩線之間（參閱第七章第二項乙），且混拌時分兩批加入，使混凝土資料特別良好，而與第二十九章第（四）項（乙）第三段所定之條件符合，則對於房屋建築可再將混凝土內水泥之成分（最低額）減至如下列之規定：

建築部分之受天氣與潮濕影響者

270公斤/立方公尺

其他建築部分　240公斤/立方公尺

對於橋梁，在每立方公尺之築成混凝土內至少必須含有300公斤之水泥。

建築警察得要求驗明水泥和入混凝土內之量。

露天之建築物（例如橋梁）之因特殊情形，須加大鋼筋防銹之安全程度者，得指定較大之水泥成分最低額，對於尺寸較大之鋼筋混凝土部分，其應力遠在許可數以下者，得許可較小之水泥成分，惟以對於防止鋼筋銹蝕及防止水分侵入有相當保證爲限。

關於海中建築物之水泥最少成分參閱"Richtlinien für die Ausführung von Betonbauten im Meerwasser"。

（三）水分　加水之多寡視材料之種類，混合之比例，天氣，加入材料所含水分之多寡與其吸水性，以及混凝土之使用方法而定。混凝土須有相當軟度（卽水分之最小額），俾能將鋼筋完全緊密包圍，但加入之水不得多於所選用混凝土種類所要求者，因水分過多使混凝土堅度銳減故。試驗混凝土堅度（參閱第五章及第二十九章第一項）所用之混凝土硬度（Steife，Konsistenz），施工時須依照不變。察驗時應用「散開試驗法」(Ausbreitversuch)，就使用地取混凝土施行之。

（四）拌和之方法　混凝土可用人工拌和，但在較大之工程須用適宜之機器拌和。混合之比例，須用明顯之文字揭示於拌和之處，並須易於考核。

（甲）用人工拌和時，須將沙，沙礫或石子與水泥在堅固不漏之木板上或堅實不吸水之地面上至少乾拌三次，至成顏色均勻之混合品爲止，然後逐漸加水，再行拌和，至成勻和之混凝土爲止。

（乙）用機器拌和時，以拌至成均勻之混凝土爲度，事先不必乾拌。普通用新式機器拌和需時1—1.5分鐘已足。拌和時間不得在1分鐘以下。

拌和機須備量水器，其構造須適於加水迅速而均勻，且量計之差誤不得過土 3%。

(丙)如除水泥外另加他種粉質（如「火山石灰」Trass等），則此種粉質應先另用機器與水泥乾拌。

(五)混凝土之硬度(Steife)　各建築部分所用混凝土之硬度應於施工前預先指定，並於施工時時常察驗其均勻與否。

因加水之多寡，混凝土之硬度凡三種：

(甲)濕土狀混凝土（搗築混凝土）　此種混凝土普通不適用於鋼筋混凝土工程（參看第三項）。

濕土狀混凝土之界說為混凝土之捏於掌中時使掌面有濕痕者，其所含之水分以搗築將畢時表面有濕痕為度。其硬度甚大，幾於不能量計散開之尺寸。

(乙)軟混凝土　用於鋼筋混凝土工程特佳。其所含之水分，以成漿狀(breiig)及糊狀(teigartig)而不流動為度。其硬度以散開尺寸至多為50公分為度（關於試驗方法另有規定）。

(丙)流質混凝土　所含水分之多，至成漿狀而流動。散開尺寸至多為

65公分。

第九章　混凝土之使用及處理

(一)總綱　混凝土拌和後，應立即使用，不得擱置。如遇例外情形，只許擱置少許時間——在乾燥及溫暖之天氣，不得過一小時，在潮濕與涼爽之天氣，不得過二小時——但須防日晒風吹及大雨淋注等，且於使用時須再用鏟拌勻。無論如何，須於混凝土凝結以前使用之。

(二)分期灌填之段界(Arbeitsfugen，Bauabschnitte)亦須預先指定。其佈置視工作之情形及建築部分之種類及受力情形而定。此種段界務求置於受力最小之處。

規定縱向（垂直方向）灌填之段界時，應注意軟混凝土，尤其流質混凝土於凝固時對於四周模殼發生強大壓力之一點（參閱第十二章第一項）。關於柱之分期灌填參閱第二十章第三項。

分段灌填混凝土時，應使各層段間有充分堅固之聯結。於已凝結之混凝土面續填混凝土時，須先將表面「做毛」(aufrauhen)，掃搾，充分潤濕，並澆水泥膠漿一過，同時務須趁水泥膠漿未乾結時，灌填新混凝土層。

(三)濕土狀混凝土（搗築混凝土）　如

少數建築部分因鋼筋不多，例外使用濕土狀混凝土時，須將該項混凝土分層灌填，每層搗實後之厚度例不得過15公分。關於鋼筋之處置參閱第十一章第四項。

分層之方向應與建築部分內發生壓力之方向成直角，如無法辦到，則與之平行。

各層應用人力搗固器（Handstampfer）搗實，如使用機器搗固器（如壓氣搗固器）尤佳。搗夯時尤須注意近模殼之邊隅。在填舖上層以前，須將下層趁未凝結時「做毛」。

舖填混凝土時，須察明是否混和均勻。如有較粗之石礫露出，須再加拌和。

濕土狀混凝土之使用，宜以有大宗人工與機器用於搗固工作時為限。

（四）軟混凝土　軟混凝土亦須分層灌填，各層之厚度視建築部分之種類及灌填面積之大小而定。灌填後須細加攪撥（Stochern），有時——尤其灌填柱體時——須藉輕加搗夯與敲打模殼以輔助之。關於柱之灌填參見第二十七章第三項。

（五）流質混凝土（灌注混凝土）　此種混凝土因所含水分甚多，堅度不免減小，故其所含加入材料之配合須求適宜，且須用良好機器拌和與灌注。

加入材料之配合（參閱第十七章第二項）及水分之多寡，務須於施工前用試驗方法決定，並於施工時嚴密監察。

拌和之機器須密不滲漏。

運送及灌注此種混凝土時，須防其失去勻和性（entmischen）。長途之運送須避免，否則須再加拌和。

如用溝槽灌注，則溝槽之斜度須加以選定，以混凝土所含之水分可盡量減少，且不失去勻和性為度。又須力求混凝土在槽內流動均勻。如混凝土自槽端下墜至2公尺以上之高，須設管以導之。關於柱之灌注，參閱第二十七章第三項。如混凝土有不能流達之處，須以相當器械疏導之。流達或導引過遠，致失勻和性，務須避免。

流質混凝土於灌注後，須加以攪和，使所含之氣泡盡量消散，而混凝土之紋理均勻。

混凝土之表面須無泥狀之水泥積聚。如混凝土中所含過賸之水，積於其表面，則有發生泥狀水泥之可能，此時須將此項水分挹出或用其他方法除去，同時須不觸動混凝土本身。存留之泥狀水泥，須自混凝土層仔細除去，因其缺乏堅性可使上下之混凝土層完全分開。

（六）已填混凝土之處置　已灌填之混凝土須於其凝固時間之初期內防避熱（日光），風（吹乾），寒之有害影響，以及防

16271

避流水，化學上之侵害與震動等。為顧及收縮之作用（Schwinden）起見，須於 8—14日內保持混凝土之潤溼，最好時淋以水。含高價水泥——尤其礬土水泥（Tonerdezement）——之混凝土潤溼之程度須較劇。在有凍壞之危險時，須將新填混凝土用物料掩蓋。

第十章　寒天之工作

在低氣溫之下，須使混凝土於灌填後之72小時內至少有 $+2°$（攝氏表）之溫度。

如於氣溫在 $0°$（攝氏表）以下時灌填混凝土，應設法防其在凝固期間受凍。所用之材料亦須為未凍壞者。

在微寒之天氣，氣溫未降至 $-3°$ 以下時，須於必要時用溫水拌和溫凝土。已填成之部分應蓋護之，使不受凍，直至已充分凝固為止。

在嚴寒之天氣，氣溫降至 $-3°$ 以下時，如灌填混凝土，須用特別方法。沙石料等與水須加熱與水泥拌和，並將工作處所密加包圍，用爐火等取暖，以便混凝土凝固時不受寒氣之影響，但熱度不可過高，以免混凝土凝固時所需之水分被蒸發。

已受凍之部分，不得接填混凝土；已凍壞之部分須將其除去。

第十一章　鋼筋之裝配

（一）鋼筋須於使用前將銹皮油汙等擦除淨盡。

鋼筋之形狀與位置務須與預定者相符；連貫之抗拉與抗壓鋼筋（主要鋼筋）須與押鐵及箍鐵用鐵絲聯繫適宜。

負責監工人須於灌填混凝土之前察驗鋼筋之佈置與尺寸是否合式。

（二）灌填混凝土時須使鋼筋保持其應有之位置。如將下面之鋼筋用混凝土小塊支承或吊起，甚為適宜。直接受風雨之建築物以及受潮溼之樓板，此層為必遵之條件。

（三）各鋼筋須為混凝土緊密包裹。如使用溼土狀混凝土（搗築混凝土），須將鋼筋另用軟混凝土一層包裹之或先以水泥漿澆之，然後趁水泥漿未乾以前，立即填築溼土狀混凝土。

（四）鋼筋混凝土建築部分，其下面之鋼筋直接置於地面上而灌填混凝土者（例如基板 Fundamentplatte）須於建築前先在地面上鋪填至少厚 5公分之混凝土一層，待凝固後再排鋼筋。

第十二章　模殼之裝置

（一）總綱　凡模殼架與模殼板均須用適當材料搭裝堅固，並須拆卸便利而無危險。其尺寸須適於充分抵抗所受之力。軟

混凝土——尤其「灌注混凝土」——因其流動性對於四周模殼之壓力頗強大，故其模殼尤須堅固。

殼板之撐柱或模架（Lehrbögen）應以楔子，沙箱（Sandkästen），螺旋等支承之，以便拆卸時徐徐進行，而免引起震動。

殼板上禁止投擲或堆積材料。

在灌填混凝土之前，須將模殼面掃清，必要時並加以潤溼，模殼內之雜物須除去。柱之模殼須於柱脚及柱上凸出之處設清除孔，厚梁之模殼須於下面設清除孔。

灌填混凝土以前及灌填混凝土時，須將模殼及支撐物細加檢查。

（二）撐柱　撐柱所用之木務求挺直。較細一端之對徑不得小於7公分。必要時應用橫夾木或交叉成直角之斜帶，以防止彎曲，遇有疑問時，得令證明柱之穩固程度。

關於房屋工程所有尋常鋼筋混凝土部分，在樓板下之模殼撐柱，每三根中只准有接成者一根；此項接成之撐柱並須均勻分佈。在兩處以上接成之柱不得使用。接合面應成水平並上下密合。接合處之旁應用至少0.70公尺長之夾木釘繫，以防撓屈。此種夾木，在圓柱之接合處應用3根，方柱應用4根。接合之處不得在全長中間三分之一之範圍內，以免撓屈之危險。撐

柱與支承木板之間，必要時須設硬木片或鐵片，以減小柱端壓入支承木板內之程度。

撐柱之用「活套」（Ausziehvorrichtung）或用鐵料（eiserne Verlángruug）加長，且結合堅固耐用者，不以接成論。

上層之撐柱，其佈置須適於直接傳遞重量於下層之撐柱。

撐柱所承之重量須使適宜分佈於地面上。撐柱之下面須設不能移動之支承物（例如厚板，方木等）。如地面不堅實或被凍脹，須另設法以求安全。

（三）保險撐柱（Notstützen）　房屋建築所用模殼之佈置，應使於拆卸時尚可保留撐柱（保險撐柱）若干條，而上面之殼板不受牽動。多層房屋之臨時撐柱，其佈置應使上下各柱間直接互相傳受重力。普通樑桁祇須於中央留保險撐柱1根；樓板跨度逾3公尺者，亦應於中央留保險撐柱1根。但樓板下保險撐柱之距離不得大於樓板跨度之二倍。托樑（Unterzüge）及較長之樑桁須酌量增加保險撐柱之數。

（四）殼板架（Schalungsgerüste）及模架（Lehrgerüste）　建築高出地面8公尺以上之樓面與模拱或重量甚大之建築部分時，普通須用結合（abgebunden）之模架，其重要部分之穩固程度須證明之。

土木工程及各層高度在 5 公尺以上之房屋工程，對於其殼板架之穩固程度，得要求其加以證明，並分別依據各邦對於房屋工程適用之載重假定及許可應力之規則辦理（參閱第十五章第一項）。

複雜之殼板架及模架，應依據「木橋計算及設計標準」——DIN 1074——計算與構造。

（五）模架及殼板之加高（Über-höhung）

跨度甚大之建築部分，其模架與殼板須相當加高，以便該建築部分於柝卸模殼後成預定之形式。

第十三章　模殼之拆卸

（一）總綱　任何建築部分之模殼及支承之具，非待混凝土充分凝固，並經負責監工人檢驗證明與指定拆卸時不得拆卸。關於保險撐柱，參閱第三項。

（二）自灌填混凝土完畢至拆卸模殼之日期，視混凝土（水泥）之性質，該建築部分之種類，尺寸與載重，以及天氣而定。

屋頂等建築部分，於模殼拆卸後，即承受約與預計數最相等之活儎者，其模殼之拆卸應特別慎重。

在良好天氣之下（日間最低溫度在 5° 以上）並應用尋常拆卸方法時，模殼之拆卸日期，普通適用下表之規定：

第　一　表

	梁之兩邊及礅柱四周之模殼	樓板等之模殼	梁及寬跨樓板等之支承柱架
用市魯水泥時	至少 3 日	至少 8 日	至少 3 星期
用高價水泥時	至少 2 日	至少 4 日	至少 8 日

跨度甚大與尺寸甚大之建築部分，其模殼等之拆卸日期，可增至上表內所列者之二倍。

在灌填混凝土後，中間如有若干日天氣較涼，日間最低溫度，在 +5° 與 0° 之間，則負責監工人應審慎察驗，應否將表內所列日期延長。

如在凝固期內，有若干日天氣寒冷，則模殼等拆卸之日期，至少應為上表內所列之數加入天寒之時間。經過天寒後繼續工作及拆卸模殼以前，應察驗混凝土是否確已相當凝固，而非由於凍結。

在天涼及天寒時，建築警察局在特別情形之下，得令製成梁樣或立方體，視載重試驗之經過，核定模殼拆卸日期。

（三）保險撐柱（參閱第十二章第三項）應於模殼拆卸後，至少經過 14 日，始行拆除，如用高價水泥時則至少須經過 8 日。其在天寒時，應照加天寒之期間。在特別

情形之下，建築警察局得作例外之許可。

（四）拆卸方法　柱與礅之模殼之拆卸應先於所承梁，板之模殼。

拆卸撐柱，模架及殼板時，須先鬆放楔子，沙箱，螺旋等（參閱第十二章第一項）使其向下移動，不得用力敲脫或扳下。他種震動亦須避免。

（五）如樓板等於築成後之初期內，即須使用，應特別慎重。

樓板等新築成後，不得將磚石木料等投擲或從高傾倒於其上。非立待使用之材料，亦不得於模殼拆卸以前，堆積於樓板等之上。

第四編

第十四章　設計之基本規則

（一）鋼筋

（甲）鋼筋之鈎　凡受拉力之鋼筋，須於兩端彎成半圓形或尖角形之鈎，其內邊之對徑至少須為鋼條對徑之2.5倍。

（乙）彎起鋼筋內邊之彎曲半徑須為鋼條對徑之10—15倍。

（丙）抗拉鋼筋之接合　受拉力之鋼筋須盡量免除接合。梁，丁字梁及受拉力之建築部分，在一剖面內只許有接合一處。

鋼筋之接合方法以用「套管」（鬆緊器）之附有方向相反之螺紋者（Muffen mit Gegengewinden）為最良。

套管之鋼料須合第七章第四項之條件。螺旋心（Kern）之許可應力與接合之鋼料同。

如用鍛接法，須依照通行之良好方法，並於鍛接處之四周另加兩端彎成鈎形之鋼條，以增加安全之程度。如受拉之鋼筋在鍛合處之應力在許可數之半數以下，則上項附加鋼筋可以省去。建築警察局得指定用 90° 以上角度之冷彎試驗以察核鍛合之良否。關於柱內縱鋼筋之鍛接參閱第二十七章第三項。

如用搭接法，則互相搭接之兩端須相傍且附圓鈎。搭接之長度至少須為鋼筋對徑之40倍。

受拉力之建築部分（例如吊桿或拉條）之鋼筋及梁，丁字梁，框架等之鋼筋，其直徑逾20公釐者，均不得搭接。受拉力之槽池壁，其鋼筋之搭接處須錯雜分佈。

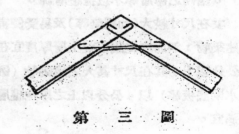

第 三 圖

（丁）彎成弧形與折成角形之受拉鋼筋，可因受力而使四周之混凝土裂開時，須避免不用，而以交义之直鋼條爲之替代，並於「壓力區」（Druckzone）內鎖緊之（Verankern）（第三圖）。

（二）板塊及肋條板下邊鋼筋之掩護層

對於特種鋼筋混凝土建築物——尤其用「形鋼」爲鋼筋者——須用特別方法，以保護鋼筋。

（三）對於化學的侵蝕作用之保護　建築物或建築部分，常爲妨害水泥之水質，酸質，酸質蒸汽，鹽類溶液，油類，合硫

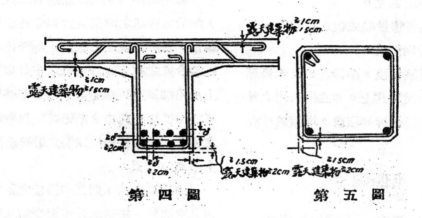

第　四　圖　　　　　　第　五　圖

（混凝土層）至少須厚 1 公分，其在露天建築物至少須厚 1.5 公分。樑，丁字樑與柱丙「箍鐵」（Bügel）之掩護層，在任何一面之厚度，至少須爲 1.5 公分，其在露天建築物至少須爲 2 公分。（第四圖及第五圖）。鑲砌之磚層等不以掩護層論。

其在尺寸較大（如橋梁等）及易受侵害之建築物，鋼筋之掩護混凝土層厚度宜在 2 公分以上。其在尺寸甚大之建築物（例如水閘底板等）以 4 公分以上之厚掩護層爲適宜。

質之煤炷（如跨越鐵路之橋梁）等所侵襲者，須設法以保護之。第一步須用特別稠密不透水之混凝土。次則下列各種方法亦可採用：另設包鑲之層；用水泥或合式油漆等粉刷；將掩護鋼筋之混凝土層加厚至 4 公分爲止（粉刷之厚度不計）。

（四）對於物理的侵蝕作用之保護　尤工塲用及交通頻繁之房間內，其樓板表面須設法防其磨蝕；或將厚度比載重上所需要者至少加大 1 公分，或於表面用堅牢物料蓋被或儲填。

（五）廠家製成之鋼筋混凝土建築部分須於運輸時證防破壞，受壓力鋼一面須標誌顯明，並於必要時加入相當鋼筋。

第五編　計算上之普通標準

第十五章　載重之假定

（一）對於房屋建築，應分別遵守各邦最近適用之規章（普魯士政府之規章見 Zentralblatt der Bauverwaltung 1920, S. 45）。

（二）土木工程之死儎，亦應依照第一項所舉之規章計算。活儎應依照各邦主管機關所規定者計算。

（三）衝擊率（Stosszuschlog）在規定房屋建築之儎重數內已計及在普通情形下之衝擊作用。對於特別情形，例如業務繁重之工廠，受笨大機器之劇烈震動者，建築警察局得另規定衝擊率。

計算支承車道之板，梁，柱以及院落內通行車輛部分之地窖蓋板時，如不依據「實體橋梁計算標準」DIN 1075 計算，應將活儎（車輪壓力）之實數按1.4倍（衝擊率）加大計算。

第十六章　溫度變化及收縮之影響

（一）總綱　關於普通房屋建築之力學的計算，可毋需計及溫度變化（Temperaturschwankungen）及收縮（Schwinden）之影響。

為適應溫度變化及收縮之影響起見，應設分隔縫（Trennungsfugen）。

（二）溫度變化　載重建築物之因溫度變化發生強烈之應力者，須於計算時顧及溫度變化之影響。

載重建築物之溫度變化，普通可假定為均勻一律。但工廠烟囱，熱水槽池等所有因人工所致之溫度變化亦須計及其各部分溫度遞變之影響。

混凝土及其鋼筋之「熱脹率」（Wärmeausdehnungszahl）E_t 應假定為 0.000010。

空氣溫度之變化所誘致建築物各部分之溫度變化，其界限在德國為 -5^0——-10^0 與 $+25^0$——$+30^0$，視各地之氣候而異。計算應力時普通假定施工時之平均溫度為 $+10^0$，故溫度變化額為 $\pm 15^0$—20^0。

最小尺寸在70公分以上之建築部分，或建築部分之因填蓋泥土或用其他方法，不甚受溫度變化之影響者，得將上述溫度差別減少 5^0。惟計最小尺寸時不必將四周包圍之空孔（例如匣形剖面）除外。

（三）收縮之影響　對於「力學上不定

結構」，所有「力學上不定之數值」，應假定溫度降落若干度以顧慮收縮之影響。假定溫度降落之度數如下：

(甲)框架或類似框架之載重建築物……………………………15°

(乙)混凝土拱條及拱板

設0.5%以上之鋼筋者……15°

設0.5%以下之鋼筋者……20°

拱條及拱板內所設之上下縱鋼條面積在每公尺之寬度內至少各為4平方公分，且合計在剖面面積之 0.1%以上者，始以設有鋼筋論。

第十七章　計算時之假定條件

凡計算抗彎物體，或抗彎兼抗中心力之物體之剖面時，應假定「伸展率」(Dehnungen) 與其離「中和綫」(Nullinie)之尺寸成比例。計算混凝土之應壓力與鋼筋之應拉力，以及計算「抗剪設備」(Schubsicherung) 與「結合應力」(Haftspannung) 時，應假定剖面內全部拉力悉由鋼筋承受，而混凝土不發生抗拉之作用。

計算應力及剖面尺寸時，應假定鋼料與混凝所有彈性率之比為 n＝15 (混凝土之彈性率 E_b＝140,000公斤/平方公分)。

計算「力學上不定結構」之未知數，及無論何種結構之「彈性變態」時，應以 E_b＝210,000公斤/平方公分為混凝土抗壓與抗拉之「彈性率」(Elastizitätsmass)。

同時應將「惰性率」(Trägheitsmoment) 就混凝土全部面積計算，或並計鋼筋面積之10倍，或否。

第十八章　施力地位之假定

(一)轉動之載重(rollende Lasten)須置於最不利 (對於所計算之部分而言) 之地位。必要時應將此種地位用「影響綫」(Einflusslinien) 求得之。

(二)勻佈之活儎普通亦應置於最不利之地位。

但對於房屋建築之以「死儎」佔優勢者，得將連續性之板與梁所受之剪力，照各檔同時滿載之情形計算，以為求得應剪力及結合應力之根據。對於活支於兩端之梁(單梁)亦得照滿載之情形計算剪力。

(三)對於房屋內之樓板，肋條板，梁，丁字梁及柱之「支承力」(Stützkräfte 卽支點壓力或反應力) 得將連續之板與梁視為在各柱上中斷而轉動自如者，以計算之。

第十九章　集中力與片段力之分佈

（一）計算板塊之抗彎應力時　設板塊之跨度爲 l，其上面有厚度 s 之載重分佈層或否，在橫向內設有相當筋鋼（註）而承受集中力（Einzellasten）或片段力（Strekkenlasten 例如機器足座之壓力）時，其抗彎應力應按板形梁之具下列寬度者計算之（第六圖）。

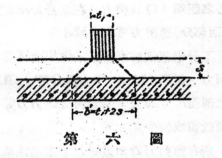

第　六　圖

$$b = b' = t_i + 2s$$

$$或 \quad b = b'' = \frac{2}{3} \cdot l$$

b''不得大於 $t_1 + 2s + 2.0$（以公尺計）。於 b'，b'' 兩數值中，可選其較大者。

（註）集中力所要求之橫向鋼筋（在主要鋼筋之下面）剖面面積應爲主要鋼筋之

$$C = 0.10 + 0.10 \times (b'' - (t_1 + 2s))$$

倍，式中b，t_1，s 均以公尺計。但至少應於1公尺內有對徑7公釐之圓鋼條3根。

在抗拉鋼筋之方向（縱向）內可假定載

重分佈之寬度爲 $t_2 + 2s$（第七圖）。

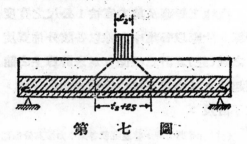

第　七　圖

如某集中力對於彎幕之值，影響甚大，且爲固定不動者，其地位在支點附近如第八圖所示之楔形部分內時，則其分佈之寬度應照第二項之規定假定之。

（二）計算板塊之應剪力時，應假定集中力在支點附近對於板塊之影響寬度爲 $b = t_1 + 2s$。自支點向中央，板塊之有效寬度與集中力分佈寬度，可按 45° 逐漸加大至 $b = \frac{2}{3} l$，但不得大於 $t_1 + 2s + 2.0$（以公尺計）（第八圖）。關於尋常蓋板所有「抗

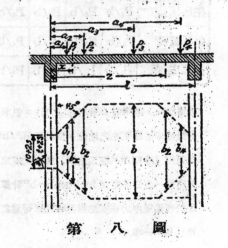

第　八　圖

剪設備」之核驗方法參閱第二十章。

板塊之彎冪及剪力宜按 1 公尺之寬度計算，故應以各集中力除以各該分佈寬度 b 之數（註）爲計算根據。爲求計算上之簡便起見，集中力在抗拉鋼筋方向之分佈，宜不計及。

（註）計算剪力時，普通應就各集中力按其分佈寬度所算每公尺寬度之相當數值，例如第八圖所示之板，其各剖面 1 公尺寬之剪力，應按下表所示方式計算之：

計算剪力時之關係剖面	集中力在 1 公尺寬度內之相當數			
	P_1	P_2	P_3	P_4
在P_1作用之處時	P_1/b_1	P_2/b_2	P_3/b	P_4/b
在P_2作用之處時	P_1/b_2	P_2/b_2	P_3/b	P_4/b
在P_3作用之處時	P_1/b	P_2/b	P_3/b	P_4/b
在P_4作用之處時	P_1/b	P_2/b	P_3/b	P_4/b_4
在X處時	P_1/b	P_2/b_2	P_3/b	P_4/b
在Z處時	P_1/b	P_2/b	P_3/b	P_4/b_4

嚴格而論，求彎冪亦應用同樣方法。但求最大彎冪時活載應在之地位，殊以適用P/b者爲通例（參閱第八圖及上表）故上文規定，可照同一之分佈寬度b=b'或 b=b''計算。至於死載集中力在支點附近時計算彎冪之方法已見第一項。

第二十章　抗剪設備

(Schubsicherung)

對於鋼筋混凝土板梁，丁字梁及框架須察驗其應剪力τ_0。

有效高度 h 不變時，應剪力τ_0應用下式計算之：

$$\tau_0 = \frac{Q}{b_0 z} \cdots\cdots\cdots (19)$$

內b_0在丁字梁爲梁形部分之寬度（在梁爲梁之寬度），z 爲抗拉鋼筋之重心與壓力中心之距離，Q 爲剪力。在梁身加高之處（斜面部分）應剪力可相當減小。

不計彎起鋼筋或箍鐵之作用而算得之應剪力，超過 14 公斤/平方公分時，須將梁之剖面尺寸加大，至算得之應剪力等於此項數值或較少爲止。

所有應剪力均須以彎起之鋼筋或箍鐵或兩者並用以承受之（抗剪設備）。但就板塊（註）及肋條板（參閱第二十三章）算出之$\tau_0 \leqq 6$公斤/平方公分時，得免用計算方法核驗其抗剪設備，其在肋條板並以於每肋條內設兩鋼筋，其一向上彎起時爲限。

（註）普通僅在「基板」(Fundamantplatte) τ_0有逾 6 公斤/平方公分之可能。基然板之τ_0雖小於 6 公斤/平方公分，亦宜設箍鐵，且將應付彎冪不需要之鋼筋向上彎起，而繫定(Verankern)於「壓力區」之內。

抗剪設備之佈置應由適當之剪力線（參閱第十八章第二項）作「應剪力圖」（Schubspannnungsiagramm）而定之；

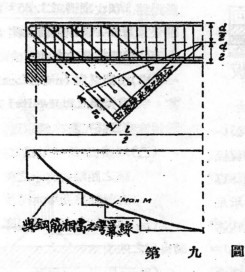

第　九　圖

應剪力圖之底線應置於梁之上下兩面之中央（第九圖）。對於斜拉力宜將其大部分以彎起之鋼筋承受之。

第二十一章　旋轉力及結合應力

（一）旋轉力（Dreh-beanspruchung）因旋轉力而引起之應拉力應設適當之鋼筋以承受之。

（二）結合應力（對抗鋼筋滑動之應力 Haftspannung）　如鋼筋之對徑不超過25

公釐時，可不必計算結合力 τ_t。

如梁內只有直鋼筋，則無論有箍鐵與否，應用下式計算對抗鋼筋滑動之應力：

$$\tau_t = \frac{Q}{u.z} \quad (u 爲鋼筋之周圍長度) \cdots (20)$$

若有彎起之鋼筋若干條與箍鐵聯合作用，能承受全部斜拉力時，則只須計剪力之一半，以計算混凝土與直鋼筋間之結合應力。

若算出之結合應力超過5公斤/平方公分，應將鋼筋之佈置改良，或於鋼筋之兩端用特種方法（如設鎖繫板，橫鋼條等）加以保護，並證明其效用。關於鋼筋兩端彎作鈎形之需要參閱第十四章第一項。

對於抗壓鋼筋不必察驗其防止滑動之安全率。

第六編　關於各種建築部分之詳則

第二十二章　僅於一向設有主要鋼筋之板塊

（一）板塊之最小厚度 d，定為8公分，但屋頂蓋板（至少厚6公分），肋條板（參閱第二十三章）之板，懸起之板塊，專為遮沒空擋，且僅於修理與掃除時供承足之用者，以及用廠家製成零件鋪成之鋼筋混凝土板塊不在此例。

車道下及地窖在院落內通行車輛處之蓋板至少須厚12公分。

又板之有效高度 h 至少須如下：

兩端活支時……跨度之1/35

跨越數擋及兩端固定者……彎羃零點最大距離之1/35。如此項距離未經求出可假定為跨度之4/5。

（二）跨度（Stützweite）

（甲）兩端活支或固定之板以淨寬（露空寬度 Lichtweite）加中央之厚度為跨度。

（乙）連續板（跨越數擋之板）以支座中綫之距離或支承之梁，托梁等所有軸綫之距離為跨度。

（三）連續板之彎　普通應按支承處轉動自如之連續梁計算之。

（甲）支點彎　（Stützenmomente）

在房屋建築，凡板塊之不與支承

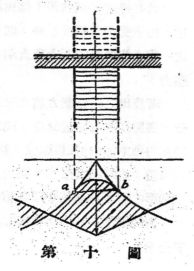

第　十　圖

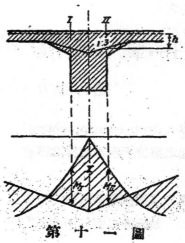

第　十　一　圖

16282

之建築部分聯結鞏固（biegungs-
fest）者，其支承部分之彎羃面
積可照第十圖以拋物綫界劃之；
其與支承之建築部分聯結鞏固者
則支承處之最大彎羃可於該處之
邊緣量計之（第十一圖）。假定支
承處之有效高度 h 之尺寸，不得
大於由 1：3 斜線求得之數。

（乙）空檔內負彎羃（negative Feld-
momente）　張於鋼筋混凝土梁
間之連續板，因梁身有抵抗「扭
轉」（Verdrehung）之作用，各
檔內由活儎而來之負彎羃，祗須
計其一半。

（丙）空檔內正彎羃（positive Feldm-
omente）如按連續梁算得之空檔
內最大正彎羃，比按兩端固定之
梁算得者爲小，則計算剖面尺寸
，應以後者爲根據。

（丁）固定性（Einspannurg）之計及
計算邊檔內之空檔彎羃時，如假
定末端爲固定，則此項固定性必
須就構造上設法保證之，並須可
用計算方法證明。

（戊）房屋建築物內之連續板承載勻佈
之載重 q 者，其各檔之跨度相等
，或雖不相等，而最小者至少爲

最大者之 0.8 倍時，則可照下法
計算之。

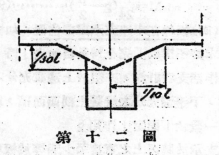

第 十 二 圖

（空檔內正彎羃）若板塊在支承處加厚
，且加厚處之寬度至少爲 $\frac{1}{10}l$，
加厚之高度至少爲 $\frac{1}{30}l$（第十二
圖），則

邊檔之最大正彎羃爲

$$\max M = \frac{1}{12} ql^2 \cdots\cdots(4)$$

中間各檔之最大正彎羃爲

$$\max M = \frac{1}{18} ql^2 \cdots\cdots(5)$$

如加厚較小，或完全不加厚，則
（4），（5）兩式之右邊應分別爲
$\frac{1}{11}ql^2$ 與 $\frac{1}{15}ql^2$

（支點彎羃）

連續板跨越兩檔時

$$M_s = -\frac{1}{8} ql^2 \cdots\cdots(6)$$

連續板跨越三檔以上時，邊檔內
向中間一面之支點上，其彎羃爲

$$M_s = -\frac{1}{9} ql^2 \cdots\cdots(7)$$

同上情形，中間各檔之支點上，

16283

其彎羃爲　$M_s = -\dfrac{1}{10} q \, l^2 \cdots\cdots(8)$

（空檔內負彎羃）

$$\min M = \dfrac{l^2}{24}\left(g - \dfrac{p}{2}\right)\cdots\cdots\cdots(9)$$

（四）**板塊在末端支承處之佈置**　如板塊在末端不構成「完全轉勳自如者」時，雖視作活支者計算，亦須於上邊設充分之鋼筋，下邊備充分之混凝土剖面面積，以防萬一發生「固定」作用。

支承於牆垣上之寬度至少應等於板塊中央之厚度，但至少須爲8公分。

（五）**板塊內之鋼筋**　樓板，屋頂蓋板及橋板內受力鋼筋之距離，在彎羃最大之處，不得大於1.5d，亦不得大於15公分。

每公尺內之押鐵（Verteilungeisen）至少須爲7公釐徑圓鋼條3根，或總剖面面積與此相等之較細之圓鋼條若干根。

連跨數檔之板塊，各檔中向上彎起以抗負彎羃之鋼筋，須延展至鄰檔內相當寬度。此項尺寸如不由彎羃準確計算，且各

檔之寬度略等，可以跨度之$\dfrac{1}{5}$爲平均標準。

第二十三章　鋼筋混凝土肋條板

（一）**界說**　鋼筋混凝土肋條板（Eisenbetonrippendecken）爲下面設有肋條之板塊，其肋條（Rippen）之淨距至多爲70公分，且肋條之間可用空磚等填平（第十三圖），但此項空磚等不視爲受力者。

（二）板之厚度至少須爲肋條淨距之$\dfrac{1}{10}$，並不得小於5公分。如經指定，應將板之勝載力加以證明。

板內須於橫向（與肋條相交叉之方向）每公尺至少設7公釐徑圓鋼條3根，或較多之較細鋼條（其總剖面相等者），以便將承載之重量分佈於各肋條。

如肋條之淨距大於40公分，須於肋條

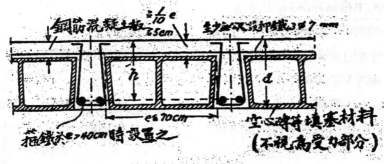

第　十　三　圖

內設「箍鐵」。

　連跨數檔之肋條板，須於發生肋條不能勝受之負彎羃之範圍內，完全用混凝土做平。

　（三）橫肋條（Querrippen）　肋條板須備剖面及鋼筋與載重肋條（縱肋條）相等之橫肋條，以便載重之分佈；其標準爲：肋條板跨度爲4−6公尺時，設橫肋條一條，跨度在6公尺以上時至少兩條。如肋條間用燒成之空心磚或堅度相等之材料填平，則橫肋條可付缺如。關於支承處之佈置參閱第二十二章第四項第一段。在牆垣上之支承寬度至少須爲15公分。

第二十四章　設交叉鋼筋之板塊

　（一）設交叉鋼筋之板塊（kreuzweise bewehrte Platten），其最小厚度d適用第二十二章第一項第一，第二兩段之規定。

　自下層鋼筋起計之有效高度hu至少須如下列之數：

　　四周活支之板塊…較小跨度之1/50，連跨數檔及四周固定之板塊…在較小跨度方向內「彎羃零點最大距離」之1/50，但不得小於較小跨度之1/60。

如較大跨度與較小跨度之比大於5：4時，則有效高度hu適用第二十二章第一項第三段之規定。

　（二）視作交叉梁之計算法（Träger-kreuzverfahren）　設交叉鋼筋之方形板塊，或四周活支，或固定，或連跨數檔時，應視爲兩組之縱橫梁條，分別按單梁，固定梁，連續梁計算之。關於跨度適用第二十二章第二項之規定。

　勻佈之載重q應分別按板塊末端支承情形（活支或固定）分作 q_x，q_y 兩數，以板塊中心因 x 方向之板條受載重 $q_x \cdot l_x$ 而下彎之尺寸與因 y 方向之板條受載重 $q_y \cdot l_y$ 而下彎之尺寸相等，（同時 $q_x + q_y = q$）爲度。x 方向之空檔內彎羃 M_x 與支點彎羃 M'_x，及 y 方向之空檔內彎羃 M_y 與支點彎羃 M'_y，應各由 q_x 及 q_y 按作用最大之分佈方式及分別按支承情形照普通板塊計算之。

　非連跨數檔之板塊，其大小跨度之比小於5：4時，則在勻佈載重 q 之下，照上述方法算出之空檔彎羃得減小20%，無論板塊之四角緊定與否。其在正方形之板塊，則中央之彎羃爲

$$M = \frac{q \cdot l^2}{20} \cdots\cdots (10)$$

　（三）根據「牽制彎羃」（? Drillungs moment）之計算法　Marcus 氏之簡略算

法（參閱 Dr.-Ing. Marcus, Die Verein-fachende Berechnung biegsamer Platten. 2. Aufl. Berlin 1929. Verlag Julius Springer）可用以替代「同質板」（homogene Platte）之精密算法。依照此項算法，因各平行板條互相牽制之作用可將空檔彎羃按下式減小計算：

$$M_{x\,max} = v_x \cdot M_1 = M_x \cdot (1 - \frac{5M_x}{6M_{oy}})$$
$$\cdots\cdots\cdots\cdots(11)$$

$$M_{y\,max} = v_y \cdot M_y = M_y \cdot (1 - \frac{5M_y}{6M_{ox}})$$
$$\cdots\cdots\cdots\cdots(12)$$

內 $M_{oy} = \frac{1}{8}l_y^2 \cdot q$，$M_{ox} = \frac{1}{8}l_x^2 \cdot q$

此時須將鋼筋承受牽制彎羃之能力加以證明。

如未設邊梁之板塊，四角未設法防止翹起時，則應依照第（二）項之規定計算之，設交叉鋼筋之肋條板亦然（v＝1）。

（四）受勻佈載重之板塊與梁與牆堆間之「支承力」（Stützkräfte）可假定為勻佈者。

第二十五章　梁（Balken）
及丁字梁
（Plattenbalken）

（一）跨度　（甲）兩端活支之梁，以支座中綫之距離為跨度，（乙）如支座甚寬，則以「淨寬」加 5% 之數為跨度，（丙）連續梁以柱或「托梁」中綫之距離為跨度。

如支座之寬度小於淨跨之 5%，須察驗該項支座之安全率。

（二）連續梁之彎羃普通按照活支（支點可轉動自如）之連續梁計算之。

（甲）支點彎羃（Stützenmomente）關於梁，丁字梁及托梁之支點彎羃適用第二十二章第（三）項（甲）之規定（並參閱第十四圖）

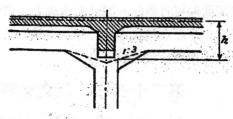

第　十　四　圖

（乙）空檔內之負彎羃　房屋建築物內之連續丁字梁，與托梁或柱固結者，計算空檔內之負彎羃時，因托梁之抗扭作用及柱之抗彎作用，對於活儎只須計其值之 $\frac{2}{3}$。如各檔之跨度 l 相等，或最小跨度至少為最大跨度之 0.8 倍時，則丁字梁在無活儎之一檔內之負彎羃可定為：

$$minM = \frac{1}{24} \cdot l^2 \cdot (g - \frac{2}{3}p) \cdots (13)$$

（二）空檔內正彎羃之最小值　如按連

續梁算得之空檔內最大正彎冪，比按兩端完全固定之梁算得者爲小，則計算剖面尺寸時，須以後者爲根據。

(丙)固定性之顧慮　如房屋內之柱，其寬度與樓層高度 $\frac{1}{5}$ 相等或較大，則連續梁應視爲完全固定於支柱者而計算之，但梁與柱對於抗彎上，須有強固之聯結，或於柱上設有相當之鎮壓重量。計算時以淨寬加 5% 之數爲跨度。

梁及丁字架在邊檔內因與邊柱固結得

分聯合作用者。b 之數值依下式假定之：

(子)普通丁字梁(第十五圖)：

$$b=12d+2b_s+b_0$$

但不得大於兩各檔中綫之距離，亦不得大於梁之跨度之半。

(丑)半丁字梁(第十六圖)

$$b=4.5d+b_s+b_1$$

但不得大於 ($\frac{梁形部分之淨距}{2}+b_1$)，亦不得大於梁之跨度之 $\frac{1}{4}$。

第　十　五　圖　　　第　十　六　圖

將正彎冪減小之數參閱第二十八章。

(三)丁字梁板形部分之厚度　丁字梁受納壓力之板形部分，至少須有 8 公分之厚度。車道下及地窖上在院落內通行車馬部分之丁字梁，應有最小厚度見第二十三章第二項。

(四)丁字梁板形部分聯合作用之寬度

(甲)計算剖面尺寸及察驗應力時可以寬度 b 之板塊部分視爲與梁形部

板形部分之加厚，不得按小於 1：3 之斜度計算，加厚處之寬度 b_s 至多以等於 3d 計算。如不加厚，須令各式中之 b_s 等於零。

(乙)計算惰性率(Trägheitsmoment)時，普通應假定板形部分聯合作用之寬度如下：

(子)普通丁字梁(第十五圖)

$$b=6d+b_0+2b_s$$

但不得大於兩檔中綫之距離
。

（丑）半丁字梁（第十六圖）

$$b=2.25d+b_s+b_1$$

但不得大於 $\dfrac{梁形部分之淨距}{2}+b_1$ 。

（丙）張於鋼筋混凝土梁間之鋼筋磚砌樓板（Steineisendecken），其樓板視作聯合作用之部分，以完全用混凝土構成者爲限，其許可之最大寬度適用上文之規定。

（五）梁及丁字梁內之鋼筋　板形部分內之鋼筋，如與主梁平行，須於此項鋼筋之上，於垂直方向，另設鋼筋，以保證板與梁在假定之寬度 b（參閱第四項）內聯合作用，且每公尺（沿梁之方向）內至少須設7公釐徑之圓鋼條8根。

梁形部分（及肋條板之肋條）內各鋼筋之最小淨距，無論在何方向，至少應與鋼筋之直徑相等，且不得小於2公分（參閱第四圖）。如在「拉力區」內之鋼筋因不得已情形，須用較小之距離，則須用細密而含水泥多之混凝土，以期各鋼筋皆得包圍緊密。

鋼筋之分列，普通不得在兩行以上。僅受彎力而不受中心力之建築部分只准設抗壓鋼筋一行。如遇特別情形得予以特別許可。

梁及丁字梁內必須設箍鐵，以保證拉力區與壓力區之聯合作用。

在計算上應設抗壓鋼筋之處，梁內箍鐵之距離不得大於抗壓鋼筋對徑之12倍。

梁端如非構成可充分轉動自如者，則雖照活支者計算，亦須於上面設鋼筋，下面備充分之混凝土面積，以防萬一發生固定作用。

第二十六章　菌形板
(Pilzdecken)

（一）界說　菌形板指備有交叉鋼筋之板塊，不藉桁梁之媒介，直接支承於鋼筋混凝土柱，且板與柱間對於抗彎上有鞏固之結合者而言。

（二）最小尺寸（第十七圖至第十九圖）板之厚度不得小於15公分。

爲使板與柱之結合足抗彎力起見，柱之橫剖面，在任一軸綫上之寬度，不得小於在同一方向內跨度（兩柱中綫之距離）之 $\dfrac{1}{20}$ 。但至少須爲30公分，亦不得小於樓層高度之 $\dfrac{1}{15}$ 。如板塊在支承之處不加厚（第十七圖），則柱頂之寬度至少須爲 $\dfrac{2}{9}l$ 。關於板塊在支承處加厚時適用之各項最小尺寸，見第十八，十九兩圖。

柱頂與水平綫成 45° 之 斜綫以下之部

第十七圖　　　第十八圖　　　第十九圖

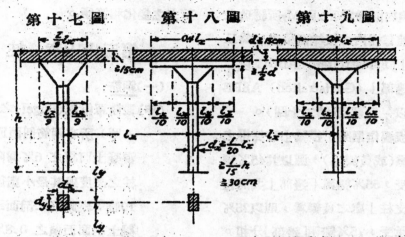

分，不得視爲受力部分，於核驗應力時應將其除外。

　齒形板可照下述簡略計算方法察驗之。先將其分割爲縱橫交錯之連續梁兩組視爲固定於彈性柱者，或視爲「多層式框架」（Stockwerkrahmen）之橫梁，在橫向沿全長支承者，且無論在何方向，均按全部

及最不利之載重計算之，與四周活支之板塊異。

　計算各框架之彎羃時，可僅計及上下緊鄰兩層內支柱之抗彎逾度。

　各框架之「橫梁」分別以 l_x 與 l_y 爲跨度，l_y 與 l_x 爲剖面寬度，並以板塊之厚度 d 爲剖面高度。

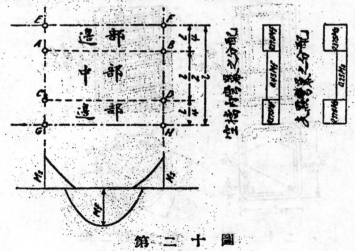

第二十圖

計算板塊內由彎羃 M_x 與 M_y 所誘致之應力時，應將每檔內之板塊面積劃分爲三部：「中部」（Feldstreifen）ABDC 以 $\frac{l}{2}$ 爲寬度，「邊部」（Gurtstreifen）ABFE 與 CDHG 各以 $\frac{l}{4}$ 爲寬度（第二十圖）。

將菌形板視作框架「橫梁」而算得之空檔內正彎羃（或負彎羃），應以其45％歸「中部」承受，55％歸兩「邊部」共同擔負，其近「支柱」處之負彎羃，則以25％歸「中部」承受，75％歸兩「邊部」分擔。

邊檔內與支承綫平行之「中部」可按 $\frac{3}{4}M_f$ 之數值，以計算剖面尺寸，緊靠外邊之「邊部」可按 $\frac{1}{2}M_g$ 之數值，以計算剖面尺寸，內 M_f 與 M_g 爲適用於普通中檔之「中部」彎羃及「邊部」彎羃。

鋼筋之佈置須，如連續梁，與彎羃與剪力之變化相適應。

第二七七章　柱

（一）鋼筋

（甲）設簡單箍鐵（Bügel）之柱（第二十一圖）所有鋼筋剖面 Fe 至多以合混凝土面積之 6％爲限。

柱之高度與其最小對徑之比 $\frac{h}{d} \geqq$ 10時，縱鋼筋之剖面至少應爲混凝土剖面面積之 0.8％；柱之高度與其最小對徑之比 $\frac{h}{d} = 5$ 時，至少爲混凝土剖面之0.5％。

在以上兩數之間可比照計算相當數值。關於柱之高度 h 見第二項（甲）。

如混凝土之剖面，比計算上所需

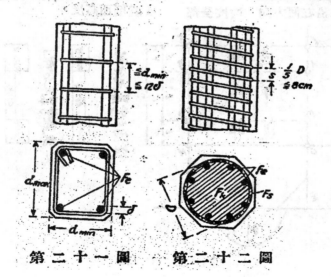

第　二　十　一　圖　　　第　二　十　二　圖

要者較大，則鋼筋剖面之面積，只須根據計算上所需要之混凝土剖面面積計算。

聯結縱鋼筋之箍鐵，其距離（中至中）不得大於柱之最小厚度，亦不得小於縱鋼筋直徑之12倍。

（乙）「纏固柱」(Umschnürte Säulen)（第二十二圖）指柱之設按螺旋線或其他立體曲綫彎成之橫鋼筋或圓環形橫鋼筋，其螺旋綫之「節距」(Ganghöle) 或各圓環之距離，在被纏繞之心核部分(Kern) 之對徑 $\frac{1}{5}$ 以下者而言。

螺旋綫之「節距」及圓環之距離，不得大於8公分。

纏固柱內縱鋼筋之剖面Fe，至少須合橫鋼筋剖面Fs之 $\frac{1}{3}$ ，又不得小於混凝土面積Fb之0.8%，亦不得大於此項被纏核心部分剖面面積Fk之8%，此外又應滿足下列條件：

$$F_{is} \leqq 2F_i \cdots\cdots\cdots (14)$$

關於各符號之意義參閱第二項第八段。

正方形或長方形之纏繞鋼筋，不認爲足增加膀載力者。設此種纏繞鋼筋之柱及抗壓建築部分應照設簡單箍鐵者計算之。

（丙）柱之高度（樓層高度），超過最小厚度 d 之20倍或其剖面小於25×25公分者，須經建築警察核准後，在例外情形之下用之（例如窗柱等）。

（二）柱之計算

（甲）受正中壓力之鋼筋混凝土柱應用下列各公式計算其應力：設簡單箍鐵者

$$\sigma_b = \frac{\omega.P}{F_i} \cdots\cdots\cdots (15)$$

纏固柱及其他纏固之抗壓建築部分，其被纏之核心部分爲圓剖面者

$$\sigma_b = \frac{\omega.P}{F_{is}} \cdots\cdots\cdots (16)$$

(15)，(16) 兩公式中之 ω 爲「撓屈係數」(Knickzahl)（參閱第二表），P爲柱之載重，F_i 與 F_{is} 爲柱之剖面面積加鋼筋之相當數。

用市售鋼料（參閱第七章第四項甲）爲鋼筋，且混凝土立方體之堅度 $W_{b28} \leqq 180$ 公斤/平方公分（參閱第二十九章第一項）時：

$$F_i = F_b + 15F_e \cdots\cdots\cdots (17)$$
$$F_{is} = F_k + 15F_e + 45F_s \cdots (18)$$

用高價鋼料（參閱第七章第四項乙）爲鋼筋，或用立方體堅度

$W_{b28} > 180$公斤/平方公分（參閱第二十九章第一項）時：

$$F_i = F_b + \frac{\sigma_s}{W_{b23}} F_e \cdots\cdots (19)$$

$$F_{is} = F_k + \frac{\sigma_s}{W_{b28}} F_e + \frac{2.5\sigma'_s}{W_{b28}} F_s$$
$$\cdots\cdots\cdots\cdots\cdots\cdots (20)$$

（19），（20）兩公式中之 σ 可以下列數值代入之：

用市售鋼料時

$\sigma_s = 2700$公斤/平方公分

$\sigma'_s = 3300$公斤/平方公分

用高價鋼料 St 52 時

$\sigma_s = 3900$公斤/平方公分

$\sigma'_s = 4500$公斤/平方公分

如用他種鋼料，須將 σ_s 與 σ'_s 加以證明。

（19），（20）兩公式只可於符合第二十九章第（四）項（乙）之條件時應用之。

（17）—（19）各公式中，F_b 爲混凝土之剖面面積（註），F_k 爲被纏繞之心核部分之剖面面積（以橫鋼筋之中綫爲界），$F_s = \dfrac{\pi D f}{s}$，D 爲橫鋼筋之彎曲對徑，f 爲橫鋼筋之剖面面積，s 爲橫鋼筋（在柱軸方向）之距離（中至中），σ_s 爲縱鋼筋近「激縮界」（Que

tschgrenze）之應力，σ'_s 爲橫鋼筋近「激展界」（Streckgrenze）之應力。關於 W_{b28} 之意義參閱第二十九章第一項）。

（註）嚴格而論，F_b 應爲柱之幾何的剖面面積減去鋼筋剖面面積所餘之數。爲計算上之簡便起見，得將柱之剖面面積代入，不減去鋼筋之剖面面積。F_k 仿此。

適用於正方形與長方形柱之設簡單箍鐵者及綑固柱之撓屈係數 ω 如第二表（註）。

第 二 表

	$\dfrac{h}{d}$ 或 $\dfrac{h}{D}$	撓 屈 係 數 $\omega = \dfrac{\sigma_b \text{之許可數}}{\sigma_k \text{之許可數}}$	$\dfrac{\triangle \omega}{\triangle \dfrac{h}{d}}$
正方形及長方形柱用簡單箍鐵者	15	1.0	
	20	1.25	0.05
	25	1.70	0.09
	30	2.45	0.15
	35	3.40	0.19
	40	4.40	0.20
綑固柱	13	1.0	
	20	1.7	0.1
	25	2.7	0.2

中間數值應按直線吞數定之。

(註)剖面爲任何形式而設簡單箍鐵
之柱，其撓屈係數ω如下列第
二表(甲)。計算「瘦度」(Sch-
lankheitsgrad) $\lambda = \frac{h}{i}$ (i =
$\sqrt{\frac{Imin}{F}}$)時，鋼筋乏剖面面
積不計。

第 二 表(甲)

$\lambda = \frac{h}{i}$	撓 屈 係 數 $\omega = \frac{\sigma'b 之許可數}{\sigma'K 之許可數}$	$\frac{\triangle\omega}{\triangle\lambda}$
50	1.0	
70	1.25	0.0125
85	1.·0	0.0300
105	2.45	0.0375
120	?.40	0.0633
140	4.40	0.0500

第二表中之 d 爲正方形及長方形
柱，設簡單箍鐵者之最小邊長，
D 爲繞固柱內橫鋼筋線之平均對
徑。長方形柱在最小惰性率之方
向設橫撐防止撓屈時，可以較大
之邊長爲 d 。

柱之高度 h 對於房屋建築恆以樓
層之全部高度計，對於他種建築
物則以「網格線」(Netzlinie)之
長度計。

(乙)偏壓力　柱之受偏載或有受旁推
力之虞者，須先按受彎羃及中心

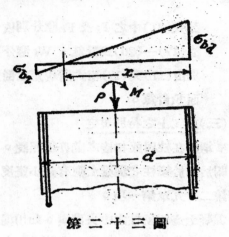

第 二 十 三 圖

力(不計撓屈係數)者計算。
如彎羃之影響，較諸中心力之影
響，比較微小，則可用下列公式
計算柱邊之應力，但算出之混凝
土應拉力須小於應壓力之 $\frac{1}{4}$ (第
二十三圖)，否則須將混凝土剖
面受拉力之部分除外而計算之：

$$\left.\begin{array}{l} \sigma'b = \frac{P}{F_i} \pm \frac{M}{W_i} \\ \text{或} \sigma'b = \frac{P}{F_{is}} \pm \frac{M}{W_i} \end{array}\right\} \cdots\cdots (21)$$

次再察驗對於防止撓屈之安全率
，一如受正中壓力之柱然。用公
式(15)或(16)算出之應力不得超
過第二十九章第二項第三表所列
之數。鋼筋之剖面須能承受全部
拉力。

公式(21)中之 F_i 及 F_{is} 應分別依據(17)—(20)式計算，W_i 應分別由(17)與(19)兩式所規定之剖面 F_i 計算。

(三)施工上之特別規定

橫鋼筋在柱與梁相接之處亦須照設。

關於用於築柱之混凝土應有最小堅度參閱第二十九章第一項。

混凝土必須就柱之中央灌填。如用漏斗及連接之管條灌填，此層最易辦到。在運送中失去勻和性之混凝土，須於灌填前就近再加拌和。用溝槽將混凝土直接注入柱殼，在所不許。

為防止因新填混凝土之沉縮而發生空隙起見，普通每半小時內灌填柱身之高度，應勿超過 1 公尺。混凝土之沉縮應藉充分之搗夯與攪和及從旁敲擊模殼以促進之（參閱第九章第四，五兩項）。

在多層房屋內，設簡單箍鐵之柱之縱鋼筋面積 F_e 大於0.03F_b，緊固柱之縱鋼筋面積 F_e 大於0.04F_k，則在兩相鄰接樓層內之縱鋼筋，在斷接之處，須對鍛(stumpf verschweissen)或搭鍛(überlappt verschweissen)，或須有半數之縱鋼筋為不斷接者。在鍛接之處不必於其旁加設鋼條，但箍鐵或橫鋼筋應與縱鋼筋鍛結，以資鞏固。

第二十八章　框架式結構

(rahmenartige Tragwerke)

鋼筋混凝土柱之與梁互相固結者，在例外情形之下，得由建築警察局指定，試驗其抗彎強度，而以對於土木工程為尤要。

尋常房屋內之中間各柱，與梁固結者，普通僅按受正中壓力者計算，不必計及框架式結合之作用。

其外邊各柱，與梁固結者，如不精密計算框架式結合之作用，則應用下列公式計算柱脚與柱頂之彎羃(第二十四圖)。

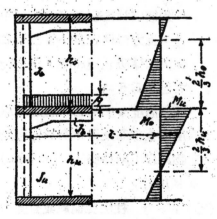

第 二 十 四 圖

$$M_u = -q \cdot \frac{l^2}{12} \cdot \frac{C_u}{C_0+1+C_u} \left.\begin{array}{l} \\ \\ \end{array}\right\}(22)$$
$$M_0 = +q \cdot \frac{l^2}{12} \cdot \frac{C_0}{C_0+1+C_u}$$

內 $C_0 = \frac{l}{h_0} \cdot \frac{I_0}{I_b}$

$C_u = \frac{l}{h_u} \cdot \frac{I_u}{I_b}$

I_b 爲梁或丁字梁之惰性率（參閱第十七章及第二十五章第四項乙）

I_u 爲下面之柱之惰性率，

I_0 爲上面之柱之惰性率，

h_0 爲上面之柱之高度（樓層高度）

h_u 爲下面之柱之高度（樓層高度）

如將各梁仿照第二十五章第二項按連續梁而在支承處可轉動者計算，而用(22)式求邊柱之彎冪，則各梁在邊檔內之正彎冪可按下列數值減少：

$$\frac{1}{2}(M_0 - M_u) = q \cdot \frac{l^2}{24} \cdot \frac{C_0+C_u}{C_0+1+C_u}$$

第七編

第二十九章　許可應力

（一）混凝土之許可應力　混凝土之許可應力與其立方體之堅度 W_{b28} 相關（W_{b28} 爲與建築物所用同一實料之混凝土所製成之立方體經過28日後之堅度）。立方體之堅度應依照 'Bestimmungen für Steifeprü-

fungen und für Druckversuche bei Bauwerken aus Beton u. Eisenbeton''。施工時應時時用硬度 (Steife) 試驗方法察驗所用混凝土之硬度是否與立方體料樣所用者相符。立方體堅度 W_{b28} 之數值至少須如下：

（甲）用市售水泥時

　　普通　$W_{b28}=120$公斤／平方公分

　　柱　　$W_{b28}=150$公斤／平方公分

（乙）用高價水泥時

　　普通　$W_{b28}=150$公斤／平方公分

　　柱　　$W_{b28}=180$公斤／平方公分

關於水泥之最低成分參閱第八章第二項。

如因時間踧促，以 7 日後之混凝土立方體爲根據，則驗得立方體之堅度至少須爲上列 W_{b28} 數值之70%。但對於 W_{b28} 仍須驗明，如與上列數值有差異時，應用爲選定許可應力之根據。

（二）柱之許可應力　第三表示對於受正中壓力之柱許可之混凝土應壓力（參閱第二十七章第二項甲）。

房屋內之柱，承受多層樓面之載重者，如載重規則未規定：下層之「利用載重」（卽建築物本身重量以外之載重）可相當減少計算，則對於下層內之柱可將許可應力照第三表所列之數值加大如下：

第 三 表

混凝土之種類	許可應力 公斤/平方公分
甲 用市售水泥之混凝土	35
乙 用高價水泥之混凝土	45
丙 根據驗得立方體之堅度 及依照第二十九章第四項乙第三段之條件 且瘦度 $\dfrac{h}{d} \leq 20$〔參閱第廿七章(一)(丙)〕	$\dfrac{Wb28}{4}$
但最小厚度未超過40公分時不得大於…	60
最小厚度超過40公分時不得大於………	70

從上數起第1—3層之柱加大0公斤/平方公分

從上數起第 4 層之柱加大5公斤/平方公分

從上數起第5層以次各層之柱加大10公斤/平方公分

但第三表丙行所列最大數值60及70公

斤/平方公分仍不得超過。

受偏壓力之柱准適用第四表所列之應力，但同時專由 $\dfrac{\omega.P}{Fi}$ 或 $\dfrac{\omega.P}{Fis}$ 算得之應力（參閱第二十七章第二項）不得大於第三表規定之數值。

（三）部位載重時之許可應壓力

用於支座(Auflagerquader)，轉動關節(Gelenkstein)等之混凝土塊，若其形狀與立方體相近，且在面積 F 內僅中央部分 F_i（第二十五圖）承受壓力，同時高度 h 至少與較長之邊 d 相等，或其形狀為剖面近正方形之長條，僅於中央寬度 d_1 之一段（第二十六圖），承受壓力，同時高度 h 至少寬度 d 相等，則對於受力面積適用之應力分別為 $\sigma' = \sigma^3\sqrt{\dfrac{F}{f_1}}$ 及 $\sigma'_1 = \sigma^3\sqrt{\dfrac{d}{d_1}}$，內 σ 為第三表內規定之數值。但應力 σ'_1 不得大於120公斤/平方公分。

（四）抗彎及抵抗彎曲力與中心力之許可應壓力及應彎力

（甲）鋼筋之許可應力定為 1200公斤/平方公分。

在方形之剖面內之高價鋼(St52，參閱第七章第四項)鋼筋，其許可

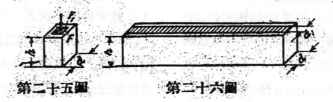

第二十五圖　　　　第二十六圖

應力得加大為 1500公斤/平方公分。在丁字梁內之同樣鋼筋，必須不計板形部分而算得之混凝土應力不超過許可數值時，始適用上項加大之數。

埋入混凝土之軌條，用作聯繫傳動機件（？Transmissionen）之用者，於計算應彎力時，至多可以其剖面面積之一半加入受力面積內。

（乙）混凝土抗彎及抵抗彎力與中心力之許可應壓力及應彎力最大數值見第四表（關於用廠家製成鋼筋混凝土零件構成之建築部分所有許可應力參閱第四項丙）。

第　四　表

混凝土之種類	許可應壓力及應彎力（公斤/平方公分）
甲　用市售水泥之混凝土	40
乙　用高價水泥之混凝土	50
丙　根據驗得之立方體堅度並依照第三十九章第四項乙第三段之條件時	$\dfrac{Wb28}{3}$
但不得超過	65

第三第四兩表內丙行所規定，由試驗立方體堅度而得之較高應力，祇許在下列條件之下用之。

計算，設計及施工均滿足嚴格之要求。工程由對於鋼筋混凝土建築經驗智識均稱豐富之包工人承辦。施工時完全依照德國混凝土學會所擬之「鋼筋混凝土工程監察要點」辦理。

第四表中所列之許可應力對於下列建築部分得增加10公斤/平方公分：

（子）丁字梁在受負彎羃範圍內之部分；

（丑）框架，拱弧（關於最小鋼筋面積參閱第十六章第三項）及支柱（與菌形板）之視作框架式結構之一部分，而依照「框架論」詳確計算，且在普通房屋建築，以最不利之施儀方式為根據，在他種工程，並計及溫度變化之作用與收縮之影響，以及摩擦力（Reibungskraft）及制動力（Bremskraft）者；

（寅）菌形板；

（卯）至少高20公分之方形剖面（梁及厚板），但不得超過65公斤/平方公分之界限。

薄於8公分之板塊，其許可應力須照第四表所列之數減少10公斤/平方公分。但此層不適用於肋條板之受壓部分。

（丙）用廠家製成鋼筋混凝土零件構成之建築部分，其混凝土之許可應力得達 $\dfrac{Wb28}{4}$，但不得大於75公斤/平方公分。

附　　錄

上海市工務局業務簡略報告

　　茲將本局最近半年來經辦各項業務擇要略述如次：

　　(一)開築幹道　本局幹道系統，業經規定公布。所有第一期應築各幹道，除中山南路早經開築完成外，其餘如中山北路，淞滬路，翔闉路，三民路，五權路，浦東路等，亦均先後興工。又各路跨越河流之橋梁與涵洞，計已竣工者，有中山路之第五號橋，水電路之沙涇港橋，翔闉路沙涇港橋與小徐家橋，暨水電路與翔闉路之涵洞等。正在進行中者，有闉殷路，三民路，五權路等處之涵洞工程。

　　(二)添建菜場　本市菜場極感缺乏，本局為適應需要起見，於南市董家渡及閘北寶山路，寶興路口，各建菜場一所，現已先後興工。

　　(三)建造輪渡碼頭　本市浦東西輪渡，向無良好碼頭，旅客上下，顏感不便。除輪渡船隻已由公用局從事整頓外。關於碼頭工程，業經本局先後在高橋，慶寧寺，賴義渡，定海橋，十六舖等處，建造浮碼頭，浮橋及固定碼頭各一座，以備停泊渡輪及旅客上下之用。現在浮碼頭與浮橋已完工，固定碼頭正在進行之中。

　　(四)排築蒲肇河溝渠　蒲肇河自斜橋至新橋一段，自用垃圾填塞後，附近各路溝渠出水，均無歸納之所，每遇驟雨，積水為患。本局爰將該段溝渠先行逐手排築，俾利宣洩。

　　(五)整理文廟公園　本市文廟自經市政府議決闢作公園後，本局即將第一期整理工程規畫藏事，計包括建築石橋，大成門牌坊，園牆，花房，及拆卸舊屋等等，現已招標興工，所有文廟附近道路及溝渠，亦均分別着手整理矣。

　　(六)栽植行道樹　本市各路行道樹，前經分批栽植，尚未普及，茲已時屆春令，復經繼續派工於主要道路栽植樹苗二千七百餘株。